M.r Parent-Aubert.

NOUVEAU
DICTIONNAIRE

DE

SANTE,

A L'USAGE DE TOUT LE MONDE :

Indiquant les moyens de se conserver toujours en
bonne santé, ou de se guérir facilement
si l'on était malade :

PAR M. PARENT AUBERT,

Médecin de la Faculté de Paris,
Membre de plusieurs Sociétés savantes,
Honoré de médailles par la ville de Paris,
A l'occasion de l'épidémie du choléra-morbus
Et pour la propagation de la vaccine, etc.

PARIS,

LIBRAIRIE DE **LERICHE**, ÉDITEUR,
Place de la Bourse, 13.
1845.

FAC SIMILE

DE LA

MÉDAILLE

DÉCERNÉE

A M. PARENT-AUBERT,

PAR LA

VILLE DE PARIS

PRÉFACE.

De tous les biens, le plus précieux est, sans contredit, la santé : riches et pauvres, tous en conviennent ; mais ce dont on est aussi forcé de convenir, c'est que de toutes les sciences la plus ignorée des gens du monde est précisément celle qui a pour but de conserver ce bien, si précieux quand on le possède, et de le recouvrer quand on a le malheur de le perdre.

Et d'où vient ce contraste si choquant entre le besoin si impérieux de la santé et l'ignorance générale des moyens de la conserver ? C'est ce que nous ne prétendons point discuter ici ; qu'il nous suffise de signaler ce fait, dont les résultats doivent être si déplorables, et tout le monde comprendra que nous ayons cherché à y apporter remède par la publication de notre *Dictionnaire de santé.*

Il existe déjà en France divers ouvrages de médecine populaire ; quelques-uns même ont obtenu un véritable succès, mais aucuns cependant n'ont atteint le but que nous nous proposons aujourd'hui, et il n'en pouvait être autrement. Les uns publiés dans un but de spéculation et d'intérêt privé, n'ont été, par cela même, d'aucune utilité publique ; les autres, trop volumineux, trop scientitiques ou d'un prix trop élevé, ne pouvaient convenir qu'à un petit nombre de personnes qui, par leur position de fortune et l'instruction qu'elles avaient reçue, pouvaient seules acheter et comprendre des ouvrages semblables.

Et cependant, on ne peut nier qu'il est une multitude de choses relatives à la médecine dont la connaissance peut être acquise utilement et facilement par tous les hommes et sur lesquelles des notions simples et justes peuvent les mettre en état d'éviter des erreurs, de se soustraire à des préjugés, de porter utilement des secours dont la promptitude est souvent essentielle dans les accidents et les maladies qui menacent ou atteignent, eux, leurs enfants, ou leurs proches.

C'est surtout aujourd'hui, où le charlatanisme et la spéculation levaient plus que jamais la tête et prônent effrontément de prétendus spécifiques propres à guérir toutes les maladies, qu'il est important de répandre de bons livres. Grâce à eux, le public fera enfin justice de ces panacées appliquées à tous les maux, de ces remèdes, ou plutôt de ces drogues, qu'on fait louer sans pudeur, à tant la ligne dans des journaux complaisants, à côté des chiens perdus ou volés.

Conçu et écrit sous l'inspiration d'idées toutes philantropiques, rédigé sur le plan et avec les matériaux de notre *Grand Almanach de santé*, accueilli de tous avec tant de faveur, le livre que nous publions aujourd'hui plus complet, surtout sous le rapport hygiénique, physiologique et pharmaceutique ne méritera nous l'espérons aucun des reproches que nous venons d'adresser à ceux de nos devanciers, et obtiendra au contraire un légitime succès, en même temps qu'il rendra les plus grands services à toutes les classes de la société.

En effet, désirant être compris de tous, nous nous sommes attachés surtout à éviter les termes scientifiques ou techniques et à décrire en langage ordinaire, simple et clair les divers signes ou symptômes auxquels il est facile de reconnaître chaque maladie, ainsi que les moyens de s'en préserver ou de s'en guérir si l'on avait le malheur d'en être atteint. De plus, nous avons terminé par un *Appendice pharmaceutique*, indiquant la manière de préparer soi-même et à peu de frais une foule de remèdes ou médicaments simples ou composés.

L'ordre alphabétique et la forme de dictionnaire que nous avons adopté, sont, sans contredit, bien préférable à tout autre et notamment à l'ordre scientifique. Dans ur ouvrage de cette nature il faut, en effet, que toutes les notions que veut recueillir la personne qui le consulte sur une maladie quel-

conque s'offrent à elle sans recherche et sans
fatigue. et avec une facilité telle qu'aucune
instruction médicale préliminaire ne puisse
être jugée nécessaire.

Désirant, enfin, rendre notre ouvrage populaire, sous tous les rapports, et lui donner
la plus grande publicité possible, nous avons
mis de côté toute idée de spéculation, et
malgré son étendue, l'importance de son contenu, et les frais que nous a nécessité sa publication, nous n'avons pas hésité à l'établir
à un prix si modéré qu'il ne pourra être regardé comme un sujet de dépense pour personne.

Puisse donc, pour prix de nos efforts, notre *Dictionnaire de santé*, obtenir l'accueil
bienveillant accordé à notre *Grand Almanach de santé*. et devenir le complément indispensable de la bibliothèque du riche
comme du pauvre.

PARENT-AUBERT.

Médecin consultant, rue Borda, 3,
Quartier Saint-Martin.

INTRODUCTION.

L'homme a été placé par l'auteur de la nature à la tête des êtres animés ; son esprit et son adresse le rendent leur roi ; mais ainsi qu'eux tous, il est subordonné aux lois de la mère commune, il naît, jouit de la vie et en éprouve les souffrances : enfin il meurt. L'espèce humaine se reproduit elle-même, et la bienfaisante nature , pour en assurer la conservation, a attaché d'ineffables voluptés à sa reproduction , en sorte que toujours les sexes tendront à se rapprocher et à procréer de nouveaux êtres.

Avant de nous occuper des maladies et des nombreuses causes de mort qui déciment l'espèce humaine, nous allons esquisser à grands traits les diverses phases de la vie, depuis le sein de la mère jusqu'au tombeau.

VIE UTÉRINE.

L'enfant, alors qu'il est encore dans le sein de sa mère, est désigné en médecine sous le nom de fœtus, et tient le milieu entre le néant et la vie, c'est le passage de l'un à l'autre. L'enfant existe bien, mais d'une vie qui ne lui est pas propre. Être parasite, il ressent toutes les phases qu'éprouve la santé de sa mère ; il dépérit si elle est malade ou languissante, il est fort et robuste si elle se porte bien. Le même coup qui frappe les jours de l'une atteint aussi les jours de l'autre ; leurs cœurs, presque au même instant, cessent de battre à la vie.

Mais lorsque l'enfant a traversé heureusement l'époque de la vie intra-utérine, au neuvième mois, ses organes ont atteint tout le développement nécessaire à l'existence, continuant de croître, il irrite la matrice qui, par ses contractions, le chasse bientôt hors d'elle-même.

ENFANCE.

L'enfant, dans le sein de sa mère, flottait dans un liquide d'une température douce et toujours uniforme; à sa naissance il passe dans un milieu bien différent où il est frappé par l'air et la lumière. Ces fluides, par leur action sur la peau et les autres organes des sens externes, forcent en quelque sorte, la machine humaine à sortir de l'état d'inertie où elle s'est tenue jusqu'ici, c'est alors que la véritable vie commence.

A peine l'enfant est-il né qu'il pousse des cris, ce n'est pas la douleur qui les excite comme on pourrait le croire, mais bien le besoin de respirer; ses poumons, jusque-là refoulés dans un coin de la poitrine, se dilatent alors et remplissent toute cette cavité.

Avec la respiration qui ne doit cesser qu'à la mort, commencent encore d'autres phénomènes de la vie. Ainsi, pour la première fois, l'enfant éprouve le besoin de prendre de la nourriture, et pour la première fois aussi, les excréments sont chassés des intestins et les urines de la vessie.

La plupart des animaux viennent au monde les yeux fermés, et restent dans cet état quelques jours après leur naissance; l'enfant, au contraire, naît les yeux ouverts, mais ils sont fixes et ternes, ne s'arrêtent sur aucun objet et ne distinguent rien. Les autres sens ne sont guère plus avancés que celui de la vue, et ce n'est qu'au bout de quarante jours que l'enfant commence à voir, entendre, rire ou pleurer : jusque-là, les cris qu'il pousse ne sont que des vagissements sans larmes.

La longueur ordinaire d'un enfant à terme est de quarante a cinquante centimètres, son poids varie entre trois à cinq kilogrammes. Son accroissement a été prodigieux durant le temps qu'il a passé dans le sein de sa mère; car il n'était, dans le principe, qu'une

bulbe presque imperceptible. Sa tête est plus volumineuse que les autres parties, et cette disproportion ne
disparaît qu'après la première enfance.

La peau de l'enfant qui vient de naître est rougeâtre
et enduite d'une substance blanche, grasse et onctueuse,
qu'on enlève avec des lotions d'eau tiède. La forme
du corps et des membres n'est pas encore prononcée;
toutes les parties sontgonflées et n'arrivent à l'état normal qu'à mesure que l'accroissement fait des progrès.

Le premier lait de la mère, appelé *colostrum*,
purge l'enfant et lui fait rendre le *méconium*, qui est
un excrément noir, visqueux et ressemblant à la poix.
Il n'a d'abord besoin que d'une petite quantité de
nourriture qui doit être répétée fréquemment et augmentée graduellement.

Les enfants nouveaux-nés dorment nuit et jour; ils
semblent n'être éveillés que par la douleur ou par le
besoin de prendre de la nourriture.

La première dentition commence ordinairement au
septième mois, vingt dents, nommées *dents dè lait*,
viennent successivement et dans l'espace des deux ou
trois premières années, garnir les deux mâchoires. A
sept ans environ, elles tombent, chassées par les dents
définitives qui les remplacent immédiatement.

Pendant ce temps, l'enfant s'est développé rapidement au physique et au moral. A un an, il a com-
mencé à bégayer et à se tenir sur ses jambes; puis
les forces allant toujours en croissant, bientôt sont
survenus l'amour de l'exercice et des jeux, l'étourde-
rie, l'inconstance, la témérité, l'irascibilité, plus tard,
le discernement du bien et du mal et cette heureuse mémoire, partage ordinaire de l'enfance et de la puberté.

Les maladies qui menacent l'enfance sont fréquentes
et dangereuses. Un quart des enfants qui naissent
meurent pendant la première année de leur existence :

un assez grand nombre par asphyxie et pendant le travail de l'accouchement. Divers catarrhes, l'œdème, l'endurcissement du tissu cellulaire, des maux d'yeux purulents, les maladies éruptives, etc., contribuent aussi à cette mortalité. Pendant cette première année et les suivantes, le travail de la dentition est une source de dangers pour l'enfant, qu'emportent quelquefois en peu d'heures des convulsions et diverses affections cérébrales. Depuis deux ans jusqu'à sept, il est surtout exposé aux attaques du croup, dont la marche insidieuse doit tenir sans cesse éveillée l'attention des parents. Les autres affections de l'enfance sont surtout le carreau, les scrofules, diverses maladies des os, l'épilepsie, la danse de Saint-Guy, la gourme, la teigne, la petite vérole et la rougeole. Durant les premières années de la vie, la mortalité est considérable, et un tiers des enfants n'atteignent pas l'âge de deux ans ; mais elle diminue ensuite, et dix ans est l'époque de la vie où il meurt le moins de personnes.

PUBERTÉ.

A l'enfance succède la puberté : celle-ci est le printemps de la vie et la saison des plaisirs. Jusqu'alors, la nature n'avait travaillé qu'à la conservation et à l'accroissement de l'homme ; maintenant elle multiplie les principes de la vie. Il a non-seulement tout ce qu'il lui faut pour être, mais encore de quoi donner l'existence. Cette surabondance de vie s'annonce par des signes non équivoques.

Chez l'homme, les traits et les contours mous de l'enfance disparaissent ; la voix devient plus mâle et plus forte ; la taille s'élance ; un léger duvet, puis de la barbe viennent recouvrir le menton et quelques parties de la figure et du corps ; la poitrine prend un développement remarquable, et les organes qui y sont contenus un surcroît d'activité quelquefois funeste.

Enfin les organes de la génération, muets jusqu'alors, ou dont les influences ont été peu marquées, deviennent le siége de sensations, de besoins tout à fait nouveaux en même temps qu'ils augmentent de volume et s'ombragent de poils plus ou moins épais.

Chez la jeune fille, la peau acquiert un éclat, une blancheur particulière; tous les contours deviennent arrondis et gracieux; la poitrine et le bassin, ainsi que les organes de la génération, se développent et prennent une nouvelle vie; les seins se gonflent et présentent un mamelon rose et alongé; mais le caractère spécial de la puberté chez le sexe, est l'apparition des *règles* (*Voyez* ce mot).

Outre les signes physiques que nous venons de décrire, l'activité de toutes les fonctions est un des caractères principaux de la puberté; le sang circule avec rapidité et répand sur les joues du jeune homme ce vif incarnat, indice d'une bonne santé, ses sensations sont vives et promptes, sa mémoire et son imagination deviennent plus brillantes, plus riches et plus étendues, son esprit est plus posé, plus attentif, mais le jugement et l'expérience lui manquent encore.

La jeune fille dont le caractère avant la puberté différait peu de celui du jeune garçon, change tout-à-coup, ses penchants et ses goûts, ne sont plus les mêmes, elle devient plus réservée en prenant de nouvelles grâces et acquiert dès-lors cette délicatesse, cette pudeur qui ne doivent plus la quitter.

Enfin, chez les deux sexes, s'est développé le doux penchant qui les attire irrésistiblement l'un vers l'autre et le besoin d'aimer devient quelquefois si fort qu'il fait braver et violer la morale et les convenances.

Dans nos climats, la puberté à ordinairement lieu de douze à seize ans, elle est généralement plus précoce chez les filles que chez les garçons; dans les pays chauds, ce temps est bien avancé, dans le nord, il est au contraire retardé. La puberté est aussi moins précoce dans les campagnes que dans les villes, ou les bals, les spectacles, les plaisirs, une nourriture plus recherchée, plus stimulante, etc., hâtent et accélèrent l'époque fixée par la nature.

Les changements brusques qui surviennent dans l'organisation à l'époque de la puberté peuvent donner naissance à un assez grand nombre de maladies ; mais d'un autre côté aussi, ils peuvent amener la guérison de plusieurs affections qui affligeaient l'enfant : telles que les scrofules, l'épilepsie, la danse de Saint-Guy, etc., l'accroissement trop rapide, joint à une prédisposition particulière qui s'annonce par une poitrine étroite, a souvent pour effet le développement de la phthisie pulmonaire, terrible maladie contre laquelle on ne peut apporter trop de surveillance. Enfin, chez la femme, l'époque de la puberté est généralement plus dangereuse que chez l'homme, presque toujours, des dérangements ou des maladies plus ou moins graves, viennent en entraver le développement; les mères de famille ne sauraient trop donner de soins et prendre d'intérêt à leurs jeunes filles pendant cette époque orageuse.

VIRILITE OU AGE MUR.

Après la puberté vient la virilité ou l'âge mûr, caractérisé par l'entier développement des forces physiques et morales de l'homme jusqu'à vingt ou vingt-cinq ans, presque tous les jeunes gens sont minces de corps, ont la taille, les cuisses et les jambes menues, mais peu à peu, les membres se moulent et s'arrondissent et le corps de l'homme est vers trente ans à son point de perfection pour les proportions de la forme. Celui de la femme y parvient plus tôt; le premier, pour être bien fait doit avoir les muscles durement exprimés, le contour des membres fortement dessiné, les traits du visage bien prononcés. Chez les femmes tout est plus gracieux, les formes arrondies et les traits plus fins. L'homme enfin, a la force et la majesté en partage, les grâces et la beauté sont l'apanage de l'autre sexe.

La taille moyenne est comprise pour l'homme entre un mètre soixante-dix centimètres et un mètre quatre-vingt-cinq centimètres. La femme est généralement plus petite, sa taille ne passe guère un mètre cinquante à soixante-dix centimètres probablement, dit Haller, afin que *force restât aux maris*.

L'enfance était l'âge de la mémoire, la puberté celui de l'imagination, la virilité a pour attribut le raisonnement. L'homme réfléchit, médite et compare. Mais aussi, à l'amour succède l'ambition, l'amour des richesses et des honneurs. L'homme est à l'apogée de sa puissance physique et morale, c'est alors qu'il montre ordinairement tout ce dont il est capable.

Les maladies les plus fréquentes, pendant l'époque de la virilité, sont toutes les affections de l'estomac, des intestins, du foie, de la rate, des reins, de la vessie, les fièvres bilieuses, les maladies nerveuses, ainsi que les affections goutteuses et rhumatismales. Les femmes sont de plus exposées à toutes les maladies qu'entraîne l'accouchement et l'allaitement.

VIEILLESSE.

Le corps n'a pas plutôt atteint son point de perfection, il n'est pas plutôt parvenu au solstice de la vie, qu'il commence à décliner. Le dépérissement est d'abord insensible mais peu à peu, la peau se dessèche et se ride, les cheveux blanchissent, les dents tombent, le visage se déforme, les facultés génératives s'affaiblissent et s'éteignent, en même temps que le corps perd graduellement de sa taille, de sa flexibilité et de sa rectitude. Outre cette détérioration physique que nous venons de décrire, les sens et le moral subissent également de grands changements; la vue s'obscurcit, l'ouïe devient dure, l'intelligence s'affaiblit, la mémoire se perd; Enfin, presque toutes les fonctions de la vie ne s'exercent plus qu'imparfaitement et avec difficulté, en sorte que beaucoup de vieillards, forcément étrangers pour ainsi dire à tout ce qui les environne, rapportent tout à eux et deviennent ainsi, sans s'en apercevoir, avares, égoïstes, impérieux, grondeurs et chagrins.

Les premières nuances de cet état se font ordinairement sentir de quarante à cinquante ans, elles augmentent par degrés jusqu'à soixante, et dès lors, la vieillesse fait des progrès rapides, jusqu'à soixante-dix, époque où commence généralement la décrépitude, que la mort termine à quatre vingt ou quatre-vingt-dix et quelques fois cent ans.

Outre les dangers de l'âge critique ou suppression des règles, époque spéciale aux femmes et qui a lieu ordinairement de quarante à cinquante ans (*Voyez* AGE CRITIQUE), la vieillesse est exposée à de nombreuses maladies : Le cerveau et les organes du bas ventre sont le plus souvent le siège de ces affections; l'apoplexie frappe un grand nombre de vieillards; les maladies de la vessie et de l'anus les atteignent aussi fort souvent. L'état général de relâchement et de faiblesse les rend aussi fort sujets aux hernies, aux varices, aux anévrismes du cœur et des artères. Enfin, la goutte, le rhumatisme, les dartres, les catarrhes achèvent de les tourmenter.

Ce n'est pas tout : il existe encore une idée fixe qui empoisonne, qui torture et abrége les jours d'un grand nombre de vieillards, c'est l'appréhension de la mort.

Vainement, la bienveillante nature cherche à nous détacher de la vie en nous dépouillant successivement
des faveurs qui pouvaient nous la rendre chère, presque tous, nous ne la quittons qu'avec regret et désespoir; mais cependant, et cela est consolant pour l'hu-
manité, combien la pensée de la mort est moins af-
freuse, combien même elle est douce et consolante
quand, l'ame pure et la conscience tranquille, on
peut regarder en arrière, sans apercevoir le hideux
cortége des remords et des crimes. Inspiré par le gé-
nie du christianisme, béni et regretté des siens et de
tous ceux qui le connaissent, le juste voit la mort sans
crainte et sans effroi, pour lui, c'est le passage à une
vie meilleure, c'est la Divinité qui l'appelle à elle,
c'est enfin la récompense promise à ses vertus et ses
belles actions.

La médecine, proprement dite, a généralement peu
de chose à faire chez les vieillards, son intervention
trop énergique serait presque toujours plus nuisible
qu'utile. Soutenir les forces, appaiser les souffrances,
retarder le moment fatal, voilà son rôle et c'est à l'hygiène, plutôt qu'aux médicaments et aux remèdes, qu'il
faut demander un pareil résultat.

Une vie simple, sobre et régulière est nécessaire
avant tout dans la vieillesse, les excès et les changements
d'habitudes sont très dangereux à cet âge; aussi, le
genre de vie une fois adopté doit-il être conservé. Il
faut avoir soin aussi d'éviter toutes espèces d'émotions
vives. Retiré du monde, retiré des affaires, le vieil-
lard ne doit point se livrer à un travail fatigant ou
intellectuel, surtout prolongé, mais il doit cependant
se créer quelques petites occupations qui l'amusent,
le distraient et l'empêchent de tomber dans cette apathie qui n'est qu'une existence intermédiaire entre la
vie et la mort et le prélude d'une fin prochaine.

MORT.

Tout s'use dans la nature vivante, tout s'altère, tout périt, et l'homme lui-même malgré sa supériorité sur tous les autres êtres vivants, ne peut échapper à cette loi inévitable; quelque soin, quelque précaution qu'il prenne de sa santé et de son existence, tôt ou tard il lui faut mourir. La mort est une condition nécessaire de la vie, elle en est la conséquence immédiate et la fin inévitable. C'est une dette, dit Bacon, qu'il nous faut tous payer à la nature, aucun âge, aucune condition ne peuvent s'y soustraire.

> Et la garde qui veille aux barrières du Louvre
> N'en défend pas nos rois.

La mort se divise en *naturelle* et en *accidentelle*; la première est celle qui survient à la fin de la vieillesse et résulte de *l'usure de la vie*; c'est la moins douloureuse et l'on peut comparer l'homme qui meurt de vieillesse à la lampe qui s'éteint faute d'huile. La mort accidentelle reconnaît au contraire toujours pour cause une détérioration survenue accidentellement ou par suite de maladie dans les organes, et qui arrête le mouvement de la vie avant l'époque fixée par la nature.

L'époque de la mort vraiment naturelle est communément fixée à cent ans. Mais qu'il est peu d'homme dont la vie se prolonge jusqu'à un âge aussi avancé; rien n'est plus rare que la mort naturelle chez l'homme et ce n'est pas par elle que succombent le plus souvent les vieillards eux-mêmes, c'est presque toujours une maladie qui les emporte. En effet, doué de facultés plus nombreuses, plus parfaites et plus sensibles que tous les autres êtres animés, l'homme se trouve par cela même livré à un plus grand nombre de causes destructives, aussi la presque généralité périt-elle d'une mort prématurée.

NOUVEAU
DICTIONNAIRE DE SANTÉ.

A

ABCÈS. — Collection de pus qui se forme accidentellement dans les diverses parties du corps. Les abcès sont ordinairement la suite d'une action extérieure : un coup, un corps étranger, une petite plaie. Le point où ils se forment se gonfle, la peau qui le recouvre rougit, elle devient le siége d'une chaleur vive. Les douleurs sont pulsatives, c'est-à-dire accompagnées de battements analogues à ceux du pouls. On observe, en outre, de l'agitation, de la soif, de l'insomnie. Au bout de quatre à six jours, les symptômes changent, le centre de la petite tumeur blanchit, s'élève en pointe, la douleur est moins sensible, et la chaleur moins vive. Si on presse la tumeur alternativement sur deux points opposés de sa surface, on y sent plus ou moins distinctement l'ondulation du liquide. Ce phénomène, caractéristique d'un abcès parvenu à sa maturité, est ce que l'on appelle *fluctuation*.

Pour diminuer les douleurs qui précèdent et accompagnent la formation d'un abcès, il convient presque toujours de faire sur la partie malade des applications tièdes et relâchantes. Les cataplasmes émollients qu'on doit préférer sont ceux de farine de lin ou de mie de pain, cuits dans l'eau de guimauve. Il est bon de les changer souvent, afin d'éviter le refroidissement et l'irritation qu'ils pourraient causer en s'aigrissant ; ceux faits avec la farine de riz sont encore moins sujets à ce dernier inconvénient, aussi les emploie-t-on, de préférence aujourd'hui pour la figure.

Lorsque, comme on le dit vulgairement, l'abcès est arrivé à maturité, il faut s'occuper de l'évacuation du pus, qui peut être abandonnée aux seuls efforts de la nature, si l'abcès est superficiel, la peau très mince et le foyer peu vaste, Pour favoriser le travail de la nature, on fera bien cependant de placer sur le centre de la tumeur un petit emplâtre d'onguent de la mère ; une fois le pus écoulé, l'application d'un peu de charpie sèche, une légère compression pourront suffire, dans la généralité des cas. Quand, au contraire, l'abcès est situé profondément ou que ses dimensions sont grandes, il faut alors avoir recours aux caustiques ou à l'instrument tranchant. Ordinairement une simple incision suffit ; on doit avoir soin de la faire dans l'endroit de l'abcès le plus favorable à la sortie du pus, et, autant que possible, dans la direction des plis ou, comme on le dit, des fibres de la peau afin de rendre la cicatrice moins apparente. Dès que le pus est écoulé, on met sur l'ouverture un peu de charpie fine à l'état brut et sans aucun arrangement des brins, afin que le pus la pénètre plus facilement à mesure qu'il s'écoule, par l'action du retrait des parois de l'abcès et par sa propre pesanteur. Si la région est très enflammée et douloureuse, on peut mettre pour tout pansement un large cataplasme émollient, couvert ou non d'une couche de pommade napolitaine qui reçoit le pus à sa surface. Ce cataplasme est changé deux à trois fois par jour, et continué jusqu'à ce que l'état d'irritation soit tombé. Alors la charpie seule suffira pour favoriser la détersion et amener la guérison.

ABEILLE (*Remèdes contre la piqure de l'*).—
immédiatement il faut presser les chairs doucement
autour de l'endroit blessé, afin de faire sortir l'aiguille et la gouttelette de venin qu'il a déposée dans la
plaie; puis M. Jules Cloquet conseille des onctions sur
la piqûre avec de l'huile d'olive, du laudanum liquide,
de l'eau de Luce, pour prévenir ou calmer les accidents. « Si ces moyens ne suffisaient pas, on plongerait, dit-il, la partie piquée dans un bain huileux, ou
on ferait dissoudre de l'opium et de la thériaque, et
on mettrait le malade à un régime délayant plus ou
moins sévère, suivant l'intensité des symptômes. »
Mais un moyen qui réussit très bien aussi quand la
piqûre à lieu à un membre, c'est d'exercer une constriction au dessus de la plaie et de tenir quelque temps
la partie plongée dans un bain d'eau aussi froide que
possible. (*Voyez* PIQURE.)

ACCOUCHEMENT.— Ce mot, synonyme de par-
turition, exprime les différents actes par lesquels l'enfant et ses dépendances sont expulsés du sein de la
mère. L'ensemble de ces actes, qui est un phénomène
naturel, et ne peut, par conséquent, être considéré
comme une maladie, est appelé *travail de l'accouchement*, et s'accomplit généralement sur la fin du
neuvième mois de la grossesse, souvent plus tôt, mais
rarement plus tard. On l'appelle *prématuré* ou *précoce*, s'il se fait passé le septième mois, l'enfant pouvant alors vivre : mais, au-dessous de cette époque,
il prend le nom d'*avortement*, l'enfant n'étant pas regardé comme viable. On l'appelle, au contraire, *tardif*,
s'il a lieu quelques jours ou quelques semaines après le
neuvième mois : cet accouchement est rare et difficile
à constater; la loi l'admet cependant, et porte à dix
mois le terme avant lequel le père ne peut contester
la légitimité de l'enfant.

On est généralement d'accord sur ce point que sur cent accouchements, quatre-vingt-dix-neuf au moins s'accomplissent par les seules forces de la nature, ou, pour mieux dire, sans l'intervention de l'art : la femme n'en a pas moins, pour cela, besoin de soins. Or ces soins sont de nature différente, suivant qu'ils s'appliquent à chacune des trois principales périodes auxquelles se réduit tout l'accouchement, et qui sont la période de *préparation*, celle d'*expulsion* de l'enfant et celle de la *délivrance*.

1° La période de préparation est pressentie de la femme non seulement parce que son époque est arrivée, mais encore parce que son ventre a tombé, suivant l'expression ordinaire, que les mouvements de son enfant se manifestent plus bas que de coutume, et qu'elle éprouve un sentiment de poids plus marqué dans le bas-ventre et de plus fréquentes envies d'uriner ; mais ce qui caractérise le début du travail, c'est la douleur, résultat irrétu'able d'un commencement de contraction de la matrice. Cette douleur est d'abord légère, divisée et peu durable : on la nomme *mouches*, parce qu'elle imite les piqûres incommodes que ces insectes produisent. Ces mouches se font ressentir aux reins, sur les flancs, mais plus particulièrement en avant, à l'ombilic, pour s'irradier vers le bassin ; si, dans le moment où elles existent, on applique la main sur le ventre de la femme, on sent la matrice globuleuse et plus dure au toucher ; c'est là surtout ce qui les distingue des fausses douleurs qui se perdent autour de la ceinture. Les mouches devenant de plus en plus prononcées, se convertissent en véritables coliques qui partent de la ceinture et se dirigent vers le fondement. La femme les exprime par des plaintes involontaires, des contorsions, des flexions du tronc et des cuisses, et par des changements appréciables dans les traits et la coloration de la face.

Dès ce moment, quelquefois même dès le début, il se fait par les parties génitales un écoulement de glaires mucoso-séreuses analogues à du blanc d œuf, et qui deviennent bientôt sanguinolentes, ce qui fait pressentir que le travail s'avance. Aussi doit-on se mettre en devoir d'assister efficacement la femme. La première chose à faire est de préparer le lit sur lequel elle doit accoucher, en même temps qu'on fait retirer les personnes inutiles, et surtout celles dont la présence ne lui serait pas agréable. Ce lit est ordinairement un lit de sangle qu'on appuie contre le mur par une de ses extrémités, et sur lequel on place d'abord un matelas dans sa longueur, puis un second matelas plié en double, et recouvert de plusieurs draps pliés en alèze; on fait très bien de fixer avec une corde un morceau de bois à l'extrémité libre du lit pour que la femme puisse, dans les fortes douleurs, y arqueboulter ses pieds. On dispose en même temps des ciseaux pour couper le cordon ombilical qui tient l'enfant uni à la mère, deux fils pour lier ce cordon, une petite compresse pour l'envelopper, et une bande pour le tenir fixé au corps. Pendant ces préparatifs, les choses ont nécessairement marché : les douleurs ont pris un nouveau caractère; non seulement elles sont plus aiguës, plus fortes, plus rapprochées, mais elles s'accompagnent d'une sorte de cris de détresse qui annoncent un spasme général du système musculaire, qui met la femme presque hors de raison A chacune de ces douleurs, que séparent des intervalles bien marqués de calme, le col de la matrice s'entr'ouvre; la poche des eaux s'y engage et vient former dans l'intérieur du vagin une tumeur d'autant plus prononcée que l'action expulsive est plus forte et que le col est plus dilaté, jusqu'à ce qu'enfin, ne pouvant plus résister, elle se rompe et laisse échapper avec une espèce de bruissement, le liquide qu'elle contenait. Si cette poche ne se rompt pas d'elle-même, on l'ouvre soit avec l'ongle, soit avec une pointe de ciseaux conduite adroitement le long du doigt indicateur.

2° Jusque là on a laissé la femme se promener, s'asseoir et se mouvoir à son gré ; mais le moment est venu où il est indispensable qu'elle se mette sur son lit. Elle doit s'y placer de manière que son siège appuie sur le bord inférieur du matelas plié en double. Si ce rebord n'est pas assez haut, on l'élève par un coussin dur ou un traversin, afin que tout le siège reste élevé et au-dessus du plan du premier matelas, ce qui est très important. Il est bien entendu que la femme a eu le soin de desserrer les cordons de ses vêtements; elle a bien fait aussi de prendre un ou deux lavements pour débarrasser l'intestin. C'est alors qu'on peut l'engager à faire valoir ses douleurs, sans toutefois dépasser certaines limites. Dans le cas où elles seraient peu actives ou de trop courte durée, on chercherait à les activer par quelques légères frictions faites sur le ventre, et on en aiderait l'effet en comprimant le bas-ventre au moyen d'une nappe pliée en cravatte, en même temps qu'on humecte les parties génitales avec du beurre. A chaque effort, la tête de l'enfant avance, franchissant l'orifice de la matrice, et descend dans le vagin où le doigt la distingue aisément ; c'est alors qu'il est prudent de soutenir fortement avec le bord de la main le périné sur lequel cette tête vient faire effort et qu'elle peut déchirer. Enfin une douleur plus vive, et composée de deux douleurs successives et souvent accompagnée d'un tremblement convulsif, chasse la tête de l'enfant en dehors des parties de la génération. Après un calme plus ou moins long, une nouvelle douleur, mais moins forte, survient; le corps de l'enfant est poussé en dehors, et avec lui le reste de l'eau

que contenait la poche dans laquelle il était renfermé.

Il faut alors s'occuper de le séparer de sa mère.
Pour cela, on coupe le cordon ombilical avec des ciseaux, à cinq travers de doigts environ du nombril, et
sans s'inquiéter autrement de l'écoulement de sang qui
a lieu, on enlève l'enfant, et on le confie aux soins
d'une personne attentive qui l'enveloppe dans une
serviette chaude, l'essuie, le nettoie, et le tient près du
feu pour peu que la température de l'air ne soit pas
très douce. Quelquefois, surtout lorsque le travail a été
un peu long, que les eaux se sont écoulées de bonne
heure, que le cordon est passé autour de son cou et
l'étreint, il arrive que l'enfant vient au monde dans un
état de mort apparente.

Dans ce cas, il faut le couper avant même que l'enfant soit entièrement sorti. S'il est violet, livide, on
laisse saigner le cordon, et on cherche, par des frictions faites sur la région du cœur, et en lui insufflant
de l'air dans la bouche, à exciter la circulation et la
respiration. S'il est pâle et d'apparence faible, on lie
de suite le cordon, on le frictionne avec de la laine, on
le plonge dans un bain tiède et même animé avec du
vin ou de l'eau-de vie.

Enfin, avant de l'emmailloter, on lie le cordon
à sa partie moyenne avec un fort fil doublé, on entoure ce cordon d'une compresse douce qu'on retient
fixée par une bande de deux travers de doigt environ
de largeur cousue sur le côté. Mais revenons à la
mère que nous avons laissée sur son lit de travail; car
une fois l'enfant sorti, tout n'est pas absolument fini
pour elle, il lui reste à être *délivrée*, c'est-à-dire à
être débarrassée de l'arrière-faix ou placenta qui formait le lien par lequel elle était unie à son enfant.

3° En effet, une demi-heure s'est à peine écoulée

depuis la sortie de l'enfant, que le calme qui a succédé est de nouveau troublé par quelques douleurs qui se renouvellent dans le bas-ventre. Si on porte la main sur cette région, on sent une tumeur ferme et arrondie que forme le globe de la matrice se contractant pour chasser le *délivre*. La nature pourrait assurément, dans la plupart des cas, suffire à ce travail, mais il est néanmoins le plus souvent utile de l'aider en tirant avec précaution sur le cordon qui sort de la vulve et qu'on roule autour du doigt indicateur de la main droite; la main gauche restée au niveau du périnée reçoit la masse et la soutient. Après son extraction, on examinera si elle est intacte et accompagnée de ses membranes, puis on s'assurera de nouveau, en passant la main sur le ventre, que la matrice forme une tumeur globuleuse ferme et résistante, et qu'ainsi il n'y a pas d'hémorrhagie à craindre. Enfin on enlève les linges placés sous le siége, on lave les parties avec de l'eau tiède, et après quelques minutes de repos, on transporte l'accouchée sur le lit où elle doit passer le temps de ses couches, et qu'on a préalablement garni de plusieurs draps pliés en alèze ; on entoure son ventre d'une serviette pliée en bandage de corps, et on place entre ses cuisses des linges doux destinés à recevoir le sang et la matière d'un écoulement qui va s'établir, pour durer plusieurs jours sous le nom de *lochies*, ce qui provient du dégorgement de la matrice revenant sur elle-même; ce dégorgement est toujours accompagné de douleurs, espèces de coliques qu'on nomme *tranchées*; il doit être soigneusement respecté et rappelé par des cataplasmes chauds, s'il venait à se supprimer. Si la femme est épuisée, on pourra lui accorder un bouillon, mais jamais ces vins chauds dont on est dans l'habitude, en certains pays, de faire suivre immédiatement l'accouchement. Le lendemain, on lui

fera boire une tisane de fleur de tilleul, et on lui permettra un potage pour revenir à la diète le troisième
jour, époque de la fièvre de lait (*voyez ce mot*); puis,
cette fièvre passée, on permet une alimentation qui
augmente graduellement jusqu'au huitième jour, époque à laquelle la plupart des femmes se lèvent et commencent à reprendre leurs occupations habituelles.

Nous n'avons décrit l'accouchement que dans son
mode le plus habituel, celui, par exemple qui se fait
par la présentation de la tête, le plus fréquent et le
plus heureux; mais l'enfant peut se présenter par toute
autre partie, par les pieds et par le siége. Dans la plupart de ces cas, la nature se suffit à elle-même et s'en
acquitte avec assez d'habileté pour qu'on puisse établir
en principe que la première qualité que doit avoir
toute personne assistant une femme dans le travail de
l'enfantement, c'est la patience.

AGE CRITIQUE. — *Age de retour, cessation des
règles.* De même que les phénomènes de la puberté ne
se montrent pas chez toutes les femmes au même âge,
de même aussi la cessation du flux menstruel, qui est
le signe caractéristique de la puberté, s'effectue plus
tôt ou plus tard chez les unes que chez les autres.
Cette différence tient au climat qu'elles habitent, au
genre de vie qu'elles mènent et à leur constitution.
Dans nos climats, c'est ordinairement de la quarante-
cinquième à la cinquantième année que les règles cessent de paraître.

Les signes les plus constants de ceux qui annoncent
leur cessation est leur irrégularité. Cette irrégularité
porte sur l'époque à laquelle elles viennent ordinairement, sur leur durée et sur la quantité de sang qu'elles
fournissent. Ainsi, arrivées à ce moment, les femmes
sont deux, trois, quatre et même six mois sans perdre
de sang; ou bien elles en perdent tous les dix, quinze,

vingt jours. Elles ne sont réglées que pendant un ou deux jours seulement, ou bien au contraire pendant huit, dix et douze jours. Souvent au lieu de perdre la quantité de sang habituelle, elles n'en laissent échapper que quelques gouttes; souvent aussi elles éprouvent de véritables hémorrhagies qui réclament les secours les plus prompts et les moyens les plus énergiques. Ces signes ne sont pas les seuls : très souvent en effet l'évacuation mensuelle est remplacée par une perte en blanc.

Vers cette époque aussi la plupart des femmes éprouvent dans la figure des chaleurs et des feux qui reviennent plusieurs fois dans la journée. Elles sont mal à l'aise après leurs repas, dans une chambre échauffée, au milieu des assemblées, dans leur lit. La nuit elles agitées et ont des rêves pénibles. Tout, en un mot, sont chez elles annonce que le sang, cessant de se porter vers un point où sa présence était nécessaire, tend à se répartir plus uniformément. Mais ce qu'il importe bien de savoir et de répandre comme une vérité attestée par un nombre de faits suffisants pour être érigée en axiome irréfutable, nonobstant l'avis de bien des médecins, c'est que l'âge critique, la cessation des règles, en un mot, est infiniment moins fatal aux femmes qu'on ne le pense généralement. (*Voyez* les preuves qu'en donne le docteur C. Lachaise dans son *Hygiène philosophique de la femme*, 1837.)

Leur principal soin doit alors avoir pour but de prévenir cette espèce de surabondance sanguine qui tend à s'établir dans toute l'économie par suite de la disparition des règles. Elles doivent donc se soumettre à un régime assez sévère, rejeter les viandes fortes ou excitantes, les ragoûts épicés; éviter les boissons stimulantes, le café ; faire autant d'exercice que possible en plein air, ne rester au lit que le temps nécessaire, car un sommeil trop prolongé, surtout dans un lit mou, favorise la pléthore sanguine et dispose aux pertes ; se tenir le corps dégagé de tout attirail de contrainte. Si, malgré ces précautions, quelques signes d'irritation se manifestaient, elles ne doivent point hésiter à se faire faire une saignée au bras, et même à y revenir à peu près à l'époque où les règles paraissaient habituellement, et insensiblement à des intervalles plus éloignés suivant la gravité des circonstances, qui doivent aussi régler la quantité de sang à enlever chaque fois.

Les femmes qui, dans leur jeunesse, ont été sujettes à des éruptions à la peau, à des maux d'yeux, à des engorgements de glandes et chez lesquelles ces diverses affections avaient disparu au moment où leurs règles se sont établies, agiront très prudemment, lorsqu'elles s'aperçoivent que les organes qui avaient souffert à l'époque de la puberté deviennent irritables à l'âge critique, en se plaçant au bras un vésicatoire ou un cautère, sauf à le supprimer quand rien n'en justifiera plus la nécessité. Quant aux maladies qui peuvent se déclarer à l'époque critique, rien n'engage à déroger pour elles aux moyens de traitement qui leur sont généralement applicables.

AGONIE. — Dernière lutte du malade contre la mort, cet état n'a lieu que dans les cas où la vie s'éteint par degrés. Dans diverses affections, il n'y a pas d'agonie. Celle-ci est ordinairement marquée par une altération profonde dans la physionomie, la faiblesse extrême des mouvements et de la voix, l'abolition progressive du sentiment, le trouble de la respiration qui devient inégale et *râleuse*, la diminution de la chaleur, qui s'éteint graduellement des extrémités vers le tronc, etc., etc. Dans les derniers moments de cette scène pénible, le mourant, froid, insensible, en différé plus d'un cadavre que par les mouvements de la respiration qui ont lieu encore par intervalles jusqu'à ce qu'ils cessent complètement avec la vie. Cet état peut ne durer qu'un petit nombre d'heures ou se prolonger plusieurs jours ; quelquefois on l'a vu persister pendant plusieurs semaines. Sa durée ordinaire est de douze à vingt-quatre heures.

La mort n'est pas toujours le dénouement inévitable de ce dernier effort d'une organisation qui est prêt de s'éteindre. Il s'est trouvé des cas, malheureusement fort rares, où l'art a pu, à force de persévérance ou par d'heureuses tentatives, ramener des bords de la tombe le moribond qui semblait sur le point d'y descendre.

Il est donc important que les gens du monde sachent qu'il ne faut pas se hâter de regarder comme voué à une mort certaine un malade qui paraît agonisant, et par conséquent qu'il faut jusqu'au dernier moment lui prodiguer les soins de l'amitié et les secours de la médecine. Il est encore bon de savoir que bien des gens, arrivés à cet état extrême, conservent jusqu'au dernier moment la faculté d'entendre et de comprendre, et que non seulement on doit craindre de laisser échapper auprès d'eux quelque parole indiscrète, mais encore qu'on doit toujours espérer qu'ils ressentent les dernières consolations qu'on leur donne.

AIGREURS. — On nomme ainsi les éructations aigres que quelques personnes éprouvent avant ou après les repas. C'est une véritable régurgitation de liquides acides de l'estomac dans la gorge et dans la bouche, et qui est fort désagréable. Ce phénomène se rattache ordinairement à des maladies diverses de l'estomac. Quelquefois cependant les aigreurs ont lieu sans que l'estomac soit malade ; c'est ce qu'on observe après les repas trop copieux, ou à la suite d'indigestions d'aliments acides. Dans les indigestions durant les envies de vomir, on éprouve également des renvois aigres.

Lorsque les aigreurs ne se rattachent point à une maladie, on prescrit ordinairement, pour les combattre, des substances alcalines. La magnésie pure délayée dans un peu d'eau, ou quelques gouttes d'ammoniaque dans un verre d'eau paraissent remplir l'indication. L'eau froide, des morceaux de glace qu'on laisse fondre dans la bouche répondent souvent au même but. On peut quelquefois prévenir les aigreurs en évitant les aliments que l'expérience a démontrés propres à les produire : chez les uns, ce sont les aliments végétaux ; chez les autres, ce sont les substances animales.

Les aigreurs qui dépendent des maladies diverses de l'estomac seront étudiées ailleurs (*voyez* ESTOMAC, *maladies de*).

ALLAITEMENT. — La femme doit nourrir son enfant : la nature le veut ainsi, et ce n'est pas toujours impunément qu'une mère parvient à se soustraire à ce devoir. On est parfaitement d'accord aujourd'hui sur ce point ; mais à quel moment une femme qui vient d'accoucher doit-elle donner le sein à son enfant : les uns disent le lendemain, d'autres disent immédiatement, ou mieux aussitôt que l'agitation qu'a occasionnée l'accouchement a cessé, c'est-à-dire quatre ou cinq heures après. Ceux-ci ont raison : en prenant le sein de bonne heure, l'enfant y trouve plus de facilité ; le sein n'étant pas encore tuméfié, le mamelon est saillant et se prête mieux à l'application de ses lèvres, et ce premier lait contient un principe légèrement purgatif qui débarrasse l'intestin du *meconium* dont il est toujours rempli. La mère elle-même en retire des avantages : son sein étant dégorgé et stimulé à la fois par la succion , se trouve préparé de bonne heure aux fonctions qu'il doit remplir. Cette première question résolue , il est impossible de rien préciser relativement au nombre de fois que le sein doit être présenté à l'enfant; c'est la voix de la nature qu'il faut écouter à cet égard, et, règle générale, il doit être mis à la mamelle toutes les fois qu'il s'éveille et que, par ses cris, il réclame la satisfaction de son appétit. A mesure qu'il prend de la force, ses besoins augmentent et ses repas deviennent de plus en plus copieux ; le lait subit aussi des changements en harmonie avec ces circonstances, il devient de plus en plus substantiel; et ce n'est guère que vers le troisième mois qu'il est utile d'en fortifier les effets par quelques bouillies , dont la quantité sera réglée par la plus ou moins grande consistance du lait de la mère.

Quelque utile que puisse être l'allaitement maternel pour la mère et l'enfant, il est cependant des circonstances physiques et morales qui forcent une mère à y renoncer. Le plus communément, dans ce cas, elle confie son enfant à une nourrice. Or voici les qualités qu'il serait à désirer qu'on rencontrât dans cette nourrice : qu'elle fût forte et bien portante, brune plutôt que blonde, plutôt grasse que maigre , de dix-huit à trente ans, d'un caractère calme et gai, accouchée de dix mois au plus ; qu'elle eût de belles dents, des gencives saines et vermeilles. Ses seins doivent être d'une grosseur médiocre, exempts d'engorgemens et de ganglions, ornés d'un mamelon bien formé et sans gerçures. Son lait doit être doux , légèrement sucré, blanc, assez épais et crémeux. Versé en petite quantité sur un corps poli , il doit, étant répandu, laisser après lui une trace blanche assez prononcée. La femme mariée est, en général, préférable à la nourririce fille-mère; on préférera également celle qui est à son second et même à son troisième enfant. Une nourrice ne doit pas être réglée, doit éviter soigneusement tous les excès, se nourrir d'aliments succulents, et se soustraire autant que possible aux grandes secousses morales. Les femmes de la campagne sont, en général, sous ce rapport, dans de meilleures conditions que celles des villes.

Quand une mère ne veut ou ne peut nourrir son enfant, ni le confier à une nourrice étrangère, ou que l'allaitement *naturel*, déjà employé, devient tout à coup impossible, on a recours à l'allaitement *artificiel*. Cet allaitement se fait de deux manières : en donnant directement à l'enfant la mamelle d'un animal domestique, ou en lui donnant le lait de cet animal dans un vase quelconque. Le premier moyen était fort usité autrefois, et c'est la chèvre qui avait généralement la préférence. Comme ce genre d'allaitement est fort assujétissant, on préfère donner le lait de vache. Ce lait doit être pris sur un animal bien portant et trait trois fois par jour. Les premiers jours, si l'enfant n'a pas encore tété, on le donnera coupé par moitié avec de l'eau, au bout de quinze jours on le coupera seulement au tiers, et après cette époque, on pourra le donner pur; mais il faut toujours préalablement le faire chauffer au bain-marie, et on pourra, chaque fois, y ajouter un peu de sucre. Quant à la manière de le présenter à l'enfant, le biberon est préférable à tout autre moyen, parce qu'en exigeant une succion, il détermine une légère sécrétion de salive qui rend le lait plus facile à être digéré. Les forces de l'enfant augmentant, on arrive peu à peu à une, deux, trois et quatre crèmes de riz, de fécule, de gruau dans les vingt-quatre heures; mais on doit éviter les bouillies épaisses dont les nourrices ont la mauvaise habitude

de gorger les enfants. Enfin, quelques dents commençant à paraître, des aliments plus substantiels deviennent nécessaires.

AMAIGRISSEMENT. — On désigne par ce mot
une diminution successive du volume du corps, c'est
le passage d'un état quelconque d'embonpoint à celui
de maigreur. Ce phénomène qui a lieu toutes les fois
que l'on perd plus que l'on ne répare, accompagne
un grand nombre de maladies, et son étude se rattache
alors à celle de leurs symptômes ; mais très souvent il
a lieu sans altérer sensiblement la santé.

Les circonstances qui, dans ce cas, lui donnent le
plus fréquemment lieu, sont : l'époque de l'adoles-
cence ou de la décrépitude, un accroissement rapide,
des habitudes vicieuses, notamment celle de la *masturbation* (*voyez* le mot ONANISME), les affections
morales profondes et surtout concentrées, ou bien des
veilles prolongées, l'excès des plaisirs, etc.,etc.

Dans l'amaigrissement, comme dans tout autre phénomène morbide qui n'est qu'un symptôme, c'est donc
contre la cause elle-même qu'il faut diriger tous ses
efforts. Des moyens purement hygiéniques ou qui s'a-
dresseraient uniquement à l'effet, n'obtiendraient aucun succès tant qu'une cause incessante perpétuerait
sa durée ; mais une fois cette cause détruite, il convient d'observer un régime fortifiant, varié dans ses
éléments, suivant les diverses circonstances et la disposition des sujets. Les aliments doivent être choisis
parmi ceux d'une facile digestion, et qui renferment,
proportionnellement à leur masse, beaucoup de sucs
nutritifs, mais toujours appropriés dans leur nature et
leur quantité, au degré d'énergie des organes ; car ce
n'est pas ce que l'on mange qui nourrit, mais bien uniquement *ce que l'on digère* ; et une indigestion épuise
toujours plus les forces d'un convalescent qu'un ou

deux jours de la diète même la plus absolue. Les bains d'amidon sont fort avantageux, lorsque les forces des malades permettent d'y recourir, en rappelant vers la peau la vitalité qu'elle avait perdue. Mais c'est plus particulièrement dans la maigreur provenant de causes d'une nature purement nerveuse : ils agissent de plus alors comme moyen calmant et adoucissant.

AMERTUME (*bouche amère, avoir de la bile.*) — On désigne sous ces dénominations cet état d'indisposition dans lequel nous trouvons un goût amer à toutes les substances que nous goûtons ou que nous soumettons à la mastication.

La sensation d'amertume à la bouche est quelquefois spontanée, elle se fait surtout sentir le matin à jeun ; la langue est couverte d'un enduit blanchâtre ou jaunâtre ; on éprouve un peu de pesanteur au creux de l'estomac, d'embarras dans le ventre, de malaise et de lassitude dans les membres ; elle est ordinairement un indice de cet état de surchage de l'estomac qu'on désigne en médecine sous le nom d'*embarras gastrique* (*voyez* ce mot). Le repos, la diète ou un régime sobre, une boisson délayante, telle que le bouillon aux herbes ou une légère limonade, des lavements à l'eau d'herbes émollientes, telles que la mauve, la pariétaire, etc., doivent être opposés à cet état. S'il s'y joint de la constipation, on peut même, sans inconvénient, recourir à un léger purgatif, et quelques jours suffisent presque toujours pour faire disparaître complètement toutes traces de cette indisposition.

AMPOULE. — On donne familièrement le nom d'*ampoule* ou de *cloche* à ces petites vessies aqueuses que forme l'épiderme soulevé par la sérosité, et spécialement à celles qui viennent aux pieds et aux mains après une marche forcée ou des travaux pénibles.

Dans la plupart des cas, ces ampoules, abandonnées

à elles-mêmes, se sèchent et se guérissent assez promptement; si la partie est rouge et douloureuse, on dissipe aisément l'inflammation au moyen d'un léger cataplasme avec de la mie de pain, les feuilles de mauve ou la farine de lin. Il est inutile et toujours nuisible d'enlever la peau; il suffit de la percer pour donner issue au fluide épanché.

Des ampoules plus ou moins volumineuses se forment quelquefois d'elles-mêmes et sans cause connue, dans certaines espèces de *maux d'aventure*, par exemple, chez les enfants; les soins locaux sont les mêmes dans ce cas que dans les précédents; quelques bains simples se montrent alors fort utiles.

ANÉVRISME. — On donne ce nom soit à une tumeur formée par la dilatation d'une artère ou par du sang qui s'est épanché dans les tissus voisins d'une artère ouverte; soit à un épaississement des parois du cœur ou à une dilatation de ses cavités. Voyons d'abord le premier genre.

Toutes les circonstances capables d'augmenter la force d'impulsion du sang dans les artères, ou de diminuer la résistance des parois artérielles, sont susceptibles de déterminer la formation d'un anévrisme. Mais la cause la plus commune de cette maladie est assurément la lésion de l'artère par un instrument vulnérant.

Le caractère propre aux anévrismes, au moyen duquel on peut les reconnaître, c'est de former une tumeur présentant au toucher des battements comme ceux du pouls. Malheureusement ce symptôme n'existe pas pour les anévrismes placés dans la profondeur du corps, et même dans les anévrismes situés à l'extérieur du corps. Il peut y avoir des circonstances qui jettent beaucoup d'obscurité sur ce symptôme, en sorte que le diagnostic des anévrismes est souvent un des points les plus difficiles de la chirurgie.

La maladie qui fait le sujet de cet article est toujours fort grave, et par les complications diverses qui viennent s'y joindre. Son traitement diffère beaucoup suivant que la tumeur siége sur une artère placée superficiellement, ou qu'elle est logée dans la profondeur des organes.

Lorsqu'elle est située de manière à pouvoir être mise à nu, la chirurgie lui oppose une opération qui consiste à oblitérer l'artère par une ligature et à empêcher ainsi le sang d'y circuler, opération délicate qui demande de la part de l'opérateur des connaissances anatomiques bien précises et une adresse toute chirurgicale.

Un traitement palliatif employé aussi avec quelque succès, consiste dans une compression permanente et régulièrement appliquée selon les surfaces : cette compression a pour but de contrebalancer l'effet dilatant des battements artériels.

Quant aux anévrismes placés hors de l'atteinte des moyens chirurgicaux, ce n'est qu'en diminuant la masse du sang et l'impulsion qui lui est communiquée par le cœur, quand on peut espérer d'en arrêter les progrès ou d'en retarder la marche. Le succès est bien moins certain que par le traitement chirurgical. Cependant on a obtenu quelques guérisons par des saignées très répétées, une diète excessivement sévère, un repos absolu et l'emploi de substances qui ont la propriété de retarder les battements du cœur, *la digitale*, par exemple; à cela il faut joindre le calme de l'esprit le plus complet et arrêter tout ce qui peut précipiter la circulation.

On donne aussi, comme nous l'avons dit en expliquant ce qu'on entend par ce mot, le nom d'anévrisme à une maladie du cœur qui consiste dans l'épaississement de ses parois ou dans leur amincissement.

Il y a deux espèces d'anévrismes du cœur. Dans la première, qui porte le nom d'anévrisme *actif*, le cœur est dilaté, ses parois sont épaissies, et la force de son action est augmentée. Dans la seconde espèce, l'anévrisme *passif*, il y a aussi dilatation, mais avec amincissement des parois et diminution de force dans l'action de l'organe.

Les tempéraments sanguins, les constitutions robustes, la vigueur de l'âge, un caractère violent peuvent prédisposer à l'anévrisme actif qui est déterminé dans ce cas, le plus souvent par un effort violent, un exercice immodéré, le port des fardeaux, l'usage des instruments à vent, la danse forcée, les affections vives de l'âme, l'abus des liqueurs, etc., etc. Les malades qui en sont atteints, ont la figure rouge et sensiblement gonflée, les yeux injectés ; les battements du cœur sont brusques, secs, violents, souvent sensibles à la vue, ils soulèvent la main posée sur la région qu'il occupe, quelque soit la force de la pression qu'on exerce.

L'anévrisme passif a plutôt lieu chez les individus lymphatiques dont le caractère est sans énergie et la constitution généralement faible. Il survient à la suite de maladies chroniques, d'affections morales tristes telles que les chagrins profonds, cachés, longtemps soufferts. La figure est pâle, fatiguée, quelquefois cependant injectée et violette ; les palpitations sont faibles, même rares : en appliquant la main sur la région du cœur, on ressent l'impression d'un corps mou qui vient soulever les côtes, et non les frapper d'un coup vif et sec, comme cela a lieu dans l'anévrisme actif.

C'est à la rupture des anévrismes du cœur et des grosses artères de la poitrine et du bas-ventre qu'on doit attribuer, dans beaucoup de cas, ces morts subites qui surprennent inopinément des individus doués en apparence, d'une santé florissante.

Le traitement des anévrismes du cœur consiste à diminuer la masse du sang par des saignées plus ou moins répétées, et à s'opposer ainsi à l'engorgement des cavités du cœur par ce liquide. On joint aux évacuations sanguines un régime très sévère et des préparations de digitale ; ces moyens produisent ordinairement une diminution notable des accidents ; on recommande le repos le plus parfait, le calme de l'esprit. Des cautères ou des moxas, de la glace appliquée sur la région du cœur produisent également d'heureux résultats.

ANGINE (*voyez* ESQUINANCIE).

ANKYLOSE. — Perte du mouvement dans une articulation mobile, comme celle du coude, du genou, etc.

Les plaies pénétrantes des articulations, les fractures des extrémités articulaires des os, la goutte, le rhumatisme, la longue inactivité des membres comme celle que nécessite parfois le traitement des fractures, telles sont les causes les plus ordinaires des fractures.

Les ankyloses qui ont leurs causes immédiates dans les tissus articulaires extérieurs, sont ordinairement incomplètes et susceptibles de guérison, ou du moins d'une grande amélioration. Celles qui dépendent d'adhérences membraneuses intérieures peuvent encore, bien que plus difficilement, être, en grande partie, dissipées. Mais celles qui succèdent aux inflammations aiguës durant lesquelles les surfaces osseuses ont crépité les unes sur les autres par la destruction des cartilages, sont incurables.

S'opposer au développement et au progrès de l'inflammation dans les lésions articulaires, est un des moyens les plus sûrs de prévenir l'ankylose dont elles menacent les parties. Après les luxations, les entorses, les fractures voisines des articulations, il convient de faire exécuter quelques mouvements, aussitôt que la solidité du cal et la cessation du gonflement inflammatoire le permettent. Dans tous les cas, on doit éviter de prolonger l'immobilité absolue au-delà de ce qui est rigoureusement nécessaire.

L'ankylose existe-t-elle? Les bains tièdes prolongés, les frictions onctueuses, les douches, le massage, les immersions des membres dans les décoctions gélatineuses, dans le sang des animaux récemment tués, les eaux minérales sulfureuses chaudes, et surtout des mouvements incessamment répétés, avec l'attention de les étendre de plus en plus par de continuels efforts, tels sont les moyens qu'il convient d'employer.

Enfin on donne quelquefois le nom d'ankylose à une immobilité d'une articulation, celle du genou, par exemple, occasionnée non par la soudure des os, mais par le raccourcissement de quelques uns des muscles qui les font mouvoir. La section des muscles est un moyen que la chirurgie moderne oppose efficacement à ce genre d'ankylose. (*Voyez* ORTHOPÉDIE.)

ANUS (*maladies de l'*). — Ces maladies sont généralement d'une assez grande importance et réclament presque toujours les secours de la chirurgie : abandonnées à elles-mêmes, loin de marcher vers la guérison, elles finissent presque toutes par occasionner des douleurs atroces et laisser des infirmités incurables : quelquefois même elles se terminent par la mort.

Des articles spéciaux devant être consacrés aux mots *hémorrhoïdes*, *fistules*, *rétrécissement*, *cancer*, etc., nous nous bornerons ici à renvoyer à ces divers articles, afin de ne pas faire double emploi.

APHONIE (*Voyez* VOIX, *extinction de*).

APHTES. — On donne ce nom à de petits ulcères superficiels blanchâtres qui se développent sur la

parties intérieures de la bouche et sur la langue, et qui
sont accompagnés d'une chaleur brûlante. Le *Muguet*
des nouveaux nés, n'est qu'une espèce particulière
d'aphtes confluents et rapprochés, (*Voyez ce mot*).

La pousse des dents chez les enfants, celle des dents
de sagesse chez les adultes, l'arrachement d'une dent
gâtée, des écarts de régime, l'abus des stimulants des
spiritueux, les préparations mercurielles, le froid,
l'humidité, les variations athmosphériques, les produisent assez facilement chez les personnes qui y sont
disposées. Les femmes en sont plus souvent atteintes
que les hommes; ils surviennent principalement en
automne, et sévissent d'une manière plus dangereuse
sur les enfants élevés dans les lieux bas, privés d'air
et de soleil.

Chez nous les aphtes sont presque toujours une maladie légère et passagère. Elle cède promptement à un
régime sobre, la diète aux potages et aux bouillies,
une tisane d'orge, un gargarisme à l'eau d'orge avec
un peu de sirop de mures, quelques bains de pieds,
un peu de repos.

S'ils sont plus considérables et plus opiniâtres, un
gargarisme fait avec une décoction de ronces et de
quinquina, un gramme de borax pour 300 grammes
de liquide (un grand verre), 60 grammes de miel rosat et une quinzaine de gouttes d'acide sulfurique réussit
à merveille.

Lorsqu'ils s'excorient, on les touche avec un petit
pinceau de charpie trempée dans du miel rosat additionné de quelques gouttes de laudanum et d'acide
sulfurique : il est même quelquefois nécessaire de les
toucher avec la pierre infernale.

APOPLEXIE. — L'apoplexie, généralement désignée sous le nom de *coup de sang*, est une maladie
du cerveau qui consiste effectivement en une conges-

tion sanguine, avec ou sans hémorrhagie dans cet organe, et que caractérise une privation subite, violente, plus ou moins complète du sentiment et du mouvement, sans toutefois, si l'attaque n'est pas mortelle, que la respiration et la circulation soient suspendues.

Cette affection, une des plus terribles, puisqu'elle peut tout à coup et sans signes précurseurs, frapper de mort l'homme qui jouit de la meilleure santé, et, quand elle ne le tue pas, le priver de l'une de ces trois facultés, penser, sentir, se mouvoir, et quelquefois de toutes les trois à la fois, est plus propre aux hommes qu'aux femmes, compte les trois quarts de ses victimes de trente-cinq à soixante ans, et attaque de préférence les sujets d'une constitution sanguine, à tête volumineuse, à cou court, à larges épaules, à cœur volumineux et rebondissant. Les causes prédisposantes se trouvent ordinairément dans l'étude, les chagrins, le défaut d'exercice, une nourriture succulente, la goutte, une perte sanguine subitement arrêtée, le passage brusque d'un air vif et froid à un air chaud et concentré.

D'après la définition que nous avons donnée de cette grave affection, on voit qu'elle peut offrir deux formes qui ne sont, à vrai dire, que deux degrés du même état ; l'une de ces formes est la simple congestion cérébrale ou *coup de sang*, l'autre est une véritable hémorrhagie avec rupture de la substance même du cerveau, c'est l'*apoplexie* proprement dite. Le premier atteint ordinairement les personnes sujettes à des vertiges : tout à coup un étourdissement plus fort que de coutume se manifeste et est suivi d'une perte de connaissance et de l'abolition des mouvements volontaires auxquelles s'ajoutent quelquefois des convulsions ; état qui se dissipe souvent au bout de quelques heures. La véritable apoplexie frappe au contraire, dans la plupart des cas, d'une manière brusque et instantanée, ses progrès sont rapides ; elle arrive en peu d'instants à son plus haut degré d'intensité, et s'accompagne toujours d'un trouble quelconque du sentiment et d'une paralysie plus ou moins complète qui, dans quelques cas, peut être compliquée de convulsions, sans qu'il s'amasse aucune écume autour de la bouche, ce qui la distingue essentiellement de l'épilepsie.

La première chose à faire pour une personne frappée d'apoplexie, c'est de la débarrasser des vêtements qui pourraient gêner la circulation, de la placer à un air libre sur un plan incliné, la tête plus élevée que le tronc, de lui placer les pieds dans l'eau chaude et de lui ouvrir immédiatement la veine du pied ou du pli du bras, ou de lui appliquer des sangsues derrière les oreilles, mais mieux encore au fondement, de lui appliquer des ventouses scarifiées au cou, de lui appliquer sur la tête des compresses trempées dans l'eau froide ; enfin de lui administrer un fort purgatif comme un verre d'eau de sedlitz double, mais jamais de vomitifs qui déterminent des secousses plus propres à aggraver le mal qu'à en atténuer les effets.

Ces divers moyens réussissent quelquefois, mais très souvent aussi ils sont infructueux, et le malade succombe ou reste paralysé. (*Voyez* pour le traitement de cet effet consécutif, le mot PARALYSIE). Quant aux moyens propres à empêcher ou à diminuer l'afflux du sang vers le cerveau, en un mot de prévenir l'apoplexie, ils consistent, pour les personnes pléthoriques sujettes aux étourdissements, à pratiquer de temps à autre, une saignée au bras ou à appliquer fréquemment des sangsues au fondement, à vivre sobrement, à tenir le ventre libre par des lavements ou des boissons purgatives, à entretenir soigneusement les hémorrhagies naturelles, à se modérer dans les travaux du cabinet et à éviter tous les excès.

ASPHYXIE. — L'asphyxie est la mort apparente ou réelle occasionnée par la suspension ou l'abolition de la respiration, ou pour parler plus correctement, par la privation d'air respirable; ce même état, occasionné par l'inspiration de gaz impropres à l'entretien de la vie, constituant plutôt un empoisonnement qu'une asphyxie.

L'asphyxie survient lentement ou tout à coup. Dans le premier cas, l'individu privé d'air, éprouve une gêne plus ou moins grande de la respiration, de là des baillements, un état d'angoisse difficile à supporter, un malaise général, un affaiblissement de la faculté de sentir, de mouvoir et même de penser, et bientôt perte de connaissance; la respiration no consiste plus alors qu'en mouvements peu sensibles de de resserrement et de dilatation de la poitrine, et la circulation qu'en battements du cœur que la main perçoit à peine; de là, un affaiblissement considérable du pouls, et la cessation de tout phénomène propre à l'acte de la respiration.

C'est alors qu'apparaissent les effets d'un commencement de plénitude des vaisseaux sanguins : la face, les mains et les pieds se colorent en rouge violet, il survient souvent un écoulement de sang par le nez, ou de larges taches violacées sur la longueur des membres; enfin la circulation s'arrête, la chaleur du corps baisse et s'éteint tout à fait s'il y a mort réelle. Dans le cas d'asphyxie subite, la respiration étant complètement suspendue de prime abord, les fonctions du cerveau et du cœur s'arrêtent presqu'aussitôt et la mort suit de près; dans ce cas, la figure s'injecte immédiatement; l'individu se livre à de violents efforts respiratoires, est dans une anxiété extrême et bientôt tombe dans l'affaissement le plus complet.

La première chose qui frappe dans une personne

qui vient d'être asphyxiée, c'est la coloration rose, ou
violacée des diverses parties de son corps, et qui ne
peut pas être expliquée par la position déclive qu'elle
aurait prise en tombant. Ses yeux sont ordinairement
très saillants, brillants et fermes; la bouche est tantôt
dans l'état naturel, tantôt exprimant la souffrance, et
souvent remplie d'écume sanguinolente. Quand elle est
suivie de la mort, le cadavre se raidit bientôt et le
reste longtemps. Mais ce qu'il importe de savoir pour
secourir une personne asphyxiée, c'est que plus elle l'a
été lentement plus on doit avoir l'espoir de la rappeler
à la vie. Quant à la nature des secours à donner, ils
varient nécessairement suivant la cause de l'asphyxie;
examinons les cas les plus fréquents.

Asphyxie par le froid : On dépouille l'individu de
tous ses vêtements; on le frotte dans la neige, puis on
le place dans un bain froid dont on élève peu à peu
la température, jusqu'à ce qu'il soit chaud. Une fois
que le corps commence à se réchauffer, on le place
dans un lit bien sec, on administre un lavement irritant, et des boissons acidulées et toniques aussitôt que
la déglutition est possible.

Asphyxie par la chaleur : On place la personne
dans un lieu frais, on la déshabille, on lui administre
un lavement salé, des boissons acidulées, on lui fait
une saignée soit au bras, soit mieux au cou; ou bien
on lui applique force sangsues derrière les régions tem-
porales.

Asphyxie par le charbon : On enlève d'abord la
personne du lieu où elle a été asphyxiée; on l'expose
au grand air, la tête élevée; on asperge le visage et
la poitrine d'eau vinaigrée froide; on frictionne tout
le corps avec des flanelles imbibées de liqueurs alcooliques; on irrite la plante des pieds, la paume des
mains et tout le trajet de la colonne vertébrale avec

une forte brosse de crin. On fait respirer du fort vinaigre et même de l'ammoniaque, on lui insuffle de l'air dans la poitrine. Si les moyens sont insuffisants, on pratique une saignée au pied ou au cou ; s'ils sont fructueux, on place la personne dans un lit chaud, on lui donne quelques cuillerées d'un vin généreux et quelques lavements d'eau salée.

Asphyxie par submersion (noyés) : On fait d'abord apporter le corps dans un lieu plus commode s'il est possible que le bord de la pièce d'eau de laquelle il a été extrait ; là on le deshabille, on le couvre de laine de la tête aux pieds ; on le couche la tête haute toujours un peu sur le côté droit. On se garde bien de chercher à lui faire rendre en le suspendant par les pieds, l'eau qu'il pourrait avoir avalée ; on le réchauffe, mais lentement et progressivement en promenant sur ses diverses parties, une vessie remplie d'eau tiède, ou des sachets remplis de cendres chaudes ; on lui insuffle de l'air dans les poumons en exerçant de légères compressions sur la poitrine et le bas-ventre ; on titille les fosses nasales, et si le corps se réchauffe, et que la figure reste rouge et injectée, on pratique une saignée au bras ou au cou ; on donne un lavement irritant et quelques boissons acidulées. Le galvanisme et l'électricité peuvent aussi être employés.

Asphyxie par strangulation (pendus, étranglés) : Après avoir coupé le lien qui a servi à la strangulation, on se comporte comme nous venons de le dire pour les noyés ; mais la saignée au cou est plus indiquée que dans aucun autre cas.

Asphyxie par suffocation : C'est celle qui arrive par la présence d'un corps étranger dans les voies aériennes. Si le corps est dans l'ésophage, on tâchera de le pousser dans l'estomac au moyen d'une baleine garnie d'une éponge fine et huilée d'un porreau. S'il est dans le larynx on tachera de l'extraire ou on l'enlèvera par une opération qu'on appelle Laryngo-Trachéotomie , mais qui offre toujours peu de chances de salut.

Voir pour l'asphyxie des nouveaux-nés , le mot *ac-couchement ;* pour celle que déterminent les gaz délé-tères , comme celui des fosses d'aisance, etc. , le mot *empoisonnement ;* enfin pour celle qu'occasionne la foudre , *commotion du cerveau.*

ASTHME. — L'asthme est une maladie des voies respiratoires dont les plus opiniâtres recherches n'ont point encore révélé la nature , mais qu'on croit être nerveuse, que caractérise une suffocation avec convul-sion des muscles respirateurs, sans fièvre et revenant d'une manière intermittente , souvent irrégulièrement et toujours sous forme d'accès. Les véritables causes de l'asthme sont presqu'aussi inconnues que sa nature. Tout ce qu'on sait, malgré la fréquence de la maladie, c'est que son développement coïncide souvent avec l'influence d'un air froid et humide, qu'elle est plus commune dans les lieux élevés dont l'air est plus ra-réfié et dans ceux où se dégagent soit des vapeurs, soit des poussières irritantes , qu'elle affecte de préférence les vieillards aux adultes , les adultes aux enfants , et les hommes aux femmes, enfin que les accès en sont à la fois beaucoup plus fréquents et plus intenses la nuit que le jour.

L'invasion de l'asthme est ordinairement assez brus-que ; mais chez certains sujets l'accès par lequel elle manifeste son existence et par lequel elle débute quel-quefois tout d'abord, est précédé d'un sentiment d'op-pression au creux de l'estomac. D'autres fois c'est une irritation, un picottement dans les voies aériennes ; dans tous les cas, c'est ordinairement le soir de dix heures à une heure ou deux heures du matin que les accidents se manifestent ; la personne est surprise par

une difficulté de respirer portée bientôt au plus haut
degré ; toutes les puissances musculaires de la poitrine
sont en jeu pour faciliter l'introduction de l'air dans
les poumons ; la tête est renversée , la bouche largement ouverte, les épaules et les bras portés en arrière ;
la respiration est rauque et sifflante, la face pâle, livide, couverte d'une sueur froide et visqueuse, les yeux
semblent vouloir sortir de la tête ; une toux sèche, pénible, saccadée s'ajoute à ces phénomènes dont la durée
varie de quelques minutes à une heure ou deux.

Enfin , la respiration commence à devenir plus facile, la toux s'humecte, la parole est plus libre et le
pouls de petit qu'il était dans l'accès , se développe.
Une expectoration des matières visqueuses et filantes
ne tarde pas à se déclarer ; dès-lors un sentiment de
détente , de calme et de bien-être vient remplacer
l'anxiété indicible dans laquelle était plongée quelques
moments auparavant la personne ; quelquefois le même
appareil de symptômes se reproduit dans la nuit suivante, la journée ayant été calme ; d'autres fois les accès ne se renouvellent que tous les mois ou même que
deux, trois ou quatre fois par an. Ce qu'il y a de remarquable et qui sert à reconnaître l'asthme de toute
autre maladie des voies respiratoires, c'est que dans les
intervalles des accès , quelque courts qu'ils soient, la
santé n'est en rien altérée et se maintient ainsi jusqu'à
l'arrivée de l'accès suivant.

Combattre l'accès au moment où il se déclare, e
tâcher d'en prévenir le retour, sont donc les seules indications qui se présentent à remplir dans cette insidieuse et pénible maladie. Ainsi , quand on se trouve
auprès d'une personne en proie à une attaque d'asthme,
on commencera par la faire asseoir dans une position
verticale, on fera ouvrir les fenêtres afin de lui fournir
plus d'air, on débarrassera sa poitrine des vêtements que

pourraient la comprimer, on lui fera mettre les pieds dans un bain chaud aiguisé avec une pelletée de cendre : on pourra lui appliquer des ventouses sèches entre les épaules ou sur la poitrine; enfin, donner de temps à autre quelques cuillerées d'une infusion de tilleul dans laquelle on fait entrer un peu de laurier-cerise ou quinze à vingt gouttes d'éther. Quand l'accès commence à perdre de sa force, que les crachats demandent à couler, on favorisera ce mouvement naturel par l'administration de quelques boissons chaudes, comme le polygala de Virginie, l'ipécacuanha à faible dose.

L'ignorance absolue dans laquelle nous sommes sur les causes de l'asthme, fait de suite prévoir que sa guérison doit-être difficile, et qu'il est presque impossible d'établir à son égard un traitement rationnel. Seulement ce que nous savons des circonstances au milieu desquelles il se développe ordinairement, doit faire pressentir qu'il peut dans quelques circonstances être modifié ou même enrayé dans sa marche par un changement d'habitation, de régime, de manière de vivre.

Ainsi, dans les saisons froides et humides les asthmatiques feront bien de se tenir chaudement, de porter de la laine sur la peau, de ne pas surtout s'exposer aux brouillards, de tenir dans la chambre où ils couchent des vases remplis d'eau chaude dont l'évaporation empêche l'air d'être trop sec. Les frictions sèches faites sur les diverses parties du corps, l'exercice dans le milieu de la journée, les distractions peuvent aussi devenir fort utiles. Restent les moyens véritablement médicamenteux.

Ces moyens sont presque tous pris parmi les narcotiques et les anti-spasmodiques, comme l'opium qui s'administre ordinairement en pillules à la dose d'un à cinq centigrammes par jour; le Datura stramonium qui se donne en extrait à la même dose. Quelques personnes en fument avec avantage les feuilles seules ou unies au tabac. Les anti-spasmodiques sont le musc, le castoréum qu'on peut donner seuls ou unis aux narcotiques. Les divers excitants et une foule de moyens conseillés par les charlatans et avidement accueillis par les gens crédules, doivent être mis de côté; mais les vésicatoires et les cautères portés à demeure ont souvent retardé ou rendu moins violents les accès.

AVORTEMENT.— (*Voyez* FAUSSE COUCHE.)

B.

BEC DE LIÈVRE. — On appelle ainsi la difformité qui résulte de la division d'une des lèvres en deux parties. Ce nom tire son origine de la ressemblance qu'on a cru trouver entre la lèvre supérieure ainsi divisée et celle du lièvre et du lapin chez lesquels cette disposition est ordinaire.

Les enfants peuvent naître avec cette difformité, c'est même le cas le plus commun : c'est ce que l'on appelle *bec de lièvre naturel*, ou bien il peut être le résultat d'une plaie ou d'une perte de substance de la lèvre, on le nomme alors *bec de lièvre accidentel*.

On distingue ces deux variétés de bec de lièvre, non seulement aux circonstances commémoratives, mais encore à la nature de la pellicule qui recouvre les bords de la division : cette pellicule ressemble à celle qui recouvre le bord rouge des lèvres, quand la difformité a été apportée en naissant ; et c'est une véritable cicatrice, lorsque le bec de lièvre est une maladie accidentelle.

Le bec de lièvre naturel affecte toujours la lèvre supérieure, et la fente se présente le plus souvent au dessous de l'ouverture nazale gauche, et il est fort rare même qu'elle se trouve placée sur la ligne médiane.

La difformité peut occuper toute l'épaisseur et toute la

hauteur de la lèvre ou n'être que partielle. Dans le premier cas il n'existe qu'un sillon ou enfoncement descendant du bord inférieur de l'aile du nez jusqu'à la partie libre de la lèvre. Ce n'est là qu'une ébauche de la maladie. D'autres fois la lèvre n'offre qu'une division de quelques lignes de hauteur au dessous de son bord libre; mais il est plus ordinaire de rencontrer les divisions complètes. Quelquefois la lèvre offre deux divisions, c'est ce qui constitue le bec de lièvre double; on observe dans l'intervalle une portion charnue placée dans la cloison du nez. Cette partie est tantôt arrondie, tantôt allongée, quelquefois aussi longue que les autres parties de la lèvre, généralement beaucoup plus courte.

Le bec de lèvre, soit simple, soit double, peut se compliquer de dispositions vicieuses des os et des dents. La voûte du palais peut offrir dans toute sa longueur et sur la ligne moyenne une ouverture plus ou moins large qui fait communiquer la bouche avec le nez.

Lorsque le bec de lièvre est accidentel, il peut affecter l'une ou l'autre lèvre et offrir les dispositions les plus variées et les plus bizarres. Il est inutile de s'y arrêter.

Le bec de lièvre constitue une difformité qui peut être portée au point de devenir repoussante. Lorsque la fente des lèvres est double, et qu'il y a une saillie considérable des os et des dents, la bouche a une expression hideuse; le nez est aplati et quelquefois les narines offrent un écrasement tel que le bout du nez ramené en arrière semble rentrer dans l'intérieur. La difformité qu'entraîne le bec de lièvre augmente encore pendant le rire et la prononciation.

Le bec de lièvre est non seulement une difformité, mais il apporte encore un trouble notable dans la prononciation et dans la mastication des aliments; s'il y a complication de division de la voûte du palais, les inconvénients sont plus graves; tous les aliments li-

quides et solides s'échappant par le nez. Lorsque c'est
la lèvre inférieure qui est divisée, la salive, ne pouvant être retenue dans la bouche, s'écoule continuellement, et la déperdition de ce fluide nécessaire à la
digestion, ne tarde pas à produire un amaigrisement
considérable, et par suite de graves accidents si l'on
n'a point recours à des moyens convenables pour y
remédier.

Ce n'est que par une opération que l'on peut guérir le bec de lièvre. Au moyen du bistouri ou des ciseaux on avive les bords de la division de la lèvre puis
on les rapproche et on les maintient dans un contact
parfait à l'aide d'une suture entortillée et d'un bandage contentif, de manière à ce qu'ils se réunissent au
moyen d'une cicatrice linéaire. On lève cet appareil au
bout de trois à quatre jours et on soutient la cicatrice
encore tendre par des tours de bande. Au bout de sept
à huit jours on abandonne le malade à lui-même.

Si c'est sur un enfant que l'opération a été pratiquée ; on aura soin d'éloigner tout ce qui peut exciter
son impatience. On évitera les pleurs, les cris, le rire,
l'étonnement ; on veillera à ce qu'il ne touche point à
l'appareil ; on le nourrira d'aliments liquides qui
n'aient pas besoin d'être mâchés, tels que du bouillon,
des potages avec des fécules, de la semoule, etc.

Lorsque le bec de lièvre s'accompagne d'un écarte-
ment peu considérable des os du palais, cette difformité
disparaît peu à peu après la guérison de la fente des
lèvres. Il en est de même de la déviation et de la mauvaise direction des dents. Mais lorsque ces vices de
conformation sont considérables, il est alors nécessaire
de repousser, au moyen d'un bandage compressif ou
enlever avec les pinces incisives cette portion non de
niveau. Il faut également replacer, au moyen d'une
compression méthodique, les dents mal disposées, ou les
extraire si elles devaient faire obstacle à la guérison

BÉGAIEMENT. — Hésitation, difficulté de parler plus ou moins prolongée, convulsive et saccadée de certains mots ou syllabes difficiles à prononcer, ou bien encore arrêt ou suspension complète de la voix, au milieu d'inutiles et violents efforts pour parler, efforts qui peuvent aller jusqu'à la suffocation.

Le bégaiement présente une foule de nuances, soit d'intensité, soit de caractère; mais quel que soit son degré, il ne laisse aucun doute sur son existence, et ce vice de prononciation frappe au premier abord l'oreille la moins délicate. Quelquefois ce vice est à peine sensible et la bègue s'en rend aisément maître; mais il peut être une infirmité des plus pénibles, pire que le mutisme complet, et de nature à réagir d'une manière on ne plus fâcheuse sur le moral et l'esprit de l'individu affecté. Dans le plus grand nombre de cas cependant les bègues, après un certain nombre de répétitions de la même lettre ou de la même syllabe, parviennent à s'exprimer et jouissent ainsi, quoique avec peine, des bienfaits de la parole.

Le plus souvent nul dans l'enfance, le bégaiement se révèle d'une manière plus positive à l'époque de la puberté; alors son intensité est proportionnée à la susceptibilité des sujets et au développement de l'intelligence et des besoins; il décroît à l'âge mûr à mesure que le moral se calme et s'émousse pour décroître encore ou cesser même entièrement dans un âge avancé.

Le plus ordinairement les bègues n'éprouvent aucune difficulté, soit à chanter, soit à dire des vers, particulièrement les alexandrins; cependant cette règle n'est pas sans exception; il y a des bègues, mais bien rares, qui le sont même en chantant.

Rien n'est plus obscur que la cause du bégaiement. On a tour à tour invoqué le volume trop considérable de la langue, là petitesse absolue ou relative de son tissu charnu, l'épaisseur, la brièveté ou la longueur du filet, la division de la luette, le mode d'implantation des dents, les altérations organiques du cerveau, etc. Ces nombreuses circonstances ne sont, il faut en convenir, que de simples coïncidences fortuites et excessivement rares.

Dans l'état normal des organes de la parole, et durant le silence, la langue est appliquée par sa face supérieure contre la voûte palatine et le voile du palais; sa base est soulevée, et la pointe est placée derrière les dents incisives supérieures. Lors de la prononciation d'un mot, la langue fait un mouvement d'abaissement qui permet la production du son vocal, par le larynx, et plusieurs autres mouvements pour les articulations qui entrent dans la construction du mot; tout cela se passe dans un instant indivisible, et il y a simultanéité entre la volonté de parler et l'exécution de la parole.

Chez les bègues, au contraire, au moment où ils vont parler, la langue au lieu d'occuper une position élevée et de toucher par sa pointe à la face postérieure des dents incisives supérieures, et par sa face libre à la voûte palatine, se tient abaissée au niveau de l'arcade dentaire inférieure, et séparée de la voûte palatine par un espace plus ou moins considérable, d'où il suit que pour articuler ou modifier le son vocal, dans cette situation, la langue ne peut que s'élever et se porter en avant; et, obéissant brusquement à ce mouvement volontaire, elle oblitère le conduit vocal et empêche ainsi le son d'arriver, et la parole de s'effectuer.

Le bègue, irrité par cette difficulté, agite fortement sa langue et fait des efforts pour rétablir l'harmonie entre l'émission du son et les mouvements pro-

pres à son articulation C'est alors que parfois ses efforts
se prolongeant inutilement, il éprouve tous les phénomènes d'un afflux de sang vers la tête, des tirail-
lements douloureux d'estomac, des nausées, un sentiment de strangulation qui cessent par le silence et le
rétablissement parfait de la respiration.

La méthode la plus simple à appliquer au traitement
du bégaiement consiste à changer la position défectueuse de la langue et à lui donner celle des personnes
qui parlent sans hésiter, c'est-à-dire à l'appuyer
contre le palais. Il faut ensuite lire lentement et en
prononçant toutes les syllabes en mesure et en ca-
dence. Dès que l'on éprouve un arrêt ou une simple
hésitation, comme cela tient à la position vicieuse de
la langue, il faut y remédier en relevant de nouveau
cet organe Le bègue doit arriver à prononcer toute
espèce de syllabe et de mot la langue ainsi collée au
palais; il y réussit après un temps plus ou moins long,
suivant le degré d'intelligence et le degré de souplesse
ou de docilité des organes de la parole ; mais la prononciation, ainsi formée est fort altérée, elle est *em-
pâtée*, comme on dit.

L'expérience a appris que ce défaut disparaît à
mesure que le bègue devient plus certain de ses mouvements. En effet, l'empâtement ne vient pas seulement de ce que la langue est appuyée contre le palais,
mais de ce que le bègue ne sait pas lui imprimer dans
cette position nouvelle les mouvements nécessaires.
Lorsqu'il est parvenu à la bien maintenir en prononçant n'importe comment, il s'applique à lui donner
dans cette position des mouvements plus énergiques,
qui cependant ne la déplacent pas entièrement, mais qui
laissent passage à l'air, en diminuant d'autant cet empâtement qui disparaît peu à peu. Au reste, la règle
invariable, infaillible, est celle d'articuler le plus net-

tement possible, en détachant du palais la langue le
moins possible. En suivant ces préceptes, le bègue, au
bout de peu de temps pourra parler sans bégayer;
mais il ne doit pas pour cela cesser ses exercices; au
contraire, il doit les prolonger pendant plusieurs mois,
autrement la guérison pourrait n'être pas durable.

L'énergie de la volonté est la condition la plus essentielle du succès ; il importe de la concentrer exclusivement sur l'objet du traitement. Ce qui prouverait
que dans le traitement ce qu'on a définitivement pour
but c'est bien moins de corriger les mouvements de
la langue que de la mettre d'accord avec le cerveau
chargé de lui commander. Le temps nécessaire pour
une cure complète est variable, mais la durée du
traitement dépend beaucoup moins de l'intensité de
la maladie que du degré d'énergie et de la tournure
de l'esprit de chaque sujet. Les plus longs traitements
n'excèdent jamais quelques mois, et il n'est pas rare
d'en voir qui sont terminés au bout de quelques
jours ou même de quelques heures. C'est ce qui arrive
quand le bègue, à qui on apprend qu'en appuyant la
langue contre le palais on surmonte aussitôt la difficulté, pénétré promptement de cette vérité, y place
toute confiance, et dès lors sûr de ne point bégayer,
se trouve immédiatement guéri.

Quant aux opérations qu'on a dernièrement propo-
sées et mises à exécution, pour régulariser, par la section de quelques uns de ses mucles les mouvements de
la langue, accueillies avec plus d'enthousiasme que
de raison, elles sont aujourd'hui complètement abandonnées et n'ont servi qu'à prouver combien il est
imprudent d'en venir à des moyens extrêmes quand
rien ne les justifie.

BERLUE. — On donne ce nom à certains troubles,
à certaines illusions du sens de la vue, dont la cause

n'est pas toujours facile à découvrir. Les personnes qui ont la berlue, tantôt croient voir voltiger devant leurs yeux une mouche, une araignée ou tout autre insecte, tantôt l'organe de la vue donne la sensation d'une foule de points noirs ou brillants, de bluettes, de pluie de feu, d'éclairs, etc. Cette affection, presque toujours passagère et peu importante, n'exige, pour l'ordinaire, aucun traitement ; cependant il est des cas où cette incommodité est très opiniâtre, et l'on doit alors tâcher de la guérir. Les meilleurs moyens pour y parvenir sont les saignées, les sangsues, et surtout les révulsifs, tels qu'un séton ou un vésicatoire placé sur la partie postérieure du cou.

BILE. — Humeur animale sécrétée par le foie et indispensable pour opérer la digestion des aliments, concurremment avec d'autres humeurs qui aident à leur dissolution.

Par suite des diverses variations ou altérations qu'elle peut subir dans sa quantité, dans sa consistance, dans sa couleur, dans son odeur, dans sa nature ou composition intime, et dans sa marche ou distribution, la bile a souvent une grande part dans plusieurs affections qui ne sont pas rares, et que nous aurons occasion d'étudier aux divers mots qui les concernent. (*Voyez* AMERTUME, CHOLÉRA, DIARRHÉE, EMBARRAS GASTRIQUE, FIÈVRE, JAUNISSE, etc.).

BLESSURE. — En chirurgie, on entend par ce mot toute solution de continuité des parties molles. Dans cette acception, il est synonyme du mot *plaie*, qui est beaucoup plus usuel (*voyez* PLAIE.).

BOSSE. — Les courbures et les déviations de l'épine, devenues aujourd'hui l'objet d'études et de soins spéciaux, seront indiquées aux mots ORTHOPÉDIE et TAILLE, en sorte que nous n'avons pas ici à nous en occuper.

Mais on désigne encore vulgairement sous le non de bosses, ces petites tumeurs, suites de coups et de chutes, formées par du sang infiltré ou épanché sous la peau, et qui surviennent facilement dans les lieux ou les os sont immédiatement recouverts par les téguments, comme au front, au cuir chevelu, au coude, etc., presque toujours ces bosses se dissipent d'elles-mêmes en peu d'heures ou en peu de jours.

La compression exercée au moyen d'un mouchoir et de compresses trempées dans de l'eau froide, de l'eau salée, de l'eau vinaigrée, de l'eau et de l'eau-de-vie, de l'eau blanchie par l'addition de l'extrait de saturne, etc., favorise et accélère la disparition de la bosse.

Quelques personnes s'effraient lorsque, à la suite de ce genre d'accident, éprouvé au front, par exemple, elles voient l'œil et la joue noircir par suite de l'infiltration de proche en proche du sang épanché. C'est là un effet naturel de la disposition de nos tissus, qui, le plus ordinairement, n'entraîne aucun inconvénient et disparaît de lui-même. On pourrait d'ailleurs, si cela était nécessaire, prévenir les accidents locaux ou généraux, suites de la chute ou du coup qui a produit la contusion : c'est à ce dernier mot que seront donnés les renseignements relatifs à ce sujet

BOUCHE. — Première cavité de l'appareil digestis et de tous les organes de la nutrition. Elle présente beaucoup de maladies particulières qui seront étudiées aux mots APHTES, DENTS, GENCIVES, FILET, MUGUET, etc.

BOUFFISSURE. — On désigne particulièrement sous ce nom le gonflement œdémateux qui se montra aux paupières, au visage, aux jambes, chez les gens affaiblis, convalescens de maladies graves qui ont nécessité un long séjour au lit, etc. Dans quelques cas la bouffissure est le premier indice d'une hydropisie commençante, et alors elle mérite la plus sérieuse attention, surtout chez les personnes atteintes d'obstructions, d'anévrismes du cœur, etc. (*voyez ces mots*). On observe parfois une bouffissure partielle, à la joue. par exemple, à la suite de fluxion inflammatoire et souvent cette intumescence extérieure est l'indice d'un abcès qui siége plus ou moins profondément (*voyez* FLUXION).

BOURDONNEMENT (*d'oreilles*). — Tintement, perception illusoire par l'oreille d'un bruit im tant celui que font les insectes en volant, ou bien encore le roulement d'une voiture, le pétillement des flammes, le tintement des cloches, le chuchottement , etc. Cette affection dépend tantôt d'une disposition accidentelle de l'intérieur de l'oreille, comme un rétrécissement du conduit auditif, l'accumulation de la matière appelée *cérumen*, l'occlusion du conduit particulier allant aboutir de l'oreille à l'arrière-bouche, et qu'on nomme trompe d'Eustache, une tumeur, un petit corps , un insecte introduit dans l'oreille ; tantôt elle provient de ce que le sang se porte avec violence à la tête, comme cela arrive pendant la fièvre, dans quelques maladies du cœur, et dans cet état de réplétion sanguine connue sous le nom de *phlétore*; enfin elle peut dépendre d'une perversion nerveuse sans cause appréciable : elle est alors une véritable hallucination de l'ouïe.

Les personnes très nerveuses sujettes à des attaques de nerfs , entendent souvent ces bourdonnements. Dans certaines indispositions, surtout lorsque l'on est sur le point de se trouver mal, on éprouve un tintement d'oreille particulier; c'est aussi un phénomène nerveux. Il se montre encore dans l'agonie des mourants. Lorsque le bourdonnement est dû à une disposition accidentelle de l'oreille, il faut s'attacher à faire disparaître la cause physique du mal. Nous avons dit qu'il était quelquefois le signe d'une trop grande abondance de sang à la tête; il s'accompagne alors de rougeur à la face, d'étourdissement, surtout quand on se baisse, d'éblouissements, de maux de tête, etc. : la saignée ou l'application des sangsues à l'anus, les bains de pieds, les sinapismes et tous les dérivatifs, sont alors indiqués dans ce cas.

BOURSES (*Maladies des*). — On désigne vulgairement sous ce nom l'organe chargé de la sécrétion de la semence, ou *testicule* et ses enveloppes. Les maladies qui peuvent les affecter sont surtout l'inflammation, l'atrophie, le sarcocèle, l'hydrocèle et le varicocèle ; des plaies, des ulcères, la gangrène, des dartres, peuvent aussi les atteindre ; mais sans présenter rien de bien particulier, encore pour ces dernières affections, nous renvoyons le lecteur aux articles généraux ; bornons-nous ici à leur inflammation.

Elle peut n'envahir que les enveloppes du testicule, ou s'emparer de cet organe lui-même : dans le premier cas, la maladie est un véritable érysipèle phlegmoneux, caractérisé par la rougeur de la peau, sa tension et surtout un gonflement qui s'étend quelquefois jusqu'à la peau de la verge : la marche du mal est rapide, et on le voit parfois se terminer par la gangrène ; cependant les malades guérissent souvent, quelque effrayants que puissent paraître les symptômes. L'inflammation du testicule lui-même prend le nom d'*orchite*. Ses caractères sont les suivants : il existe de la chaleur, le testicule est tuméfié et devient le siège d'une vive douleur qui se propage à l'aine, en suivant ce qu'on appelle le *cordon testiculaire* ; la peau des bourses n'est pas rouge et ne participe pas à l'inflammation. Cette affection reconnaît pour cause des coups, des chutes, les contusions, le froissement de la partie, les efforts réitérés et violents , l'irritation de l'urètre, du col de la vessie, causée par l'introduction d'une sonde, l'extraction d'un calcul volumineux , l'exposition des parties génitales au frais, l'abus du coït, etc., etc. Mais, le plus souvent, c'est pendant le cours d'une *blennorhagie* ou *chaude-pisse* qu'elle se montre. Elle n'attaque alors ordinairement qu'un des testicules, mais elle passe facilement de l'un à l'autre. Le développement de l'inflammation est extrêmement rapide, il peut atteindre son *maximum* au bout de quelques heures : la douleur est souvent atroce , on a vu même le malade être pris de hoquets, de vomissements et de quelques phénomènes convulsifs. Pendant la durée de la maladie, l'écoulement blennorrhagique est diminué ou supprimé. On a remarqué que lorsque cet écoulement était récent, la maladie se montrait plus rarement que lorsque la blennorrhagie était déjà ancienne.

L'inflammation du testicule doit être attaquée dès son début, c'est-à-dire au moment où le malade ne ressent encore qu'une douleur sourde, par les bains prolongés , par les cataplasmes émollients, l'abstinence sévère des aliments, l'usage abondant des boissons delayantes, et surtout par le repos absolu au lit, ce dernier suffisant quelquefois seul pour faire avorter la maladie. Mais si la douleur est déjà vive, si le gonflement tend à faire des progrès, on doit recourir aux sangsues et les appliquer en grand nombre au scrotum. En effet, lorsqu'on se borne à n'en placer que huit à dix, leurs piqûres augmentent ordinairement l'inflammation du scrotum, et les douleurs, loin de diminuer, deviennent plus fortes. Il ne faut donc pas employer moins de vingt à trente sangsues, et même recommencer, si une seule application ne suffit pas pour dissiper l'inflammation ; plus tard, on emploiera les résolutifs, tels que l'eau blanche, etc. Enfin nous recommanderons aux personnes atteintes d'écoulement, de porter un suspensoir, et de s'abstenir de l'équitation et de tout exercice violent, c'est un excellent moyen d'éviter l'inflammation.

BOUTON —On désigne vulgairement sous ce nom ces petites *papules* isolées, arrondies, plus ou moins dures, à peine douloureuses, tantôt sans changement de couleur à la peau, tantôt colorées d'un rouge pâle, ou quelquefois très vif, ne se terminant jamais par suppuration, mais seulement par une légère desquammation. Les causes propres à favoriser le développement de ces éruptions sont la jeunesse, l'habitation dans un climat chaud, un régime excitant, quelques états particuliers des organes digestifs. Les jeunes gens des deux sexes qui touchent à l'époque de la puberté sont très sujets à ces boutons : l'âge critique amène également de semblables affections de la peau.

Le plus ordinairement, ces boutons disparaissent au bout de quelques jours sans aucun secours de l'art, la nature seule en opère la guérison ; mais s'ils se montrent plus rebelles, ou qu'ils se renouvellent trop souvent, des bains, un régime sobre et rafraîchissant, quelques légers purgatifs , les lotions avec de l'eau de savon à laquelle on ajoute quelques gouttes d'eau de Cologne dissiperont bientôt cette légère affection.

BRULURE. — Résultat de l'action de calorique concentré sur une partie quelconque du corps. Les variétés qu'offre la brûlure, considérée sous le rapport de son intensité, peuvent se réduire à trois. Dans la première, il y a seulement douleur, rougeur et tuméfaction momentanée de la partie brûlée. Dans la seconde, il y a de la rougeur, du gonflement, de la douleur, comme dans le cas précédent, et de plus une exhalaison séreuse qui soulève la peau et forme des vessies ou cloches qui , d'abord peu considérables, augmentent peu à peu à mesure que la sérosité s'y accumule. Dans le troisième degré, la peau et les chairs sont désorganisés, quelquefois même charbonnés, il se forme des névroses plus ou moins étendues, et il s'établit une suppuration abondante qui entraîne avec elle des lambeaux de chair souvent frappés de gangrène.

En général, une brûlure du premier degré n'est pas dangereuse et se guérit en quelques jours, surtout si elle n'est pas étendue. Une brûlure du second degré n'est dangereuse que dans les cas où elle a une grande étendue et où les parties affectées jouissent d'une grande sensibilité. Mais la brûlure du troisième degré est toujours une maladie grave et souvent dangereuse; car indépendamment de troubles généraux qui surviennent lorsqu'elle est étendue, et qui produisent quelquefois la mort, elle a encore l'inconvénient, lorsqu'elle siége sur des parties visibles, de laisser souvent des cicatrices difformes.

Une multitude de moyens ont été recommandés dans les brûlures superficielles. Mais en tête de tous les autres, nous n'hésiterons pas à placer l'eau froide ou mieux encore l'eau de Goulard, qui agissent à la fois en calmant la douleur et en combattant l'inflammation. Il est merveilleux de voir combien les douleurs diminuent rapidement sous l'influence de ce moyen. Il a de plus l'avantage de pouvoir être employé dans le cas où l'épiderme a été enlevé. Mais pour être utile, pour éviter même du danger dans l'emploi, il faut avoir soin de ne pas laisser l'eau s'échauffer, et d'en continuer l'usage pendant plusieurs heures après l'accident. La meilleure manière de l'employer est incontestablement de plonger la partie brûlée dans le liquide froidi; mais on conçoit que toutes les parties du corps ne permettent pas ce mode d'emploi, il faut alors arroser incessamment la partie brûlée avec le même liquide, ou l'envelopper de compresses qui en seraient imbibées et qu'on aurait soin d'humecter souvent.

Lorsqu'il existe des cloches, on les perce avec une épingle ou la pointe d'une lancette, en deux à trois places, pour faire écouler la sérosité, sans enlever l'épiderme, puis on emploiera les remèdes adoucissants, calmants, anodins, sous forme d'emplâtre. Le cérat, qui est un mélange de cire et d'huile, auquel on mêle de l'opium ou du laudanum liquide, lorsqn'il y a une grande irritation, est le moyen qui convient le mieux pour remplir l'indication qui existe alors, en ayant soin cependant de continuer l'usage des compresses d'eau froide ou d'eau de Goulard par dessus l'emplâtre de cérat, ou de couvrir la partie d'émolliens si elle est très enflammée.

Si la brûlure est du troisième degré, comme on ne peut pas bien connaître, au premier abord, quelle est son étendue, on couvrira toute la partie, soit de compresses imbibées d'eau de Goulard, soit de cataplasmes faits avec la farine de lin ou la guimauve. Ces moyens simples aident puissamment à apaiser les douleurs et à préparer une bonne suppuration qui facilite la chute des escarres. Lorsque l'on aperçoit quelques parties de celles-ci prêtes à se détacher, on les coupe avec des ciseaux, en évitant de les tirailler de peur d'irriter la plaie, ensuite on traite comme une plaie ordinaire.

Pendant la formation de la cicatrice, il faut avoir soin de donner à cette partie ou à celles qui la forment, la position la plus convenable pour empêcher les adhérences, prévenir la difformité et maintenir la partie dans son état naturel. Aussi, en thèse générale, il faut maintenir les parties dans le plus grand degré d'extension possible.

Dans les brûlures petites et superficielles, le traitement doit se borner à la partie brûlée. Il n'en est plus de même quand le feu agit sur une grande étendue ; on doit alors prescrire des médicaments internes et modifier le régime du malade. On se trouve bien, dans les premiers moments, de potions calmantes et anodines ; on ordonnera une diète sévère, l'usage des boissons adoucissantes, des lavements émoliants, quand il sera possible de les administrer. On insistera sur ce régime sévère jusqu'à ce que la crainte des accidents inflammatoires soit passée. Si, malgré cela, ils se développaient avec intensité, il faudrait avoir recours aux émissions sanguines. Mais on ne doit jamais perdre de vue que le malade aura à supporter une longue maladie, qu'il sera soumis à une abondante suppuration, et qu'on doit craindre de l'affaiblir de manière à ce qu'il ne puisse suffire aux pertes qu'il eura à subir.

C.

CACOCHYMIE. — Cette épithète si souvent employée autrefois est actuellement tombée dans une sorte de désuétude. Néanmoins on dit encore quelquefois un *tempérament cocochyme*, pour désigner quelqu'un de malsain et d'affaibli plus encore par l'infirmité ou la maladie que par l'âge.

Outre les moyens spéciaux indiqués par le genre particulier d'infirmité ou de maladie dont est affecté l'individu cacochyme, moyens exposés dans le cours de cet ouvrage, nous allons donner quelques conseils généraux aux personnes qui méritent ce nom.

Elles doivent se préserver soigneusement des vicissitudes atmosphériques, et cependant ne pas négliger de faire chaque jour un exercice convenable. Leur corps doit être vêtu de laine et de flanelle ; leurs sorties ne doivent s'effectuer qu'au milieu du jour et jamais pendant la fraîcheur humide du matin ou du soir. Des frictions sèches, balsamiques ou spiritueuses sur les membres, répétées chaque jour, avec la main, une brosse douce, une flanelle imprégnée de vapeur de benjoin, etc., leur seront fort utiles. Un régime sobre et cependant très restaurant, quand d'ailleurs il n'y a pas de contre-indication présentée par l'état de la poitrine ou des organes digestifs ; les gelées animales, un peu de vin de Bordeaux au repas, point de café à l'eau ni de liqueurs spiritueuses..., voilà les principales règles de conduite qui leur seront prescrites.

Ce n'est qu'en s'entourant de soins et en observant attentivement les règles d'une saine hygiène, que les personnes cacochymes pourront se garantir des souffrances qu'elles ne manqueraient pas de s'attirer par un régime de vie mal réglé.

CALCUL. — (*Voyez* PIERRE.)

CALLOSITÉ ou CALUS. — On désigne sous ces deux noms des duretés, des épaississements de la peau qui surviennent dans les parties qui sont exposées à des frottements ou à des pressions continues. Cette difformité est produite par des couches d'épiderme superposées et durcies ; elle se rencontre aux talons, à la plante des pieds, chez les grands marcheurs ; aux mains, chez les ouvriers qui manient des corps durs ; au bout des doigts, chez les personnes qui jouent des instruments à corde ; aux genoux, chez les individus que leur profession force à se tenir longtemps à genoux.

Les callosités diminuent ou abolissent la sensibilité des parties sur lesquelles elles se développent, et peuvent par conséquent empêcher l'exercice du toucher, quand les doigts en sont le siège ; ils peuvent dans quelques cas donner lieu à des douleurs assez vives.

Les moyens propres à détruire cette incommodité, sont d'abord de cesser complètement de s'exposer aux causes qui l'ont fait naître, puis ensuite on enlève les callosités couche par couche à l'aide d'un rasoir, après des avoir ramolies préalablement au moyen de bains l'eau tiède simple ou chargée de principes émolliants, telles que l'eau de guimauve, l'eau de son, etc ; d'autres fois, on les use avec de la pierre ponce ; cette dernière pratique est surtout en usage dans les bains orientaux.

CALVITIE. — Chute des cheveux ou des poils. Cette affection à qui l'on donne également le nom d'*Alopécie*, peut dépendre de causes nombreuses et variées, telles sont la plupart des maladies aiguës et chroniques, les violents maux de tête, la vieillesse, un état valétudinaire cachochyme, les chagrins, les passions, le libertinage, etc.

Le véritable traitement de la calvitie est encore à signaler ; la plupart des remèdes proposés pour faire pousser les poils sont illusoires, et ces prétendus spécifiques si vantés par les charlatans ne méritent aucune confiance et sont presque toujours nuisibles. Les esprits sages doivent se borner à combattre les causes qui ont provoqué et produit la calvitie, puis après cela le moyen le plus assuré pour empêcher qu'elle ne devienne complète, et pour mieux réussir à la réparer est de raser tous les poils, et de répéter plusieurs fois cette opération à mesure que les cheveux repoussent. Il résulte de cette pratique deux avantages ; le premier, c'est que la racine peut être maintenue en vigueur avec une quantité de suc nourricier qui eût été insuffisante pour nourrir un cheveu très long ; le second, c'est que par une section répétée, les petits poils finissent par acquérir le volume et la consistance des poils ordinaires et contribuent quelquefois à rendre la chevelure plus qelle et mieux fournie qu'elle ne l'était auparavant.

CANCER. — Cette maladie, aussi terrible dans ses résultats qu'elle est inconnue dans son essence même, est surtout caractérisée par une ulcération qui étend de plus en plus ses ravages, soit en profondeur, soit en superficie, ayant été précédée d'une induration de la partie annonçant une dégénérescence de tissu, et finissant par déterminer une altération de la constitution générale qui se trahit par une maigreur extrême et une teinte jaune de la peau. Affectant de préférence les seins, les testicules, la matrice et la peau de la figure, elle laisse toujours supposer chez ceux qui en sont affectés une prédisposition intérieure, sans l'influence de laquelle toutes les causes extérieures ne pourraient pas la produire, frappe plus particulièrement sur les personnes de tempérament bilioso-nerveux, en proie à des passions tristes et à des chagrins, et se montre à peu près aussi fréquemment dans un sexe que dans l'autre.

On distingue deux périodes bien marquées dans la marche du cancer : l'une de bénignité, l'autre de malignité. Dans la première, qui constitue ce qu'on nomme *squirrhe*, on sent seulement une induration, mais il n'y a pas ou presque pas de douleurs, et la tumeur n'occasionne souvent d'autre inconvénient que celui qui résulte de sa présence au milieu des tissus sains. Dans la seconde, qui survient à une époque tout à fait indéterminée, la maladie se présente généralement sous la forme d'une tumeur dure, inégale, bosselée, circonscrite ou diffuse, sans encore de changement de couleur à la peau, mais faisant déjà ressentir à des intervalles plus ou moins rapprochés, surtout s'il affecte une partie très sensible, comme le sein, la

figure, des douleurs lancinantes qui augmentent progressivement en fréquence et en intensité. Cette tumeur ne tarde pas à perdre sa consistance, la peau
qui la recouvre, longtemps mobile, finit par devenir
adhérente, prend une teinte rouge, puis livide et enfin
se fendille par place laissant échapper une matière sanieuse, jaunâtre ou brunâtre. Les bords de cette ulcération sont durs, inégaux, renversés, sa surface est
inégale. Dans les périodes avancées de la maladie il
s'écoule une assez forte quantité de sang par les vaisseaux ulcérés, et les douleurs lancinantes deviennent
continues.

Le pronostic du cancer est toujours fâcheux. Il est
pourtant des circonstances qui peuvent en faire varier
la gravité. On conçoit par exemple que, toutes choses
égales d'ailleurs, les sujets jeunes auront plus de chances de guérison que les individus âgés, le cancer affectant les glandes de l'aisselle, du cou, du sein sera
moins sûrement et moins promptement mortel que
celui du foie, du cerveau, de l'estomac et même que
celui de la matrice. Enfin, celui qui se sera déclaré
sous l'influence d'une cause extérieure offrira moins
de danger que celui qui tient évidemment à une cause
interne.

Le traitement du cancer est local ou général. Examinons d'abord les moyens locaux. Dans le début de la
maladie, surtout s'il y a apparence d'inflammation, on
fait très bien de couvrir la partie malade de sangsues,
et même d'y revenir souvent, en même temps qu'on
emploie les cataplasmes émollients de farine de graine
de lin, de fécule de pommes de terre, arrosées, soit
d'une décoction de têtes de pavot, soit de laudanum.
Si la tumeur est au contraire dolente, il est plus prudent de la frotter avec une pommade, soit mercurielle,
soit d'hydriodate de potasse, et de la maintenir cons-

tamment couverte d'un emplâtre dit de *Vigo*. Quand
les douleurs sont extrêmes les cataplasmes faits avec
les feuilles de morelle, de ciguë, de jusquiame, de
belladone, sont d'un puissant secours pour les calmer.
Mais si ces divers moyens rendent la maladie plus
supportable, ils sont incapables de la guérir, aussi a-
t-on cherché des moyens plus efficaces comme de
flétrir la tumeur par compression, ou de l'enlever
directement, soit par les caustiques, soit par l'instrument tranchant.

La compression dont on fait grand bruit aujour-
d'hui avait déjà été employée par les anciens. Elle
doit être douce, égale sur tous les points ; le linge,
la charpie, la peau chamoisée, et tout ce qui se dur-
cit par la pression ne conviennent pas pour l'exercer ;
l'agaric coupé en feuilles minces, égales, sans nodo-
sités, est regardé comme la substance la plus propice.
Les bandes qui servent à le maintenir accolé sur la
partie doivent être en toile ou en percale, mais sans
ourlet ni couture. Quelles que soient d'ailleurs les
substances employées pour exercer la compression, les
pièces comprimantes ne doivent laisser entre elles aucun intervalle dans lequel les tissus échapperaient à
leur action. Quand on a obtenu quelques succès de
ce mode de traitement, il ne faut pas le cesser brusquement, mais en continuer encore modérément l'emploi pendant un certain temps. L'expérience n'a malheureusement pas mis son efficacité hors de doute ;
bien plus, quelques praticiens craignent qu'il ne devienne dangereux en déterminant une inflammation
qui pourrait amener la dégénérescence carcinomateuse
de la tumeur.

La cautérisation n'est indiquée que dans les cancers
superficiels, peu étendus, sans inflammation vive,
quand ils ne siègent pas au voisinage d'organes im-

portants. Il est aisé de prévoir que son emploi ne peut qu'exaspérer les tumeurs trop volumineuses pour être emportées en une seule fois, et déterminer dans ces cas des douleurs auxquelles peu de malades résisteraient. Il n'en est pas de même de leur enlèvement au moyen de l'instrument tranchant. Si ce moyen ne sauve pas toujours les malades, il leur offre beaucoup plus de chances qu'aucun autre. Reste le traitement général du cancer. Ce traitement repose sur l'usage interne et longtemps prolongé de quelques médicaments narcotiques et fondants comme la ciguë, l'aconit, le datura-stramonium, l'acide arsénieux ; mais on sait malheureusement à quoi s'en tenir sur l'efficacité de semblables moyens. De combien de malades n'ont ils pas trompé l'espérance ! heureux ceux qui en reconnaissent promptement l'insuffisance, et invoquent assez tôt les chances qu'offre l'enlèvement complet de la partie malade ! dussent-ils, dans les cas malheureusement si fréquents de récidive, être obligés d'y revenir une seconde, même une troisième fois.

CANITIE. — Changement de couleur des cheveux et des poils qui deviennent blancs. Dans la vieillesse la blancheur des poils est une conséquence naturelle des progrès de l'âge. Dans quelques cas un pareil état est congénital puisque des enfants portent en naissant des mèches de cheveux blancs ; dans d'autres circonstances, la canitie est accidentelle, et se déclare chez des sujets jeunes à la suite de maladies ou très aiguës ou très longues, de douleurs permanentes à la tête, des travaux assidus de l'esprit, des excès en tous genres, des vives impressions morales telles que le chagrin, la frayeur, etc. Elle est alors susceptible de guérir par les mêmes moyens que la calvatie (*Voyez ce mot*) et surtout en rasant la tête ou les places blanches à plusieurs reprises et en faisant en même

temps usage de frictions avec des corps gras qui au
raient pour but d'adoucir et de fortifier les bulbes.

Il n'en est point de même de la canitie qui survient par les progrès de l'âge , celle-là est incurable
et l'on doit s'y résigner. Mais cette résignation philosophique n'est pas à la portée de toutes les personnes
et peu de femmes savent en prendre leur parti. Les
charlatans les servent à souhait, car les remèdes pour
teindre les cheveux ne manquent pas. Malheureusement aucun de ceux qu'on pourrait employer avec efficacité n'est sans danger ; tous sont susceptibles d'irriter la peau, et parmi les causes des rougeurs,
de ces efflorescences , de ces boutons hideux , de ces
dartres farineuses qui couvent comme un masque la
figure des femmes d'un âge avancé, on doit mettre en
première ligne avec le fard, les eaux et les pommades
dont elles font usage pour teindre les cheveux. Ce
n'est pas tout encore, quand on a pris son parti sur
les inconvénients que nous venons de signaler il en
reste encore un qui n'est pas le moins désagréable ;
c'est que comme les cheveux poussent insensiblement,
l'intensité de la couleur ne va pas jusqu'à noircir la
bulbe des cheveux, d'où il résulte qu'au bout de deux
à trois jours les cheveux noircis apparaissent blancs
à leurs racines et en poussant décèlent de plus en
plus la fraude. Nous ne pouvons donc trop engager les
personnes chez lesquelles l'âge a produit la canitie à ne
point recourir à de pareils moyens, si dégradants et si
imparfaits dans leur résultat, et de plus si nuisibles à
la santé.

CARIE. — La carie est une maladie des os, caractérisée principalement par la destruction lente du
tissu osseux, avec ramolissement et formation d'une
espèce de pus sanieux. Cette affection a été longtemps
confondue avec une autre maladie du même genre ap-

pelée *Nécrose*, qui sert à désigner l'état d'un os ou d'une portion d'os privé de la vie ; mais elle en diffère essentiellement. Pour donner une idée de la différence qui existe entre ces deux affections, on a comparé la *Carie* à une ulcération des parties molles du corps et la *Nécrose* à la gangrène de ces mêmes parties.

La carie des dents n'étant pas de la même nature que celle des os, on en traitera à part (*Voyez* DENTS.). La carie des os peut survenir à la suite de coups, de chutes ou d'autres violences extérieures, ou bien même sans causes directes ; mais dans tous ces cas il existe en général une cause interne, un état particulier et maladif du corps, tel que *les scrofules, les rhumatismes, la goutte, le scorbut, la maladie vénérienne, la petite vérole*, etc. (*Voyez* SCROFULES, RHUMATISMES. etc.)

La carie scrofuleuse est la plus commune de toutes ; elle attaque souvent les enfants, sans toutefois épargner les adultes ; c'est surtout aux os du pied et de la main, aux genoux, au coude, aux vertèbres, qu'elle se montre ; rarement elle atteint le milieu des os longs, tels que ceux de la jambe, du bras, etc. Les symptômes que nous allons décrire se rapporteront principalement à cette variété de la carie. La marche du mal est en général assez lente. Des douleurs sourdes et permanentes se font d'abord sentir dans l'os malade, et lorsqu'elles sont dues à une cause vénérienne, elles augmentent surtout la nuit ; les mouvements de l'articulation voisine deviennent douloureux. L'os affecté présente une tumeur circonscrite, immobile, un peu douloureuse ; on peut la sentir avec la main lorsque le mal est superficiellement placé.

Dans ce dernier cas l. peau et les parties molles sousjacentes ne tardent pas à rougir et à s'enflammer. La tumeur augmente, elle devient molle, pateuse ; en la touchant on a la sensation d'un liquide ; du pus s'est en effet amassé à son centre ; bientôt en un point elle prend une teinte violette et s'ulcère ; un liquide purulent, sanieux, fétide, de mauvaise nature, s'écoule ; la petite plaie, au lieu de se fermer comme dans l'abcès ordinaires, continue à donner issue à une humeur claire, de mauvaise odeur, qui présente quelquefois des parcelles d'os carié. Souvent les linges qui la recouvrent sont teints en noir ; cela arrive surtout lorsqu'on se sert, pour les pansements, d'un cérat ou d'un onguent contenant des préparations de plomb. Si on introduit dans la plaie une longue aiguille à pointe mousse nommée *stylet*, on peut pénétrer dans un petit trajet fistuleux qui conduit jusqu'à l'os malade ; si on pousse alors l'instrument plus avant, on pénètre dans la substance osseuse et on éprouve en même temps une très légère résistance et la sensation d'une foule de petits filaments d'os qui se rompent facilement. Ce signe est caractéristique de la carie. Lorsque l'os malade est situé profondément comme cela arrive pour les vertèbres de l'épine du dos, pour le bassin, les symptômes que nous avons décrits sont plus obscurs ; le plus souvent on ne peut pas sentir de tumeur ; le pus qui se produit est obligé pour se faire jour au dehors, de suivre un long trajet ; il vient enfin soulever la peau, qui devient fluctuante et former ainsi un abcès qu'on a nommé *abcès par congestion*

Le traitement de la carie est général ou local. Le traitement général consiste à combattre, par les moyens usités la disposition générale maladive, cause du mal telle que le vice scrofuleux, vénérien, goutteux, etc. (*Voyez* SCROFULES, MALADIES VÉNÉRIENNES, ETC. Quelquefois cette médication est suffisante pour aider la nature à l'élimination de la carie. Celle-ci se convertit en nécrose, l'os s'exfolie d'une manière si ou insensible, la suppuration change de nature et la cicatrice s'opère. Il est rare cependant qu'un traitement local ne soit pas nécessaire. Ce dernier pourtant ne peut être appliqué qu'autant que la maladie est superficielle; il consiste essentiellement dans des lotions et des injections avec des substances irritantes, telles qu'une dissolution légère de potasse, une lessive de cendre de sarment, une dissolution de sulfure de potassium, etc. Quand ces moyens sont insuffisants il faut avoir recours à l'action héroïque du feu. On met le mal à nu par des incisions et on cautérise avec le fer rouge jusqu'à ce qu'on ait atteint la portion saine de l'os.

CARREAU. — C'est le nom vulgaire donné à l'affection tuberculeuse des glandes du mésentère, à cause de la dureté et du volume que le ventre acquiert souvent dans cette maladie.

Le carreau se développe chez les enfants depuis la première année jusqu'à la septième ou huitième, il leur appartient exclusivement et se rattache par leur organisation à l'imperfection du système digestif dans le premier âge, joint au mauvais régime et aux dispositions scrofuleuses qu'ils ont reçues par voie d'hérédité ou qu'ils contractent par des infractions aux lois de l'hygiène.

Les effets du carreau se manifestent d'abord par des douleurs sourdes ayant leur siége au milieu du ventre, dans la toux, le hoquet, les sauts et les courses. Ces douleurs se font ressentir souvent très longtemps sans autre caractère revenant plus particulèrement au printemps et à l'automne, se dissipant au contraire pendant les chaleurs de l'été. Elles coïncident quelquefois avec un état de santé assez bon; aussi peut-on méconnaître la maladie dans les premiers temps.

Au bout d'un certain temps il s'y joint un gonflement du ventre, du dérangement dans les digestions, la fièvre, la toux, un amaigrissement considérable des membres inférieurs, etc. Le malade est triste, languissant, mélancolique, la face est pâle, la respiration inégalle, la langue sale, l'haleine forte, la transpiration exhale une odeur acide, etc., etc.

Quelque temps après, le carreau atteint son plus haut degré, aux douleurs abdominales se joint presque toujours l'affaissement du ventre, à travers les parois duquel on peut sentir un plus ou moins grand nombre de corps durs, inégaux, douloureux au toucher et qui sont placés profondément vers sa partie moyenne; la tuméfaction du ventre ne paraît exister dans cette période que lorsqu'il y a épanchement d'eau dans cette cavité; à cette époque, la digestion se fait très mal, on retrouve les aliments, surtout les farineux et le laitage à moitié digérés, et même reconnaissables, dans les selles; la fièvre est continue, la peau se sèche, devient rude et terreuse; l'enfant tombe dans un amaigrissement extrême, accompagné de bouffisure des extrémités et d'épanchement d'eau dans le ventre et les autres cavités, et la mort termine bientôt sa frêle existence. Cette terminaison fatale est presque toujours accélérée par les diverses affections de la poitrine ou des organes digestifs qui viennent compliquer la maladie.

Le traitement du carreau, lorsqu'il n'est que commençant est des plus simples et des plus faciles. Le lait d'une bonne nourrice, l'abstinence de la bouillie, de la soupe et des autres mets grossiers que l'enfant ne peut digérer, les moyens propres à fortifier la constitution et à ranimer les fonctions de la peau, tels que les bains aromatiques, les frictions sèches, le coucher sur la fougère, l'exposition à l'air et au soleil, le soin d'éviter le froid et l'humidité et en mettant des vêtements chaude ; tel est l'ensemble des moyens qui conviennent à l'enfant à la mamelle.

Quant à celui qui est sevré, un régime sévère, la diète même, au besoin des boissons adoucissantes et nourrissantes, tels que l'eau de riz, l'eau panée, l'eau de gruau, le lait de chèvre ou de vache coupé avec l'eau sucrée, les onctions huileuses sur le ventre, et les autres moyens fortifiants généraux, indiqués ci-dessus, tel est le traitement le plus convenable.

Lorsque la maladie est arrivée à la dernière période, que les engorgements se sentent à travers le ventre, que le malade est pris de symptômes de l'étisie, de diarrhée, de fièvre, etc., il reste peu d'espoir de le sauver, et les remèdes toniques et échauffants sont alors contre-indiqués, il faut se borner aux simples émollients et à un traitement palliatif pour s'opposer aux accidents qui tourmentent le plus les malades.

CATALEPSIE. — Maladie caractérisée par la perte instantanée du sentiment et du mouvement et par la faculté qu'ont les membres et même le tronc de conserver toutes les attitudes qu'on leur fait prendre ; c'est surtout ce dernier symptôme extraordinaire qui fait distinguer cette affection de plusieurs autres avec lesquelles elle a des rapports, telles que l'apoplexie, l'asphyxie, l'épilepsie, qui ne présentent jamais ce phénomène.

Cette maladie est fort rare ; elle se rencontre le plus souvent chez les femmes, les tempéraments nerveux très mobiles, les atrabilaires ; elle est ordinairement causée par des affections morales vives, telles que des violents chagrins, une forte terreur, une profonde méditation, la contemplation extatique, un amour extrême ou malheureux, l'ivresse, la vue d'objets qui inspire l'horreur ; d'autres fois, les vers intestinaux, l'embarras gastrique, la suppression de quelques flux, tels que l'hémorroïdal, celui des règles en sont cause.

La catalepsie est sujette à des retours assez réguliers. La durée des accès varie de quelques minutes à quelques jours , leur nombre est plus ou moins rapproché. Le malade ne conserve pas le souvenir de ce qui lui est arrivé; il oublie quelquefois ce qui a précédé l'attaque.

Le traitement de la catalepsie consiste principalement à éloigner la cause dans l'intervalle des attaques. Pendant l'accès on peut avoir recours aux stimulations externes en titillant les fosses nasales avec les barbes d'une plume ; en dégageant avec précaution à l'entrée des narines du gaz ammoniac , en excitant la peau à l'aide de frictions rudes et même en fustigeant les pieds et les mains. On a également préconisé les évacuations sanguines générales ou locales. La musique, les odeurs suaves, l'électricité et le magnétisme animal ont aussi quelquefois mis fin à des accès cataleptiques. Mais souvent tous ces moyens sont impuissants, surtout lorsque la catalepsie est complète; il est toujours bon malgré cela d'y avoir recours.

CATARACTE. — La cataracte est une maladie de la vision ou plutôt une cécité déterminée par l'opacité d'un corps lenticulaire placé au milieu de l'œil sous le nom de cristallin. Les anciens croyaient que ce corps était l'organe immédiat de la vision, mais nous savons aujourd'hui qu'il est tout simplement une lentille destinée à réfracter les rayons lumineux, et sans laquelle néanmoins la vision peut parfaitement s'accomplir.

Quelquefois congéniale mais plus souvent acquise , la cataracte la plus commune se reconnaît à un point saillant, opaque et perlé situé au centre même de l'œil derrière l'ouverture circulaire de la pupille. Ce point va en s'abaissant et se divise quelquefois en filaments rayonnés à mesure qu'il se rapproche de la circonférence de la lentille, de telle sorte que cette circonférence conservant encore un peu de sa transparence, la vision n'est pas complètement abolie. Après cette es-pèce de cataracte, qu'on nomme *centrale*, la plus fréquente est celle qu'on nomme *laiteuse*, dans la-quelle le cristallin est mou en totalité ou en partie, et souvent même converti en un liquide opaque, blanc et lactescent. Si c'est l'opacité du cristallin qui cons-titue le plus souvent la cataracte, elle est souvent aussi formée par le seul défaut de transparence de la membrane qui sous le nom de capsule, lui sert d'enve-loppe. De là, la division de cette maladie en lenticu-laire et en capsulaire.

Il est rare que la cataracte se déclare subitement. Le plus souvent son début est lent et plus ou moins pro-gressif. Il est quelquefois accompagné ou même pré-cédé de mal de tête ou de douleurs dans les yeux. La personne éprouve de la faiblesse dans la vue, des brouillards à un œil ou à tous les deux ; elle se plaint de voir des mouches voltigeantes, des points noirs, des réseaux, des toiles d'araignée ; les brouillards devien-nent de plus en plus épais jusqu'à ce que la cécité soit complète. Cependant si l'œil n'est pas frappé en même temps de goutte sereine ou paralysie, la lumière est toujours distinguée des ténèbres ; aussi la personne peut-elle longtemps se conduire sans guide. Il n'y a d'abord ordinairement qu'un œil de pris, l'autre ne tarde pas à l'être, mais ils le sont quelquefois tous les deux en même temps.

Les causes de la cataracte ne sont que bien impar-faitement connues. Elle attaque également les hommes et les femmes, est beaucoup plus commune chez les vieillards que chez les adultes, et chez ces derniers, que chez les enfants. Les individus qui restent habi-tuellement exposés à l'action d'une vive lumière ou d'un feu ardent, comme les joailliers, les lapidaires, les horlogers, les verriers, les fondeurs, les cuisiniers, les moissonneurs y sont fort exposés, et par opposition elle est infiniment plus commune dans les pays froids que dans les pays chauds. On met aussi au nombre de ses causes les violences exercées soit directement sur l'œil, soit aux environs : plusieurs faits prouvent que ce genre de cause, est plus actif qu'on ne le croit généralement en médecine.

L'art possède peu de moyens soit pour arrêter la marche de la cataracte, soit pour la guérir ; mais, en revanche, le nombre des charlatans qui prétendent avoir contre elle un secret, est immense. Quand elle a atteint son extension, qu'elle est mûre, comme on le dit en langage médical, il serait complètement absurde de chercher à s'en débarrasser autrement que par l'opération. Cette opération a pour but, de détruire l'obstacle que le corps opaque met à l'arrivée des rayons lumineux jusqu'au fond de l'œil. Cet obstacle est détruit ou par le déplacement de ce corps, ou par son complet enlèvement. Le premier constitue l'opération par abaissement, il consiste à saisir le cristallin au moyen d'une aiguille introduite par le côté de l'œil et à détruire ses adhérences, pour qu'il soit pour ainsi dire absorbé ; l'autre consiste, au contraire, à extraire ce corps au moyen d'une incision faite sur le disque antérieur de l'œil. La première est plus généralement adoptée, parce qu'elle est plus facile et qu'elle entraîne en général moins d'accidents consécutifs.

CATARRHE. — Nom donné à une affection des membranes muqueuses caractérisée par une secrétion plus abondante du mucus qui, dans l'état naturel, lubréfie continuellement ces membranes.

Toutes les cavités du corps qui communiquent à l'extérieur, sont tapissées par des membranes muqueuses. La bouche, le nez, les oreilles, les yeux, le

canal aérien dans toutes ses ramifications, le canal
alimentaire dans toute son étendue, sont dans ce cas;
il est de même de la surface interne des organes génito-urinaires. Des deux surfaces que présentent toutes
les membranes muqueuses, l'une est adhérente aux
organes, l'autre est libre, villeuse, veloutée, destinée
à être en contact immédiat avec les corps étrangers
qui les parcourent et constamment humectée par un
fluide muqueux qui semble avoir pour usage de garantir les organes des suites d'une impression trop directe et trop vive.

Lorsque la secrétion de cette humidité est plus
abondante qu'il n'est utile, il y a catarrhe. Cet accroissement peut arriver d'une manière brusque, rapide, c'est alors un catarrhe aigu, s'il a lieu lentement, c'est un catarrhe chronique, et de tous, le
plus persistant.

Un grand nombre de catarrhes ont été admis autrefois; on en a successivement diminué le nombre. Les
plus importants, sont le catarrhe pulmonaire et le
catarrhe de la vessie, les seuls dont nous allons nous
occuper ici. Le catarrhe du nez sera décrit au mot
rhume de cerveau.

Catarrhe pulmonaire. — Cette affection, est sans
contredit, l'une des plus fréquentes auxquelles l'homme
soit exposé; il n'est guère d'individu qui n'en ait été
plusieurs fois atteint dans le cours de sa vie. A l'état
aigu, c'est la même maladie que le *rhume de poitrine*
et que la *fièvre catarrhale* ou *muqueuse*; quand il
règne d'une manière épidémique, comme à Paris, dans
ces derniers temps, en 1831, 1833, 1837 et 1842,
on le nomme *grippe, follette, coquette, influenza*.
Produite le plus ordinairement par un refroidissement
subit, une exposition à des courants d'air prolongés,
l'inspiration de gaz irritants, cette maladie, plus fré-

quente au printemps et à l'automne, a pour caractère essentiel, comme toutes les affections des voies respiratoires, une toux d'abord sèche, puis accompagnée de crachats plus ou moins abondants, mais filants, visqueux comme du blanc d'œuf et quelquefois teints par quelques filets de sang. Cette toux est presque toujours précédée d'un rhume de cerveau, de mal de tête, d'une brisure des membres, occasionne très souvent des secousses douloureuses dans l . poitrine et coïncide dans la plupart des cas avec une altération très marquée de la voix et une difficulté plus ou moins grande de respirer. Quand l'affection est intense, et surtout lorsqu'elle règne épidémiquement, l'abattement et la brisure des membranes sont très prononcés, la fièvre est forte et redouble surtout la nuit où l'oppression est quelquefois extrême et les quintes de toux très pénibles.

Le catarrhe pulmonaire est-il léger ; ne consiste-t il en un mot qu'en un *simple rhume ?* On peut se contenter de prendre des boissons chaudes émollientes comme la tisane de fleurs de mauve, de guimauve, de violette, de bouillon blanc, sucrée et donnée en petite quantité à la fois, mais souvent; de sucer des pâtes de guimauve, de jujube, de réglisse, mais surtout de se tenir chaudement et observer la diète. La toux, au contraire, est-elle violente et spasmodique, la respiration très gênée, la fièvre continue, on doit, surtout si on est fort et vigoureux, se faire pratiquer une large saignée au bras, ou appliquer des sangsues au fondement, se couvrir la poitrine de ventouses sèches, s'envelopper de laine et prendre des boissons calmantes en ajoutant à chaque verre pris le soir, une ou deux cuillerées de sirop de pavot blanc.

Quand la maladie marche lentement, que l'expectoration est muqueuse, la fièvre peu prononcée, le sujet peu irritable, on hâte assez facilement la terminaison de la maladie, en prenant deux ou trois jours de suite, surtout en se mettant au lit, un verre de vin chaud sucré, même de punch. Ce moyen, longtemps condamné d'une manière absolue par les médecins, est cependant assez fréquemment employé aujourd'hui; il réussit surtout chez les personnes peu disposées aux inflammations et exemptes de toutes maladies de l'estomac et de l'intestin. Enfin, quand l'expectoration est difficile, on est souvent obligé d'en venir aux médicaments dits expectorants, comme le kermès minéral, l'ipécacuanha, et même l'émétique.

Le catarrhe pulmonaire passe très souvent chez les vieillards à l'état chronique. Le plus ordinairement, dans ce cas, les principaux phénomènes qui signalent la maladie à l'état aigu, s'amendent, et il ne reste de bien remarquable qu'un peu de gêne de la respiration dans les temps froids et humides ou après un violent exercice; mais ce qui persiste, c'est l'expectoration plus ou moins facile des crachats. Ces crachats sont tantôt blancs et muqueux, d'autrefois jaunâtres, même verdâtres et opaques; ils sont ordinairement rendus le matin ou le soir, après une quinte de toux assez pénible : on a vu des personnes en rendre plusieurs litres par jour, et cela, durer de longues années; mais elles s'épuisent à la longue, maigrissent, ont la figure blafarde et boursoufflée et finissent souvent par succomber au marasme, ou à une affection du cœur qui est souvent consécutive. Aussi est-il toujours bon de chercher à se débarrasser d'un catarrhe pulmonaire, quelque ancien qu'il puisse être, ou du moins, d'en diminuer les effets en le modérant.

Pour cela on doit non seulement insister sur les moyens appropriés au catarrhe aigu, mais leur ajouter les vésicatoires appliqués à demeure aux bras, les bains de vapeurs sèches, les vomitifs répétés tous les huit jours et alternants avec des purgatifs comme la manne ou l'eau de sedlitz. Quant aux crachats, on facilite leur expectoration non-seulement par les vomitifs, mais encore par l'usage longtemps continué des pastilles d'ipécacuanha, de soufre, de kermès, de scille; et on modère leur quantité par l'emploi des médicamens dits astringents, tels que le baume de tolu ou de copahu, l'eau de goudron, la décoction de bourgeons de sapin, la térébenthine, les eaux minérales sulfureuses, comme celles de Cauterets, de Bonnes, d'Enghien. Le passage d'un climat froid et humide à un climat chaud et sec, a souvent eu sur la marche du catarrhe pulmonaire chronique la plus heureuse influence, même chez des personnes déjà fort avancées en âge.

Catarrhe de la vessie. — Inflammation aiguë ou chronique d'une ou de plusieurs membranes de la vessie.

Les causes de cette maladie sont : l'exposition prolongée à l'influence d'un air froid et en même temps humide, une vie trop sédentaire, l'étude du cabinet, l'action des cantharides appliquées sur la peau ou introduites accidentellement dans les organes de la digestion, l'abus des substances aphrodisiaques, les excès vénériens, la suppression d'une sueur habituelle, des hémorrhoïdes, des règles, la présence d'un calcul dans la vessie, une rétention d'urine prolongée; les secousses d'une équitation rude, etc.

Les signes du catarrhe vésical aigu sont en général les suivants. Le malade n'urine qu'avec douleur, involontairement et quelquefois avec difficulté; il éprouve de fréquens besoins d'uriner. L'urine, d'abord incolore, devient ensuite rouge, accompagnée de sédiment muqueux et parfois sanguinolent. On éprouve une douleur plus ou moins vive dans la région de la vessie ; cette douleur qui se manifeste surtout en finissant d'uriner, s'étend aux reins, au périnée, à l'extrémité du canal de l'urètre. Cette maladie dure ordinairement de vingt à trente jours, mais elle passe fréquemment à l'état chronique, lorsqu'elle a été mal traitée dans le principe ; les symptômes sont alors les mêmes, sauf que les douleurs sont moins violentes, mais la maladie n'en est pas moins grave, elle se prolonge ordinairement pendant plusieurs années, et peut même tourmenter, jusqu'à leur dernière heure, les individus qui en sont affectés.

Le traitement du catarrhe vésical aigu se fonde, comme le pronostic, sur la nature de ses causes et de ses complications, sur l'intensité de ses symptômes, sur l'âge et la constitution du sujet. La première indication à laquelle on doit s'arrêter, c'est de calmer l'irritation plus ou moins vive fixée sur la vessie, et de s'opposer à l'extension des phénomènes inflammatoires. Dans cette vue, si les symptômes sont violents, et qu'on ait affaire à un tempérament sanguin ou pléthorique, on doit débuter par les saignées ou les applications de sangsues plus ou moins répétées; puis on appliquera des fomentations émollientes sur le bas ventre. On aura recours aux bains, aux lavements émollients, à une diète absolue; on administrera des boissons adoucissantes, en grande abondance, comme l'eau de graine de lin pour délayer l'urine et la rendre moins âcre, et par conséquent moins irritante pour la vessie malade. Si l'urine s'accumule dans la vessie, et que les accidents s'opposent à sa sortie naturelle, l'introduction d'une sonde devient alors indispensable; mais cette opération, quoique simple en apparence, doit être pratiquée ici avec beaucoup de circonspection, c'est-à-dire qu'on ne doit point trop enfoncer l'instrument, dont le contact pourrait augmenter l'irritation de la membrane muqueuse. Après avoir donné issue aux urines, on fera bien de pousser doucement dans la vessie une injection mucilagineuse, telle qu'une décoction de graine de lin, ou de racine de guimauve. On retient cette injection pendant quelques minutes ; on n'en laisse sortir qu'une partie, et l'on conserve l'autre dans la vessie, pour diminuer l'âcreté des urines. Ensuite on retire la sonde qui serait encore une cause de douleur et d'irritation, et on la réintroduit toutes les trois ou quatre heures, ayant soin de faire chaque fois une injection adoucissante. Si la maladie dépendait de la présence d'un calcul dans la vessie, il faudrait alors en faire l'extraction.

Lorsque le catarrhe est passé à l'état chronique, on emploiera encore les boissons douces et abondantes, les bains, les cataplasmes, les lavements ; lorsqu'il n'y a plus de symptômes d'irritation, on retire quelque avantage de la thérébenthine, du baume de copahu, des injections d'eau de goudron, ou d'injections, d'abord émollientes, puis animées avec de l'eau de Barège, ou de Balaruc, ou de l'eau de Goulard ; mais le plus souvent tous ces moyens sont sans résultat et le malade conserve son catarrhe.

Un point très important, que l'on doit prendre en considération durant le traitement, c'est l'état des organes qui président aux fonctions digestives ; il convient de les soutenir et même de stimuler leurs forces dans la plupart des cas par l'administration des substances amères, stomachiques, comme l'écorce du Pérou, la thériaque, le vin vieux, etc. etc. On doit aussi faire concourir au même but un exercice modéré, l'habitation de lieux secs et élevés, le séjour de la campagne, l'usage continuel de vêtements de laine appliqués sur la peau, et autres moyens indiqués par l'hygiène.

CAUCHEMAR. — On a donné ce nom à une espèce particulière de songe, dont le caractère principal consiste dans la sensation d'un poids qui comprime la poitrine ou la région de l'estomac : la personne qui est atteinte de cauchemar s'imagine qu'un fantôme ou un monstre, placé sur son estomac, cherche à l'étouffer, qu'elle est poursuivie sans pouvoir fuir, qu'un précipice est creusé sous ses pas, etc.

Cet état qui ne peut pas être considéré comme une maladie, paraît dépendre de la situation qu'on garde en dormant, d'une digestion pénible, d'une pléthore ou réplétion qui gêne la circulation du sang, etc. Il n'y a donc pas de traitement fixe à cet égard, il varie selon les causes qui donnent lieu à cette affection. Comme traitement général, cependant, il est bon de se préserver de tout ce qui émeut le sentiment et l'imagination d'une façon effrayante ou triste et de se préparer, au contraire, au repos par des lectures ou des conversations agréables, de ne point manger trop ou trop tard et surtout des aliments indigestes, de se livrer pendant le jour à un assez grand exercice, de se coucher le corps incliné du côté droit, la tête et les épaules élevées, des considérations anatomiques et physiologiques recommandent cette posture. Toutes les fois qu'on le pourra il faudra provoquer le réveil lorsque le trouble de la respiration, l'expression d'anxiété du visage, la sueur du corps annoncent la présence du cauchemar. Après quoi on s'empressera de calmer l'esprit, si l'on a affaire à des sujets jeunes et impressionnables.

CÉCITÉ. — Privation complète de la vue. Lorsque la cécité n'intéresse qu'un œil, on dit de la personne atteinte de cette affection qu'elle est borgne. Souvent la cécité n'est qu'un symptôme, une foule d'affections peuvent la produire. Il faut donc avant tout s'étudier à bien reconnaître la maladie qui l'a déterminée pour pouvoir la combattre par un remède convenable.

Quelquefois la cécité existe de naissance, c'est ce que les médecins appellent *cécité congéniale*, c'est-à-dire originelle ; mais ordinairement elle se manifeste par les progrès de l'âge, à la suite d'une lésion particulière de l'œil ou après une affection générale de l'économie. Elle peut aussi résulter d'une cause externe ou interne, ne durer qu'un certain laps de temps ou persister toujours. Il serait sans doute utile d'entrer ici dans quelques détails sur les causes infiniment variées de la cécité, mais nous préférons cependant renvoyer aux divers articles relatifs aux maladies des yeux, où on les trouvera amplement exposées ainsi que leur mode de traitement (*Voyez* CATARACTE, GOUTTE SEREINE).

CÉPHALALGIE. — Douleur de tête. C'est un symptôme plutôt qu'une maladie spéciale. (*Voyez* MIGRAINE).

CHARBON (*ou pustule maligne*). — Tumeur produite par une inflammation gangreneuse du tissu cellulaire sous cutané.

Les signes de cette affection sont les suivants : on observe une douleur et une démangeaison avec une tache rouge, puis noire, bientôt surmontée d'une vésicule qui ne tarde pas à devenir à son tour noirâtre ; le membre sur lequel cette inflammation se manifeste est douloureux, quelquefois affecté de secousses convulsives. Bientôt il survient des symptômes alarmants de fièvre violente, les traits du visage s'altèrent, et le malade meurt, s'il n'est secouru assez promptement.

Cette maladie ne suit pas constamment cette même marche ; il ne survient pas toujours des vésicules ; la tache n'est pas toujours aussi noire ; quelquefois elle

est brune et désorganise promptement la partie affectée et les chairs sous-jacentes. Quand le malade
ne succombe pas, l'escarre qui s'était formée se détache Il en résulte alors une perte de substance plus
ou moins grande, et la plaie se guérit ensuite insensiblement.

Les causes du charbon et de la pustule maligne
sont ordinairement la contagion communiquée par
des substances animales, par le toucher d'animaux
atteints de cette maladie, aussi c'est une affection à
laquelle sont particulièrement exposés les vétérinai-
res, les pâtres, les équarisseurs qui souvent touchent
sans précaution les animaux atteints de maladies char-
bonneuses.

Le traitement doit être des plus actifs à cause de la
rapidité de la marche de la maladie. Il faut aussitôt
que l'on aperçoit les signes du charbon ou de la pustule
maligne, pratiquer des incisions sur le point affecté
afin d'arrêter les progrès de l'inflammation ou même
détruire le point gangreneux avec le fer ou le feu.
Cette opération n'a rien de douloureux, car les chairs
sont mortes et par conséquent privées de sentiment. Il
faut continuer de brûler jusqu'à ce que l'on sente de
la douleur partout; ensuite on traite l'ulcère comme
les autres brûlures. Si ce mal n'attaque que les téguments on peut se contenter d'appliquer dessus des
corrosifs ou des caustiques; on en applique de p'us
ou moins énergiques, selon la grandeur du mal; mais
quel que soit le médicament qu'on emploie, il doit,
pour produire un bon effet, séparer promptement les
chairs mortes des saines, autrement c'est une preuve
que le mal est plus fort que le remède, et l'on ne doit
pas différer de recourir au feu. A l'intérieur on ne
doit donner que des boissons émollientes; car si on
traite cette inflammation par les stimulants, il est à

craindre qu'on ne l'exaspère, et les exemples de succès
obtenus par ces moyens sont si rares qu'ils ne sauraient autoriser à y avoir recours.

CHOLÉRA-MORBUS. — On désigne sous ce nom ,
auquel se rattachent de si tristes souvenirs, deux maladies qui, bien que marquées au coin de plusieurs
symptômes semblables, offrent néanmoins, quant à la
nature de leurs causes, à leur marche et surtout à leur
gravité, des caractères assez différents pour être étudiées
séparément : l'une est le choléra *sporadique*, qui
règne isolément et en tout temps, dans nos climats,
sous le nom de *flux bilieux*, l'autre est le choléra *épidémique* qui a exercé tant de ravage depuis une vingtaine d'années qu'il a franchi les limites de l'Inde, où
il était resté concentré depuis bien des siècles.

De tout temps, on a attribué le choléra *sporadique*
ou ordinaire à l'usage de certains aliments, de certaines
boissons ; par exemple, à des boissons glacées, prises
inconsidérément, à des viandes salées, fumées ou gâtées, aux œufs de certains poissons, comme ceux du
brochet, du barbeau, aux huîtres, aux moules gâtées
ou d'une nature particulière, aux champignons, aux
melons ou tout autre fruit froid pris en quantité, à
l'abus des purgatifs ou des vomitifs : on l'a vu aussi
se manifester sous l'influence d'une impression morale
vive : toutes causes qui paraissent agir à la fois sur les
systèmes nerveux et digestifs.

Plus commune dans les moments de l'année où la
chaleur du jour se mêle à l'humidité des nuits, comme
en août et septembre, cette maladie débute ordinairement d'une manière subite et instantanée, et pendant
la nuit. La personne éprouve tout à coup des crampes
douloureuses dans le ventre, bientôt suivies de nausées et d'abondans vomissements. Quelques heures se
sont à peine écoulées que tous ces phénomènes s'ag-

gravent ; l'envie d'aller à la garde-robe se prononce et devient incessante ; la langue se pointille, la soif est ardente, les lèvres sèches et brûlantes ; les matières vomies, de muqueuses qu'elles étaient, sont bilieuses, verdâtres et même noirâtres, les matières rendues par les selles glaireuses, filantes et d'une horrible fétidité. Le pouls est petit, fréquent, serré, la respiration courte, la parole faible et brève. L'état du malade est d'autant plus dangereux que les symptômes nerveux sont plus prononcés, et rien ne fait plus présager une issue funeste que la succession brusque d'une sueur poisseuse, ou froide et visqueuse, à la chaleur brûlante de la peau.

Dans le choléra *épidémique*, tous les symptômes que nous venons d'énumérer existent, mais portés à un degré généralement beaucoup plus élevé, et il vient s'en ajouter plusieurs autres d'une extrême gravité, comme la coloration de tout le corps en bleu violet, des moments d'agitation qui simulent des accès de rage et sont suivis immédiatement d'un moment de torpeur, la rétraction du ventre contre la colonne vertébrale, des vomissements et des selles de matières liquides ressemblant à une décoction de riz ou à du petit lait, l'effacement du pouls qui, quelques instants avant, battait jusqu'à bien quatre-vingt fois par minute : en un mot, le corps se *cadavérise*. Si tous ces accidents augmentent au lieu de diminuer, les malades périssent de quelques heures à trois ou quatre jours, mais toujours subitement et sans râle, quoique la respiration soit plus accélérée. Quand, au contraire, ces accidents s'amendent, alors commence une période qu'on appelle de *réaction*, et qui s'annonce surtout par le retour de la chaleur normale, la décroissance progressive de la teinte bleuâtre du corps et un aspect moins effrayant, moins hagard de la figure.

Les médecins sont bien loin d'être d'accord sur le traitement du choléra, même de celui qui se montre isolément et qui est infiniment moins grave. Chacun d'eux a apporté dans ce traitement l'empreinte des idées préconçues qu'il s'était faites de la nature toute particulière de la maladie. Ceux qui n'ont voulu y voir qu'une violente inflammation des voies digestives ont préconisé les saignées et les sangsues, et ont eu contre eux l'expérience, qui n'a pas tardé à prouver que leur opinion était mal fondée. Ceux qui n'ont voulu y reconnaître qu'une affection nerveuse ont prodigué les narcotiques, mais n'ont pas été plus heureux. La médecine symptomatique a été, en définitive, celle qui a toujours compté le plus de succès. Ainsi, il convient de prescrire, dès le début, une légère boisson mucilagineuse tiède, mais donnée seulement par quart de verre, pour calmer la soif et rendre moins douloureuses les contractions de l'estomac, d'administrer quelques lavements faits avec la graine de lin et la tête de pavot. A ces premiers moyens, on ajoute les boissons qu'on sucre avec le sirop diacode, ou auxquelles on ajoute quelques gouttes de laudanum ou un peu d'extrait gommeux d'opium, les emplâtres de thériaque, et même un large vésicatoire sur le creux de l'estomac. Mais un moyen trop rarement employé est le bain tiède dans lequel il ne faut pas craindre de tenir le malade plusieurs heures.

La nécessité d'une médecine symptomatique se fait encore bien plus vivement sentir dans le choléra épidémique, contre lequel le désir bien naturel de ne pas rester spectateurs impassibles de la plus horrible scène a porté les médecins à diriger les traitements les plus contradictoires, mais que leur courage a bien démontré ne pas être contagieux. C'est dans ce cas surtout qu'il faut soigneusement observer les diverses phases ou périodes par lesquelles passe ordinairement la maladie : combattre par des frictions sèches, des bains synapisés ou de vapeur, des vésicatoires volants, la glace à l'intérieur, mais en petite quantité, celle de ces périodes que caractérise le froid ; surveiller et favoriser celle dite de réaction, pour cesser toute médication excitante qui porterait bien vite les forces vitales au-delà du rythme normal; combattre les complications, s'il en survient, etc., etc.

CHOLÉRINE. —On désigne sous ce nom le choléra qui se présente sous la forme la plus bénigne et se borne aux symptômes de la première période du choléra ordinaire.

CLOU (*ou furoncle*). —C'est une tumeur inflammatoire dure, rouge, circonscrite, généralement douloureuse, s'élevant du tissu cellulaire à la surface de la peau, et offrant au centre une saillie pointue, assez semblable à la tête d'un *clou*, d'où elle a ainsi tiré son nom.

Le clou ou furoncle envahit toutes les parties du corps, cependant il est plus ordinaire de le voir paraître à la marge de l'anus, aux fesses, sur le dos, et, en général, sur les régions pourvues d'un tissu cellulaire abondant et dont la peau présente une certaine résistance.

Les causes du clou sont tantôt locales, telles que 'a malpropreté, l'application de substances irritantes sur la peau, l'usage de certaines pommades, un frottement répété, tantôt générales et liées à d'autres maladies. Ainsi on voit des clous survenir à la fin de diverses affections, de la petite vérole par exemple, et très fréquemment ils se développent sous l'influence d'un embarras gastrique et intestinal, embarras caractérisé principalement par du malaise avec mal de tête, par une bouche amère, par une langue chargée d'un enduit jaunâtre ou blanchâtre, par des envies de vomir, par la perte de l'appétit, par des éructations, des borborygmes, des vents, etc. etc.

Le clou est une maladie sans danger qui se guérit, en général, assez facilement ; le plus souvent même, on le néglige, ou bien on le recouvre seulement d'un morceau de sparadrap. Si cependant les clous étaient nombreux, le malade devrait prendre quelques bains simples et boire une tisane rafraîchissante, telle que de la décoction d'orge, de la limonade. Lorsqu'il existe de la fièvre et qu'une ou plusieurs tumeurs sont le siége d'une vive inflammation, on peut faire diminuer rapidement celle-ci en incisant la tumeur ; si le malade se refuse à cette petite opération, qui est assez douloureuse, on doit alors appliquer quelques sangsues et des cataplasmes émollients ; les bains généraux, les boissons émollientes acidulées, ne seront pas non plus négligées. Sur la fin on facilite la sortie du *bourbillon* ou de l'humeur, en appliquant un onguent maturatif, tel que l'onguent de la mère ; lorsque l'apparition coincide avec un embarras gastrique, l'expérience a appris que le meilleur traitement consistait à administrer un léger purgatif ou un vomitif ; l'eau de sedlitz ou le sulfate de soude, sont les plus convenables.

COEUR. — Organe principal de la circulation ; il est situé dans la poitrine entre les deux poumons, et renfermé dans un sac membraneux, nommé *péricarde*.

Les maladies du cœur sont assez nombreuses, les plus fréquentes sont les *anévrysmes* et les *palpitations* (*Voyez ces mots*).

COLIQUE. — On désigne vulgairement sous ce nom, une foule de douleurs vives et mobiles, ayant leur siége dans le ventre. Afin de distinguer entre elles les affections qui déterminent ces douleurs, on a joint à ce mot des épithètes qui en indiquent la naure. Les principales coliques sont les suivantes :

Colique venteuse : Elle est le résultat de l'accumulation des gaz dans le tube digestif : il en sera traité à
l'article vents.

Colique stercorale : Cette maladie est ordinairement
le résultat de la constipation. (Voyez ce mot).

Colique bilieuse : On la suppose produite par la
trop grande secrétion et la surabondance de la bile.
Elle se reconnaît au goût amer et bilieux de la
bouche, à l'enduit jaunâtre de la langue, aux nausées, aux vomissements bilieux, au dégoût des boissons, surtout fades et sucrées, à la perte de l'appétit
et à des douleurs dont l'intensité et le siége varient
sans cesse ; des gargouillements quelquefois très
bruyants accompagnent ces douleurs, auxquelles met
fin une abondante évacuation de matières bilieuses,
et qui ne se renouvellent que lorsqu'une nouvelle collection biliaire sollicite son expulsion.

Cette maladie n'est le plus souvent qu'une indisposition que le régime seul doit guérir. Il suffit, pour la
voir disparaître, d'une diète de vingt-quatre ou quarante heures, aidée de boissons un peu acides, comme
une légère limonade ou simplement de l'eau avec du
sirop de groseilles ou de limon. On applique des
cataplasmes de graine de lin sur le ventre, dans le cas
où les coliques seraient trop vives ; on injecterait le
quart d'un lavement ordinaire fait avec une décoction
de racine de guimauve, et de tête de pavot si, l'anus
irrité par le passage fréquent des évacuations, faisait
éprouver des épreintes. (*Voyez* Diarrhée Embarras
gastrique, etc.)

Colique hémorroidale : On désigne ainsi, les douleurs de ventre qui accompagnent ou précèdent les
hémorroïdes, ou qui succèdent à leur suppression.
Dans la dernière de ces trois suppositions, le mot co-

tique hémorroïdale est moins convenable que dans les deux autres. Car c'est une maladie du ventre, dans laquelle les hémorroïdes ne jouent un rôle qu'à la manière de toutes les suppressions suivies de maladies. Nous renvoyons au mot HÉMORROÏDES.

COLIQUE MENSTRUELLE : Elle est déterminée chez les personnes du sexe, par l'approche ou la suppression des règles. (*Voyez ce mot.*)

COLIQUE NERVEUSE : Elle survient sans cause, comme chez les personnes dont l'imagination est vive, faciles à s'affecter, à la suite d'une forte émotion de plaisir ou de peine, ou après une grande contention d'esprit. La face devient pâle, des douleurs vives partent de l'estomac et parcourent tout le ventre, il survient des sueurs froides ; le pouls est petit et inégal ; il y a des défaillances. La durée de cette colique est courte, quelques heures suffisent pour la faire passer sans laisser des suites. Les antispasmodiques en potion et principalement l'éther, suffisent pour la dissiper comme par enchantement. Si le mal se prolonge, on fait prendre quelques tasses d'une infusion chaude de fleurs de tilleul, de feuilles d'oranger ; on administre des lavements émollients ; on pratique des fomentations sur le ventre, et on le couvre de cataplasmes mucilagineux. Enfin, si les douleurs ne s'amendaient pas et qu'on n'eût pas à craindre de troubler la digestion, l'immersion du corps dans un bain tiède pendant un temps assez prolongé sera fort utile.

COLIQUE DE PLOMB, *saturnine, métallique, des peintres :* Tous ces noms ont été donnés à une espèce de colique violente, qui se manifeste chez les individus qui travaillent le plomb, ou qui font usage de ses préparations : tels sont les peintres, les plombiers, les potiers d'étain, les doreurs, les fabricants et les broyeurs de céruse ; chez les personnes qui boivent de

l'eau qui a coulé dans des conduits de plomb qui font
usage d'ustensiles de plomb , qui boivent des vins fre-
latés avec de la litharge qui n'est autre chose qu'une
préparation de plomb.

L'invasion prochaine de la colique de plomb, s'annonce par la constipation , la dureté des matières éva-
cuées, et par quelques douleurs obscures et passagères
dans le ventre. Ces symptômes s'accroissent chaque
jour d'avantage, mais avec assez de lenteur pour permettre au malade de continuer ses travaux pendant
quelques jours, et quelquefois même pendant quelques
semaines.

Après cette première période, les douleurs deviennent plus intenses et quelquefois si violentes qu'elles
arrachent des cris au malade et lui font prendre les
attitudes les plus bizarres ; puis elles s'appaisent et ne
consistent plus qu'en un resserrement douloureux des
parois du ventre, jusqu'à ce qu'un nouvel accès les
réveille. Plus violentes la nuit que le jour, elles parcourent le ventre, se faisant sentir de préférence vers
le nombril et la colonne dorsale, et s'accompagnent assez souvent de vomissements, mais plus fréquemment
de nausées et d'échappement de gaz. Au reste , nous
bornons là l'exposé des caractères de cette maladie,
pour passer à son traitement.

Ce traitement , pour ainsi dire empyrique, repose
sur la combinaison des purgatifs et des narcotiques.
Celui qu'on suit depuis bien des années à l'hôpital de
la charité, a trop de succès pour qu'on puisse songer à
en découvrir un plus efficace : le voici tout entier.

1er Jour: eau de Casse avec les grains , tisane sudorifique simple, lavement purgatif le matin, lavement
calmant le soir et thériaque 30 grammes (1 once),
opium, 5 centig. (1 grain). 2e Jour : eau bénite,
tisane sudorifique simple, lavement purgatif, lave-

ment calmant, thériaque et opium. 3e Jour : tisane sudorifique laxative, deux verres ; tisane sudorifique simple , lavement calmant , thériaque et opium. 4e Jour : potion purgative le-matin, tisane sudorifique simple , thériaque et opium. 5e Jour : tisane sudorifique laxative, deux verres, tisane sudorifique simple, lavement purgatif, lavement calmant, thériaque et opium. 6e Jour : potion purgative le matin, tisane sudorifique simple , thériaque et opium. Enfin , 7e jour : tisane sudorifique laxative, tisane sudorifique simple, lavement purgatif, lavement calmant, thériaque et opium.

Des essais faits avec soin ont aussi prouvé que l'huile de croton tiglium, donnée seulement à la quantité d'une goutte dans une cuillerée de tisane, était un excellent moyen contre la colique de plomb. Dans tous les cas, dans le cours du traitement, il faut insister sur une diète sévère et ne se permettre des aliments, qu'après la cessation complète de la douleur. Dans la convalescence on doit se tenir éloigné des ateliers, et garder pendant plusieurs jours le repos.

COMMOTION. — Ebranlement violent communiqué à un organe par une force extérieure. Les commotions du cerveau résultant d'une chûte ou d'une percussion violente, sont les plus graves et occasionnent souvent la mort, soit par la rupture ou le déchirement de la substance cérébrale et des vaisseaux de cet organe, soit par les épanchements sanguins qui lui sont consécutifs Dans les accidents de cette espèce, il faut avoir recours immédiatement aux émissions sanguines ; quand la commotion est légère, on fait seulement respirer des vapeurs excitantes, telles que le vinaigre, l'éther, l'acide sulfureux que l'on produit en brulaut des allumettes soufrées ; on donne un verre d'eau froide simple ou légèrement vinaigrée.

Ces moyens suffisent pour rappeler le malade à la connaissance, calmer les envies de vomir et faire disparaître l'espèce de stupeur qui persiste souvent après que les sens ont été rétablis. Ce qui distingue la commotion de la compression occasionnée par un épanchement, c'est que la première va toujours en diminuant, tandis que les effets de la seconde vont sans cesse en augmentant.

CONSOMPTION. — On désigne par ce mot un état maladif général, caractérisé par la diminution lente et progressive des forces et de l'embonpoint, avec fièvre plus ou moins prononcée. Quand la consomption est bien manifeste, elle prend le nom de fièvre hectique qui elle-même est prise comme synonyme de *phthisie*. elle peut être le résultat de causes très différentes. Un accroissement rapide, la vieillesse, l'inanition, *une lactation excessive* pour les jeunes enfants, une fatigue générale, longtemps continuée, l'abus des plaisirs vénériens, les affections tristes de l'âme, etc., etc. Elle est aussi la conséquence obligée de beaucoup de maladies incurables. il n'y a pas parconséquent de traitement spécial pour la consomption, pour la combattre il faut attaquer les causes qui l'ont produit, les annonces qui la mettent au nombre des maux que combattent avantageusement telles ou telles recettes de charlatans, sont donc de tout point fausses et mensongères. (*Voyez les mots* AMAIGRISSEMENT, CACHOCHIMIE, FAIBLESSE, PHTHISIE, PULMONAIRE, etc.)

CONSTIPATION. — État d'une personne qui ne peut aller à la selle, ou qui n'y va que difficilement et rarement. La liberté du ventre est une condition nécessaire à la santé, il est donc important de l'entretenir; si elle reste quelque temps entravée, il se manifeste des accidents plus ou moins graves, l'appétit se perd, le ventre acquiert plus de volume et de dureté il survient des douleurs lombaires, des pesanteurs vers l'anus, des douleurs de tête, des insomnies, des anxiétés, des coliques, des hémorrhoïdes.

A part toutes les maladies dont les organes digestif peuvent être atteints, la constipation reconnaît un grand nombre de causes, dont les plus ordinaires sont la vie sédentaire, le séjour au lit prolongé, une diète sévère, ou l'usage d'aliments échauffants, de vins généreux, de liqueurs fortes, de médicaments acres, astringents ou narcotiques, l'habitude mauvaise de résister au besoin, etc. Quoi qu'il en soit, la constipation est plus fréquente chez les femmes que chez les hommes, et dans la vieillesse que dans la jeunesse et l'âge mur.

La constipation accidentelle se guérit par des lavements d'eau simple, ou dans laquelle on aura fait dissoudre une cuillerée de sel de cuisine, ou bien encore d'eau préparée avec l'infusion des herbes émollientes ou de quelques plantes laxatives, telles que la mercuriale ou le séné; quand ces moyens sont insuffisants, on a recours à l'emploi d'une potion purgative préparée avec de la mauve, de la rhubarbe, du jalap et des sels neutres.

Lorsque la constipation est habituelle et qu'elle n'est pas le symptôme d'une autre maladie, aux moyens que nous venons d'indiquer pour la constipation accidentelle, on joindra avec avantage l'exercice à pied, l'usage d'aliments doux, acidulés, des végétaux, des herbacés, des fruits, des boissons rafraîchissantes, comme le bouillon aux herbes, le bouillon de veau, le petit lait; le jus de pruneaux, le lait froid, la bierre, le cidre, la limonade de crème de tartre, etc. Si ce régime est insuffisant, on fait usage de quelques pilules de jalap, d'aloès, prises le matin à jeun ou immédiatement avant les repas

CONTUSION. — On donne ce nom à la meurtrissure produite par le choc ou la pression d'un corps contondant, tel que des bâtons, une pierre, un boulet, etc.

Dans la contusion la peau n'a pas été déchirée, mais il y a presque toujours rupture des petits vaisseaux placés au dessous d'elle. Le sang qu'ils fournissent se répand dans les parties environnantes et donne lieu à une tache d'un noir violet, plus ou moins étendue suivant la force de la contusion, et qu'on nomme ecchymose.

Quant au traitement, la terminaison par absorption du sang étant la plus désirable, c'est celle qu'il convient de provoquer. Il faut donc dès les premiers moments avoir recours aux médicaments dits résolutifs et répercutifs, car ils agissent à la fois en empêchant une plus grande quantité de sang de s'épancher et en facilitant la résorption de celui qui existe déjà. On retirera surtout de bons effets des applications de l'eau de Goulard, que l'on fait en ajoutant à de l'eau froide un peu d'extrait de saturne qui la blanchit et un peu d'eau-de-vie ; on peut aussi avoir recours à une simple dissolution de sel de cuisine dans de l'eau froide ou même à de l'eau vinaigrée. On continue ces moyens jusqu'à la guérisson, si la contusion est légère. Mais si, vers le deuxième ou le troisième jour, il se développe de la douleur du gonflement, de la rougeur, il faut abandonner ces moyens et recourir aux cataplasmes émollients et même aux applications de sangsues ; mais dès que l'irritation a cédé on revient à l'eau de Goulard. Ce n'est quelquefois qu'au bout d'un temps très long que la partie contuse reprend sa couleur et son état naturel.

Lorsqu'au lieu de s'épancher, le sang a formé un

véritable dépôt, il peut arriver qu'il ne puisse pas être résorbé et qu'il faille ouvrir la tumeur pour lui donner issue. Mais il ne faut pas trop se hâter de prendre ce parti : ce n'est que lorsqu'il devient évident que la nature est impuissante pour le faire disparaître qu'on doit agir. Si la tumeur est molle et volumineuse il suffira d'y faire une petite ponction, parce que le sang y est liquide et qu'il s'écoulera facilement : si au contraire elle est dure, il est à croire que le sang y est coagulé et assez dense, il faut alors faire sur la tumeur une incision assez grande qui puisse donner passage aux caillots. Au moment de la contusion on ferait bien de chercher à dissiminer le sang qui tend à s'épancher au moyen de la pression opérée par une pièce de monnaie enveloppée dans un linge ou tout autre moyen de pression ; cependant il faut avoir soin de ne pas agir avec trop de force, car alors, outre la douleur assez vive qui serait le résultat de cette manœuvre, on pourrait augmenter le mal au lieu de le diminuer : des pressions faites sans ménagements pourraient même entraîner la gangrène des parties.

Il arrive quelquefois que les bosses ou contusion s'enflamment et que malgré les applications émollientes et les sangsues, elles finissent par s'abcéder ; on les traite alors comme des abcès ordinaires (*V.* Abcès, Bosse, etc.).

Pour les contusions avec déchirure de la peau on leur donne le nom de plaies contuses. Nous renvoyons ce que nous avons à en dire au mot : PLAIE.

CONVALESCENCE. — C'est l'état qui succède à la maladie, sans être cependant encore l'état de santé parfaite.

Dans cette situation le convalescent se trouve exposé à deux sortes de dangers : il est plus disposé à avoir une rechute, à retomber dans la même maladie ; il est plus accessible à toutes les autres. En effet quelle différence entre l'état de convalescence et la santé telle qu'elle était, telle qu'elle doit revenir. L'amaigrissement, la paleur, la faiblesse musculaire, la débilité de l'intelligence, l'affaiblissement des organes digestifs, etc., tout annonce que le corps a besoin de ménagements plus ou moins minutieux et prolongés en même temps qu'il a besoin d'être régénéré après la lutte qui avait compromis son existence.

La convalescence, courte dans l'enfance et dans la jeunesse, est progressivement plus longue dans l'âge mûr et la vieillesse, plus longue dans les lieux bas et humides que dans les lieux secs et élevés, plus longue encore dans l'hiver et les temps froids que dans le printemps et l'été, et au milieu de circonstances hygiéniques favorables. La règle la plus essentielle dans la direction à donner à la convalescence, c'est de procéder graduellement en observant avec attention de quelle manière chaque chose est tolérée. La nutrition étant la base fondamentale de la restauration du corps, c'est sur elle d'abord que se concentrera la sollicitude ; c'est un bon signe que l'appétit, mais il faut prendre garde qu'il n'excède les forces digestives : il ne faut donc le satisfaire qu'avec réserve et jamais jusqu'à satiété ; il est important surtout de suivre une progression sévère et raisonnée dans l'alimentation du convalescent. On commence par des bouillons, des laits de poule, de légers potages préparés avec la semoule, la fécule de pommes de terre, le salep, le tapioca, etc., quelques cuillerées de chocolat, des gelées animales ou végétales, des fruits cuits ou bien mûrs, des légumes de saison, des œufs frais et liquides. On passe successivement à une alimentation plus solide et plus restaurante ; après les consommés, les

poissons à écailles, les viandes rôties d'animaux jeunes
et puis adultes; les sauces, les épices, ne conviennent
que plus tard. L'eau rougie et un peu de vin pur dans
les repas, sont ordinairement convenables; il faut également graduer l'exercice musculaire et intellectuel,
ranimer les mouvements et l'esprit peu à peu et sans
fatigue. Il faut en outre que le moral du convalescent
soit entretenu dans un état de gaîté, par des distractions douces et variées suivant son âge, son sexe, ses
habitudes, son caractère et sa position sociale.

Mais le point capital, nous le répétons, c'est le régime. Tout écart dans ce genre peut être cause d'une
rechute ou, au moins, peut prolonger indéfiniment la
convalescence.

CONVULSIONS, *spasmes, attaques de nerfs.* — On
désigne sous ces différents noms les mouvements désordonnés et involontaires des muscles avec alternative
de contractions et de relâchement et souvent accompagnés de perte de connaissance, de délire passager,
d'accélération du pouls, d'augmentation de chaleur,
de sueur générale, etc.

Les convulsions ne sont souvent qu'un des symptômes de beaucoup d'affections nerveuses, telles que l'é-
pilepsie, l'hystérie, la rage, la danse de St-Guy, etc.
Quelquefois cependant elles constituent une maladie
particulière.

Les causes des convulsions sont généralement toutes
celles qui agissent sur le cerveau ou le système nerveux, entr'autres l'habitation des villes, une nourriture trop succulente, l'usage des spiritueux, les veilles
prolongées, les émotions fortes, la joie, la tristesse,
la frayeur, la colère, la douleur, le défaut d'exercice,
la suppression d'un écoulement habituel, l'abus des
plaisirs du monde et de l'amour, etc.

L'âge auquel on est le plus exposé aux affections

convulsives, est sans contredit l'enfance, surtout pendant les premières années, l'énorme développement de l'appareil nerveux à cette époque de la vie, explique suffisamment cette facheuse prédisposition. Les femmes y sont aussi, par une raison semblable, plus sujettes que les hommes, et parmi ces derniers, les individus à tempérament sec et nerveux ou livrés à des occupations sédentaires, rentrent dans les mêmes conditions que les femmes et les jeunes sujets. Les enfants nés de parents présentant habituellement des phénomènes nerveux, dont les mères ont été affectées d'accidents spasmodiques pendant la gestation, apportent une prédisposition incontestable.

Le traitement des convulsions doit varier suivant les causes qui les ont provoquées : ainsi, dans les premières années de l'enfance, l'on pratiquera l'incision des gencives, si les accès coincident avec une dentition difficile; on administrera les anthelminthiques ou vermifuges s'il existe des vers ; on appliquera quelques sangsues aux tempes ou au ventre, si des signes d'irritation du cerveau ou de l'estomac ont précédé la maladie : enfin, l'on aura recours aux affusions fraiches, aux bains froids, ou l'on emploiera la valériane, l'assa-fœtida, le camphre, l'oxide de zinc, le musc, etc., Si la maladie ne paraît dépendre que de la grande susceptibilité du système nerveux à cette époque de la vie.

Il en sera de même chez les grandes personnes, si les convulsions dépendent d'une maladie quelconque, il faut s'occuper de guérir cette maladie et les convulsions, dès qu'elles paraîtront ; en même temps quand l'accès est déclaré, s'il y a des signes de pléthore, rougeur de la face, gonflement des veines, etc., on doit saigner et appliquer des sangsues derrière les oreilles. Si au contraire la peau est pâle, refroidie, si pouls est faible et lent ou serré et dur, on insistera sur les révulsifs, les boissons antispasmodiques, on fera respirer des sels, des odeurs fortes, etc.

Lorsque les convulsions tiennent à une excitation passagère du cerveau, produite par une sensation insolite quelconque, il faut alors soustraire aux sens les objets ou les personnes qui peuvent les affecter d'une manière trop vive. Dans quelques cas on a conseillé de soumettre les malades à une vie active et laborieuse, à des exercices pénibles ; c'est surtout quand les convulsions paraissent être produites par une éducation molle ou énervante, par l'abus des jouissances de tous les sens. On a proposé dans le même cas tous les genres de gymnastique, l'exercice à cheval ou en voiture, la natation, etc., pour rompre la périodicité de certains actes convulsifs. Enfin, il est une puissance morale, dont l'exercice sagement dirigé peut, dans beaucoup de cas, maîtriser l'action musculaire, la plus désordonnée, c'est la volonté. Sans doute, ce serait à tort que l'on compterait sur cette puissance, pour arrêter le cours des convulsions dues évidemment à une phlegmasie (inflammation), ou a quelque autre lésion matérielle du système nerveux ; mais toutes les fois que la maladie est uniquement le résultat d'une habitude vicieuse, du défaut d'harmonie ou de coordination des forces locomotrices, il est permis d'en espérer les plus grand succès. Il est même peu de maladies convulsives, auxquelles il ne puisse apporter d'heureuses modifications : aussi on voit tous les jours, la volonté maîtriser des strabismes, des begaiements, des épilepsies, des tétanos, des toux convulsives, des vomissements, etc. Dans quelques cas tous les efforts doivent tendre à rompre une habitude vicieuse, à imprimer une autre direction aux mouvements actuels, à substituer une action régulière à une action pervertie ; dans d'autres, il suffit de frapper vivement et soudainement l'attention du malade, pour distraire, en quelque sorte, le principe du mouvement et remplacer un acte convulsif par un acte sensitif; tel est l'effet d'un bain de surprise, d'une nouvelle inattendue, d'une forte impression morale quelconque; tel a été sans doute l'effet des exorcismes, de la foi religieuse et de la foi magnétique. Il est presque inutile de faire sentir qu'il est une foule d'autres moyens hygiéniques ou pharmaceutiques, dont l'appréciation ne peut être bien sentie qu'à l'occasion de chaque espèce de maladies convulsives considérées en particulier, et que nous nous trouvons par cela même forcé de renvoyer aux articles qui les concernent. (*Voyez* DANSE DE ST-GUY, EPILEPSIE, *etc.*)

COQUELUCHE. — On donne ce nom à une maladie des voies respiratoires caractérisée par une toux convulsive, revenant par quintes saccadées, entrecoupées de bruyants mouvements d'expiration et d'inspiration. Elle semble être propre à l'enfance, quoiqu'on en cite plusieurs exemples dans l'âge adulte et même dans la vieillesse, attaque plutôt les sujets lymphathiques et nerveux, aussi bien les riches que les pauvres, mais de préférence les enfants élevés dans les lieux bas et humides et qui sont légèrement vêtus, sans pourtant que le froid soit un élément nécessaire à son développement, puisqu'on la voit plus ordinairement au printemps et en automne, et qu'elle cesse très souvent aux approches de l'hiver.

Régnant très souvent sous forme épidémique, pouvant même se communiquer d'un sujet à un autre, elle offre généralement dans sa marche trois périodis assez marquées. La première période, qui est d'invasion, a lieu soit au milieu d'une santé parfaite, soit sur la fin d'une des nombreuses maladies propres à l'enfance, comme la scarlatine, la variole. L'enfant est pris de frissons, devient maussade, triste, est sans sommeil, a la face bouffie, les yeux larmoyants, et tous les symptômes d'un rhume de cerveau qu'accompagnent bientôt une fièvre légère et une toux quinteuse. Cette première période dure huit, dix, douze, ou quinze jours.

Dans la seconde période, qui n'est que la continuation, avec aggravation, des phénomènes qui ont signalé la première, les accès de toux se rapprochent, les mouvements respiratoires deviennent plus fréquents et irréguliers; le malade fait des efforts pour arrêter ou même étouffer l'accès dont il pressent l'invasion, et qui éclate malgré lui. Ces accès de toux sont secs, brefs, saccadés, suspensifs, quelquefois de la respiration, au point de rendre la suffocation imminente; la face est rouge, violette, les yeux sont saillants, remplis de larmes. Chaque secousse de toux amène l'expulsion de mucosités visqueuses, filantes, souvent accompagnées du vomissement des matières qui sont dans l'estomac. Enfin l'état convulsif peut se généraliser et donner lieu à de véritables convulsions. Cet état peut se prolonger plusieurs mois, mais ordinairement il ne reste bien caractérisé que quinze jours ou trois semaines.

Quant à la troisième période, qui est celle du déclin, elle commence au moment où les quintes de toux s'éloignent, deviennent moins spasmodiques et moins bruyantes, où les vomissements n'ont plus lieu, et où les matières expectorées, au lieu d'être limpides et filantes, sont opaques et jaunâtres, comme dans le catarrhe de la poitrine.

Lorsque la coqueluche n'offre dans son début que des symtômes que nous avons décrits, on doit se

borner à l'usage des boissons chaudes mucilagineuses, comme celles de mauve, de coquelicot, auxquelles on ajoute le soir un peu de sirop de pavots;
soustraire l'enfant au froid et à l'humidité et, dans
le cas de fièvre intense, faire une application de
sangsues derrière les oreilles ou sur les côtés de la
poitrine. Aussitôt que les accès de toux deviennent
secs, saccadés, suffoquants, on trouve le plus grand
avantage à faire prendre à l'enfant tous les matins
un grain (5 centigr.) d'émétique dans un demi-verre
d'eau, surtout si une tendance aux congestions vers
le cerveau ne le contre-indique pas. Après les vomitifs auxquels on associe souvent avec succès les
purgatifs, mais surtout la manne, le sirop de rhubarbe, les médicaments les plus appropriés sont les
préparations d'opium, ou mieux encore l'extrait de
Belladone donné à la dose de un à deux centigrammes et associé à la valériane. On s'est aussi trouvé
très bien de faire respirer pendant les quintes de
toux, des vapeurs éthérées, ou des fumigations faites
avec le benjoin, le styrax et les fleurs de lavande.
On ne doit en venir aux vésicatoires que lorsque la
coqueluche affecte plutôt une forme catarrhale que
nerveuse. Sur la fin de la maladie, on le sait très bien,
l'état d'épuisement où sont quelquefois les enfants
impose assez souvent l'obligation de substituer les
infusions amères, comme la petite centaurée, le li-
chen d'Islande, aux boissons simplement mucilagineuses, les pâtes de jujubes, les pastilles soufrées
conviennent aussi, et sont aisément acceptées des
enfants.

COR. — On donne ce nom à une excroissance
dure, plate en forme de clou, qui se développe sur
différentes parties du pied, mais principalement aux
doigts

Les personnes dont la peau est sensible, délicate et fine sont plus exposées aux cors et en souffrent davantage que les autres. Ces excroissances de l'épiderme ont toujours pour cause des chaussures trop courtes ou trop étroites et dont le cuir est dur et peu élastique. Habituellement les cors croissent d'une manière lente et graduée, et, dans les commencements ils ne donnent lieu qu'à un peu de gene, mais, à mesure qu'ils prennent de l'épaisseur et de l'étendue, ils causent des douleurs qui quelquefois deviennent tellement vives, que les individus ne peuvent ni marcher ni se tenir debout. Ce ne sont point les cors eux-mêmes qui sont douloureux, ils n'agissent que comme corps étrangers sur les parties sur lesquels ils reposent. Habituellement, dans les temps chauds, ces parties deviennent plus rouges, plus gonflées et en même temps plus sensibles; dans les temps humides, au contraire, le cor se gonfle comme tous les corps hygrométriques, augmente en volume et exerce une pression plus forte. De là, dans l'un et l'autre cas, les souffrances plus grandes qu'il occasionne et qui ont leur siége non dans sa substance tout inerte, mais bien dans les parties qu'il comprime et qu'il froisse.

Les cors ne sont point généralement dangereux, mais ils constituent une infirmité si incommode pour les personnes obligées de marcher beaucoup, qu'on ne doit pas négliger les moyens capables de les faire disparaître : et l'on y parvient d'autant plus facilement qu'on les attaque à une époque plus rapprochée de leur apparition ; car lorsqu'ils sont volumineux et qu'ils ont poussé de profondes racines, il est en général fort difficile de les guérir.

Le meilleur moyen de guérir les cors consiste, après avoir écarté les causes qui avaient provoqué

leur apparition, à enlever en dédolant, avec un instrument bien tranchant, tel qu'un bistouri ou un
rasoir, leurs couches les plus superficielles ; à mesure qu'elles sont ainsi emportées, on voit les plus
profondes, qui cessent d'être pressées avec une
égale force contre la peau, ressortir en quelque
sorte et se présenter successivement à l'opération
Il est alors souvent possible, à l'aide d'une aiguille
solide et à pointe mousse, d'isoler la racine du cor
des parties saines en grattant à l'entour avec la pointe
de l'aiguille, de manière à la détacher entièrement
et à l'extraire sans la plus légère douleur. Le pansement consiste ensuite à remplir ce petit trou avec
de la graisse de mouton et recouvrir la partie d'un
emplâtre de savon ou de diachylon. Les bains de
pied que l'on emploie habituellement pour faciliter
la section des cors ne sont pas toujours aussi utiles
qu'on le croit : ils ramollissent et gonflent l'épiderme et s'opposent à ce qu'il soit aussi exactement
coupé que lorsqu'il conserve sa résistance normale.
D'ailleurs les racines des corps ainsi ramolies ne
peuvent presque jamais être détachées et extraites
de la cavité qu'elles se sont creusées. Et cependant
c'est là qu'est toute la guérison.

La cautérisation est également un bon moyen
d'obtenir la guérison des cors. On peut la pratiquer
d'un grand nombre de manières. Toutes ne sont pas
indifférentes, et il en est quelques unes de fort dangereuses. Celle qui est préférable consiste à couper
autant que possible du cor sans le faire saigner te
sans causer de douleur ; puis à mettre le pied dans
de l'eau chaude pendant un quart d'heure ou vingt
minutes : alors, après avoir bien essuyé la partie, on
passe sur la surface du cor le nitrate d'argent
(pierre infernale). Quelques heures après, la surface

est noire et sèche, et cette espèce de croûte tombe au bout de 6 à 8 jours, quand on a soin de mettre souvent les pieds dans l'eau. Lorsqu'on a appliqué la cautérisation, il est prudent de ne pas se livrer à la marche peu de temps après; car alors la moindre fatigue ou la moindre pression sur l'endroit fraîchement cautérisé peut donner lieu à des douleurs excessivement vives, à la formation d'un abcès et à l'impossibilité de marcher pendant fort longtemps. Il est donc bon de n'avoir recours à la cautérisation que le soir en se couchant : le repos de la nuit suffit ordinairement pour mettre à l'abri des accidents. On a employé aussi la potasse caustique (pierre à cautère), le beurre d'antimoine, l'eau forte, l'huile de vitriol, etc. Mais ces moyens violents exigent beaucoup de précautions et sont fort difficiles à manier; ils occasionnent même fort souvent de graves accidents, des inflammations, la dénudation des tendons et même des os, l'ouverture des articulations, des accidents tétaniques, etc. Le nitrate d'argent n'a, au contraire, aucun de ces accidents, et nous pensons que c'est un moyen dont on peut essayer sans crainte, en agissant toutefois avec prudence, et en prenant les précautions que nous avons indiquées.

Outre les divers modes de traitement rationnel que nous venons d'indiquer, il existe encore une multitude de remèdes plus ou moins bons; quelques-uns peuvent apporter un soulagement momentané, mais presque jamais n'amèneront la guérison : telle est, par exemple, l'usure du cor au moyen de la pierre-ponce, ou des limes dites sulfuriques, diamantées, aimantées, etc., etc., qui consistent uniquement dans une petite pièce de bois sur laquelle on fixe, au moyen de colle-forte, de la poudre d'émeri, de limaille de fer ou de verre pilé. Ces instruments ont l'avantage d'user le cor sans pouvoir blesser les parties saines qui sont trop molles pour être attaquées par la lime. Les emplâtres de savon, de mucilage, de gomme ammoniaque, de galbanum, des différents sparadraps, etc., sont sans doute des moyens peu efficaces, mais comme ils sont sans inconvénients et que, réunis à l'habitude de porter des chaussures convenables, ils peuvent être suivis de bons effets, on fera bien de les essayer. Nous en dirons autant des feuilles fraiches de joubarbe, ou de lierre, d'une lame de baudruche, ou de coton en bourre; mais pour ce qui est des secrets et des prétendus spécifiques préconisés avec emphase par le charlatanisme, il faut s'en méfier beaucoup, parce que le plus souvent ils ne se bornent pas à être insignifiants, ils sont encore dangereux : presque toujours ce sont des substances très-énergiques qui, n'étant pas employées avec les précautions convenables, peuvent produire les accidents les plus dangereux.

COUP DE SANG. — On donne ce nom à une des formes de l'apoplexie, dont elle constitue le degré moins fort. En effet, il y a alors seulement forte congestion, ou accumulation de sang vers le cerveau; mais la substance de cet organe n'est pas altérée ni déchirée.

Les individus d'un tempérament fort et sanguin, disposés à la colère, adonnés aux boissons excitantes y sont prédisposés. Toutes les passions fortes, les plaisirs vénériens, la joie extérieure, la colère, le désappointement, un violent chagrin, etc., peuvent y donner lieu, ainsi que l'usage de cravates ou de vêtements trop serrés.

Les signes sont à peu près les mêmes que ceux

de l'apoplexie; les individus éprouvent des éblouissements, des étourdissements, puis, souvent tout à
coup, ils tombent sans connaissance; il y a paralysie
de tout le corps, le pouls est fort et plein, la respiration gênée, la face rouge et gonflée. Au bout
d'un temps plus ou moins long, le malade reprend
connaissance, il se plaint de douleurs de tête, d'ob-
scurcissement de la vue, de bourdonnements d'o-
reilles, de fourmillements des membres; ces accidents vont en diminuant, et souvent le lendemain il
n'en reste aucune trace.

Le traitement est ici parfaitement indiqué par la
nature de la maladie : il s'agit de s'opposer à ce que
le sang se porte au cerveau et, lorsqu'on n'a pas
prévenu cet accident, à débarrasser l'organe de la
congestion dont il est le siége. Les moyens les plus
propres à y parvenir sont les saignées générales et
locales, les bains de pieds, les applications froides
sur la tête, etc., etc. (*Voir* pour plus de renseignements l'article APOPLEXIE, dont le traitement est
absolument le même que celui du coup de sang). Il
en est de même des préceptes hygiéniques, du régime et de la manière de vivre, fort utiles dans l'un
comme dans l'autre cas.

COUP DE SOLEIL. — On donne ce nom à une
sorte d'inflammation superficielle qui donne à la
peau une couleur rouge érysipélateuse, et qui reconnaît pour cause l'action trop vive et trop prolongée
d'un soleil ardent sur les parties découvertes du
corps.

Les personnes dont la peau est fine et délicate,
et qui sont peu habituées à l'exposition prolongée
au grand air et au soleil, y sont plus disposées que
d'autres. Une rougeur vive avec gonflement de la
peau, sentiment de chaleur et de prurit brûlant,

ensibilité extrême au toucher, quelquefois mal de
ête, mouvement fébrile même, tels sont les symp-
ômes habituels du coup de soleil.

Le traitement de cette affection est bien simple:
un bain tiède, plutôt frais que chaud, des lotions
fraîches sur la partie enflammée, des onctions avec
la crème, l'huile fraîche, le cérat simple, etc., suffisent habituellement pour dissiper la douleur que
le malade éprouve; cependant il est souvent nécessaire de pratiquer une saignée chez les personnes
sanguines. Ordinairement cette légère maladie ne se
prolonge pas plus de deux à trois jours; pourtant
on l'a vue quelquefois donner lieu à une affection
dartreuse, un érysipèle véritable, une inflammation
du cerveau et d'autres maladies plus ou moins sérieuses; heureusement cela n'arrive presque jamais.

COUPEROSE. — C'est une espèce de dartre pustuleuse qui attaque spécialement les joues, le nez,
le front, et qui se manifeste par une couleur ro-
sacée, de laquelle elle a tiré son nom.

Toutes les fois que la couperose se déclare, la
peau du visage s'enflamme et rougit avec plus ou
moins d'intensité; on voit alors naître et se développer çà et là, ou par groupes, une multitude de
petits boutons de forme conique, et qui sont plus ou
moins proéminents sur la peau. Presque toujours ces
boutons ne disparaissent, au bout d'un certain
temps, que pour faire place à d'autres qui se com-
portent de même, et il s'établit ainsi une éruption
continuelle aussi incommode que désagréable.

Les personnes atteintes de couperose éprouvent
dans les parties malades une sensation de chaleur
et de tension assez forte; souvent il s'y joint des
picottements ou de la démangeaison; elles ressentent fréquemment des bouffées de chaleur qui leur

montent au visage. Ces accidents sont habituelle--
ment exagérés après les repas, ou quand elles se
trouvent près du feu ou dans un endroit bien clos,
et dont la température est très élevée.

Cette affection est plus fréquente chez la femme
que chez l'homme ; elle peut se rencontrer dans la
jeunesse ; mais c'est surtout l'âge mûr, et chez les
femmes, l'époque critique, qui l'offrent dans tout son
développement.

Les causes de cette maladie sont généralement
les excès de table, l'abus des liqueurs spiritueuses,
les émotions vives, subites et fréquemment répétées de joie ou de tristesse, de peine ou de plaisir,
les veilles immodérées, l'abus des cosmétiques et
principalement du fard, la suppression des hémorrhoïdes, celle des règles chez la femme, etc., etc.

La couperose est généralement difficile à guérir,
et souvent elle résiste au traitement le mieux combiné ; nous recommandons cependant l'usage fréquent des bains tièdes, durant lesquels on se lave
le visage avec de l'eau fraîche, les bains de pieds
répétés, les lavements pour entretenir la liberté du
ventre, l'eau de son animée d'un peu d'eau de Cologne pour laver le visage, une infusion légère de
chicorée sauvage pour boisson, etc. Si ce traitement
ne suffit pas, que l'inflammation du visage soit très
vive, et que le malade soit fort et pléthorique, on
peut alors avoir recours à la saignée ou à une application de sangsues sur les parties malades. Les
sangsues ont l'avantage d'amener presque immédiatement un dégorgement local toujours utile. Les cataplasmes émollients, saupoudrés de fleurs de soufre, sont également très avantageux ; le soufre
surtout, administré sous diverses formes, est un des
médicaments les plus précieux. Les eaux minérales

sulfureuses administrées en bains, en douches et en
lotions réitérées sur le visage, suffisent même souvent pour détruire la maladie.

Les émétiques et les laxatifs conviennent aussi,
lorsque la couperose se trouve jointe à la torpeur de
la digestion, comme cela arrive fréquemment. Les
aloëtiques, les médicaments propres à rappeler les
règles, les émissions sanguines seront utiles, si la
maladie était liée à l'interruption des règles ou des
hémorroïdes.

Pour favoriser autant que possible l'action médi-
camenteuse des moyens que nous venons d'indiquer,
il est important d'éviter toutes les causes qui ont pu
influer sur le développement de la couperose; il est
surtout nécessaire de s'assujétir aux lois d'une sage
hygiène. En effet, le traitement le mieux combiné
et suivi avec le plus de persévérance n'aurait que
des effets passagers, si les malades n'adoptaient pas
un régime propre à favoriser l'action des remèdes.
Une vie sobre et régulière, un régime habituel composé de viandes blanches, de légumes frais, de fruits
aqueux et fondants; le soin constant d'éviter les
exercices fatigants, les veilles, les travaux de cabinet, le séjour prolongé dans des lieux chauds ou
près du feu, sont les règles hygiéniques les plus sa-
lutaires et les seules qui puissent, avec les autres
parties du traitement, compléter la cure de cette
maladie ordinairement si opiniâtre.

COUPURE. — Expression vulgaire, réservée ordinairement pour les plaies peu profondes et de petite
dimension que les instruments tranchants, tels
que couteaux, canifs, rasoirs, etc., font aux mains,
au visage, etc.

Lorsque les coupures ne sont pas accompagnées
d'autres accidents, elles sont on ne peut plus sim-

ples et prus faciles à guérir. Le meilleur mode à suivre est de laisser raisonnablement saigner la coupure ; cela dégorge les parties voisines et maintient dans de justes bornes l'inflammation qui résulte de toutes les plaies ; puis on lave la partie blessée avec de l'eau pure pour enlever la plus grande partie du sang caillé et des matières étrangères qui pourraient s'y être introduites. Ensuite on appliquera l'une contre l'autre , et fort exactement, les deux lèvres de la coupure, et on se bornera à les maintenir en contact avec un petit linge, un petit morceau de taffetas d'Angleterre, ou de sparadrap. dans le cas où le sang coulerait encore, on placerait sur la plaie un peu de charpie, puis une petite compresse, et on exercerait au moyen d'une bande une pression modérée, mais assez forte pour arrêter l'écoulement du sang. Au bout d'un jour ou deux, on enlève le petit pansement, et ce temps suffit ordinairement pour cicatriser complétement la coupure. Cette méthode si simple est de beaucoup préférable à tous ces prétendus spécifiques pour la guérison des plaies, tels que baumes, élixirs, vulnéraires, etc., dont la plupart ne sont bons qu'à tromper la crédulité publique.

COURBATURE. — C'est ainsi que l'on désigne un sentiment de lassitude et de fatigue douloureuse dans tous les membres.

Les causes de cet état sont ordinairement les exercices violents, les travaux rudes et prolongés, les excès quelconques, les veilles prolongées, un refroidissement du corps, une suppression brusque de la transpiration ou d'une évacuation habituelle quelquefois même une impression morale vive, etc.

La courbature offre ordinairement les symptômes suivants : les malades ressentent une lassitude générale, un abattement extrême, un engourdissement dans toute la machine, des douleurs sourdes dans les bras, les jambes, le dos et principalement dans les organes musculaires, comme si ces parties avaient été brisées, contusées ou frappées à coups de bâton ; l'appétit est suspendu, il y a dégoût, amertume de la bouche, soif, nausées et quelquefois vomissement ; d'autres fois aussi des douleurs de tête, des anxiétés plus ou moins vives, une insomnie incommode ; ces symptômes sont presque toujours accompagnés d'un mouvement fébrile plus ou moins intense, pendant lequel le pouls est ordinairement plein et assez fréquent. Cet état, après avoir duré un ou deux jours, tout au plus trois ou quatre, sans accidents plus graves, se termine presque spontanément par un épistaxis (saignement de nez), ou le plus souvent par des sueurs abondantes, en sorte qu'on peut regarder la courbature moins comme une maladie que comme une indisposition éphémère. Cependant il arrive quelquefois qu'elle est le prélude d'une maladie aiguë d'une toute autre importance : ainsi les fièvres éruptives, la petite vérole en particulier, la fièvre maligne ou putride, la fluxion de poitrine sont généralement précédées d'un sentiment de courbature.

Lorsqu'elle ne doit pas son origine à cette dernière cause, la courbature se guérit presque seule. Il suffit, en effet, que le malade garde le repos, et se soumette à un régime humectant, à l'usage de boissons rafraîchissantes et de quelques lavements émollients. Cependant, s'il était d'un tempérament sanguin très prononcé, et habitué à quelque hémorrhagie périodique qui n'eût point paru à l'époque ordinaire, il serait convenable de remplacer l'opération de la nature, en faisant pratiquer une saignée plus ou moins copieuse suivant les circonstances ; de même, s'il y avait embarras dans les voies digestives, un vomitif ou un purgatif remédierait efficacement à cet état.

CRACHEMENT DE SANG. — Le sang qu'on peut rendre par la bouche en même temps que les crachats, et par conséquent sans vomissement, vient ou de la bouche ou du poumon : c'est de ce dernier cas que nous voulons nous occuper ici. Désignée en médecine sous le nom d'*hémoptysie*, abstraction faite de celle qui résulte d'une blessure faite à la poitrine, cette perte de sang que caractérise son état spumeux qui dénote son mélange avec de l'air, est *essentielle* ou *symptomatique*, c'est-à-dire qu'elle résulte ou d'une exhalation sanguine à la surface de la membrane qui tapisse les conduits aériens, ou d'une maladie directe du poumon dont elle ne serait alors qu'un moyen d'expression. Cette dernière étant liée à la maladie dont elle dépend, comme à une fluxion de poitrine, à une apoplexie pulmonaire, à la phthisie, à la rupture d'un anévrysme dans les voies aériennes, nous renvoyons pour elle à ces divers mots, concentrant pour le moment toute notre attention sur le crachement de sang essentiel.

C'est celui qui se déclare principalement chez des sujets jeunes, vigoureux, pléthoriques ou nerveux, irritables, adonnés à des travaux sédentaires, à des veilles répétées, à des excès de table, à des écarts de régime. Les efforts de voix, de chant, la déclamation longtemps soutenue, l'abaissement brusque de la température le produisent souvent ; il rentre alors dans la classe des hémorrhagies *actives* (voyez ce mot), par opposition à celui qui semble n'être qu'une sorte de transsudation du sang à travers les parois des vaisseaux pulmonaires, et qui tient aux hémorrhagies *passives*, affectant de préférence les personnes faibles, usées, scorbutiques.

Quand le crachement de sang doit être abondant, l est souvent annoncé par une chaleur à la poitrine avec oppression derrière le sternum, palpitations, anxiété, fréquence et dureté du pouls, chaleur au tronc, mais refroidissement des extrémités. Au moment où le sang afflue dans les bronches, il les remplit subitement, et met un si grand obstacle à la respiration, que les muscles de la poitrine se contractent d'une manière convulsive. Poussé alors rapidement dans la bouche, il s'en échappe par flots. Dans les cas, fort heureusement les plus communs, où la quantité de sang exhalée est peu considérable, il remonte peu à peu jusque dans le larynx, sans même provoquer de toux, et part au dehors au moyen d'un simple effort de crachement.

Dans les cas ordinaires, l'hémorrhagie pulmonaire ou bronchique, comme nous l'envisageons, diminue assez promptement; mais les phénomènes qui l'avaient précédée ou accompagnée ne cessent pas toujours d'une manière complète : la personne conserve souvent pendant quelques jours de la chaleur à la poitrine, un peu d'oppression et quelques secousses de toux, et tout cela est d'autant plus prononcé que la maladie, car c'en est une, a été abandonnée aux seuls efforts de la nature et non combattue par les moyens appropriés. Aussi, dans ce cas, est-elle fort sujette à revenir; on la voit même assez souvent alors apparaître à des époques déterminées et remplacer des pertes habituelles avec la suppression desquelles son irruption a coïncidé.

Arrêter le crachement et prévenir son retour, sont nécessairement les deux choses qui se présentent à faire dans l'hémorrhagie pulmonaire. Si elle s'est déclarée avec les signes prononcés que nous avons exposés plus haut, non seulement on fera tenir la personne debout et débarrassée des vêtements qui pourraient gêner la circulation, exposée à l'air frais et libre, mais on lui pratiquera une large saignée au bras, à moins que le sujet ne soit faible ou très nerveux, cas dans lesquels on lui appliquerait des sangsues à l'anus ou aux cuisses.

Si on n'était appelé près de la personne qu'à une époque où elle serait déjà épuisée par une perte abondante de sang, on s'empresserait d'appliquer des ventouses sèches sur les cuisses et des cataplasmes synapisés aux jambes, de lier circulairement les membres; puis on donnera des boissons froides, édulcorées avec le sirop de groseille, de coing, de grande consoude; on peut même, dans les cas graves, animer ces boissons avec l'alun, l'eau de Rabel (acide sulfurique alcoolisé), la décoction de ratanhia et la gomme kino.

Si ces moyens ne réussissent pas, il faut en venir à l'application de liquides froids sur la poitrine, comme des compresses trempées dans l'eau vinaigrée ou même glacée, souvent renouvelées; mais l'usage de ce moyen ne doit être invoqué que dans les cas extrêmes, et il doit être immédiatement suspendu s'il occasionne des accidents. Enfin les potions calmantes ont quelquefois arrêté assez vite un crachement de sang qui n'était entretenu que par une toux trop opiniâtre.

CRAMPE — On appelle ainsi la contraction brusque, involontaire et horriblement douloureuse d'un ou plusieurs muscles qui se gonflent, se durcissent et forment ainsi momentanément une saillie plus ou moins appréciable à la vue et au toucher.

Les crampes s'observent surtout dans les membres inférieurs et principalement aux mollets. Un effort, en mouvement brusque, une fausse position, les mouvements de la danse, de l'escrime et surtout de la natation en sont ordinairement cause.

On soulage la douleur vive que cause la crampe, par l'extension du membre, la pression du lieu douloureux, le massage, les frictions sur la peau avec la main, une flanelle, une brosse douce, du coton imprégné d'huile et de laudanum, des bains tièdes, etc. Les émissions sanguines sont également fort utiles chez les personnes d'un tempérament sanguin et pléthorique.

CREVASSE. — On appelle ainsi les fentes légères ou ulcérations peu profondes de la peau, le plus souvent linéaires, quelquefois radiées. Les parties le plus fréquemment atteintes sont les pieds, les mains, les lèvres, etc. Les causes les plus communes des crevasses, sont le froid et la malpropreté. Les meilleurs remèdes à employer contre cette légère affection, sont une chaleur douce, des onctions avec la moelle de bœuf, le cérat, le beurre de cacao, la pommade de concombres, l'huile d'olives ou d'amandes douces, et généralement toutes les applications grasses.

Les mamelons des nourrices sont sujets à de petites crevasses assez douloureuses et qu'on attribue à l'avidité du nourrisson lorsqu'il suce avec trop de force. Divers moyens ont été proposés pour prévenir cette affection : d'abord des lotions avec du vin tiède ou tout autre tonique pour fortifier et raffermir le tissu de la peau ; mais le plus efficace consiste dans l'emploi des bouts de sein, cela ne peut être révoqué en doute. Les crevasses une fois produites, c'est au mucilage de semences de coings, au beurre de cacao, à l'onguent populeum et même au cérat simple qu'il faut avoir recours tant que la partie est enflammée.

faut avoir recours tant que la partie est enflammée, ainsi qu'aux lotions avec un liquide émollient et calmant, telle qu'une décoction de racines de guimauve et de têtes de pavots ; mais tous ces moyens resteraient complètement inefficaces, si la partie malade n'était soigneusement défendue contre l'humidité et l'irritation que détermine la sucession. Pour atteindre ce but, le bout du sein est encore le meilleur moyen à employer.

Les femmes enceintes, les hydropiques, les jeunes enfants ont encore des gerçures aux cuisses, à l'abdomen, aux jambes ; chez les nouveaux-nés, on se contente de saupoudrer les parties avec de la poudre de lycopode. Chez les femmes grosses et les hydropiques, la maladie est due à la trop grande distension de la peau ; alors, dans le premier cas, les bains, les émollients sont préférables ; dans le second, les fomentations anodines conviennent seules, car le moindre topique peut alors hâter le développement de la gangrène qui envahit souvent les solutions de continuité.

CROUP. — Le croup est une meladie aiguë siégeant dans le commencement des voies respiratoires et différant des autres affections de ces mêmes parties désignées sous les noms de *rhume, bronchite, coqueluche,* etc., par la production assez prompte de fausses membranes qui font obstacle au libre accès de l'air dans les poumons. Cette maladie, qui semblerait être plus commune de nos jours que dans les époques qui nous sont antérieures, est le malheureux apanage de l'enfance, affecte bien plus souvent les garçons que les filles, mais tous les tempéraments indistinctement, et règne plus communément dans les saisons froides et humides ou alternativement chaudes et humides, et souvent d'une manière épidémique.

peut être divisée en trois périodes. Dans la première, il y a, comme dans la coqueluche, du malaise, des frissons, de la chaleur à la peau, en un mot tous les signes précurseurs d'un rhume ; mais d'un rhume intense, puisque la plupart du temps le fond de la gorge est rouge, les amygdales sont tuméfiées et les glandes du cou engorgées. Mais la toux ne tarde pas à prendre un caractère particulier qui se révèle subitement la nuit. L'inspiration est sonore, sifflante, entrecoupée, les artères du cou battent avec force, les veines s'y dessinent largement ; l'enfant renverse sa tête en arrière, comme pour échapper à la suffocation ou mieux à un véritable étranglement.

A mesure que la maladie avance, le caractère de la toux se dessine davantage ; elle devient semblable au cri d'un jeune coq, au gloussement d'une poule, ou pour mieux dire, elle est rauque, sonore et bruyante, dans l'intervalle des accès, la voix est souvent complètement éteinte, et quelquefois, sous leur influence, il survient des vomissements au milieu desquels sont rejetés des lambeaux de fausses membranes dont l'expulsion procure un soulagement très prononcé. Dans la troisième période, la maladie, au lieu de s'amender comme la coqueluche, augmente au contraire, dans la plupart des cas, d'intensité. La face est bouffie, les lèvres sont bleues, le cou est évidemment tuméfié, et la mort survient ordinairement alors par le fait d'une véritable asphyxie; de telle sorte que la durée de la maladie n'est guère que de trois à huit, dix ou douze jours au plus.

Il ne faut pas se le dissimuler, le véritable croup est une maladie qui se guérit rarement; ni l'application des sangsues et même des vésicatoires autour du cou, ni l'emploi de l'émétique ou des purgatifs, ne peuvent dans la généralité des cas troubler la formation de la fausse membrane qui constitue à elle seule toute la gravité de la maladie. Quand ces moyens réussissent on est presque toujours en droit de supposer qu'on avait affaire à un faux croup, c'est-à-dire, à la maladie que nous avons décrite sous les noms de laryngite, de coqueluche. Le seul moyen sur lequel il est rationel de compter, c'est un vomitif donné pour faciliter l'expectoration de la fausse membrane, et le seul présage d'une terminaison favorable est le rejet de cette membrane. On a proposé dernièrement de l'extraire par une incision faite sur la partie antérieure du cou ; mais, sans renoncer à ce moyen qui a déjà eu quelques succès, on ne peut se dissimuler qu'on n'est pas encore parvenu à préciser d'une manière rigoureuse et les règles de son exécution et l'opportunité de son application.

D

DANSE DE SAINT-GUY. — On désigne sous ce nom une maladie caractérisée par des mouvements involontaires et désordonnés d'une ou plusieurs parties du corps et principalement des membres. En médecine cette maladie porte le nom de *chorée*.

La danse de Saint-Guy est une maladie spéciale à l'enfance et à la jeunesse ; c'est surtout de sept à quinze ans qu'on l'observe le plus fréquemment. Le sexe féminin y prédispose singulièrement, car la proportion observée est à peu près de trois filles pour un garçon. Cette fréquence plus grande de la maladie chez les filles s'explique par le plus grand nombre de sujets doués du tempérament nerveux et irritable, tempérament éminemment propre à faciliter son développement. Les autres causes de la maladie sont la frayeur, la colère, la jalousie, les grandes contrariétés, toutes les passions tristes de l'âme, l'onanisme un accroissement trop rapide, la présence de vers intestinaux, la menstruation difficile, une chute sur la tête, etc. Un fait bien digne d'attention c'est que cette maladie ne se rencontre jamais dans les climats chauds, et que rien n'est moins rare au contraire dans les contrées tempérées. Les pays très froids en paraissent également exempts.

La danse de Saint-Guy s'annonce par un sentiment de fourmillement dans les membres; il augmente peu à peu et se trouve remplacé par des mouvements convulsifs, qui deviennent de plus en plus sensibles; ils attaquent, pour l'ordinaire, la jambe et le pied du même côté; si le jeune malade veut marcher, il traîne le membre; dans l'état de repos le pied est agité et porté en divers sens; le bras du même côté éprouve aussi des convulsions en même temps, et il devient d'une agitation telle, que ce n'est qu'avec les plus grands efforts que l'enfant peut parvenir à porter quelque chose à sa bouche; l'on voit souvent les muscles de la face et ceux qui servent à la déglutition participer aux convulsions; le sommeil n'est jamais parfaitement tranquille, les malades sont très mélancoliques, et chez les filles cette affection offre toutes les bizarreries que l'on observe dans l'hystérie. Les garçons ont plus de penchant aux mouvements.

La danse de Saint-Guy n'est pas, en général, une maladie grave, en ce sens qu'elle ne menace pas prochainement l'existence; mais, par les inconvénients qui en résultent par la longueur et la difficulté que présente parfois le traitement, et par la facilité avec laquelle la maladie reparaît sous l'influence des moindres causes, elle devient une de ces affections qui font le tourment de la médecine.

Dans ces derniers temps on s'est beaucoup occupé du traitement de la danse de Saint-Guy; une foule de moyens pus ou moinsbons ont été proposés, nous allons passer en revue ceux qui se recommandent plus particulièrement en ce qu'ils conviennent dans la généralité des cas.

Les saignées générales ou locales au moyen des sangsues ou des ventouses scarifiées sont généralement avantageuses, elles conviennent surtout chez les sujets forts et pléthoriques; mais chez les enfants faibles et nerveux il ne faut les employer qu'avec la plus grande prudence, elles seraient alors plus nuisibles qu'utiles. Les hémorrhagies, les pertes de sang, la faiblesse peuvent en effet être rangées parmi les causes déterminantes de cette maladie. Ce ne sera donc que dans les cas où il y a évidemment congestion du sang, surtout vers le cerveau, qu'on aura recours aux émissions sanguines.

Les purgatifs sont généralement beaucoup plus utiles. En Angleterre ils constituent même la base de la médication dirigée contre cette maladie, et l'on en obtient très souvent la guérison dans un temps fort court.

Toutes les substances connues sous le nom d'antispasmodiques ont été employées contre la danse de Saint-Guy, et toutes ont obtenu des succès plus ou moins nombreux.

Dans ces derniers temps les préparations de fer ont paru efficaces. La plus employée est le sous-carbonate dont on peut porter d'emblée la dose à près de 30 grammes dans la journée. Ce moyen est l'un des plus énergiques et des plus innocents à la fois, et l'on fera toujours bien d'y recourir avant de s'adresser à des médicaments plus dangereux.

Les bains froids ont été également beaucoup vantés, nous n'y avons cependant pas la même confiance: on ne peut d'ailleurs les employer que chez des individus qui offrent une certaine résistance, et peu-

dant une température douce , on est obligé d'y renoncer pendant l'hiver. Ils ont de plus l'inconvénient
très grave de disposer aux inflammations de poitrine
si l'on ne prend toutes les précautions convenables.

Les bains sulfureux nous paraissent plus avantageux ; ils doivent être pris tous les jours et durer une
heure. Souvent au bout de trois ou quatre jours on
commence déjà à observer de l'amélioration dans l'é-
tat du malade, il faut les continuer jusqu'à la guérison.

Quel que soit le traitement que l'on suive, il faut
bien se garder de négliger de remonter aux causes
de la maladie, afin de les éloigner s'il est possible;
souvent on y trouve des indices qui mettent sur la
voie des moyens à employer. Une jeune fille voit ses
règles se supprimer, elle est atteinte de la danse de
Saint-Guy: Il suffira souvent de rappeler l'écoulement
pour voir céder la maladie. On cherchera à éviter
aux enfants les frayeurs , les contrariétés, les excès
de travail , la fatigue corporelle , toutes causes qui
peuvent ramener le désordre musculaire. Une nourriture substantielle et une certaine quantité de bon
vin pur doivent être accordés aux malades, mais on
proscrira l'usage du café et des liqueurs alcooliques.

Les exercices gymnastiques peuvent avoir de fort
bons résultats en fortifiant la santé générale, ils donnent plus de ton aux parties et parconséquent diminuent la susceptibilité nerveuse. De plus, c'est une
manière d'assujétir les mouvements à une espèce de
système qui contrebalance avantageusement leur irrégularité. Les courses, le saut de la corde, les exercices plus compliqués de la gymnastique, tels qu'on
les exécute dans les établissements spéciaux , sont
ceux que l'on devra préférer. L'habitation d'un lieu
bien aéré et dans une situation élevée est généralement très favorable.

DARTRES. — On désigne communément sous ce nom certaines inflammations chroniques de la peau, caractérisées par la formation à la surface malade d'une substance inorganique, lamelleuse, d'un blanc grisâtre, sèche, friable, plus ou moins épaisse et plus ou moins adhérente, nommée squamme. Les auteurs en reconnaissent un grand nombre d'espèces : les unes sont sèches, les autres sont humides ; elles sont stationnaires ou bien elles ont une tendance envahissante et se rapprochent alors de la nature des affections cancéreuses. Ces maladies peuvent être héréditaires, mais elles ne sont nullement contagieuses comme on persiste généralement à le croire. Leur traitement est assez difficile, parce qu'attaquées sous précaution, elles peuvent se porter sur une partie plus importante que celle qui était leur siége.

Les causes, sous l'influence bien positive desquelles surviennent les dartres, sont assez difficiles à saisir. Chez les enfants elles attaquent ordinairement le cuir chevelu et la face pour former la *teigne*. (*Voir ce mot*). L'âge mûr et surtout l'âge critique chez la femme les voient souvent se développer. Beaucoup plus communes dans les pays chauds que nulle autre part, elles trouvent des conditions propres à leur développement dans la malpropreté, la misère, une nourriture excitante, les passions tristes, les occupations sédentaires, l'abus des liqueurs alcooliques.

Si le sexe ne paraît pas avoir une influence marquée sur la nature particulière des dartres, il ne semble pas en être de même du tempérament, car on a remarqué que les individus à cheveux blancs ou roux et à peau blanche, étaient particulièrement sujets à la dartre furfuracée ou *farineuse*, et à la dartre squammeuse ou *écailleuse* ; les tempéra-

ments sanguins sont plus exposés aux dartres inflammatoires à croûtes épaisses et verdâtres sur les
membres, tandisque les bilieux et les mélancoliques ont de préférence des dartres pustuleuses,
comme celle qui survient à la face sous le nom de
mentagre. (*Voyez* ce mot.)

Quelle que soit la cause des dartres, elles apparaissent le plus ordinairement sans appareil inflammatoire bien marqué, et une fois établies elles ne
sont accompagnées d'aucun mouvement fébrile,
l'aucun trouble général, bien plus l'appétit est souvent augmenté d'une manière remarquable; la peau
qui les environne conserve tous ses caractères physiques; elles sont rarement douloureuses, mais
seulement elles déterminent presque toujours une
démangeaison insupportable qui se fait surtout sentir pendant la nuit. Enfin elles ont une marche et
une durée très variables, disparaissent très souvent
dans un lieu pour paraître ailleurs, et occasionnent
très souvent par leur disparition brusque des accidents qui se font le plus ordinairement sentir du
côté de la poitrine.

Quand les dartres sont récentes on les combat par
un traitement antiphlogistique ou débilitant propor-
tionné à la force, à l'âge du sujet, à la violence et
à l'étendue du mal, à l'état de la fièvre. Ainsi les
boissons délayantes, les saignées générales ou locales,
les sangsues près du siége du mal, les cataplasmes
de fécule fraîche, les bains amidonés, le repos, la
diète, le régime lacté seront mis en usage et continués quelques jours. On se gardera bien d'employer
les pommades ou bains sulfureux tant que le caractère inflammatoire existera. Les dartres sont-elles
passées à l'état chronique, on a d'abord recours aux
lotions et aux gélatineux, bains aux purgatifs salins,

comme le sulfate de soude, l'eau de sedlitz, puis on arrive aux bains alcalins, aux douches de vapeur aqueuse, simple ou sulfureuse. Pendant le cours du traitement on peut employer, pour calmer les démangeaisons, l'eau de sureau, de morelle, de jusquiame, de belladone. Les onctions avec les pommades de calomel, d'oxide de zinc, de goudron, de précipité rouge, camphrées ou non, sont aussi très avantageusement employées. Malgré ces moyens on ne parvient quelquefois à guérir une dartre qu'en changeant son mode d'inflammation qu'on ramène de l'état chronique à l'état aigu, en cautérisant légèrement sa surface au moyen de la pierre infernale ; mais il est toujours prudent dans ce cas d'appliquer un cautère ou un vésicatoire au bras, et d'administrer fréquemment des purgatifs. Les pommades soufrées ont longtemps été considérées comme un spécifique contre les dartres ; mais l'expérience prouve qu'elles ne réussissent guère mieux que les substances que nous venons d'énumérer. Les anciens médecins et beaucoup encore de nos jours attribuant les dartres à l'âcreté des humeurs, les attaquaient par un traitement interne qu'ils appelaient *dépuratif*, et qui consistait en purgatifs altérant avec les tisanes de bardane, de patience, de fumeterre, de chicorée, de scabieuse, de houblon, et surtout de douce-amère mais l'expérience prouve que ces moyens n'ont qu'un effet bien secondaire, et qu'il est prudent de de s'en rapporter aux moyens que nous avons précédemment indiqués. (*Voyez* Eczéma, Mentagre, Lait répandu.)

DÉLIRE. — On appelle ainsi un état d'exaltation des fonctions intellectuelles avec perte plus ou moins complète de la raison.

Le délire se présente sous deux formes que l'on

désigne sous les noms de *délire aigu* et de *délire chronique*. Le premier s'accompagne de fièvre, le second est toujours sans fièvre. Nous ne nous occuperons que du premier ; l'autre rentre dans la *folie* dont il constitue l'essence, et nous renvoyons à ce mot ce que nous avons à en dire.

Les causes déterminantes du délire aigue sont presque toujours physiques, promptes et appréciables. Les mouvements fébriles démesurés ou de nature pernicieuse en sont la cause la plus fréquente ; que le cerveau s'affecte primitivement ou consécutivement à quelque autre organe qui réagit sur lui, c'est toujours sa souffrance que le délire manifeste. Les causes du délire, qui n'est qu'un symptôme, sont d'ailleurs aussi variées que celles des maladies qu'il vient compliquer, car il n'est essentiel que dans l'encéphalite et la frénésie vulgairement appelée *fièvres cérébrales*. Cependant quelquefois une émotion forte peut déterminer un délire passager non fébrile que sa courte durée distingue de la folie. On ne confondra pas non plus avec elle le délire avec ou sans fièvre, que provoquent parfois de violentes douleurs, notamment sur les personnes très nerveuses. C'est ainsi qu'on l'a vu déterminé par des maux de dents, des coliques, etc.; enfin, le trait le plus généralement distinctif du délire aigu et du délire chronique, c'est que le premier ne s'offre que comme un symptôme accidentel de maladies variées presque toujours fébriles et accompagnées de beaucoup d'autres désordres, tandis que le second caractérise et constitue à lui seul la maladie dite mentale, à cause de l'état sain que présentent communément les fonctions du corps. Il est aisé de pressentir la différence qui existe dans le présage de durée de ces deux espèces de délire. On doit s'attendre à voir le délire aigu cesser avec la maladi qui l'a précédé et lui a donné naissance, tandis que celui de la folie n'a point de terme prévisible qui se base sur les désordres physiques inappréciables ; la présomption de sa fin reste vague ou ne se fonde que sur l'expérience générale qu'on a des aliénés.

Nous n'essaierons pas de décrire le délire aigu qui peut être bruyant, taciturne, gai, triste, paisible, furieux : nous serions entraînés trop loin par le tableau de ses prodigieuses nuances. Le délire est en général un signe inquiétant ; il indique un très haut degré dans les maladies aiguës, et une fatale terminaison rapprochée dans les affections chroniques. Il est moins grave chez les sujets très sensibles, mobiles et irritables ; de même quand il est provoqué par des douleurs nerveuses qui ne doivent avoir elles-mêmes ni gravité ni durée. Le délire gai ou paisible est de meilleur augure que celui qui est triste ou furieux. Ce dernier, qui cesse subitement sans amélioration des autres symptômes, doit faire craindre une mort prochaine. Accompagné de tremblement, de mouvements convulsifs, le délire est très redoutable ; le danger plus grand, si dans cet état le sujet paraît dormir les yeux ouverts ; la mort est presque certaine, si on ne peut le rappeler de cet assoupissement. Le délire prompt, et bientôt suivi d'une hémorrhagie nasale, est souvent terminé par cette crise. Il est toujours très bon que l'attention des malades puisse être facilement fixée et détournée des idées délirantes, ou que le sommeil rappelle la rectitude des sens et de l'esprit. Le délire cesse quelquefois subitement par une espèce de déplacement de la douleur de la tête dans quelque autre parti plus ou moins éloignée. Les urines colorées, sédimenteuses, jointes à l'amendement d'autres symptom et annoncent souvent la fin du délire.

Reconnaître, comme nous l'avons fait, que le délire n'est qu'un symptôme, c'est annoncer implicitement que son traitement ne peut être séparé de celui des maladies dans lesquelles on l'observe ou, en d'autres termes, qu'il n'admet pas de méthode curative entièrement spéciale. Mais il est au moins des précautions qui conviennent dans tous les cas, et celles-là nous devons les exposer. Lorsque dans les maladies, le mal de tête se déclare ou augmente, qu'en même temps le visage rougit, que le malade accuse des tintements, des bourdonnements dans les oreilles, qu'il se plaint du moindre bruit, de la vivacité de la lumière, de l'insomnie, d'un commencement d'exaltation et de désordre dans ses idées, il faut craindre le délire. Dès ce moment, éloigner scrupuleusement de lui tout ce qui pourrait impressionner vivement ses sens, sa sensibilité ou son intelligence ; point de bruit, de lumière vive, d'odeurs fortes, point de nouvelles émouvantes, point d'affaires, repos des sens, du cœur et de l'esprit avant tout. En même temps, élevez lui la tête légèrement couverte ou nue ; entretenez la chaleur aux pieds ; faites prendre un lavement si le ventre n'est pas libre. Le délire ayant éclaté nonobstant ces précautions, il faut les continuer avec encore plus de soin, mais en outre, ne plus perdre de vue un seul instant le malade qui pourrait se porter à des actes extravagants à l'égard de lui-meme ou des autres. Si l'on est obligé de le contenir, que ce soit avec le plus de ménagements et de douceur possible. On pourra, dès le début, essayer par des discours calmes, bienveillants et concis de rectifier ses idées fausses ; mais il ne faut pas insister sans succès, la controverse, la discussion ne feraient qu'ajouter au délire. Alors on surveille, on *écoute,* on agit à propos, parlant très peu ou sans mot dire. Les ménagements de la sensibilité et du moral auront besoin d'être continués dans les premiers temps de la cessation du délire, il ne faut pas oublier que le cerveau se relève d'une épreuve redoutable qui pourrait amener la mort, ou au moins passer à l'état de folie.

DÉMANGEAISON. — On donne ce nom à une sensation pénible propre au système cutané et qui, comme toutes les autres sensations de cet organe, réside essentiellement dans le corps papillaire, c'est-à-dire dans cette portion de la peau formée par l'épanouissement des nerfs et recouverte par l'épiderme seulement.

La démangeaison est généralement moins douloureuse qu'insupportable ; un frottement léger la fait disparaître et la remplace même par un sentiment de bien-être, tant il est vrai que la douleur tient de bien près au plaisir.

Mais si une sensation agréable, produite par l'irritation légère des papilles, fait taire la démangeaison, ce n'est souvent que momentanément, et l'impression première ne tarde pas à se reproduire et nécessite un frottement nouveau. Il n'est personne, sans doute, qui n'ait éprouvé ce besoin et qui ne sache que plus on lui cède, plus il devient impossible de lui résister, jusqu'à ce qu'enfin un mal plus grand en ait fait oublier un plus faible, c'est-à-dire que ce qui n'était d'abord qu'une sensation incommode, se change en une véritable douleur.

Les vieillards sont plus sujets aux démangeaisons que les jeunes gens, les pauvres plus que les riches : les premiers, parce que chez eux la transpiration s'établit très difficilement à cause de l'inertie des vaisseaux exhalants, et surtout du raccornissement

de la peau ; les seconds, parce que le défaut de
propreté fait que la matiére de la transpiration s'a-
masse sur les parties extérieures du corps, y séjourne
trop longtemps et les irrite.

La démangeaison est aussi l'un des symptômes les
plus constants de toutes les maladies de la peau ;
mais il n'est jamais plus intense que dans la gale et
le prurigo : chez quelques personnes la démangeaison même est si vive qu'on en a vu se déchirer le
corps avec leurs ongles, quelques unes même ont
eu recours au suicide.

Les remèdes propres à combattre les démangeaisons ne sont pas toujours les mêmes, il faut généralement remonter aux causes pour en guérir les
résultats. En effet, les bains fumigatoires sulfureux
et les frictions avec diverses pommades *sulfuro-al-
calines* qui font cesser la démangeaison de la gale,
augmentent celles du prurigo. Les onctions et frictions de toutes espèces exaspèrent plutôt qu'elles
ne calment la démangeaison produite par une cause
interne, etc.

La démangeaison qu'on observe autour des plaies
des ulcéres, des fractures dépend presque toujours
de la malpropreté et du contact des pièces de l'appareil ; de simples lotions d'eau tiède suffisent pour
y remédier. Celle que détermine l'application de
certains emplâtres ou cataplasmes irritants, ainsi
que l'application des sangsues, est souvent accompagnée de boutons plus ou moins gros et disparaît
aussi par l'emploi des bains, des lotions.

La démangeaison que l'on ressent dans une plaie
qui est sur le point de se cicatriser, reconnaît pour
cause l'abord du sang dans les vaisseaux restés jusque là obstrués ou divisés ; elle cesse quand la circulation est rétablie, et quelques lotions d'eau tiède

produiraient de bons effets si la démangeaison était trop forte, mais le mieux est de ne rien faire.

Il est enfin un moyen qui, en général, réussit sinon à faire disparaître pour toujours la démangeaison, au moins à l'apaiser momentanément et à la rendre supportable, c'est l'immersion dans l'eau à la température de 25 à 30 degrés. Ce moyen a de plus un grand avantage sur tous les autres, c'est qu'il ne peut nuire dans aucun cas.

DÉMENCE. — On désigne par ce mot un état dans lequel les facultés intellectuelles ne peuvent atteindre le degré nécessaire à la conservation de l'individu et à la moralité de ses actes. Cet état est originaire, c'est-à-dire de naissance, ou accidentel. Dans le premier cas, qui forme ce qu'on nomme communément *idiotisme*, l'absence des facultés intellectuelles est en général plus complète, parce que l'arrêt de développement a porté sur l'instrument direct de ces facultés, le cerveau ; la simple démence frappant sur des individus qui ont joui de leur intelligence, qui l'ont perdue progressivement, mais qui, le plus ordinairement, en conservent encore des traces.

L'idiotisme est incurable, on le prévoit de suite ; tout ce qu'on peut faire à l'égard des malheureux frappés si cruellement, c'est de rendre leur triste sort plus supportable, et aucun moyen ne nous semble plus propre à atteindre ce but, que leur dépôt dans une maison spéciale : cette séquestration nous paraît tellement nécessaire, qu'on doit être étonné qu'elle ne soit pas légalement obligatoire, car ces malheureux, dépourvus de tout instinct de conservation, ne sachant même pas éveiller l'affection au même degré que certains animaux domestiques, ont bien vite épuisé la sollicitude de ceux qui les entourent, ne recueillent souvent que railleries ou brutalités, au lieu des soins qui leur sont souvent si nécessaires. et deviennent toujours dangereux, pouvant faire le mal par pure imitation et par ignorance complète du bien. D'ailleurs ils ne trouvent pas seulement au sein des établissements spéciaux, les soins et la surveillance si impérieusement exigés par leur position, mais on y réussit quelquefois à améliorer leur état moral.

Résultat ordinaire de toutes les causes qui impriment au cerveau des secousses brusques, profondes mais fréquemment renouvelées, comme un travail intellectuel exagéré, des chagrins profonds, les excès vénériens, l'abus du mercure, des boissons alcooliques ou des substances narcotiques, la démence se montre quelquefois isolément, mais le plus souvent elle est précédée ou compliquée de désordres qui portent sur l'intelligence ou sur la faculté de mouvoir, tels que la manie, la monomanie, l'épilepsie, les tremblements nerveux. Elle débute quelquefois d'une manière brusque, mais dans la plupart des cas, elle est annoncée par des signes qui consistent surtout dans des congestions de cerveau répétées, une attaque d'apoplexie, par un état maniaque ou par des changements remarquables survenus dans les goûts, les habitudes, le caractère de la personne, changements portant particulièrement sur la fixité de ses idées et la force de son raisonnement. De toutes leurs facultés qui tendent à déchoir, la mémoire est celle qui offre les modifications les plus saillantes, sa perte porte surtout sur les faits récents. Le malade conserve bien encore le souvenir de certaines choses élémentaires qu'il a apprises dans son enfance ; mais les idées sont rares, disposées sans ordre et souvent éloignées du but pour lequel elles semblaient avoir été sollicitées. Enfin, tôt ou tard, surviennent des signes de paralysie, triste prélude d'une fin prochaine.

Quand la démence est parvenue à un certain degré, il est difficile non seulement de la faire disparaître, mais même d'en arrêter la marche. Les saignées, l'application des vésicatoires aux jambes, les cautères ou les sétons à la nuque sont les moyens auxquels on a généralement recours, mais qui ne réussissent que bien rarement à arrêter le travail de désorganisation dont le cerveau est le siége. Bien plus, quand ils échouent, ils ne font souvent que hâter la terminaison fatale de la maladie par les secousses qu'ils impriment à l'économie et la faiblesse qu'ils entraînent ordinairement après leur emploi ; aussi faut-il les mettre à contribution dès le début, et, dans le cas où ils semblent ne donner aucun résultat favorable, nourrir convenablement le malade et lui prodiguer les soins que requièrent les malheureux idiots dont il ne diffère plus.

DENT. Quand on réfléchit à l'importance des dents, seulement sous le rapport de la mastication des aliments et de l'articulation de la parole, on doit être étonné du peu de soin qu'on prend en général de leur conservation. Ces soins sont pourtant bien simples puisqu'ils consistent uniquement : 1° à les frotter chaque matin avec une brosse simplement trempée dans une eau légèrement aromatisée par l'addition de quelques gouttes d'eau de cologne, ou chargée soit d'une poudre de charbon bien porphirisée, soit d'une autre poudre dans la composition de laquelle n'entrât aucun acide ; 2° à se rincer la bouche après chaque repas, et à se débarrasser les dents au moyen d'un cure-dent de plume, de baleine ou de bois flexible, de toutes les particules alimentaires qui pourraient séjourner entre elles ; 3° à ne jamais chercher à casser avec ses mâchoires des corps durs, et à soustraire, autant que possible, sa bouche aux changements brusques de température des aliments.

Malgré ces soins, et à plus forte raison quand on s'en abstient totalement, les dents s'altèrent avec la plus grande facilité, et de ces diverses altérations résultent des douleurs qui, bien que passagères généralement, n'en sont pas moins assez fortes quelquefois pour jeter le trouble dans toute l'économie et occasionner de graves désordres.

Les dents sont-elles simplement agacées, on peut se contenter de les frictionner doucement avec une poudre alcaline, comme la magnésie calcinée unie au miel, au beurre de cacao ou au chocolat, et qui a la propriété de détruire les principes acides qui entretiennent assez ordinairement cet état pénible. Sont-elles au contraire le siége d'une véritable douleur, il faut tâcher d'en reconnaître la cause, et ne pas en venir de suite à cette foule de moyens empiriques dont chacun s'empresse de rehausser la valeur, parce que ceux de ces moyens qui ont réussi dans un cas peuvent non-seulement échouer, mais encore devenir nuisibles dans une autre circonstance. Par exemple, si les parties qui environnent la dent douloureuse sont rouges, tuméfiées, on doit employer les saignées générales ou locales, suivant la violence du mal, et leur associer les gargarismes préparés avec les plantes mucilagineuses ou narcotiques.

Si la dent est cariée, ce qui arrive le plus ordinairement, on introduit dans la cavité de cette carie un morceau de coton ou d'amadou imprégné de quelques gouttes soit d'une liqueur calmante, comme toutes celles dans la préparation desquelles entrent, l'opium, l'extrait de belladone, de laurier - cerise, soit d'un liquide aromatique légèrement caustique, comme l'essence de girofle, le cochléaria, la teinture de pyrèthre, de gayac, de créosote. C'est à ces moyens qu'il faut rapporter la plupart des prétendus spécifiques que le charlatanisme a si habilement exploités dans ces derniers temps. Quant à la cautérisation, conseillée par quelques praticiens comme le seul moyen de faire cesser les douleurs dentaires, son emploi est toujours trop dangereux, et son action trop incertaine pour y avoir recours. Enfin, s'il est peu rationel de se faire arracher une dent par cela même qu'elle fait souffrir, il est imprudent aussi de persister à la conserver quand elle est profondément excavée par la carie, et qu'elle est le siége de douleurs sans cesse renaissantes. Par cette persistance on s'expose non seulement à voir la douleur renaître à chaque moment, à avoir l'haleine constamment infecte, à avoir à chaque instant des *fluxions* (*Voyez* ce mot), des abcès et même des fistules qui viennent s'ouvrir sur la figure.

Une fois la ou les dents douloureuses enlevées, il est une nécessité à laquelle on est souvent obligé d'obéir, c'est de les faire remplacer ; or, à quoi peut-on connaître que les pièces destinées à cet usage sont bien faites ? Pour résoudre cette question il faut d'abord savoir que si la pièce est simple et que le dentiste la monte à pivot, elle ne sera durable que si la racine sur laquelle elle sera implantée est en bon état ; si la pièce est composée, le dentiste devant avant tout prendre l'empreinte de la brèche, l'opinion qu'on devra se faire de son habileté se basera sur le soin qu'il mettra à cette opération préliminaire et sur l'exactitude du modèle qu'il obtiendra. Il faut aussi savoir que quand une pièce doit être montée sur métal, ce qui arrive toujours, l'or est préférable à tous les autres ; rien ne justifie l'emploi du platine dont les dentistes font un si grand usage, si ce n'est sa valeur moins élevée, raison insuffisante, parce que dans une pièce de denture artificielle la matière n'est rien, tout consiste dans sa confection et son ajustement. Reste à connaître la matière dont les dents elles-mêmes doivent être faites. Il n'y a que deux substances utilisables pour cela, les dents naturelles et les dents de pâte minérale, espèce de porcelaine tout à fait inaltérable et qui a sur les dents humaines l'avantage non seulement de se conserver plus longtemps, mais de ne pouvoir inspirer aucun dégoût. Enfin, les pièces artificielles composées doivent être fixées par des crochets rendus invisibles et ne jamais être placées sur des gencives malades.

DENTITION. — Bien qu'on ait souvent exagéré les dangers de la pousse des dents chez les enfants, on ne peut cependant méconnaître que depuis le huitième mois de leur naissance jusqu'au trente ou trente-quatrième à peu près, que s'exécute cette pousse, ils ne soient sujets à diverses maladies qu'il est impossible d'attribuer à une autre cause. La plus fréquente de ces maladies est le dévoiement; quand il est modéré, on le regarde généralement comme avantageuse, aussi fait-on bien de le respecter; mais si les aliments et les boissons de l'enfant passent sans avoir été digérés, si les selles sont liquides, vertes, séreuses et accompagnées de vomissements et que le ventre soit ballonné, ou simplement douloureux, on doit avoir recours aux fomentations émollientes, aux sangsues appliquées au fondement, sucrer les boissons avec le sirop de gomme, de coing, de grande consoude, mettre l'enfant à la diète, donner des quarts de lavement avec l'eau de riz, ou une eau simple dans laquelle on aura fait dissoudre un jaune d'œuf, une cuillérée d'amidon.

Il n'en est malheureusement pas les convulsions qui surviennent à cette époque comme du dévoiement. Si ce dernier est, en général, assez facile à arrêter, les premières compromettent souvent la vie de l'enfant. Si on était bien sûr qu'elles fussent matériellement occasionnées par la difficulté qu'éprouvent les dents à percer les gencives qui les recouvrent, il suffirait pour les faire cesser de faire sur les gencives de simples mouchetures, ou même de véritables débridements ; mais pour un cas dans lequel ce moyen réussit, il échoue dans dix autres. Aussi peut-on établir, en principe, que l'incision des gencives ne doit être faite que lorsqu'elles sont visiblement tendues, et comme soulevées par les dents sous-jacentes. En dehors de cette circonstance, il est prudent d'avoir recours aux sangsues appliquées derrière les oreilles, aux bains de pieds synapisés, aux lavements purgatifs, et même aux vésicatoires appliqués derrière le cou ou sur le trajet de la colonne vertébrale. On seconde avantageusement l'action de ces moyens par des potions antispasmodiques, comme le sirop de pavot blanc étendu dans l'eau de tilleul, dans les rapports de 32 grammes (une once) par verre d'infusion, donné par petites cuillérées d'heure en heure.

Quant aux maladies que détermine la deuxième dentition, qui a ordinairement lieu de six ou sept ans à douze ou quatorze, sans compter, bien entendu, les dents de sagesse qui ne sortent que de dix-huit à vingt-cinq ans, elles sont toujours moins graves que celles de la première. Ce sont tantôt de légères congestions sanguines, des hémorrhagies par le nez, une abondante salivation, l'engorgement des glandes du cou, une rougeur des yeux et des éruptions soit à la face, soit à la tête ; toutes choses qui disparaissent assez souvent d'elles-mêmes avec la cause qui les a occasionnées. Mais ce qu'il importe de bien savoir, c'est que le travail d'éruption des dents de remplacement n'est pas aussi souvent facilité qu'on pourrait le croire par l'enlèvement des dents de lait. Cet enlèvem ent ne doit être fait que lorsque celle qui doit tomber est chancelante, et que celle qui doit la remplacer commence à montrer la pointe de sa couronne. Si malgré les soins qu'on apporte à régulariser l'éruption des deuxièmes dents, elles se développent irrégulièrement, il est bon de savoir que, sans ajouter une foi entière à toutes les promesses des dentistes, leur art possède cependant des moyens de remédier aux écarts assez communs de ce développement.

DESCENTES. — On appelle ordinairement *descente* ou *chute* le déplacement d'un organe qui vient faire saillie en dedans ou même en dehors d'une cavité naturelle aboutissant à l'extérieur du corps ; différant en cela d'une *hernie* qui résulte bien aussi, comme nous le dirons plus loin, d'un déplacement d'organes, mais à travers des parties recouvertes par la peau. Ainsi, dit-on, descente ou chute de la luette, de la langue, du rectum, de la matrice.

1o Le traitement applicable à la chute de la luette si elle est récente et peu considérable, consiste dans l'usage des gargarismes astringents et résolutifs, l'application plus ou moins répétée, mais prudente, du nitrate d'argent ou pierre infernale ; enfin dans l'excision, si ces premiers moyens échouent.

2° Quand un enfant naît avec une chute de la langue, et qu'elle est peu prononcée, il suffit, dans la plupart des cas, pour la faire rentrer, de déposer de temps en temps sur la pointe une pincée de poivre. Mais, si la chute est ancienne, on essaye d'abord les lotions astringentes, même les scarifications, mais mieux encore la compression graduée. Dans les cas où ces moyens échouent, on est forcé d'en venir à l'excision.

3° La chute du rectum est-elle récente et peu considérable, et n'a-t-elle lieu qu'au moment des selles ? aussitôt que ces dernières sont rendues, on opère la réduction avec les doigts enveloppés de linge fin. Mais le mal est-il abandonné à lui-même, le bourrelet muqueux acquiert-il un volume tel que sa réduction soit devenue sinon impossible, du moins difficile et douloureuse ? on doit chercher à faire rentrer la tumeur par des bains de siége, par des onctions avec la pommade belladonisée: Si on échoue, il faut avoir recours à des moyens plus actifs, parce que la membrane muqueuse de l'intestin, sans cesse exposée au contact de l'air, au frottement des vêtements, devient fongueuse, s'ulcère et peut se gangrener. Ces moyens sont la cautérisation, la ligature, l'excision et le débridement, qui ne peuvent être pratiqués que par un homme de l'art.

4° Dans les descentes de la matrice deux indications sont à remplir : la première c'est de remonter l'organe à sa place; la seconde de l'y maintenir. Avant de chercher à remplir la première, si la descente est simple, la femme jeune et bien constituée, on emploie le repos, la position horizontale; on emploie ensuite les injections légèrement astringentes, comme la décoction de bois de chêne, de quinquina, de feuilles de noyer, les bains froids à l'eau courante, les douches sur les reins et sur les aines. Si les parties sont enflammées, on met d'abord en usage les bains et topiques émollients, puis on procède à la réduction. Pour cela, la personne étant couchée sur le dos, les jambes fléchies sur les cuisses et celles-ci sur le bassin, la tête légèrement inclinée en avant, et le siége soulevé puis appuyé sur un coussin; on refoule la matrice à l'aide de un ou deux doigts enduits de beurre ou de cérat et introduits dans le vagin. Si la tumeur résiste, on la comprime doucement et on la refoule peu à peu dans le bassin en agissant de bas en haut.

On la maintient ensuite au moyen d'un pessaire de gomme élastique qu'on introduit perpendiculairement et dans le sens de son petit diamètre s'il est oval; puis quand il est arrivé à l'organe on l'abaisse par un de ses bouts pour qu'il se place à plat, et forme ainsi un plancher sur lequel portera cet organe. Enfin, une femme dans cette position devient-elle enceinte, elle fera bien de garder le repos les trois ou quatre premiers mois de sa grossesse, de se tenir couchée quelque temps avant son accouchement, et d'avertir de son état la personne qui l'assistera, afin que la matrice soit solidement maintenue au moment du passage de la tête de l'enfant. Après l'accouchement, de grandes précautions et un long repos seront nécessaires.

DÉVOIEMENT. — On désigne par ce mot, synonime de celui de *Diarrhée*, un besoin plus ou moins répété d'aller à la selle, suivi d'excrétions intestinales plus fréquentes et plus liquides que de coutume, et presque toujours accompagné de fièvre et de coliques.

Les causes de cette affection sont très nombreuses. Les principales sont : les écarts de régime, l'usage des fruits verts et acerbes, les boissons mal fermentées, les liqueurs échauffantes, la transition subite d'un état d'abstinence à l'usage de mets succulents et copieux, les vicissitudes atmosphériques, les fatigues excessives, les affections morales, la frayeur, la colère, etc.

Habituellement cette affection s'annonce par un sentiment de lassitude dans les membres et dans les reins, un malaise général, de la chaleur à la peau et des frissons dans le dos. Il y a douleur de tête et inaptitude aux travaux de l'esprit.

Bientôt apparaissent de la tension du ventre, des gargouillements, des coliques auxquelles succèdent des besoins irrésistibles d'aller à la selle. Chaque selle est suivie d'un état de mieux être ; mais au bout d'un temps assez court les coliques reviennent ainsi que le malaise, et de nouvelles évacuations ont lieu. Cet état cesse ordinairement de lui-même au bout de quelques jours, souvent même plus tôt; il n'offre en général de gravité que lorsqu'on l'exaspère par des écarts de régime ou en restant sous l'influence des causes qui l'ont produit.

Le traitement de cette affection est des plus simples : diminuer la quantité de ses aliments, choisir ceux qui ne produisent pas sur le canal intestinal d'irritation spéciale : employer des lavements d'eau simple, d'eau de guimauve ou de graine de lin, des boissons mucilagineuses et émollientes, et spécialement l'eau de riz édulcorée avec le sirop de coing, se nourrir de substances qui fournissent peu de matières excrémentitielles, comme les œufs frais. Tels sont les moyens qui en triomphent à peu près constamment.

Le dévoiement ou la diarrhée accompagne souvent une foule de maladies dont il n'est alors qu'un symptôme ou phénomène ; nous n'avons rien de spécial à en dire ici, si ce n'est qu'avec la maladie principale le dévoiement disparaîtra presque toujours.

DIARRHÉE. — (*Voyez* DÉVOIEMENT).

DOULEURS. — On donne vulgairement ce nom à des sensations pénibles qui parcourent certaines régions de la tête, de la poitrine, du dos ou des membres ; elles sont ordinairement le résultat d'affections nerveuses ou de rhumatismes. (*Voyez* ce mot.)

Le meilleur mode de traitement est d'avoir recours aux soins hygiéniques : un régime de vie so et tempérant, le soin de se préserver de l'action des vicissitudes atmosphériques et surtout du froid humide ; les vêtements de laine et de flanelle, les bains tièdes, les frictions, etc. Il faut surtout éviter avec le plus grand soin toute cause de refroidissement. Le changement de climat, l'habitation d'un pays chaud et à température égale pendant l'hiver, les voyages aux eaux minérales des contrées du midi réussissent souvent quand tout autre remède a échoué. Malheureusement tout le monde ne peut pas y avoir recours.

DURILLON. — (*Voyez* CALLOSITÉS, CALUS et COR).

DYSSENTERIE. — Maladie caractérisée par un besoin fréquent et même continuel d'aller à la selle avec douleur à la région de l'anus et excrétion difficile d'une petite quantité de mucosités plus ou moins sanguinolentes.

Les causes sous l'influence desquelles on voit se développer la dyssenterie sont nombreuses et puissantes. En première ligne on peut placer les températures élevées. En effet, dans les pays chauds, cette maladie est avec la fièvre jaune et les maladies du foie, une de celles qui amènent le plus de mortalité. Les chaleurs succédant au froid humide sont très favorables au développement de la dyssenterie. L'exposition du corps au froid humide, le sommeil en plein air pendant la nuit et sur la terre, des habits mouillés ou trop légers, l'habitation dans des lieux bas et humides où l'air n'est pas suffisamment renouvelé, l'usage d'aliments indigestes, tels que des concombres, des melons, des fruits acerbes et n'ayant pas atteint l'époque de leur maturité, des viandes malsaines, des boissons acides ou fermentées, voilà des circonstances dans lesquelles la maladie se déclare. L'agglomération d'un grand nombre d'hommes et surtout de malades dans un espace trop circonscrit favorise également la dyssenterie et lui donne même presque toujours un caractère épidémique; aussi les bagnes, les prisons, les camps, les hôpitaux en sont le théâtre le plus ordinaire.

La dyssenterie légère, celle que l'on observe habituellement, présente les symptômes suivants : elle commence par de légères douleurs de ventre, qui changent de place et finissent par se concentrer vers l'anus, où elles sont continues. Le malade y éprouve un sentiment de chaleur et de poids qui l'engage à faire de continuels efforts pour aller à la selle, mais il ne rend aucune matière, ou bien il expulse avec beaucoup de douleur et de peine quelques mucosités blanchâtres ou sanguinolentes; mais la quantité en est toujours très peu considérable, en égard surtout aux efforts prolongés qui ont accompagné leur sortie. Souvent il s'y joint de continuels besoins d'uriner, qui tiennent à ce que l'irritation de l'anus se propage à la vessie; en même temps existe un sentiment très prononcé de faiblesse générale. Le pouls est faible et petit, la peau froide et sèche, la figure pâle et abattue. Au bout de quelques jours les envies d'aller à la selle diminuent, la douleur du fondement disparaît, les forces reviennent, et il ne reste qu'un simple devoiement. La durée moyenne de la maladie est de six à huit jours.

Mais la dyssenterie grave, celle qui sévit épidémiquement ou s'observe dans les camps, les hôpitaux, sur les vaisseaux, dans les villes assiégées, s'accompagne d'accidents bien autrement effrayants. Elle commence par une fièvre assez forte, que suit bientôt une vive sensibilité du ventre ; les douleurs deviennent aiguës, déchirantes; les besoins d'aller à la selle sont impérieux, ils se renouvellent à chaque instant; on a vu des malades se présenter plus de cent fois à la garde-robe dans les vingt-quatre heures. Les matières rendues sont liquides comme de l'eau, rougeâtres, semblables à de la lavure de chairs, ou bien brunâtres et même noires ; elles sont toujours d'une fétidité excessive. La figure est profondément altérée, la soif est dévorante et les boissons provoquent à l'instant le besoin d'aller à la selle. La peau devient sèche, râpeuse, elle se couvre d'un enduit grisâtre particulier qui lui donne un aspect sale. Il est rare que la maladie dure plus de quelques jours. Le plus souvent on voit apparaître des hoquets, les douleurs cessent brusquement, le pouls n'est plus sensible, et la mort met un terme à cet état affreux. Lorsque la maladie doit avoir une terminaison heureuse on voit la figure reprendre un meilleur aspect ; le pouls se relever, les douleurs diminuer, et l'affection prendre les caractères de la forme légère que nous avons indiquée plus haut. On conçoit qu'entre ces deux espèces principales il en existe une foule d'autres qu'on peut facilement se figurer.

Dans un grand nombre de cas il suffit pour guérir la dyssenterie légère d'éloigner les circonstances qui y ont donné lieu. Ainsi le repos, la diète, l'usage de quelques boissons adoucissantes, telles que l'eau d'orge ou de riz, l'eau de gomme, amèneront promptement la guérison. L'usage de demi lavements adoucissants faits avec de l'eau de graine de lin, l'eau de guimauve, etc., adoucissent beaucoup les douleurs, et agissent d'autant mieux qu'ils s'appliquent immédiatement à l'organe malade. Lorsque le mal ne cède pas à l'emploi de ces moyens simples, la médecine nous offre un médicament doué d'une efficacité presque spécifique contre cette affection ; nous voulons parler de l'opium ; administré par doses d'un centigramme d'heure en heure il calme comme par enchantement les douleurs de ventre et les envies d'aller à la selle. Il nous paraît préférable de l'employer par la bouche plutôt que de le mêler aux lavements, son action est plus sûre et plus prompte.

Les évacuations sanguines, et spécialement les sangsues à l'anus, sont indiquées dans quelques cas où les symptômes indiquent un état inflammatoire des intestins; mais à moins d'indications spéciales, on doit s'abstenir de recourir à leur emploi qui peut avoir les plus grands inconvénients, en affaiblissant d'avance un malade qui aurait besoin de toutes ses forces pour résister avec avantage aux effets essentiellement débilitants d'une maladie quelquefois de long cours.

On devra aussi soigneusement s'abstenir des moyens excitants, tels que le punch chaud, le vin généreux, les préparations de muscade, de cannelle, de gingembre, etc. Le nombre des cas où ils peuvent convenir est extrêmement petit, et leur emploi exige beaucoup de prudence. On ne perdra pas de vue que la convalescence demande les pus grands soins; que l'on devra insister pendant lolgtemps sur le régime; car la moindre imprudence, le plus léger écart provoquerait une rechute beaucoup plus grave que la maladie; pendant la coevalescence il faudra surtout se bien garantir de nimpression du froid humide; les vêtements de flanelle portés sur la peau sont toujours d'un grand sensurs pour remplir cette indication. Dans les cas lecoplus graves, dans les convalescences très longues, le changement de climat est une ressource sur laquelle on peut fonder de grandes espérances.

E

ÉBLOUISSEMENT. —Trouble de la vue occasionné par la vue, occasionné par l'impression d'une lumière éclatante par le passage subit d'un lieu fort éclairé dans un autre qui l'est moins, ou par l'action d'une cause interne, telle que l'afflux d'une grande quantité de sang vers la tête, ou l'approche d'une défaillance, etc. (*Voyez* BERLUE, COUP DE SANG, APOPLEXIE, ÉVANOUISSEMENT.)

ÉCHARDE. On appelle ainsi de petits éclats de bois introduits accidentellement sous la peau. Lorsqu'ils ne sont pas retirés sur le champ avec la pointe d'une aiguille ou avec de petites pinces épilatoires, ils donnent ordinairement lieu à un travail d'inflammation et de suppuration, destiné par la nature à en provoquer l'expulsion. Or si ce travail s'opère à une certaine profondeur, dans une partie dont le tissu est serré et irritable, aux doigts, à la main, à la plante du pied, par exemple, il en peut résulter des accidents plus ou moins sérieux, du genre de ceux que l'on trouvera décrits au mot PANARIS.

La première chose à faire est donc d'enlever l'écharde au plus tôt, dût-on même, pour la découvrir et l'extraire, être obligé de faire une petite incision à la peau; si malgré cela on ne réussit pas à opérer cette extraction, il faut alors baigner longtemps la partie dans l'eau tiède, afin de diminuer et combattre l'inflammation qui est la conséquence naturelle de la présence dans les chairs du petit corps étranger. Les cataplasmes de farine de graine de lin, les sangsues sont également fort utiles, selon le degré de l'inflammation. Mais avec un peu de patience et d'adresse on réussira toujours à extraire l'écharde assez à temps pour que l'inflammation soit prévenue ou qu'elle devienne sans importance, si néanmoins elle se manifestait après l'accident.

ÉCHAUFFEMENT. Les gens du monde donnent à ce mot une foule de significations; souvent ils l'emploient comme synonime de CONSTIPATION (*Voyez* ce mot). Ils l'appliquent encore aux écorchures ou rougeurs de la peau causées chez les enfants nouveau-nés par le séjour des matières excrémentitielles, chez les personnes qui gardent longtemps le lit, par la pression qu'éprouve la peau du siége, chez les gens qui montent à cheval pour la première fois, par les secousses et les frottements auxquels la même partie est exposée dans l'équitation ; enfin chez les personnes grasses par le frottement qu'éprouvent dans la marche, surtout par un temps chaud, les fesses, les cuisses, les aisselles, etc. Ces rougeurs nécessitent l'emploi des bains, des lotions émollientes à l'eau de guimauve ou de sureau, l'usage des poudres absorbantes, telles que le lycopode ou l'amidon sur la peau, les onctions avec l'huile ou le cérat ; enfin, autant que possible, l'éloignement de la cause qui a déterminé l'inflammation. Pour les personnes obligées par un état de maladie de garder le lit, on se trouve bien de recouvrir le siége d'un large emplâtre de diachylum, étendu sur de la peau, en même temps qu'à l'aide de coussin de balle d'avoine et d'oreillers, on change, autant que possible, les points du corps qui reposent sur le lit.

On a aussi donné le nom d'*échauffement* à un état morbide général marqué par de la soif, du malaise, de la chaleur à l'estomac et à la tête, de l'insomnie et autres accidents qui rentrent de plein droit dans les attributs de la médecine, et que l'on ne doit pas négliger, car ils peuvent être la source d'une maladie plus ou moins sérieuse. Mais le plus souvent cet état se borne à des rougeurs et boutons au visage, chaleur à la tête, constipations, urines rouges, etc. Il faut alors avoir recours à quelques émissions sanguines, aux bains de pieds, aux lavements; un régime doux et sobre, du laitage, des boissons raffraîchissantes, telles que l'orangeade, la limonade, le petit lait, le bouillon aux herbes, l'eau de groseille, l'eau de cerises, l'infusion légère de chicorée sauvage, etc.

Quelques personnes désignent enfin sous le nom d'échauffement certaines irritations des organes génitaux (*Voyez* le mot *Maladies* VÉNÉRIENNES).

ÉCORCHURE. — On désigne par ce mot synonime d'*excoriation*, les petites plaies superficielles de la peau, consistant presque uniquement dans l'enlèvement de l'épiderme. Les causes de cet accident sont connues de tout le monde : la plus commune, c'est le frottement contre un corps dur quelconque.

Quelle que soit la cause de l'écorchure, il en résulte toujours un léger suintement sanguin, une douleur cuisante plus ou moins vive, suivant que la peau est enlevée dans une étendue plus ou moins considérable. Du reste, cet accident n'a aucune suite fâcheuse, il se guérit presque toujours de lui-même. Un moyen de remédier à la cuisson qu'il excite, c'est d'empêcher le contact de l'air avec la partie écorchée : pour cela il suffit d'y appliquer, avec de la salive, un peu de papier de soie ou de taffetas d'Angleterre ; s'il survenait de l'inflammation, de l'irritation, on aurait alors recours aux bains locaux, aux lotions à l'eau de guimauve ou de sureau, et aux cataplasmes émollients.

ÉCOULEMENT. On désigne ainsi vulgairement tout flux qui s'opère à la surface d'une membrane muqueuse, et dont le produit s'échappe au dehors par une des ouvertures naturelles du corps. Le peuple applique particulièrement ce mot aux *Fleurs blanches* et à certaines *Maladies vénériennes* (*Voyez ces mots.*).

ÉCROUELLES — (*Voyez* SCROFULE).

ECZÉMA. Ce mot, dont l'emploi a été répandu par l'étude approfondie qu'on a faite dans ces derniers temps des nuances si variées des maladies de la peau, sert à désigner une maladie non contagieuse de la peau, caractérisée par une éruption de vésicules ordinairement très petites et confluentes, environnées d'une rougeur superficielle, et dont la rupture est suivie de croûtes feuilletées d'un aspect assez variable. On la nomme quelquefois aussi dartre *humide*, dartre *vive*.

Les causes de cette éruption sont à peu près les mêmes que celles sous l'influence desquelles surviennent les dartres ordinaires (*Voyez ce mot*) ; seulement elles sont généralement plus appréciables, un grand nombre de ces dernières se déclarant sans cause bien apparente. Aussi parmi les eczémas qui surviennent aux mains, en voit-on une moitié au moins sur des personnes qui par état sont constamment exposées à des agents irritants, comme les épiciers, les broyeurs de couleurs, les raffineurs de sucre ; c'est une de ses variétés qui avait reçu le nom de *maladie des boulangers*. On le voit très souvent survenir à la suite de frictions faites avec des pommades irritantes ou sur des parties exposées au contact de quelques fluides acrimonieux, comme le pus d'un vésicatoire, d'un cautère, d'une perte en blanc, etc. L'eczéma peut être aisément pris pour la gale, et c'est principalement pour cette raison que nous en parlons. Mais il en sera distingué par ses vésicules qui sont plus aplaties et plus rapprochées les unes des autres. La douleur qu'il occasionne n'est pas d'ailleurs comme dans la gale, une simple démangeaison, mais une cuisson et un prurit ardent.

Ce que nous avons dit du traitement des dartres et ce que nous dirons du traitement de plusieurs autres maladies de la peau nous permettent de passer rapidement sur celui de l'eczéma. Quand il est simple, quelques lotions émollientes, des bains entiers, des boissons délayantes d'abord, comme l'eau d'orge, de chiendent, puis quelques laxatifs, comme un verre d'eau de Sedlitz coupée, pris deux ou trois jours de suite, le matin à jeun, suffisent ordinairement pour le faire disparaître en quelques jours. Quand l'éruption languit, en un mot devient chronique, on peut, on doit même avoir recours aux moyens légèrement excitants : bains alcalins, savonneux ou sulfureux, généraux ou partiels, suivant le cas ; pommades résolutives avec le sous-carbonate de potasse, les mercuriaux, le goudron ou pommades résineuses, douches, enfin vésicatoires sur la partie même.

EFFORTS. On donne vulgairement ce nom à deux maladies fort différentes, les *Hernies* et *Descentes,* (*Voyez ces mots*) et les douleurs musculaires rhumatismlaes, qui sont provoquées par un mouvement brusque ou par un effort un peu violent. Cette douleur survient le plus souvent aux reins, et siége dans la masse musculaire qui occupe les lombes: le repos est le meilleur remède et celui que la nature elle-même indique, puisque tout mouvement, tout déplacement renouvelle la douleur (*Voir au surplus le mot* Rhumatisme).

EMBARRAS de l'estomac. —On a donné ce nom à un malaise produit par un amas plus ou moins considérable de matières morbides dans l'estomac, et indiqué par les symptômes suivants :

La bouche est amère et pâteuse, la langue est recouverte d'un enduit jaunâtre, il y a dégoût des aliments ; des rots plus ou moins fréquents, quelquefoi des nausées ou des envies de vomir ; les digestions sont lentes et pénibles, enfin on éprouve généralement un sentiment de lassitude dans les membres et des maux de tête principalement au-dessus des sourcils.

Les causes ordinaires de cette affection sont les repas trop copieux, les aliments lourds et indigestes, les écarts de régimes, les liqueurs spiritueuses, enfin toutes celles qui agissent sur l'estomac en échauffant, en excitant, en irritant cet organe. Cette maladie se développe aussi sous l'influence de la chaleur humide, des passions tristes, des chagrins profonds, des travaux excescifs. Certains médecins l'attribuent encore à une accumulation de bile dans l'estomac, et pensent que les qualités de ce liquide sont sans doute altérées.

Quoi qu'il en soit des causes de cette affection, elle est généralement peu grave et ne dure que quelques jours, si elle est traitée convenablement. Le meilleur mode à suivre est d'observer, dès l'origine, une diète un peu sévère, et de se mettre à l'usage de boissons légèrement acides. Si ce traitement ne suffit pas, et que l'on soupçonne de la bile, il faut alors avoir recours aux vomitifs. L'émétique en lavage, à la dose de cinq ou dix centigrammes, dans un pot de bouillon aux herbes ou dans un demi-verre d'eau est le vomitif le plus employé ; souvent on y joint avec succès trente grammes de sulfate de soude. Les purgatifs seuls ne conviennent généralement pas dans cette affection, mais unis aux vomitifs, ils sont au contraire presque toujours utiles.

Chez les individus sanguins, pléthoriques, menacés d'apoplexie, chez les personnes très nerveuses, chez lesquelles le mouvement fébrile est très intense, la langue rouge, sur les bords et à la pointe, la soif très vive et la région de l'estomac douloureuse à la pression, il faut bien se garder de recourir aux émétiques ou aux purgatifs, qui augmenteraient le mal, bien loin de le soulager. C'est le cas de recourir aux applica, tions de sangsues au creux de l'estomac, aux boissons acidules ou émollientes, aux bains tièdes, etc.; car ici il ne faut pas s'y tromper, ce n'est pas à un simple embarras de l'estomac que l'on a affaire, mais bien à une inflammation de cet organe, ou même à une irritation du foie, qui seraient exaspérées par toute médication excitante, comme le sont les vomitifs et les purgatifs. Au reste, nous renvoyons aux articles Bile et Gastrite; ce que nous pourrions en dire ici ferait double emploi.

EMPOISONNEMENT. — L'empoisonnement est le résultat de l'action d'un poison quelconque sur l'économie, et on appelle *poison* toute substance qui, prise à l'intérieur ou appliquée à l'extérieur du corps, et à doses modérées, est habituellement capable de détruire la vie sans agir mécaniquement et sans avoir besoin d'agir plusieurs fois. L'*empoisonnement* est le résultat de l'action de cette substance. On partageait autrefois les poisons, d'après leur origine et leur nature chimique, en *minéraux*, *végétaux* et *animaux* : ces derniers comprenant les venins, produits naturels, et les virus, produits maladifs. Mais on les divise généralement aujourd'hui en quatre classes : 1° poisons *irritants* ou *corrosifs*, la plupart inorganiques; 2° poisons *narcotiques* ou *stupéfiants*; 3° poisons *narcotico-âcres*; 4° poisons *septiques* ou *putréfiants*. Comme tous les autres corps de la nature, ils peuvent se présenter à l'état solide, liquide ou gazeux; quelques-uns peuvent même exister sous une quatrième forme que l'on a désignée par le nom d'état miasmatique.

L'empoisonnement peut s'effectuer par plusieurs voies. Il est des poisons qui sont introduits dans le torrent de la circulation par quelque point que ce soit de la surface extérieure ou intérieure du corps, mais on peut établir en thèse générale que leur introduction pent avoir lieu par trois voies différentes : par la peau, par les membranes muqueuses, c'est-à-dire par toutes les ouvertures naturelles, comme la bouche, l'anus. les narines, par la peau dépouillée de son épiderme. Lorsque l'empoisonnement s'effectue par la peau ou le tissu cellulaire, c'est toujours un poison susceptible d'être absorbé qui le produit; comme l'arsenic, le sublimé corrosif, l'émétique, l'opium, et l'absorption est d'autant plus rapide que le poison est susceptible de se dissoudre facilement. Les signes auxquels on peut reconnaître un empoisonnement, devant varier autant que les poisons varient eux-mêmes, il est difficile de décrire d'une manière générale les caractères de cet empoisonnement. On doit cependant le présumer, lorsqu'une personne éprouve tout à coup un certain nombre des symptômes suivants :

Odeur nauséabonde et infecte, saveur acide, alcaline, âcre, styptique ou amère; sécheresse dans toutes les parties de la bouche; constriction dans la gorge; langue et gencives jaunes ou noirâtres; douleur plus ou moins aiguë dans toute l'étendue du canal digestif et augmentant par la pression; fétidité de l'haleine; rapports fréquents, nausées, vomissements douloureux, muqueux, bilieux ou sanguinolents; hoquet, constipation ou selles abondantes; difficulté de respirer; angoisses, pouls fréquent, petit, serré, irrégulier, tantôt à peine sensible, tantôt, au contraire, fort et développé; frissons et refroidissement des membres, ou chaleur brûlante à la peau; sueurs froides et gluantes; mouvements convulsifs des muscles de la face, et souvent contorsions horribles de tout le corps; tête souvent renversée en arrière; vertiges, paralysie ou grande faiblesse des jambes altération de la voix, etc.

Il arrive cependant que des personnes meurent empoisonnées sans avoir offert ces symptômes, de même que d'autres éprouvent les accidents les plus graves, qui ne sont cependant pas suivis d'une mort prompte.

S'il est impossible de décrire les symptômes généraux de l'empoisonnement, il est impossible aussi d'établir d'une manière absolue les règles de son traitement. Tout se réduit à cet égard à ces deux points : Le poison est-il avalé depuis peu ; se trouve-t-il encore dans l'estomac ; ou bien peut-on supposer qu'il n'est pas entièrement absorbé ; ou, en d'autres termes, est-on témoin de la première époque des accidents? On cherchera à expulser de l'estomac la portion du poison non absorbée, soit par le haut au moyen de l'émétique, soit par le bas par des purgatifs ; ou bien on neutralisera ses propriétés vénéneuses en le combinant avec une substance appelée *contre-poison*, moyen qui paraît fort rationnel, mais sur lequel il ne faut jamais trop compter. Le poison est-il, au contraire, avalé depuis un certain temps, a-t-il été porté dans l'économie par une autre voie que par l'estomac? On en combattra les effets par les moyens généraux appropriés à la nature des symptômes, à l'état du sujet, à l'espèce particulière d'organes qui se trouvent compromis, et au genre spécial du poison. C'est ainsi qu'on aura recours tantôt aux saignées, tantôt aux excitants, dans certains cas aux vomitifs, dans d'autres aux purgatifs. Or, voici tout à la fois les différentes espèces de poison rapprochés par similitude d'action, et le traitement qui est spécialement applicable à chaque espèce :

1° POISONS IRRITANTS, CORROSIFS OU CAUSTIQUES. — On les reconnaît aux signes suivants : saveur acide, âcre, caustique, cuivreuse ou métallique; chaleur de la bouche, de la gorge ; sentiment de brûlure dans le creux de l'estomac ; nausées, vomissements, éructa-tations fréquentes, soif vive, constipation opiniâtre ou selles abondantes ; peau froide, couverte de sueur, pouls petit, serré, fréquent ; respiration difficile et ac-célérée ; puis surviennent les phénomènes caractéristi-ques de l'inflammation ; les sujets conservent en géné-ral leurs facultés intellectuelles dans les premières périodes de la maladie ; mais peu de temps avant sa fin, ils tombent dans un état de profonde insensibilité et sont en proie à des mouvements convulsifs.

On traite les accidents occasionnés par les poisons de la manière suivante : *Acides minéraux et végé-taux*, comme l'acide sulfurique, muriatique (eau for-te, seconde, de javelle), citrique, malique, etc. : on donnera de suite, et toutes les minutes, une tasse d'eau pure ou d'eau de graine de lin, contenant de 25 à 50 centigrammes . de magnésie calcinée par verre, à défaut de magnésie, eau de savon ou de chaux. Si le vomissement n'a pas eu lieu, on titil-lera la luette avec les barbes d'une plume, et s'il sur-vient des signes d'inflammation on les traitera comme dans toute autre circonstance. — *Alcalis concentrés*, comme la potasse, la soude, l'ammoniaque : vinaigre, suc de citron étendu d'eau ; beaucoup d'eau chaude ; plus tard le même traitement que celui des acides concentrés. — *Préparations mercurielles*, comme le sublimé corrosif : un verre d'eau battu avec du blanc d'œuf, ou bien une tasse de lait coupé d'eau dans la-quelle on a délayé de la farine ; puis traiter comme pour les acides. — *Préparations arsenicales :* eau sucrée pure, ou coupée avec un tiers d'eau de chaux, potion huileuse, lait, décoction de noix de galles ou de quinquina, hydrate de fer, 12 ou 15 fois le poids présumé du poison. Pour traitement consécutif, sai-gnée s'il y a des signes d'inflammation, pousser aux

rines, si on suppose le poison passé dans toute l'économie. — *Préparations antimoniales*, comme l'émétique : eau tiède en abondance ; plusieurs tasses d'infusion de noix de galles, de quinquina, de saule,
d'écorce de chêne. — *Cantharides* : eau tiède, eau de
graine de lin ; injecter dans la vessie des liquides mucilagineux, mais non huileux, qui dissolvent le principe actif ; grand bain, fomentations adoucissantes sur
les points douloureux si les cantharides ont été appliquées à l'extérieur. — *Irritants végétaux*, comme
l'anémone, la bryone, la coloquinte, la clématite, le
garou, le jalap, le mencenilier, la gomme-gute, le rhus
radicans : comme pour les acides concentrés.

2° Poisons stupéfiants.—Ils ont pour symptômes
un coma profond, un collapsus des membres avec insensibilité de la peau ; les pupilles sont dilatées ; la
respiration est lente, la peau froide, le pouls petite
lent. Les poisons de cette classe n'ont point de saveur caustique, donnent rarement lieu à des vomissements et à des déjections alvines. La douleur qu'ils font
naître n'existe que peu de temps après leur emploi,
et quand elle est intense les malades la rapportent à
différentes parties du corps, au lieu de la ressentir
dans le ventre exclusivement.

Suivant la substance spéciale qui les forment ces
poisons se combattent ainsi : *Belladone, jusquiame,
laitue vireuse* : provoquer le vomissement avec les
barbes d'une plume, donner ensuite des boissons acidulées avec le citron, le vinaigre ; combattre la somnolence par le café à l'eau, les potions vineuses, alcali-
sées, frictions sèches sur les membres ; saignée au bras
s'il y a signe de congestion cérébrale. — *Opium, acétate de morphine* et autres composés : faire vomir,
donner la décoction de noix de galles par cuillerée,
café à l'eau, potion ammoniacale. — *Laurier-cerise,*

amandes amères, acide hydrocyanique, cyanure de mercure : faire vomir, puis faire respirer de l'eau chlorurée, ou ammoniacale, surtout s'il y a convulsion, affusion d'eau froide sur la tête et le long de l'épine, saignée, synapismes aux pieds, café à l'eau.

3° POISONS NARCOTICO-ACRES. — Les symptômes occasionnés par ces poisons peuvent offrir des différences bien caractérisées : ainsi après l'emploi des uns, tels, par exemple, que la noix vomique, la fève St.-Ignace, la fausse angusture, les sujets sont pris d'une raideur convulsive de tous les muscles du corps, les yeux fixes semblent faire saillie hors des orbites, la figure se colore, les joues, le nez, les lèvres se gonflent et deviennent livides comme dans les asphyxies, la respiration est comme suspendue ; il y a de la stupeur, l'air est hébété et le regard fixe, le moindre bruit, le moindre attouchement rappellent les mouvements convulsifs ; enfin la mort ne tarde pas à survenir. Du reste, les facultés intellectuelles ne sont pas toujours lésées, le vomissement n'a lieu que très tard, mais les sujets ont toujours éprouvé une saveur très amère.

L'empoisonnement qu'ils occasionnent se combat ainsi : *Champignons* : faire vomir promptement et provoquer quelques selles par de légers purgatifs ou des lavements irritants ; puis, si les effets continuent, administrer un lavement de tabac ; donner ensuite quelques cuillerées d'une potion antispasmodique éthérée, ou quelques tasses de limonade végétale Les accidents inflammatoires font-ils des progrès ? eau de gomme ou de graine de lin. Le malade est-il dans un état de somnolence, d'engourdissement ? donner la limonade végétale, puis faire vomir. — *Noix vomique, coque du levant, scille, aconit napel, ellébore noir, camphre, colchique, datura-stra-*

monium, *tabac*, *digitale pourprée* : provoquer le vomissement, prévenir l'asphyxie en insufflant de l'air dans les poumons. Le poison a-t-il pénétré par une plaie, on y applique une ventouse si cette plaie est récente, et on cautérise avec le fer rouge si elle est ancienne. — *Seigle ergoté* : faire vomir et se conduire ensuite suivant le cas. — *Gaz des fosses d'aisances* (mitte, plomb), *des égouts, des puisards* : avoir de suite recours au grand air, aux aspersions d'eau vinaigrée, à l'inspiration de vapeurs chlorurées; provoquer le vomissement, saigner au bras, bains frais pour calmer les accidents nerveux; frictions sur le corps, synapismes aux pieds.

4° POISONS SEPTIQUES OU PUTRÉFIANTS. — S'il s'agit d'un poison à l'état de gaz ou de miasme, l'individu peut être instantanément frappé de mort; mais le plus ordinairement il n'y a que suspension momentanée des fonctions de la vie : de la lassitude générale, abattement profond, respiration lente et difficile, affaiblissement du pouls, syncope; les malades restent longtemps faibles. Lorsqu'au lieu d'être gazeux, le poison est liquide comme le venin de certains reptiles, alors une partie quelconque du corps a été le siège d'une blessure; le malade y éprouve une douleur aiguë; cette partie devient le siège d'une tuméfaction plus ou moins considérable; elle prend une couleur d'un rouge livide qui s'étend peu à peu aux parties environnantes : des syncopes, des nausées, des vomissements et des mouvements convulsifs surviennent, et la mort est fréquemment la suite de l'absorption du venin dont la plaie a été imprégnée.

On doit se comporter à l'égard des empoisonnements de cette classe comme il suit : *Morsure de vipère* : pratiquer une ligature au-dessus de la plaie, la faire saigner, la couvrir d'une ventouse. Dans les cas graves, cautériser. A l'intérieur, calmants, sudorifiques, boissons aiguisées par quelques gouttes d'ammoniaque. — *Piqûre d'insectes* : visiter d'abord la plaie et en retirer l'aiguillon qui pourrait y être implanté. Puis, dans les cas ordinaires, frotter la partie avec un mélange de deux parties d'huile d'amandes douces et une d'ammoniaque, ou avec l'eau blanche; boisson légèrement sudorifique. — *Substances corrompues* : faire promptement vomir et combattre les signes secondaires. — *Poissons vénéneux, moules, etc.* : ces substances sont-elles encore dans l'estomac ? les expulser à l'aide d'un vomitif. Sont-elles dans l'intestin ? une potion ou un lavement purgatif; calmer les accidents nerveux par des potions éthérées, des limonades végétales, et avoir recours à tous les moyens propres à combattre l'inflammation s'il s'en déclarait une.

Notons bien avant de terminer que lorsqu'on n'est appelé à secourir une personne empoisonnée que longtemps après l'introduction du poison dans l'estomac, quand le poison a été entièrement expulsée avec la matière des vomissements ou des selles, il est complètement inutile, même dangereux de faire usage des antidotes ou des vomitifs. Il faut examiner attentivement l'état de l'individu, la nature des symptômes qui se sont développés, les parties qui ont été primitivement ou secondairement affectées, etc., et agir différemment suivant qu'il se présente telle ou telle indication à remplir.

ENCHIFRÈNEMENT. — On donne ce nom à une sensation incommode d'embarras et de gêne dans le nez, caractérisée surtout par une grande difficulté de se moucher.

Cette affection provient ordinairement d'une irritation avec tuméfaction de la membrane interne des narin es, elle existe toujours dans le rhume de cerveau.

Pour guérir l'enchifrènement, il est nécessaire de rem onter aux causes qui l'ont produit.; quant au traitem ent local, on retirera de bons effets des lotions, aspir ations, fumigations avec la laitue ou le sureau, ainsi que des onctions de l'intérieur des narines avec du suif, de l'huile, du cérat, de l'onguent rosat, etc. (*Voir au surplus le mot* Rhume de cerveau.)

ENGELURE.— On donne ce nom à certain engorgement qui affecte particulièrement les chairs des pieds, des mains, et quelquefois, mais plus rarement, le nez et les oreilles. Cet engorgement est tantôt superficiel et peu dur, accompagné d'une légère douleur et de démangeaisons incommodes, surtout lorsque les parties malades sont exposées à la chaleur, tantôt cet engorgement est plus considérable. Il y a de l'engourdissement dans les doigts, les mains, les pieds, des douleurs cuisantes, des vésicules remplies d'un liquide roussâtre; la peau devient d'abord rouge, puis violette ou bleuâtre; à la fin elle se fendille ou se crevasse et il s'établit de véritables ulcères, plus ou moins profonds.

Les engelures se manifestent plus souvent chez les enfants et les jeunes gens que dans un âge plus avancé. On les observe assez fréquemment chez les sujets lymphatiques-scrofuleux; ce qui donne quelques raisons de croire que la disposition à cette affection peut être héréditaire. Elles se manifestent ordinairement en automne, augmentent pendant l'hiver et disparaissent au printemps pour reparaître l'année suivante.

Les engelures sont plus douloureuses et incommodes que dangereuses; souvent elles guérissent d'elles-mêmes et disparaissent généralement pour ne plus revenir vers l'époque de la puberté. Lorsqu'on en est menacé, le meilleur traitement préservatif consiste à se laver souvent les pieds et les mains avec quelques liquides spiritueux, tels que l'eau-de-vie, l'esprit de vin, l'eau de-vie camphrée, le vin chaud, les décoctions de quinquina, etc. On ne doit jamais recouvrir ces parties de cataplasmes émollients, ni de linges humides.

Quand les engelures se sont développées, et qu'elles ne sont pas encore fendillées, on les traite par les mêmes moyens que ceux employés pour les prévenir. On peut aussi dans ce cas envelopper les points engorgés avec des compresses imbibées d'extrait de saturne.

Enfin lorsque la peau est crevassée, qu'il s'est établi des ulcères, suivant que cette ulcération est inflammatoire ou atonique, c'est au cérat simple, à l'onguent populeum, ou aux pommades plus ou moins stimulantes et aux lotions aromatiques spiritueuses qu'il faut recourir. Le repos, ou du moins la promenade en voiture deviennent nécessaires en pareil cas, lorsque ce sont les pieds qui sont le siége du mal.

ENFLURE, *Gonflement*, *Tuméfaction*. On désigne sous ces divers noms l'augmentation de volume d'une partie quelconque du corps, produite généralement par un amas de sérosités, une infiltration de lait ou l'accumulation des humeurs vers un point irrité ou enflammé.

L'enflure, de quelque nature qu'elle soit, ne constitue point une maladie par elle-même, mais se rencontre comme symptôme obligé dans diverses affections morbides. (*Voyez* ABCÈS , BOUFFISSURE, FLEXION, HYDROPISIE, INFLAMMATION, etc.)

ENROUEMENT.—On désigne ainsi une altération de la voix qui est rauque et embarrassée ; ce n'est ordinairement qu'un symptôme léger qui se dissipe en peu de jours, et qui se rattache aux *rhumes*. (*Voyez ce dernier mot.*)

Lorsque l'enrouement est dû à la fatigue de l'organe

de la voix, à l'impression du froid sur le corps échauffé, à l'aspiration d'un brouillard frais, à un excès de liqueurs spiritueuses, etc., le repos, le silence, des bains de pieds chauds et prolongés, l'application d'un cataplasme bien-chaud sur le cou, ou seulement d'une cravate de mousseline de soie ou de laine; l'usage d'une boisson adoucissante, telle que l'eau d'orge ou de gruau coupée avec du lait, le dissipent en un, deux ou trois jours. Si on le néglige, et surtout si l'on continue à faire des efforts pour parler, il devient chronique, et alors encore, s'il n'est pas trop ancien, les mêmes moyens peuvent suffire pour le combattre; l'infusion d'hysope, ou de sauge coupée avec un peu de lait et sucrée avec un peu de miel, est aussi une boisson fort utile dans ce cas; mais si l'enrouement persiste, il faut alors recourir à des moyens plus actifs, tels que les sangsues, les ventouses, les purgatifs, les vésicatoires au devant du cou, les fumigations excitantes, etc. Il faut aussi éviter soigneusement les influences du froid et de l'humidité, les courants d'air et généralement toute espèce de fatigue.

Chez les jeunes enfants, l'enrouement qui s'accampgne de toux et de fièvre doit particulièrement appeler l'attention, car ce peut être un premier indice de group. (*Voyez ce mot.*)

ENTORSE. — On donne ce nom à une distension douloureuse, plus ou moins violente, et quelquefois même déchirement des parties molles qui environnent une articulation, d'où il résulte une enflure plus ou moins considérable du lieu blessé.

C'est à l'articulation du pied, puis à celles du poignet, du genou, du coude et des doigts qu'on observe le plus fréquemment les entorses. Un faux pas, une chute, un saut, un effort, telle est la cause la plus ordinaire de cette affection, que l'on désigne aussi sous le nom assez exact de *foulure*. La douleur aiguë qui l'accompagne toujours appelant les humeurs en plus grande abondance vers la partie malade, celle-ci devient bientôt le siége d'un gonflement plus ou moins considérable; de larges meurtrissures se déclarent et la peau prend une teinte livide, marbrée ou même noire. Lorsque le tiraillement n'a pas été excessif, et que les parties molles n'ont pas souffert une trop grande dilacération, les douleurs disparaissent souvent au bout de quelques jours, et bientôt les mouvements de l'articulation s'exécutent avec la même facilité qu'auparavant; mais si des ligaments très forts ont été déchirés, il faut plus de temps pour que les parties divisées se réunissent, et l'articulation, même lorsqu'il n'existe plus aucune trace du mal, conserve une faiblesse qui la rend fort sujette à de nouvelles entorses. Quelquefois le tiraillement d'une articulation donne naissance à une tumeur blanche, comme on l'observe surtout chez les individus scrofuleux, et on doit même le ranger au nombre des principales causes qui déterminent l'apparition de ces gonflements si redoutables.

L'immersion de la partie dans de l'eau très froide ou dans de la glace pilée est un excellent moyen de prévenir les suites de l'entorse, lorsqu'on peut le mettre en usage immédiatement après que l'accident a eu lieu : l'action stupéfiante du froid fait alors avorter l'inflammation et ses résultats fâcheux; mais il faut avoir soin de prolonger longtemps l'immersion, sans quoi, loin d'être utile, elle deviendrait dangereuse, parce que les fonctions vitales, assoupies en quelque sorte par elle, ne tarderaient pas à se réveiller avec une nouvelle énergie.

Mais si les réfrigérants, auxquels on fait succéder les fomentations astringentes et résolutives, suffisent

presque toujours pour faire avorter les accidents d'une
entorse récente, ils n'ont plus aucun effet salutaire
lorsqu'un temps assez long s'est écoulé : le gonflement excessif, des douleurs violentes et l'inflammation qui commence réclament un tout autre
traitement : le mieux est alors de poser quelques
sangsues autour du gonflement, d'appliquer ensuite des
cataplasmes de farine de graine de lin sur l'articulation ; on les remplacera au bout de trois ou quatre
jours par des compresses imbibées d'eau additionnée
d'eau-de-vie, d'extrait de saturne ou d'eau de-vie
camphrée. Si les morsures de sangsues s'étaient enflammées, on les préserverait au moyen d'un petit
linge enduit de cérat. Il est bon d'appliquer un bandage roulé autour du membre, afin de prévenir l'œ-
dématie qui ne manquerait pas de s'établir ; enfin le
repos absolu et l'inaction complète de la partie sont
indispensables pour la guérison, et le malade ne doit
se permettre le moindre mouvement que lorsqu'il
ne ressent plus de douleurs ; cependant il n'est pas
rare de voir celles-ci se renouveler encore par intervalles, pendant un temps plus ou moins long, cas
dans lequel les douches avec les eaux thermales, ou
l'eau alcalisée, sont très-propres à rétablir l'articulation dans son état naturel.

ENVIES. — On entend par *envies* deux choses fort
distinctes : d'abord, les désirs extraordinaires, les
goûts bizarres que les femmes éprouvent souvent dans
le cours de la grossesse ; ensuite toutes ces taches, ces
empreintes que la peau peut offrir à la naissance, et
qu'on attribue vulgairement aux impressions éprouvées par la mère, et transmises au fœtus.

Relativement aux envies des femmes grosses, tout
ce que nous pouvons dire à leur sujet, c'est que, s'il
est bien reconnu que sous l'influence directe de cet

état, les femmes peuvent véritablement éprouver certains désirs auxquels elles ont de la peine à résister, par exemple, de manger des choses qui ne sont pas de saison, ou qui ne sont point alimentaires; d'un autre côté aussi, elles sont rarement admises en justice à rejeter sur cette position les délits, et, à plus forte raison, les crimes qu'elles pourraient commettre; le raisonnement et l'expérience démontrent qu'elles ne peuvent jamais perdre à ce point leur libre arbitre.

Quant aux envies ou *signes* qu'apportent les enfants en naissant, et dont la cause est complétement inconnue, on en rencontre de forme, de couleur et d'étendue très variables. Tantôt ce sont des taches qui ne dépassent pas le niveau de la peau; elles sont alors peu étendues, jaunes, brunes ou noires, et, dans ces deux derniers cas, assez souvent recouvertes de poils durs et courts, ou rouges et violettes (taches de vin), et tellement dépendantes d'une altération des vaisseaux sanguins de la peau, qu'elles foncent en couleur par le moindre écart de régime, par une impression morale un peu vive. Tantôt, au contraire, elles sont saillantes au-dessus du niveau de la peau, et, dans ce cas, presque toujours formées par un développement anormal de quelques parties du système sanguin. De ces deux sortes d'envies, les premières, qui offrent souvent l'apparence de certains objets assez communs, ne doivent point être touchées; car on ne pourrait que les détruire en les cautérisant ou en les enlevant par le bistouri, et on laisserait alors après elles des cicatrices plus difformes et aussi désagréables. Les vésicatoires dont on est tenté de les couvrir, ne les attaquent jamais assez profondément pour les faire disparaître, et laissent souvent après eux des traces blanchâtres qui en rendent l'aspect encore plus bizarre.

Il n'en est pas de même des envies qui dépassent de

beaucoup le niveau de la peau, leur siége et le danger qu'elles peuvent faire courir par la moindre lésion, en exposant à une hémorrhagie souvent difficile à arrêter, sont tels qu'il est quelquefois indispensable de les faire disparaître. Leur traitement appartient alors à la chirurgie et consiste à les comprimer, à les lier, à les emporter avec l'instrument tranchant, ou bien enfin à faire la ligature du vaisseau sanguin principal dont elles reçoivent le sang. L'emploi de la cautérisation contre elles peut faire craindre des accidens assez graves pour qu'on ne soit pas tenté d'y avoir recours.

EPILEPSIE. — Vulgairement appelée *haut mal, mal caduc, mal de Saint-Jean, maladie sacrée*, l'épilepsie se présente sous trois formes différentes, qui ne sont que trois degrés du même état : le *grand mal*, dans lequel la perte de connaissance est complète, la chute instantanée, les convulsions violentes ; le *vertige épileptique*, dont le malade prévoit l'arrivée, dans le cours duquel il ne tombe pas et ne perd même pas complétement connaissance ; l'*extase épileptiforme*, qui n'est qu'un trouble passager, qui force seulement la personne à s'arrêter un instant.

L'épilepsie attaque tous les âges, mais est si rare dans la vieillesse et si commune dans l'enfance qu'on lui a donné le nom de mal des enfants ; aussi peut-on dire que la facilité à la contracter est en raison inverse de l'âge. Les femmes, plus impressionables, semblent aussi y être plus sujettes. S'il est vrai que des sujets parfaitement constitués puissent être atteints d'épilepsie, l'observation démontre cependant cependant que parmi les personnes qui deviennent épileptiques, un grand nombre apportent en naissant une conformation défectueuse du cerveau. Les idiots et les imbécilles de naissance y sont très sujets. La transmission par voie héréditaire n'est aujourd'hui contestée par personne ;

elle est plus commune dans les classes inférieures de la
société. On accuse bien des causes à l'épilepsie, mais
de toutes les causes, la frayeur est sans contredit la
plus puissante ; après elle viennent la masturbation,
les abus et les maux vénériens, et en général toutes
les fortes secousses morales. L'expérience démontre
qu'elle se transmet par pure imitation.

Quelque soit la forme de l'épilepsie, son traitement
est toujours le même; il diffère seulement dans l'énergie de son application. En voici les principales règles:
les causes de la maladie, si elles sont connues, ayant
été écartées ou combattues, autant que cela aura été
possible, on se bornera, pendant les accès, à empêcher le malade de se blesser contre les corps environnants, et on s'abstiendra de lui faire respirer des sels
et toute substance odorante, comme on le fait généralement dans tous les cas de défaillance. Si le sujet est
jeune, pléthorique, une saignée au bras peut lui être
pratiquée avec succès. On lui appliquera, de temps à
autre des sangsues au fondement; on pourra lui établir un cautère à la nuque, surtout dans les cas où il
y aurait eu suppression d'hémorrhoïdes ou rétroces-
sion d'une dartre.

Quant au traitement spécial, malgré toutes les recherches, ce sont encore les antispasmodiques, et surtout les plus odorants, qui comptent le plus de réus-
site; comme la valériane, le musc, l'assafœtida, le castoréum, l'oxyde de zinc, l'huile animale de dippel,
celle de térébenthine, le sulfate de cuivre ammoniacal, les préparations camphrées. On a aussi employé avec quelques avantages le galvanisme, l'électricité, les bains de surprise, surtout froids, et affusions de même nature sur la tête, l'extrait alcoolique
de belladone, de datura-stramonium, l'acide hydro-
cianique et la morphine; mais ce sont des substances

trop énerg'ques, et surtout d'une action trop incertaine pour en tenter l'usage en l'absence d'un homme de l'art.

Au demeurant, quand on cherche à se rendre compte de la manière d'agir de la plupart des médications recommandées contre l'épilepsie, on est forcé de reconnaître qu'elles n'ont, en général, d'autre résultat bien marqué que d'imprimer de violentes secousses à l'économie, et surtout au système cérébro-spinal. Mais malheureusement, cette terrible maladie sera longtemps encore le désespoir des malades, l'écueil des médecins consciencieux, et le point de mire des charlatans.

ÉRUPTION. — Le mot éruption est une expression générique applicable à toute maladie qui survient tout-à-coup à la peau, sous forme boutonneuse comme la variole, la rougeole, la miliaire ; mais on s'en sert généralement pour désigner une sortie soudaine de petits boutons ou de pustules, soit sans cause connue, soit à la suite de l'application de corps irritants sur la peau, ou d'ingestion dans l'estomac de certains aliments âcres ou détériorés, comme des moules et des huîtres à certaine époque de l'année.

Quand elle survient sans cause appréciable, son traitement est des plus simples : la diète, le repos, des boissons d'orge, de chiendent, des bains, des fomentations émollientes, suffisent ordinairement. Si elle tient à une cause intérieure, c'est vers cette dernière que doit particulièrement être dirigé le traitement. Par exemple, si elle survient à la suite d'un repas fait avec des moules, on fera bien de débarrasser l'estomac par cinq centigrammes (1 grain) d'émétique donné dans un demi-verre d'eau, etc. (*Vo'r au surplus les mots* Dartre, Echauffement de boutons, Eczéna, etc.

ERYSIPÈLE. — Caractérisée par une teinte rouge foncée de la peau, avec chaleur et tuméfaction, cette affection, extrêmement commune, occupe toujours une surface assez étendue, même dans quelques cas très rares, peut devenir générale. Toutes les parties du corps peuvent en être atteintes, mais la face et les membres en sont plus particulièrement le siége.

L'érysipèle peut se développer sous l'influence de causes aussi nombreuses que variées. En premières se présentent les irritations locales, comme l'action d'un soleil trop ardent, le contact de certaines substances caustiques, pulvérulentes, etc., la vaccine, des frictions rudes, les piqûres de sangsues. Plus frequent dans le printemps et en automne, plus commun chez les femmes que chez les hommes, il règne souvent épidémiquement, surtout à la suite d'une longue sécheresse et de grandes chaleurs. Certaines localités humides favorisent son développement ; l'expérience prouve aussi que non seulement il est très fréquemment la suite de la suppression d'une perte habituelle, mais qu'il peut se déclarer immédiatement après une vive émotion, comme la colère et la frayeur, et à la suite d'un repas trop copieux, ou composé d'aliments trop stimulants.

Quand l'érysipèle n'envahit que la peau et n'est pas très étendu, il disparaît assez ordinairement sous l'influence de la diète et des boissons délayantes. S'il est accompagné de fièvre, et qu'il ait son siége à la face, au cuir chevelu, on fait bien, surtout chez les sujets jeunes et vigoureux, de faire pratiquer une ou même plusieurs saignées au bras, de donner des bains de pieds, des lavements purgatifs. Si la personne a la langue sale, la bouche amère, on doit débarrasser l'estomac de ses saburres au moyen de l'émétique. C'est un préjugé nuisible de croire qu'il faille absolument employer les lotions froides excepté pour ce qu'on nomme un coup de soleil, elles sont généralement plus défavorables qu'utiles. Les cataplasmes, même tièdes, ont aussi le grand inconvénient de congestionner la partie et d'augmenter l'inflammation; mais on fait très souvent avorter des érysipèles en pratiquant sur les parties affectées des onctions douces avec la graisse mercurielle double. Le coton cardé, placé sous un morceau de taffetas très mince, et maintenu par un bandage légèrement serré, convient encore dans les cas simples. C'est par un vésicatoire qu'on fixe un érysipèle volant, et qu'on rappelle celui qui aurait disparu trop subitement.

Nous n'avons parlé ici que des cas dans lesquels l'inflammation se borne à la peau; mais elle peut envahir les parties sous-jacentes, et constitue alors l'érysipèle phlegmoneux; qui exige un traitement énergique, comme les saignées et les sangsues, la diète absolue, les bains locaux émollients très prolongés. Si ces moyens échouent, il faut se hâter de faire opérer le débridement des parties tuméfiées, afin d'éviter non seulement la suppuration, mais la gangrène ou la mortification. Si déjà du pus existe çà et là dans les mailles du tissu cellulaire, on pratique encore le débridement ou des incisions dont le nombre, l'étendue et la profondeur sont en rapport avec l'état des parties. Ce précepte est surtout de rigueur quand l'érysipèle phlegmoneux occupe le cuir chevelu. La compression a aussi quelquefois fait avorter cette maladie affectant les membres.

ESQUINANCIE. — *Mal de gorge*, et *angine* pour les médecins. Cette maladie, une des plus communes qui existent, survient le plus habituellement à la suite d'un refroidissement, surtout des pieds, affecte de préférence les adultes, les personnes sanguines, et se déclare ordinairement au printemps et à l'automne.

Elle peut aller depuis une simple gêne dans la déglutition jusqu'à l'imminence d'une véritable asphyxie par strangulation. Son traitement varie nécessairement suivant son intensité. Est-elle peu violente et dépourvue de fièvre, on peut se contenter de se tenir chaudement, de s'envelopper le cou d'un morceau de flanelle ou d'une ouate de coton, de garder la diète, de prendre quelques bains de pieds salés ou aiguisés avec une pelletée de cendre, et de boire quelques boissons mucilagineuses, comme l'eau d'orge sucrée avec le sirop de gomme ou de guimauve, ou du lait bouilli avec des figues grasses.

S'il y a difficulté de respirer et d'avaler qu'elle soit très marquée, et accompagnée de fièvre, une saignée générale sera fort utile; mais, dans tous les cas, il est rare qu'on puisse se dispenser d'appliquer des sangsues sur les parties latérales du cou et derrière l'angle de la mâchoire; on agit en même temps révulsivement sur les membres inférieurs par des cataplasmes très chauds, même rendus plus stimulants par la farine de moutarde ou le vinaigre, et sur l'intestin par des purgatifs et des lavements laxatifs. A mesure que la fièvre tombe, on rend les boissons un peu plus acidules, et on se gargarise avec l'eau de feuilles de roncés, aiguisée par le miel rosat ou quelques gouttes d'acide hydrochlorique.

Mais l'esquinancie ne prend pas toujours la marche bénigne dont nous venons d'indiquer le traitement. Elle parcourt quelquefois ses périodes avec une effrayante rapidité et se termine par la gangrène. C'es ce qui constitue l'angine gangreneuse, aussi commune au moins sur les sujets faibles et lymphatiques que sur les personnes sanguines, fortes et vigoureuses. Aussitôt que la gangrène se déclare, ce qu'on reconnaît surtout à l'odeur qui s'exhale de la bouche du malade, on peut avoir l'espoir d'en arrêter les progrès en ad-

ministrant un vomitif, en insufflant sur les parties
malades de la poudre d'alun ou de calomel, ou en dirigeant dans la gorge des vapeurs éthérées, ammoniacales ou chlorurées. On prendra à l'intérieur des limonades minérales, des tisanes faites avec la sauge, la
camomille, le quinquina, acidulées. On passera sur les
escharres un pinceau trempé dans les acides sulfurique et hydrochlorique étendus d'un peu d'eau.

Une des terminaisons communes de l'esquinancie,
chez les personnes qui en ont souvent été atteintes,
c'est ou la formation d'un abcès dans les glandes
amygdales, ou leur gonflement avec induration. On
remédie à l'abcès en l'ouvrant avec la pointe d'un bistouri effilé, entouré de linge, et on se débarasse des
inconvénients produits par des amygdales *hypertro-
fiées* en les faisant exciser.

ESTOMAC (*mal d'*). — Nous ne voulons pas décrire ici les nombreuses maladies de l'estomac,
renvoyant pour cela aux mots : *fièvre bilieuse,
embarras de l'estomac, indigestion, gastrite, empoisonnement, mal de mer, pituite, etc.* ; mais nous
voulons seulement parler de cet état si commun
chez les femmes, surtout celles qui habitent les
grandes villes, et qu'on se contente de désigner par
l'expression vague de *mal* ou *tiraillement d'estomac.*

Cette affection qu'on a longtemps considérée
comme une inflammation ancienne ou chronique de
l'estomac, à une époque surtout assez rapprochée
de nous où l'on voyait partout des *gastrites* (*Voyez ce
mot.*), n'est dans la plupart des cas que l'expression
d'un état nerveux dont la cause est ou dans l'estomac lui-même ou dans les organes, plus ou moins
éloignés, qui lui sont unis par les liens d'une étroite
sympathie. On la rencontre surtout chez les personnes qui ont commis des écarts de régime, qui ont

des vers dans l'estomac ou les intestins, qui se nourrissent d'aliments indigestes pour elles, travaillent
de tête immédiatement après avoir mangé, éprouvent tout à coup de violents chagrins, ou vivent
dans un état continuel de peur et de contrainte ;
de même qu'elle est la compagne presque inséparable d'une vie trop molle ou trop somptueuse, de
certaines migraines, des menstruations laborieuses,
des grossesses pénibles, et de la plupart des maladies de la matrice, mais particulièrement des pertes
en blanc.

Bien que la douleur soit le symptôme le plus
constant de ce genre de mal d'estomac, qui reçoit
aujourd'hui en médecine le nom de *gastralgie*, non
seulement elle est extrêmement variable dans son
intensité, mais toutes les personnes ne la ressentent
pas de la même manière. Dans beaucoup de cas ils
éprouvent des besoins qui simulent parfaitement le
sentiment de la faim, mais qui reviennent aussitôt
que cette dernière est satisfaite. D'autres fois cette
douleur est vive, brûlante ou déchirante, rappelle
en un mot l'état inexprimable de souffrance et
d'anxiété que produit instantanément une chute violente sur le ventre, ou un coup donné sur le creux
de l'estomac : elle est alors accompagnée soit de
simples rapports acides, soit de sécrétion de fluides
muqueux ou bilieux. Dans tous les cas, elle se développe le plus souvent le matin, se trouve repro-
duite ou exaspérée par la moindre secousse morale,
les temps d'orage, et les fortes chaleurs ; mais dans
aucun cas elle n'a un caractère franchement inflammatoire, et la pression, loin de l'augmenter, la
diminue. Aussi beaucoup de femmes souffrent-elles
moins ayant leur corset que ne l'ayant pas.

D'après ce que nous venons de dire, il est évident

que les maux d'estomac tenant souvent à des circonstances qu'il est difficile de changer brusquement, ne peuvent pas toujours être attaqués dans leurs causes essentielles. Cependant si on parvient seulement à modifier ces causes, on arrive assez souvent à un résultat favorable, et c'est sur la nourriture qu'il faut surtout compter.

Cette nourriture doit être légère, plutôt animale que végétale, composée par exemple de viandes rôties, d'œufs frais, de compotes de fruits, d'eau gazeuse coupée avec un peu de vin de Bordeaux. Hors des repas les boissons pourront se composer d'infusion de camomille, de centaurée, de feuilles d'oranger, mais prises en petite quantité pour ne pas augmenter la tension du ventre et les flatuosités. Si l'état nerveux est bien prononcé, on peut ajouter à ces moyens les antispasmodiques, comme l'éther, les grands bains, mais surtout l'exercice en plein air. Si, au contraire, la constitution semble épuisée, les boissons amères, les ferrugineux contribueront puissamment à relever l'économie en détruisant tout à la fois les douleurs d'estomac, et les autres phénomènes avec lesquels ils coïncident. (*Voyez* FLUEURS BLANCHES, PALES COULEURS.)

ÉTERNUEMENT.—L'éternuement est une expiration convulsive et sonore avec une secousse plus ou moins vive de tout le corps, produite par une irritation de la membrane nasale. L'éternuement est fréquemment excité par l'impression de l'air froid : il est alors l'un des symptômes d'un *rhume de cerveau*. (*Voyez* ce mot.)

ÉTISIE. — (*Voyez* AMAIGRISSEMENT, FAIBLESSE.)

ÉTOUFFEMENT.—L'étouffement ou difficulté de respirer, qui constitue la *dyspnée* des médecins, est bien plutôt le symptôme d'une maladie, particulièrement d'une affection du poumon ou du cœur, qu'une maladie essentielle. Elle peut cependant être le simple résultat d'un état d'obésité extrême. Les personnes qui sont dans ce cas doivent habiter dans un lieu aéré et élevé, une chambre spacieuse, éviter tous les exercices violents, dormir presque assises dans leur lit, prendre une nourriture légère et surtout peu abondante à la fois, se faire appliquer de temps à autre des sangsues au fondement, et même se faire tirer du sang par le bras, s'il y a pléthore évidente : cette dernière indication serait d'autant plus marquée, et urgemment requise, que l'étouffement serait survenu d'une manière plus soudaine, parce qu'on pourrait craindre qu'il ne fût le prélude d'une congestion ou apoplexie pulmonaire contre laquelle les moyens les plus énergiques devraient être dirigés.

ETOURDISSEMENT. — L'étourdissement n'est souvent que le prélude de l'apoplexie ; il est cependant quelquefois le seul signe par lequel se manifeste l'épilepsie (extase épileptiforme). Il peut aussi être habituellement occasionné par un obstacle quelconque au retour du sang veineux du cœur au cerveau. Les personnes pléthoriques, à cou court, à épaules larges, y sont sujettes. Pour prévenir les suites défavorables de cette disposition constitutionnelle, on doit suivre un régime végétal, éviter toute boisson stimulante, se modérer dans les travaux de cabinet et dans tous les actes susceptibles d'exciter les sens, appliquer de temps à autre des sangsues au fondement, veiller à ce que le flux hémorrhoïdal ne s'arrête pas, ou, chez une femme, que la menstruation soit régulière. Il est aussi très prudent de tenir le ventre libre, au moyen de purgatifs drastiques, comme quelques pilules d'aloès, de rhubarbe ; les bains de pieds synapisés sont aussi fort indiqués.

ÉVANOUISSEMENT. — *Défaillance, faiblesse, pamoison, syncope.* On donne ces divers noms à la suspension plus ou moins soudaine du sentiment, du mouvement, de la circulation et de la respiration.

L'évanouissement a quelquefois une invasion si prompte, si subite, que le malade tombe et perd, à l'instant même, connaissance. Mais le plus ordinairement, cet accident est graduel dans sa marche : une langueur universelle s'empare du malade, ses jambes sont comme brisées ; il éprouve une sorte de malaise, d'anxiété pénible à la région du cœur, quelquefois même des nausées ; il croit qu'il meurt ; en même temps, ses idées se troublent, sa vue s'obscurcit, il éprouve des tintements d'oreilles et des vertiges, le visage pâlit, les extrémités deviennent froides, la tête, le cou et plusieurs autres parties du corps se couvrent d'une sueur froide et en gouttelettes. Enfin tous les rapports avec les objets extérieurs sont abolis, et le corps, abandonné à son propre poids, tombe privé de sentiment et de mouvement ; cet état de mort apparente dure ordinairement quelques minutes. Cependant il peut se prolonger pendant plusieurs heures : cela dépend essentiellement des causes qui y ont donné lieu.

La cause première ou plutôt la nature de l'évanouissement parait dépendre du ralentissement ou de la suspension des contractions du cœur qui ne lance plus assez de sang vers la tête pour stimuler le cerveau. Il est, en effet, démontré que le phénomène le plus saillant de cette affection, la perte de connaissance est toujours déterminée par l'interruption de l'action vivifiante du sang sur le cerveau. Quant aux causes secondaires qui peuvent donner lieu à cet accident, elles sont directes ou indirectes : on entend par directes celles qui, diminuant la quantité de sang, privent le cerveau de la portion qui lui est nécessaire pour remplir ses fonctions. De ce genre sont les pertes de sang, soit spontanées, comme les hémorrhagies nasales, utérines, celles de la poitrine, du canal intestinal, etc., ou produites par la rupture d'un vaisseau sanguin, soit artificielles, comme celles qui résultent d'une saignée ou d'une plaie. Dans tous ces cas, on voit la circulation du sang s'arrêter d'abord, et les autres phénomènes survenir successivement. Les causes secondaires ou indirectes sont les douleurs aiguës, les vives émotions morales, certaines odeurs, la vue d'objets effrayants ou désagréables : ces causes, sans diminuer la masse du sang, agissent de manière à suspendre les mouvements du cœur par l'intermédiaire du cerveau, et, une fois ce mouvement suspendu, arrive la défaillance ou l'évanouissement. Certaines maladies du cœur déterminent aussi très souvent cet état ; parce que la circulation du sang se trouve troublée, et que ce fluide est retenu en trop grande quantité dans cet organe. Il est tellement vrai que l'évanouissement dépend de la trop faible quantité de sang, ou au moins de la difficulté de son ascension au cerveau que, quand une personne placée dans la situation verticale tombe en syncope sous l'influence d'une saignée ou une perte de sang quelconque, il suffit presque toujours de la coucher horizontalement pour dissiper l'évanouissement. Dans ce cas, on ne fait que faciliter vers le cerveau l'arrivée du sang dont il se trouvait privé. Généralement, aux premiers signes de défaillance, il suffit de s'asseoir, si l'on est debout, ou de se renverser pour prévenir l'évanouissement. S'il survient nonobstant, on se hâte de dégager la poitrine et le cou, de pratiquer des frictions sur la région du cœur, de faire flairer des odeurs fortes, de l'éther, du vinaigre ou des alcoolats aromatiques, de l'ammoniaque, de réchauffer les parties qui se refroidissent, en les frictionnant, en les recouvrant de linges chauds; des aspersions d'eau froide au visage dissipent aussi presque toujours l'évanouissement très promptement. Aussitôt que le malade reprend l'usage de ses sens et qu'il peut avaler, s'il se sent faible, il est bon de lui faire prendre quelques cuillerées d'un vin généreux, d'une potion cordiale, de bouillons, etc.

Un point des plus importants est de ne pas confondre l'évanouissement avec l'*asphyxie, le coup de sang, l'apoplexie*, etc. Il suffira d'étudier ce que nous avons dit de ces dernières maladies pour les distinguer les unes des autres, et appliquer à chacune le mode de traitement qui lui convient.

ÉVENTRATION. — Par ce mot on désigne communément les hernies qui se font par la ligne médiane de l'abdomen ou *ligne blanche*, et même celles qui se font par l'ombilic ou le *nombril*. La conduite à tenir à leur égard est la même que pour toutes les autres hernies : réduire les viscères, les maintenir réduits au moyen d'un bandage, ou mieux d'une ceinture appropriée; combattre les complications; entretenir la liberté du ventre. Nous indiquerons au mot hernies les diverses conditions de fabrication et d'application appropriées aux différents bandages ayant pour but de soutenir des parties quelconques déplacées.

EXCROISSANCE. — On appelle ainsi les parties qui se développent accidentellement sur les diverses régions du corps. Telles sont les loupes, les polypes, les hémorrhoïdes, les verrues, les cors. etc. (*Voyez ces mots.*) Mais très souvent aussi, les excroissances tiennent à une affection vénérienne et prennent alors des noms que nous indiquerons en temps et lieu.

Quelle que soit la nature des excroissances, il est

presque toujours nécessaire de les enlever, et bien rare qu'elles disparaissent d'elles-mêmes, alors même qu'elles sont vénériennes, et après le traitement de la maladie sous l'influence de laquelle elles se sont développées. On les enlève de trois manières : en les coupant avec des ciseaux courbes sur le plat, ce qui est le moyen le plus prompt; en les étreignant avec une ligature à l'aide d'un fil de chanvre ciré ou d'un fil de soie, ce qui convient aux personnes que l'instrument effraie; enfin en les cautérisant à l'aide du fer rouge ou des caustiques, tels que le nitrate d'argent, la pierre infernale, etc., moyen surtout applicable aux excroissances qui ne sont que peu saillantes, comme celles qui se développent au pourtour ou sur la surface même de certains ulcères ou même des vésicatoires, etc.

F

FAIBLESSE. —Manque de force, débilité.

Nous avons indiqué aux mots *Amaigrissement* et *Convalescence* les circonstances principales qui peuvent accidentellement déterminer l'état de faiblesse. Nous ne nous occuperons ici que de la faiblesse naturelle et des moyens généraux les plus convenables pour y remédier.

La faiblesse naturelle ou constitutionnelle, entre autres causes, se transmet très fréquemment par voie d'hérédité; elle a cela de très grave, qu'elle dispose facilement à toutes sortes de maladies, lesquelles sont aussi plus longues, plus rebelles et plus susceptibles de récidive que dans un tempérament vigoureux.

C'est donc surtout dès leur naissance et pendant leur première enfance, époque où s'établissent les fondements d'une bonne ou d'une mauvaise *consti-*

tution, qu'il est de la dernière importance de préserver avec soin les enfants de toutes les influences qui
pourraient agir sur eux d'une manière défavorable.

Règle générale, un individu faible doit être le
plus possible maintenu dans des circonstances qui
ne nécessitent pas de sa part de grands efforts de
réaction : ainsi une température douce, une habitation saine et bien aérée, un exercice modéré, des
vêtements suffisamment chauds, des frictions sèches
ou aromatiques sur tout le corps, un régime restaurant mais de facile digestion, etc., lui sont nécessaires et beaucoup plus utiles surtout que tous ces
prétendus spécifiques fortifiants si vantés par les
charlatans, et dont on ne saurait trop se méfier.

On se sert encore assez souvent du mot faiblesse
comme synonyme d'*évanouissement*. (*Voyez ce mot*).

FAIM CANINE. — Appétit vorace, faim excessive
et que l'on appaise avec beaucoup de difficulté. Cet
état porte en médecine le nom de Boulimie et de
Cynorexie.

Les personnes atteintes de cette affection sont
tourmentées par une faim insatiable; plus elles prennent d'aliments plus elles désirent manger, et leur
estomac étant surchargé par l'énorme quantité de
substance qu'elles digèrent, on les voit tomber en
défaillance; vomir tout ce qu'elles ont pris, ou rendre les aliments à demi-digérés par des selles analogues à de la bouillie grisàtre et accompagnées de
vives tranchées.

La faim canine n'est pas une maladie particulière
indépendante de l'affection de quelque organe; elle
est au contraire le plus souvent le résultat d'une irritation de l'estomac. En effet, tout ce qui réveille
la sensibilité de cet organe augmente l'appétit et
donne la faim. Ainsi la faim canine se rencontre,

souvent dans le cours de certaines fièvres intermittentes , dans certains états nerveux et dans plusieurs affections vermineuses, surtout dans celles qui sont produites par la présence du tœnia ou ver solitaire : elle est fort commune aussi à la suite des maladies aiguës qui ont épuisé les forces du malade , et dépend alors du besoin qu'ont toutes les parties du corps de réparer les pertes qu'elles ont éprouvées. Dans certains cas cependant le désir et le besoin extrêmes des aliments paraissent dépendre d'une conformation particulière de l'estomac, qui digère avec une grande promptitude les substances qui y sont introduites. On voit en effet des femmes robustes, pendant leur grossesse , des jeunes gens qui prennent beaucoup d'exercice , ou des personnes qui font usage des substances aromatiques et échauffantes, prendre une quantité prodigieuse d'aliments : la faim canine ne doit pas alors être considérée comme une maladie, mais elle n'en est pas moins redoutable à cause des suites funestes qu'elle entraîne, comme la maigreur, la fièvre hectique , la phthisie , des obstructions et l'hydropisie. Il faut donc la combattre de bonne heure par l'usage des moyens propres à détruire les causes qui l'entretiennent : celui des anthelmintiques ou vermifuges, dans le cas d'une affection vermineuse (*Voyez* VERS) ; celui des calmants et des antispasmodiques , lorsqu'elle est jointe à une maladie convulsive, etc. Mais survient-elle pendant la convalescence et à la suite d'une fièvre aiguë ; ou de toute autre maladie grave qui a miné les forces du malade ? la méthode la plus sûre d'y remédier est de diriger convenablement le régime, de le proportionner avec l'exercice que fait l'individu, et surtout d'augmenter graduellement la quantité des aliments, afin de n'introduire dans l'estomac que ceux

dont cet organe peut opérer l'élaboration; sans
quoi, loin de procurer la guérison radicale et de relever les forces, on finirait par déterminer une diarrhée qui bientôt amènerait le marasme et la mort.

FAUSSE-COUCHE. — On dit qu'une femme *fait
une fausse couche, avorte* ou *se blesse*, lorsque son
enfant est expulsé de sa matrice à une époque de la
grossesse où il n'est pas viable, c'est-à-dire avant la
dernière moitié du sixième mois. Cet accident est infiniment plus fréquent dans les trois premiers mois
de la grossesse que plus tard; tous les accoucheurs
sont d'accord sur ce point et reconnaissent aussi que
le sexe de l'enfant ne fait rien sur cette fréquence.

Les causes qui déterminent l'avortement proviennent de la femme, du fœtus, ou d'une puissance mécanique. Parmi les causes qui proviennent de la femme,
on cite surtout un état trop pléthorique, une faiblesse
naturelle ou acquise, les saignées fréquemment répétées sans nécessité une maladie de la matrice, les
vices de conformation du bassin, des pertes en blanc
trop abondantes, une maladie inflammatoire de la
vessie ou de l'intestin. Les filles qui se marient trop
jeunes ou trop vieilles y sont aussi plus exposées. De
la part du fœtus, les maladies de l'œuf donnent souvent lieu à l'avortement, surtout dans les premiers
temps, et le plus souvent dans ce cas il meurt: de même
que les fruits qui se flétrissent avant d'être développés se séparent et tombent à la moindre secousse de
la branche qui les supporte, de même le fœtus dans
les animaux, doit se détacher et être bientôt expulsé
de la matrice quand il a cessé de vivre.

Les causes mécaniques qui déterminent l'avortement sont aussi variées que nombreuses : de leur
nombre sont les maladies nerveuses de la femme,
comme l'épilepsie, l'hystérie qui portent à des mou-

vements désordonnés ; les maladies de la poitrine, qui occasionnent de violents accès de toux ; la joie, la frayeur, l'impression de certaines odeurs, l'asphyxie, les vomitifs, les purgatifs répétés, l'équitation, les cris immodérés. La saignée faite avec mesure, loin de provoquer l'avortement, le prévient au contraire souvent ; enfin les plaies de la matrice et les manœuvres employées soit dans un but médical rationel, soit dans un but criminel, déterminent souvent l'avortement. Et cependant, au milieu de tant de causes d'avortement, on pourrait croire que la grossesse éprouve beaucoup de difficultés à parvenir à son terme ; mais l'observation prouve qu'il n'en est pas ainsi.

Il n'est pas toujours aisé de dire si un avortement doit survenir. Les hémorrhagies qui sont les signes les plus constants, n'en sont pas toujours suivies ; il en est de même des douleurs dans les lombes et dans les aines On doit cependant les regarder comme un indice assez certain lorsqu'elles se succèdent régulièrement. L'avortement a toujours été considéré comme plus grave que l'accouchement, et il est en général d'autant plus dangereux qu'il est plus rapproché du terme de la grossesse, qu'il se fait sous l'influence d'une cause qui agit avec promptitude et violence ; aussi celui qui est provoqué est-il presque toujours accompagné de graves accidents.

Avoir indiqué les causes qui peuvent déterminer l'avortement, c'est avoir indiqué les moyens de le prévenir ; mais quand il est inévitable et qu'il se manifeste par les signes caractéristiques, que faut-il faire ? le favoriser. On y parvient en suivant le travail comme dans l'accouchement ordinaire (*Voyez ce mot*), en pratiquant une saignée au bras, si la femme est forte et vigoureuse, et surtout si l'accident qui provoque l'avortement est de nature à exiger cette précaution. Mais il ne faut jamais chercher à extraire violemment le germe, parce que le fœtus, dans les trois et même quatre premiers mois de la grossesse, étant moins gros que le délivre, celui-ci pourrait être retenu dans la matrice et ne pas être expulsé. Si néanmoins ce dernier accident survenait, la rétention du délivre, il faudrait l'extraire après avoir compté le temps suffisant sur les seules forces de la nature ; en surveillant avec attention ce qui se passe vers les parties génitales, on trouve souvent l'occasion d'exercer sur quelques débris des membranes de légères tractions qui préviennent toute introduction d'agent mécanique. Les suites de l'avortement, surtout après le troisième mois, étant généralement les mêmes que dans l'accouchement, nous n'y reviendrons pas.

FIÈVRE. — On appelle fièvre un état particulier de l'économie caractérisé par un trouble notable, mais surtout par une accélération du pouls. Cet état est comme le disent les médecins, symptomatique ou essentiel, c'est-à-dire que tantôt il est lié à une maladie dont il n'est qu'un signe, ou pour mieux dire que la conséquence; tantôt au contraire il existe comme phénomène principal, même exclusif. Aussi, malgré les discussions animées et sans cesse renaissantes qu'a fait surgir cette question dans les écoles, on s'accorde communément aujourd'hui à reconnaître trois espèces de fièvres : *Fièvre simple* ou simple *Mouvement fébrile*, celle qui accompagne une maladie bien caractérisée avec les autres symptômes de laquelle elle se confond, comme celle qui a lieu dans la pleurésie, la variole, l'inflammation du bas-ventre, de la vessie, des reins, etc.; *Fièvre continue*, celle qui, bien que recevant son nom de la partie malade, en devient cependant le caractère dominant, comme la fièvre inflammatoire, bilieuse cérébrale, laiteuse, typhoïde, fièvre jaune : enfin *Fièvre d'accès*, celle qui revient à des époques régulières plus ou moins rapprochées, et qu'on nomme pour cela même fièvre à types ou intermittente.

La première de ces trois espèces ne peut avoir ici une description particulière, puisqu'elle cesse avec la maladie de laquelle elle dépend : nous n'avons donc à nous occuper que des deux autres : commençons par les fièvres continues.

1° Fièvre inflammatoire. Assez généralement regardée aujourd'hui comme le résultat de l'irritation de la membrane interne des vaisseaux sanguins, elle attaque ordinairement les sujets sanguins, sains et robustes. Son invasion est subite, accompagnée d'un frisson variable d'intensité, suivi lui-même d'une vive chaleur à la peau. Le pouls est fréquent, plein, dur, les artères du cou et des tempes battent avec force, les veines sont distendues, tout le corps semble acquérir une sorte de gonflement et sa surface devient rouge, particulièrement à la figure ; il y a mal de tête, abattement des forces, somnolence, et même quelquefois un peu de délire, les yeux sont rouges, injectés et brillants, le goût et l'odorat émoussés, souvent la langue est rouge et blanchâtre, mais ordinairement humide, il y a soif, dégoût pour les aliments, urine rouge et peu abondante, constipation ; enfin, bien que se déclarant dans tous les climats et dans toutes les saisons, cette fièvre est plus commune dans le nord que dans le midi, et dans le printemps et l'automne que dans toute autre saison.

D'après tout ce qui précède, il est aisé de prévoir que la première chose à faire dans le traitement de la fièvre inflammatoire, c'est de diminuer l'énergie vitale de tout l'organisme en désemplissant le système sanguin. La saignée est donc le plus efficace et par conséquent le premier des moyens à employer ; il convient surtout d'y avoir recours dès le début de la maladie, et

de proportionner la quantité de sang à tirer à la violence des symptômes, à l'âge et à la constitution du
sujet ; mais dans tous les cas, il vaut toujours mieux la
faire réitérer, que de la faire faire trop forte en une
seule fois. A la saignée on ajoute les boissons rafraîchissantes, comme la limonade, l'orangeade, l'eau d'orge,
de chiendent, et même tout simplement l'eau froide.
On fait respirer au malade un air frais et souvent renouvelé. Quand la transpiration paraît devoir être le
le mode par lequel doit se terminer la fièvre, on fait
bien de l'aider par quelques tisanes légèrement sudorifiques, comme l'infusion de bourrache, de fleurs de
violettes, prises à une température élevée.

Fièvre bilieuse. Cette fièvre est celle à l'égard de
laquelle les médecins sont le plus en désaccord. Toujours est-il qu'elle est caractérisée par un excès de bile
qui, du premier intestin où elle est sécrétée, passe dans
l'estomac et manifeste son excès et sa présence dans ce
dernier organe par des signes spéciaux ; mais la bile
est-elle la cause des phénomènes maladifs, ou bien
n'est elle appelée là que secondairement ? c'est le point
sur lequel la discussion est encore ouverte. Quoi qu'il
en soit, les personnes menacées d'une fièvre bilieuse
qui sont le plus ordinairement celles à libre sèche, à
teint jaune, à caractère sombre, éprouvent d'abord un
dégoût marqué pour les aliments ; leur bouche est
amère, quelques renvois se déclarent bientôt, de simples ils deviennent nauséabonds, puis véritablement
bilieux ; à cela se joint une constipation opiniâtre ou
une diarrhée de matières verdâtres qu'on désigne sous
le nom de débordement de bile. Il y a abattement des
forces, douleurs au creux de l'estomac, le pouls est généralement fréquent, mais infiniment moins plein et
moins dur que dans la fièvre inflammatoire, etc.

Dans la fièvre bilieuse, la médecine expectante est

très souvent ce qu'il y a de mieux à faire, c'est-à-dire le repos, la diète, les boissons délayantes. La **saignée** ne convient guère que lorsque la réaction inflammatoire est très marquée, c'est-à-dire lorsque le pouls est plein, dur, fréquent ; mais, pour peu que cette réaction soit peu prononcée, que les renvois bilieux soient persistants, on fait très bien d'administrer un vomitif; puis la personne se met à l'usage des boissons acidules, à la diète. L'âge, le sexe l'état même de grossesse ne sont pas des contre-indications à ce moyen, seulement chez les sujets fortement constitués, l'émétique convient mieux, tandis qu'il est mieux de donner la préférence à l'ipécacuanha pour les personnes faibles ou susceptibles. On surveille d'ailleurs les complications qui peuvent survenir, et si la maladie devient *fièvre à accès*, ce qui arrive assez souvent, on se conduit comme nous le dirons bientôt en traitant des fièvres de ce genre.

FIÈVRE CÉRÉBRALE. Cette maladie n'est autre chose que ce qu'on nomme communément *fièvre chaude, frénésie*; mais les médecins ne voyant pour la plupart en elle que l'expression d'une inflammation soit de la substance même du cerveau, soit de ses enveloppes, la désignent, suivant le cas, sous les noms *d'encéphalite* ou de *méningite* ; deux maladies qui ont cependant, outre leurs caractères communs, des symptômes caractéristiques. La première attaque de préférence l'enfance et la jeunesse, la seconde l'âge viril.

Étudiées collectivement, ces deux affections débutent communément par des maux de tête, des vertiges, des éblouissements, des fourmillements dans les membres. Chez les jeunes enfants , qui ne rendent pas compte de ces diverses sensations, on ne voit d'abord qu'une tristesse, une langueur inaccoutumées ; ils sont moroses, irritables, ont des bouffées de chaleur au visage, les yeux rouges de frissons et de l'élévation dans le pouls, et presque toujours une constipation opiniâtre ; mais il se déclare bientôt une série de phénomènes infiniment plus graves qui décèlent une lésion du cerveau. C'est d'abord une agitation extrême dégénérant bientôt en délire, et des crampes qui passent promptement à l'état de convulsions.

Presque toutes les fonctions participent alors aux désordres dont les systèmes nerveux et locomoteur sont le siége. La figure se colore de plus en plus, les yeux étincellent et deviennent saillants, les artères des tempes battent avec force, la respiration est pénible et laborieuse, comme on le dit, la langue sèche, brune, noirâtre ; mais peu à peu le délire furieux ou les cris entrecoupés et incohérents, si l'individu malade n'est qu'un jeune enfant, cessent pour faire place à une espèce d'assoupissement, et l'agitation des membres est remplacée par une sensibilité et un affaissement très marqués. La déglutition devient difficile, le ventre se ballonne, les selles et les urines sont rendues involontairement, la peau se couvre d'une sueur froide, le pouls se ralentit et devient irrégulier, et les traits du visage s'altèrent profondément.

La violence des symptômes dont nous venons de tracer une rapide mais incomplète esquisse, fait déjà pressentir que le traitement de la fièvre cérébrale ne peut être fructueux que s'il est actif et administré le plus tôt possible. Aussi faut-il dès le début saigner largement le malade, ou, si c'est un jeune enfant, lui appliquer immédiatement des sangsues à la base du crâne, derrière les oreilles, et les faire saigner par des ventouses appliquées sur leurs piqûres, lui mettre les pieds dans l'eau chaude, et lui entourer les jambes de cataplasmes chauds. On applique en même temps de l'eau froide et même de la glace pilée sur la tête ; on

donne des boissons rafraîchissantes, comme la limonade cuite, l'orangeade, auxquelles on peut même
ajouter un peu de crême de tartre, pour les rendre
légèrement laxatives ; on administre des demi-lavements, on tient la chambre du malade peu éclairée et
peu échauffée. Enfin un moyen dont on abuse bien
souvent, c'est l'opium, qu'on croit propre à calmer les
convulsions, et qui a bien rarement cette propriété
dans l'espèce. On applique aussi avec quelqu'avantage
quand les moyens que nous venons d'indiquer ont
échoué, des vésicatoires aux jambes, mais il est mieux
d'en appliquer un derrière le cou.

FIÈVRE DE LAIT. — Toutes les femmes, du deuxième
au quatrième jour de leurs couches, surtout quand
elles ne nourrissent pas, sont sujettes à un mouvement fébrile dont la cause est évidemment la stimulation sympathique des seins appelés à fournir la
nourriture de l'enfant, et que par cela même on appelle *fièvre de lait.*

Cette fièvre est-elle simple, naturelle, et la
femme nourrit-elle son enfant ? On se contente de
lui faire garder le lit, de l'engager à se garantir du froid, de lui éviter toutes les émotions vives
et subites, et de lui faire boire quelques tasses de
de tisane de fleurs de mauves, de violettes, de tilleul. Mais cette fièvre est-elle plus intense, ce qui
arrive principalement et presque toujours aux femmes qui n'allaitent pas? On insiste sur les premiers
moyens, c'est-à-dire sur la diète, le repos, auxquels on ajoute les boissons délayantes, comme l'eau
de veau, de poulet, le petit lait, auxquelles on
ajoute un gramme environ, même un gramme et demi
de sel de nitre par pinte pour exciter les reins, et
contrebalancer ainsi le travail sécrétoire des seins.
On prescrit quelques lavements laxatifs; on l'engage

à se tenir les seins chauds et soutenus par des serviettes douces, à se couvrir les cuisses, les jambes
de cataplasmes chauds, à s'entourer de laine, à entretenir avec le plus grand soin l'écoulement de ce
qu'on nomme vulgairement les *couches*, et à le rappeler s'il se supprimait ou seulement qu'il diminuât
trop vite. On peut même, quand la bouche est pâteuse, l'appétit nul, la langue chargée, administrer
un purgatif. Si les seins tendent trop à se gonfler,
on peut les couvrir de cataplasmes arrosés d'eau
blanche, ou faits soit avec la farine de lin, l'eau de
savon et le carbonate de potasse, soit avec le per-
sil haché. Quand la sécrétion n'a pu être évitée et
que les seins sont excessivement tuméfiés et durs, on
ne doit point hésiter à les faire débarrasser du lait
qu'ils contiennent soit par un enfant, soit par un
adulte, soit par un moyen mécanique.

FIÈVRE TYPHOÏDE. — Il n'est pas de mot à coup sûr
en médecine, qu'on ait plus souvent employé, depuis
une dizaine d'année, que celui de *typhoïde*. Faut-il
en conclure qu'il exprime une chose nouvelle? Non,
assurément, car il ne signifie rien autre chose que ce
que les anciens appelaient fièvre *putride* ou *maligne*,
et ce que, dans les vingt-cinq premières années de
notre siècle, on nommait fièvre *adynamique, ataxique,
nerveuse,* etc. Seulement l'usage plus fréquent qu'on
fait de cette dénomination prouve que la maladie qu'elle
représente a été mieux étudiée par les médecins modernes, et est en définitive mieux connue. Ce qu'on
sait de positif à cet égard, c'est qu'elle a pour caractère principal une altération de la membrane interne
de l'intestin, qui, réagissant énergiquement sur le système nerveux, donne lieu à cet ensemble de phénomènes si graves qui la signalent.

Le plus marqué de tous les symptômes par lesquels

se manifeste la fièvre typhoïde, est sans contredit le dégoût pour les aliments, qui ne cesse que quand les malades entrent en convalescence, bien que parfois le sentiment de leur faiblesse les porte à demander à manger. La soif au contraire, dans le début, est très prononcée. Cette inappétence est toujours accompagnée d'un sentiment de lassitude, de courbature, d'apathie, de lourdeurs de tête, même de douleurs dans les articulations, qui simule assez bien une affection rhumatismale. Mais la douleur de tête cesse assez promptement pour faire place à un état de stupeur, sorte d'engourdissement général, accompagné tantôt d'une diminution de l'activité des facultés intellectuelles, tantôt d'un véritable délire. Dans le premier cas, qui est plus commun, la physionomie des malades a quelque chose d'étrange, elle n'exprime qu'un profond étonnement, une complète indifférence, une sorte d'hébétude. Ils entendent et comprennent bien les questions qu'on leur adresse, mais ils ne répondent qu'avec lenteur et en balbutiant.

La somnolence accompagne ou suit toujours la stupeur. Lorsqu'elle est bien prononcée et qu'il devient difficile de réveiller les malades, le délire ne tarde pas en général à se prononcer. Variable dans son début comme dans son intensité, le délire l'est aussi dans sa forme ; tantôt en effet il consiste en une loquacité extraordinaire, qui roule sur mille objets divers, mais le plus ordinairement il est paisible, et peut aisément se dissiper quand on occupe momentanément l'attention des malades. D'autres fois cependant il est accompagné de cris d'agitation, et même d'emportement. Déjà, en parlant de la stupeur, nous avons noté l'affaissement des forces musculaires, qui est un des phénomènes les plus fréquents dans le début. Cette faiblesse suit généralement les phases de la maladie et ne tarde pas à mériter le nom de *prostration*. Aussi les malades restent-ils couchés sur le dos, les bras placés le long du corps, ou cherchant à ramasser quelque objet supposé être autour d'eux, l'œil éteint, la face terne, et tout cela à un plus haut degré que dans aucune autre maladie aiguë. Le pouls, de dur, plein et fréquent qu'il était dès le début, devient petit, serré.

Pendant ce temps, il se déclare d'autres signes plus directs de l'essence même de la maladie : la déglutition est gênée, il se fait un saignement par les narines qui se dessèchent, le ventre se ballone, on sent toujours un gargouillement dans le bas du flanc droit, occasionné par un amas de gaz et de matières fécales liquides, et presque toujours il survient, même quelquefois d'assez bonne heure, une diarrhée dont le produit est un liquide tantôt jaunâtre, tantôt brun, mais toujours trouble et exhalant une odeur fétide, ou pour mieux dire de pourriture ; il n'est pas rare non plus de voir, dans la phase extrême de la maladie, survenir des taches rouges ou des vergetures bleuâtres à la peau et des hémorrhagies intestinales.

Tous les âges ne sont pas également exposés à la fièvre typhoïde ; le plus grand nombre des observations recueillies jusqu'à présent tendent à faire penser que l'espace qui sépare vingt ans de trente-six est le moment où elle sévit avec le plus de force. Quant à ses causes, elles échappent en grande partie ; on a seulement remarqué que les individus arrivant de la campagne à la ville y sont fort exposés, surtout ceux qui s'y nourrissent et s'y logent mal. Son caractère contagieux est généralement nié par les médecins, et il paraît qu'elle n'attaque assez ordinairement qu'une seule fois le même individu ; plusieurs médecins la considèrent comme une éruption qui est à l'intestin ce que la variole et la rougeole sont à la peau et finissent par n'y voir que résultat d'un véritable empoisonnement.

La marche si souvent irrégulière de la fièvre typhoïde et la diversité des opinions que les médecins se
sont formées sur sa nature même, sont autant de causes
qui ont dû faire varier à l'infini les méthodes de traitement opposées à cette si cruelle et pourtant si fréquente maladie. Les uns veulent qu'on saigne abondamment dès le début, les autres soutiennent que les
purgatifs répétés doivent avoir la préférence. Les médecins prudents se placent aujourd'hui entre ces deux
opinions extrêmes et opposées, et se contentent de
faire la médecine des symptômes. Ainsi ils saignent si
les préludes de le maladie s'annoncent par un pouls
plein, large, et surtout si le sujet est jeune, vigoureux
et sanguin. Ils attaquent les phénomènes nerveux par
les antispasmodiques, calment les douleurs intestinales
par des cataplasmes émollients, modèrent la diarrhée
par des lavements laudanisés, relèvent les forces par
des toniques, quand elles leur paraissent abattues, opposent à la marche du mal des vésicatoires aux cuisses,
font tenir le malade dans une grande propreté, atten-
dent tout enfin des efforts de la nature, dont ils se
contentent de seconder les efforts, quelquefois si
puissants.

Fièvre jaune. — Aussi appelée *vomissement noir*,
vomito negro, **mal de Siam**, *typhus amaril*, *typhus des
tropiques* ou *d'Amérique*; cette maladie règne quelquefois isolement, mais le plus souvent d'une manière
épidémique, et se développe au milieu de circonstances dont les plus appréciables sont le voisinage de la
mer et une température élevée. L'ignorance dans laquelle on est, soit sur la nature de la fièvre jaune,
soit sur sa véritable cause, fait de suite pressentir qu'il
est difficile de donner à son égard d'autre précepte
de traitement que celui de faire aussi la médecine des

symptômes, c'est-à-dire, nous le répétons, de suivre
les indications à mesure qu'elles se présentent. Au
début, on a donc recours aux limonades, aux oran-
geades, à l'eau de riz ou à l'eau d'orge, à l'usage de
quelques bains, de lavemènts émollients, de topiques
adoucissants sur le ventre. Si, alors, les symptômes
d'excitation, de réaction, d'éréthisme, ne s'amendent
pas, on pratique au bras une saignée qu'on peut même
répéter deux et même trois fois les deux premiers
jours. Tout doit d'ailleurs, à ce sujet, être subordonné à la violence des symptômes, à la constitution
du sujet, et surtout à la nature particulière de l'épidémie. Les vomissements sont combattus par de l'é-
métique donné dans une grande quantité de véhicule,
des boissons gazeuses, des purgatifs salins et même
des excitants plus énergiques.

A la période de collapsus, c'est-à-dire d'affaissement, on oppose dans bien des cas avec succès les
boissons stimulantes données chaudes comme les infusions de centaurée, de camomille, la décoction de
serpentine de Virginie ou mieux encore de quinquina.
Dans la période plus avancée on conseille les dérivá-
tifs, comme les visicatoires et les synapismes sur les
cuisses, les jambes ou les lombes. Les indigènes des
pays qui sont le théâtre habituel de cette maladie se
contentent de frictioner tout le corps des malades
avec des tranches de citron et d'en appliquer le suc
sur le front, le creux de l'estomac, les membres, de
donner des boissons acidules, des lavements de mé-
lasse et de suc de citron. Enfin, le moyen d'éviter la
fièvre jaune quand on habite le pays qu'elle envahit,
c'est bien moins d'éviter les quartiers qu'elle occupe,
que de vivre sobrement, d'éviter les excès de tout
genre, et de s'exposer le moins possible soit à l'ardeur du soleil, soit à l'action miasmatique du soir et

de la nuit. Quant à l'entassement des malades dans des lazarets et à leur séquestration par des cordons sanitaires, l'étude désintéressée des faits démontre qu'ils sont généralement plus nuisibles qu'utiles.

2° FIÈVRES À ACCÈS OU INTERMITTENTES.—Ces fièvres, si communes chez les personnes qui habitent les pays marécageux, ont des accès partagés en trois temps principaux que l'on nomme stades : ces temps sont celui du *froid*, celui du *chaud* et celui de la *sueur*. Le stade de froid débute par des lassitudes dans les membres, des douleurs de tête, des bâillements ; ensuite survient le froid commençant dans le dos et s'étendant à tout le corps, et accompagné de frissons, de claquement de dents, de sécheresse à la peau, avec soif et accélération du pouls. Peu à peu le froid se dissipe et le stade de chaud commence ; la peau rougit ; se tuméfie même et la tête devient douloureuse jusqu'à ce que se déclare la sueur et que tous les symptômes se dissipent peu à peu pour ne laisser aucune trace jusqu'à l'apparition d'un nouvel accès. L'intervalle qui les sépare se nomme *intermittence*. Ces accès reviennent ou toutes les vingt-quatre heures, c'est la fièvre *quotidienne*, ou de deux jours l'un c'est la fièvre *tierce*, ou seulement au bout de trois jours révolus, c'est la fièvre *quarte*, etc. ; quant la fièvre est continue, son exaspération prend le nom de *paroxysme*.

La fièvre intermittente simple, quel que soit le type qu'elle affecte, se guérit souvent d'elle-même ; la diète, le repos au lit, des boissons chaudes pendant la période de froid ; des boissons fraîches, acidules pendant celle de chaud, mais mieux encore le changement de lieu, suffisent assez communément pour amener la guérison. Quand ces premiers moyens ont échoué, que le frisson, des bâillements, le brisement des membres, annoncent une nouvelle invasion du paroxysme, on fait coucher le malade dans un lit bien chaud et on le couvre suffisamment. Le froid étant devenu général, on lui fait prendre de temps à autre une tasse d'infusion de mauve, de bourrache, de violettes, de tilleul; on lui fait des frictions sèches sur la peau, on applique quelques ventouses sèches sur le creux de l'estomac. Survient-il des nausées, des vomissements? on administre quelques gouttes de laudanum dans un demi-verre d'eau sucrée, et on étanche la soif avec quelques tranches d'orange. La chaleur se propageant peu à peu, on diminue à mesure le poids des couvertures, on remplace les boissons chaudes par des boissons tempérées et même acidulées, comme l'eau de groseille, la limonade, enfin on pourra donner un ou deux lavements acidulés pour calmer la chaleur et le resserrement du ventre qui s'observent quelquefois. Une fois l'accès terminé, le malade réglera ses repas de manière à ce que la digestion soit achevée avant le retour du nouvel accès. C'est alors qu'on doit administrer le quinquina ou mieux le sulfate de quinine, à moins qu'il n'existe quelques complications, comme une inflammation quelconque, ou un embarras de l'estomac qui exigeraient, la première, une saignée ou des sangsues, le second un vomitif ou un purgatif.

Les praticiens varient sur les doses auxquelles on doit administrer le quinquina; les uns veulent qu'on l'administre à des doses d'abord faibles, mais successivement croissantes, les autres le donnent de suite à des doses élevées: l'expérience a démontré que pour le quinquina en poudre deux grammes (un demi-gros), et pour le sulfate de quinine six ou huit décigrammes (douze ou quinze grains), suffisaient ordinairement. Mais il faut savoir que les doses seront d'autant plus considérables que la maladie sera plus violente, plus opiniâtre, et le sujet plus âgé; qu'une première dose ayant prévenu le retour de l'accès à venir, on diminuera les doses suivantes; tandis qu'on les augmentera au contraire s'il n'est résulté qu'une diminution légère dans la violence et la durée de l'accès; enfin que dans les fièvres quotidiennes le quinquina doit être donné aussitôt après l'accès, vingt-quatre heures après dans la fièvre tierce, quarante heures après dans la fièvre quarte. Il sera continué huit jours dans le premier cas, quinze dans le second et vingt-un dans le troisième. S'il échoue, administré par la bouche, et donné dans une cuillerée d'eau sucrée ou en bols, on peut le donner en lavement et même sur la peau dénudée de son épiderme par un vésicatoire.

FILET. — Un préjugé assez répandu, et que se gardent bien de combattre les sages-femmes et certains accoucheurs de campagne, c'est que la plupart des enfants naissent avec le filet, c'est-à-dire que chez eux, le repli membraneux qui unit la langue à la paroi inférieure de la bouche, s'avançant trop vers la pointe de cet organe, le gêne dans ses mouvements, et partant, l'empêche de remplir ses fonctions. On ne saurait trop détruire cette erreur, car elle conduit dans la plupart des cas à une opération inutile, ou favorise un acte de charlatanisme. Quand cependant le cas existe, ce qui n'arrive pas seulement une fois sur cent, il faut y remédier. Pour cela on relève la langue au moyen de la partie plate ou pavillon d'une sonde cannelée, puis on coupe le filet avec des ciseaux passés au-dessous, en dirigeant leur pointe un peu en bas afin d'éviter les deux artères qui occupent la base de la langue. Si, malgré ces précautions, il y avait un écoulement de sang un peu considérable et prolongé, on relèverait de nouveau la langue et on porterait sans hésiter au fond de la plaie ou directement sur le point d'où jaillit le sang, si on le découvrait, la pointe d'un petit stilet chauffé à blanc.

FISTULE. — On désigne par ce mot tout écoulement de matière, secrétée ou autre, par une ouverture accidentelle aboutissant à l'extérieur. Les deux fistules les plus communes sont : celle qui consiste en un écoulement continuel des larmes sur la joue, au lieu de suivre son cours habituel par le nez, et celle qui dépend d'un abcès qui s'est formé autour de l'intestin rectum et s'est fait jour à la marge de l'anus : la première est la fistule lacrymale, la seconde est la fistule à l'anus.

La fistule lacrymale est le résultat direct do l'oblitération du canal nasal à la suite de laquelle les larmes déposées à l'angle interne de l'orbite, dans le sac lacrymal, en sortent par une ulcération de ce sac; elle se guérit par la dilatation du canal nasal au moyen d'injection et de l'introduction de petites bougies ou de cordes à boyau ; par la cautérisation de la membrane dont l'épaississement empêche les larmes de couler ; par l'établissement d'une voie artificielle.

Quant aux fistules à l'anus; sont-elles très anciennes; offrent-elles un grand nombre d'ouvertures, de clapiers, de callosités ; leur ouverture interne est-elle située au delà de la portée du doigt; enfin leur destruction nécessiterait-elle le sacrifice d'une grande étendue de parties molles ; affectent-elles une personne phtisique ? on s'en tient aux soins de propreté, au repos, aux lotions plus ou moins détersives suivant la nécessité. Mais, quand on juge la guérison probable, on cherche à l'obtenir au moyen d'une opération qui consiste le plus souvent dans l'incision des parties comprises entre le trajet fistuleux, l'intestin et l'anus respectivement. Le pansement qui suit l'incision consite à introduire dans le rectum, à l'aide d'un porte-mèche, une tente de charpie enduite de cérat, d'un volume médiocre d'abord, et de moins en moins volumineuse, conduite le long du doigt indicateur de la main gauche et poussée jusqu'au-dessus de l'angle supérieur de la plaie. On achève le pansement avec de la charpie brute placée à plat, recouverte de compresses maintenues par un bandage en T double.

FLEURS BLANCHES. — On appelle de ce nom, auquel les médecins ont substitué celui plus scientifique de *leucorrhée*, les écoulements ou pertes en blanc auxquels sont si fréquemment sujettes les femmes à tout âge, mais particulièrement dans la période de leur vie qui sépare l'enfance de la jeunesse.

Ces pertes, très variables sous le rapport de la couleur, de la densité et de la quantité du fluide fourni, surviennent au milieu de circonstances aussi nombreuses que différentes les unes des autres. Tantôt en effet elles dépendent d'une stimulation directe, comme de la présence d'un corps étranger, un pessaire, par exemple, d'injections irritantes, de l'abus des plaisirs vénériens, de la grossesse, ou d'un accouchement laborieux, de l'usage des chaufferettes; tandis que d'autres fois elles sont le résultat sympathique d'une maladie de l'estomac ou des intestins, de la dentition chez les petites filles ou d'affections morales chez les adultes; ou bien elles dépendent d'une suppression de règles qu'elles remplacent d'un lait trop brusquement arrêté, d'un ulcère, d'un vésicatoire ou d'un cautère inconsidérément supprimés; mais le plus ordinairement elles tiennent à une faiblesse ou à une détérioration générale de l'économie, et se développent sous l'influence d'un défaut d'exercice, de l'habitation de lieux bas, humides et mal éclairés, d'une nourriture trop peu substantielle.

On sent de suite combien il importe de distinguer entre elles ces différentes causes. Ce qui caracté-

rise surtout les fleurs blanches qui dépendent d'une
détérioration de l'économie ou résultent d'un effet
sympathique, c'est qu'elles sont rarement précédées
des signes d'irritation par lesquels débutent celles
qui tiennent à une des autres causes que nous avons
énumérées. Dans le premier cas la perte est ordinairement continue, coïncide presque toujours avec
une faiblesse dans tous les membres, une tendance
à l'apathie, une décoloration et souvent une bouffissure de la face, un engorgement des jambes, une
tristesse profonde. Dans tous les cas les fleurs blanches constituent toujours une maladie longue, incommode, qui peut avoir des suites fâcheuses. Elles
sont généralement d'autant plus graves qu'elles sont
plus anciennes, qu'elles tiennent à des habitudes
difficiles à déraciner, que la personne est d'un tempérament plus lymphathique et plus avancée en âge.
Quelquefois cependant elles disparaissent ou diminuent d'elles-mêmes, comme on le remarque chez
quelques jeunes filles, à l'époque où elle s se forment chez d'autres, au moment même du mariage ou
à la première grossesse.

L'avantage qu'ont la plupart des femmes de la
campagne de vivre exemptes de la maladie qui nous
occupe, prouve assez que c'est particulièrement
dans l'usage rationnel des choses utiles à la vie que
se rencontre le moyen de prévenir son développement ; et son excessive fréquence chez les femmes
des rangs élevés de la société démontre également
que si la mauvaise nourriture, les abus de régime,
l'habitation de lieux bas et humides, la malpropreté,
en sont des causes bien communes, l'oisiveté,
l'indolence, les veilles prolongées, les passions excitées, les jouissances recherchées ont souvent le
même résultat.

Le traitement des fleurs blanches peut être divisé en général et en local, suivant qu'il a pour but, soit de remédier à l'état de détérioration générale de l'économie, soit de combattre l'affection à laquelle elles sont liées, ou bien qu'il s'adresse directement aux parties qui sont le siége de la perte. Les moyens qui constituent le premier et qui, bien entendu, seraient d'un faible secours sans un changement de régime, d'habitudes, consistent dans l'emploi des substances amères réputées fortifiantes, comme le quinquina, la gentiane, la centaurée, l'absinthe en infusion aqueuse, vineuse ou alcoolique; les eaux minérales de Vichy, de Pougues, de Spa, de Contrexeville; les préparations ferrugineuses. Si la perte est très abondante on peut associer à ces moyens le baume de copahu, le sirop de tolu, l'eau de goudron, l'extrait de ratanhia, l'infusion de bourgeons de sapin.

Lorsqu'on a fait usage de ces médicaments, un temps assez long pour améliorer sensiblement la constitution générale, et surtout quand par des bains et autres moyens on a fait disparaître toutes les traces de l'irritation locale qui pourrait exister, on peut porter directement sur les parties qui sont le siége de la perte, soit en injection, soit en simple lotion, les substances précédemment énumérées, mais à des doses un peu plus fortes que pour être bues. On peut même, quand la perte est tenace, leur ajouter la dissolution de sulfate de zinc, l'infusion de noix de Galles, l'eau blanche, même le nitrate d'argent à la dose de deux à trois centigrammes (un demi grain) par once d'eau. La décoction d'écorce de chêne, de feuilles de noyers, est un moyen banal, mais qui a souvent une action aussi sûre et aussi prompte que les autres moyens, les perfectionnements qu'on a fait subir aux seringues destinées à cet usage permettent aujourd'hui de faire pénétrer les injections assez profondément pour qu'aucun point des surfaces malades n'échappe à leur action.

On seconde très efficacement l'emploi des moyens dont nous venons de faire l'énumération, et que l'industrialisme médical n'a pas manqué de multiplier à l'infini, en détournant la perte soit par l'emploi des légers purgatifs, soit en rappelant les sueurs naturelles par des vêtements de laine portés sur la peau, soit même en mettant un vésicatoire ou un cautère à la cuisse ou à la jambe. Nous avons toujours admis que la perte ne se liait à aucune circonstance qui pût faire soupçonner qu'elle tînt à une maladie de la matrice, ou qu'elle fût le symptôme d'une affection contagieuse. S'il en était ainsi, on conçoit que le traitement de cette perte serait subordonné à celui des affections prédominantes.

FLUX (de sang). (*Voir* HÉMORROÏDE, DYSSENTERIE).
FLUX (de ventre). (*Voir* DÉVOIEMENT, DIARRHÉE).
FLUX (d'urine). (*Voir* INCONTINENCE D'URINE.)
FLUXION.—On appelle assez généralement de ce nom tous les gonflements qui surviennent accidentellement aux joues. Ces fluxions sont très souvent le résultat d'une carie dentaire, d'une opération faite dans la bouche, de la pose d'une dent artificielle à pivot; mais elles peuvent aussi survenir à la suite d'une exposition à un courant d'air, d'un changement brusque de température. Dans le premier cas, on doit faire enlever la dent malade ou la faire plomber, ou bien enlever la pièce artificielle, et dans tous les cas couvrir la partie malade de cataplasmes faits avec la farine de riz; prendre des bains de pieds, des purgatifs révulsifs, et faire ouvrir de bonne heure l'abcès, s'il en survenait un, et qu'en n'eut si on n'avait pas pu prévenir sa formation

FLUXION DE POITRINE. —Il y a deux espèces de fluxions de poitrine; l'une, plus profonde et généralement plus intense qui résulte de l'inflammation du poumon lui-même; l'autre, plus superficielle, qui n'est que le même état affectant l'enveloppe de ce même organe. Elles ont cela de commun : une douleur dans la poitrine, une extrême difficulté de respirer, une fièvre très forte, une coloration très marquée des pommettes. Mais elles ont cela de particulier, que dans la première, qui forme la *pneumonie* des médecins, la douleur est profonde, le point de côté très prononcé, la toux accompagnée de crachats sanguins, la poitrine matte à la percussion, tandis que, dans la seconde qui n'est que la *pleurésie,* la douleur est plus superficielle, plus aiguë, mais moins poignante et augmentant surtout dans l'inspiration.

Il est peu, ou plutôt il n'est point de maladie dans laquelle l'expérience se soit prononcée d'une manière plus formelle en faveur de la saignée que dans la fluxion de poitrine. C'est peut-être la seule chose à l'égard de laquelle les médecins soient constamment restés d'accord : ils n'ont varié que sur la quantité de sang à tirer. Il est cependant impossible de rien établir d'une manière absolue à ce sujet; tout dépend de la violence de la maladie, de l'âge, de la force du sujet et de la partie de la poitrine envahie. La maladie est-elle légère? deux ou trois saignées l'arrêtent ordinairement. Est-elle au contraire violente, c'est-à-dire accompagnée d'une grande élévation et d'une extrême plénitude du pouls, d'une difficulté très prononcée de respirer? les crachats sont-ils abondamment teints de sang? on est quelquefois obligé de revenir quatre, cinq et même six fois à la saignée, surtout dans la pneumonie, les sangsues et les ventouses scarifiées sur le point douloureux étant plus particulièrement appropriées à la pleurésie. Dans les deux cas on seconde l'effet des émissions sanguines par des boissons émollientes, comme la fleur de violettes, de mauve, données chaudes et sucrées avec le sirop de gomme, de guimauve, ou même simplement avec le miel.

Une chose à laquelle on attache avec raison aujourd'hui une grande importance, pour apprécier l'intensité d'une fluxion de poitrine, et par suite la nécessité de revenir aux saignées, c'est l'apparence même du sang d'abord tiré. Ce sang se sépare-t-il promptement, la couenne qui se forme à sa surface est-elle ferme, dense, épaisse, on peut alors supposer qu'une nouvelle saignée sera utile. Est-elle au contraire peu distincte du reste du sang, semblable à une gelée molle et verdâtre, on doit penser le contraire. C'est alors, si la maladie ne cède pas, qu'on pourrait en venir à l'emploi de l'émétique à hautes doses : on en donne d'abord 20 centigrammes (4 grains) dans un demi-verre d'eau de tilleul, ou d'oranger, sucrée avec le sirop de gomme, puis deux heures après un centigramme de plus, et ainsi de suite en augmentant progressivement d'un et même de deux centigrammes. Quant aux vésicatoires appliqués sur la poitrine, ils ne sont réellement avantageux que quand la période aiguë est passée, ou chez les sujets faibles ou trop âgés pour supporter impunément de copieuses saignées.

Lorsqu'on craint que la maladie ne passe à l'état chronique, on place fréquemment sur les parties voisines du siège du mal des cataplasmes synapisés, des vésicatoires volants; on engage le malade à parler peu, à marcher lentement, à ne pas monter des lieux élevés, à se garantir du froid et surtout de l'humidité, à porter des vêtements de flanelle sur la peau, à se nourrir de laitage, à porter un cautère au bras. Si l'on a eu à faire à une pleurésie, que malgré tout on n'ait

pas pu empêcher la formation d'un épanchement, e
que la quantité de liquide épanché soit assez considéra
ble pour occasionner une grande gêne de la respira
tion, il ne faut point hésiter à se soumettre à l'opéra
tion qui a pour but l'évacuation de ce liquide.

FOIE (*Inflammation et obstruction du*). — Le foie
est l'organe chargé de fournir la bile. Il est situé à
droite, derrière et un peu au-dessous des dernières
côtes, immédiatement entre la poitrine et ce qu'on
nomme vulgairement le flanc. Cette position le rendant nécessairement accessible aux violences extérieures, il peut s'enflammer à la suite d'un coup, d'une
chute; mais, le plus ordinairement, il s'affecte sous
l'influence des causes générales d'une appréciation
moins facile, comme d'une nourriture trop stimulante,
de chagrins concentrés, de travaux d'esprit trop assidus, d'une vie trop sédentaire, de la suppression brusque du flux hémorrhoïdal.

Cette inflammation, que les médecins nomment
hépatite, est très rare chez les enfants, affecte de préférence les hommes, trouve une cause prédisposante
très active dans le tempérament bilieux, est plus commune en été qu'en hiver, dans les pays chauds que
dans les pays froids, est excessivement fréquente dans
l'Inde, et coïncide très souvent avec une maladie de
l'estomac ou des intestins.

Quand elle n'est qu'à son premier degré, ce qui arrive surtout quand elle n'est que le résultat sympathique de la dernière des causes que nous venons d'indiquer, le malade ne ressent qu'un peu d'embarras et
d'empâtement dans la place qu'occupe le foie, il éprouve
du dégoût pour la viande, de la soif, une extrême amertume dans la bouche; les ailes du nez et le pourtour de
la bouche présentent une teinte jaunâtre; il y a des
éructations, des renvois, quelquefois même des vomis-

sement bilieux (*Voyez* FIÈVRE BILIEUSE). Quand il y a
véritable inflammation, la douleur locale est plus prononcée, mais toujours sourde profonde, et s'étendant
jusque dans l'épaule droite, toute la peau, le blanc
des yeux même se colorent en jaune, il y a une constipation opiniâtre des urines jaunes et huileuses, le malade est horriblement abattu, respire avec douleur, est
tourmenté par une chaleur âcre et mordante de la
peau

L'inflammation du foie se termine assez souvent
par un abcès, mais très souvent aussi elle passe à l'état
chronique, ce qui constitue ce qu'on nomme communément un *obstruction*. Cet état existe même sans
avoir été précédé de signes bien aigus ; il y a eu seulement quelques troubles dans la digestion, de fréquentes lassitudes ; le côté droit a offert de temps à autre
quelques douleurs, le ventre se gonfle cependant presque toujours et se remplit insensiblement de sérosité,
ce qui constitue, par la suite, une véritable hydropisie.

Si, de l'exposé des signes qui caractérisent l'inflam
mation du foie, considérée dans ses divers degrés, nous
passons au traitement qui lui convient, nous devons
reconnaître que tous les médecins s'accordent à regarder la saignée comme un des moyens les plus appropriés dans sa période aiguë : la saignée du bras, quand
la douleur locale est très vive et la fièvre très prononcée, les sangsues au fondement dans le cas contraire.
Après la saignée, les vésicatoires appliqués sur la région même du foie forment une ressource sur laquelle
ils comptent le plus. Mais une fois que l'état chronique
se déclare, qu'il y a ce que nous avons dit être généralement nommé *obstruction*, la maladie se complique
d'une foule d'états secondaires qui tous demanderaient
une attention particulière parmi les moyens les plus

usités , il faut mettre les eaux minérales , les douches sur le côté droit , le savon médicinal , la ciguë , mais surtout le calomel ou mercure doux, auquel les médecins anglais attribuent une propriété fondante très marquée. Le régime se composera de légumes verts, frais, de fruits acides, des viandes blanches , dont on secondera l'effet par de l'exercice et des distractions.

FOLIE.— Par le mot de *folie*, synonyme d'*aliénation*, de *maladies mentales*, de *manie*, les médecins comprennent dans toute leur étendue et dans tous leurs degrés les diverses altérations de l'intelligence ; mais dans le langage ordinaire, on entend par ce mot le délire avec excitation, et survenant sans maladie, celui de *démence* étant donné au non développement ou à l'affaiblissement des organes de la pensée ; et celui d'*hypochondrie* exprimant un état habituel de tristesse qui porte sans cesse au désespoir (*Voir* ces deux mots).

Réduite au sens que nous venons de lui donner, la folie offre une infinité de nuances, depuis la fureur jusqu'à la taciturnité la plus absolue ; mais se résume surtout en deux caractères fondamentaux qui sont la *manie* ou délire général , et la *monomanie* ou délire portant exclusivement ou particulièrement sur un point. Cette dernière prend même différents noms , suivant les objets sur lesquels elle se porte ; ainsi on l'appelle *érotomanie*, quand elle roule sur des idées érotiques ; *théomanie*, quand ce sont des idées religieuses ; *démonomanie*, quand la crainte de la damnation domine ; *nymphomanie*, quand, chez les femmes, elle s'exprime par un penchant irrésistible à l'acte vénérien, le même état prenant, chez l'homme, le nom de *satyriasis* , etc. On connaît encore la monomanie *ambitieuse, raisonnante, homicide, incendiaire*.

La folie est très rare avant l'âge de la puberté , et frappe surtout dans l'âge adulte, moment où nous

ommes plus exposés aux secousses de la vie sociale, et
où les passions sont dans toute leur force, trouve sa
cause prédisposante la plus active dans l'hérédité et
un tempérament nervoso-sanguin, est plus commune
dans les mois de mai, juin, juillet, qu'à aucune époque
de l'année, et, chose remarquable, se revêt, en général, de symptômes plus prononcés chez les femmes que
chez les hommes, quoique, en réalité, plus fréquente
chez ces derniers que chez les premières. Quant à sa
cause déterminante, elle est plus souvent morale que
physique, et encore, dans ce dernier cas, c'est-à-dire
quand elle se développe sous l'influence d'un coup sur
la tête, d'un coup de soleil, de la suppression brusque
d'une perte habituelle, comme les hémorrhoïdes, les
menstrues, un cautère, un vésicatoire, une irritation
intestinale irradiant vers le cerveau, la cause physique
n'agit bien évidemment que secondée par une prédisposition marquée du moral.

Quelle que soit la cause de la folie, elle débute par
degrés ou subitement. Dans le premier cas, son invasion est marquée par un changement dans l'état physique et moral de la personne ; elle éprouve un malaise
général, des douleurs de tête, une augmentation de
chaleur à la peau, sa figure est colorée, ses yeux brillants, elle a des tintements et des bourdonnements d'o-
reilles, une soif vive, une insomnie entrecoupée de
rêves effrayants. En même temps, les habitudes et le
caractère subissent de notables changements qui tantôt présentent un contraste frappant avec les dispositions morales antérieures, tantôt, au contraire, et c'est
le cas le plus habituel, n'en sont que l'expression fou-
gueuse, exagérée. D'autres fois, la folie succède à
l'ivresse, à un emportement de colère, à une joie désordonnée, ou fait tout à coup explosion sans cause apparente. Les yeux de la personne deviennent subite-

ments brillants , ses cheveux se hérissent , sa face se
colore et se crispe ; l'expression de sa figure est égarée,
menaçante, exaltée ou sombre ; elle vocifère, s'agite,
se livre à des actes dont la moralité lui échappe et
méconnait tous les dangers. Comme la puissance musculaire des fous est généralement augmentée, leur au-
dace devient plus grande et puise un nouvel aliment
dans la lutte qu'on engage avec eux pour les maîtriser ;
la fureur, qui exprime le plus haut degré de leur état,
est rarement instinctive , et dépend, le plus ordinairement , d'obstacles imaginaires , de dangers chimé-
riques , de prétendues menaces que crée de toutes
pièces leur imagination.

La première chose à faire pour un fou, c'est de le
mettre dans l'impossibilité de nuire à soi et aux autres ;
pour cela, il faut l'isoler, c'est-à-dire le séparer brusquement de sa famille ou des personnes avec lesquelles il vit habituellement, et le transporter immédiatement dans des lieux nouveaux pour lui. Cet isolement est complet, lorsque la séquestration a lieu dans
une maison consacrée au traitement de la folie ; il a
d'abord cet avantage que tout y est disposé pour le
maîtriser ; puis de le surprendre , de provoquer chez
lui des sensations nouvelles, et de rompre la série des
anciennes. Au lieu de parents ou amis cédant à ses caprices, alimentant même son délire par leurs conces-
sions, il ne rencontre dans une maison spéciale que des
figures étrangères , des êtres impassibles devant ses
menaces ; il y est soumis à une discipline qu'on lui impose par la douleur ou par la force, et qui a suffi quelquefois à elle seule pour amener la guérison par les
changements brusques qu'elle occasionne dans ses sensations.

Une fois le malade soustrait aux causes ou mieux
aux circonstances au milieu desquelles a éclaté sa fo-

lie, on s'occupe du traitement direct de sa maladie. Ce traitement est physique ou moral, et le plus souvent l'un et l'autre à la fois. Le traitement physique se compose surtout de saignées, de bains de purgatifs et et d'autres dérivatifs appliqués sur la peau. La saignée n'est guère applicable qu'aux sujets forts et vigoureux, chez lesquels la maladie s'est déclarée brusquement et a revêtu de suite le caractère d'une violente excitation ; en dehors de cette circonstance, elle a rarement les bons effets qu'on pourrait se croire en droit d'en attendre, et, dans la plupart des cas, celle du pied convient mieux que celle du bras. Les sangsues appliquées derrière les oreilles ou mieux au fondement, trouvent très souvent l'occasion d'être appliquées. Les bains sont une des ressources les plus précieuses, celle dont les effets se font le plus vite sentir, et sont le plus faciles à être compris ; on peut en augmenter l'action en appliquant de l'eau froide sur la tête du malade. Les purgatifs et même les vomitifs sont aussi employés avec avantage, pour peu qu'il y ait constipation ou simple embarras de l'estomac. L'ellébore, si vanté des anciens. n'agissait pas autrement qu'un révulsif intestinal ; il est complètement abandonné,

Aussitôt qu'un peu de calme a succédé à l'emportement, la personne chargée de diriger le malade, doit s'occuper des soins moraux. Le premier consiste à gagner sa confiance, ou, à défaut de cet avantage, à lui imposer, c'est-à-dire à se présenter à lui comme un protecteur sévère, mais juste. L'expérience prouvant tous les jours que les raisonnements contribuent plus à augmenter qu'à diminuer le délire, on opposera des passions aux passions, les sentiments aux sentiments. Ce n'est que dans les moments de calme qu'on doit adresser des paroles affectueuses et consolantes, dont les malades ne perdent pas aussi facilement le souvenir qu'on pourrait le croire ; mais, sous aucun prétexte, il ne faut céder à leurs caprices, et toujours leur montrer le véritable côté des choses. On a beaucoup vanté, dans ces derniers temps, les avantages de l'intimidation : réduite à la fermeté et à l'excitation d'une crainte raisonnable, l'intimidation est, en effet, quelquefois utile, comme nous venons de le dire, mais qu'elle ne dégénère jamais en brutalité, et qu'elle ne s'exerce jamais par des actes propres à humilier les malades : la douche dont on fait généralement usage dans les maisons de santé pour vaincre leur résistance et les punir de leur insoumission, leur a plus souvent été fatale que nécessaire. Enfin, si tout espoir de guérison est perdu, ce à quoi il faut s'attacher, c'est à conserver aux malades l'instinct des habitudes sociales, dont la perte est, sans contredit, le plus grand malheur qui puisse nous accabler.

FOULURE (*Voyez* ENTORSE, LUXATION).

FRACTURES. — Solution de continuité d'un ou plusieurs os produite ordinairement par une cause externe, une chute, des coups, etc. La première chose à faire dans les cas présumés de fractures, c'est de dépouiller de leurs vêtements les membres blessés. Elles se reconnaissent alors, 1° à la nature de la cause à laquelle on peut les rapporter ; 2° au changement de forme du membre ; 3° à l'impossibilité, même à la simple difficulté dans laquelle il est d'exécuter ses mouvements ordinaires, 4° à la crépitation, ou bruit qu'on obtient en frottant l'un contre l'autre les deux bouts de l'os fracturé. Leur traitement se résume, pour les cas ordinaires, dans les données suivantes : réduire les fragments, les maintenir réduits, prévenir ou combattre les accidents qui peuvent se déclarer.

La réduction consiste à mettre les fragments dans des rapports tels que leur réunion puisse se faire et que cette réunion ait lieu sans difformité. Trois temps ou trois mouvements se passent dans la réduction. Pour se rendre un compte exact de ces mouvements et de leur nécessité, il faut savoir que dans les fractures les deux bouts de l'os fracturé. attirés par les muscles qui s'attachent à eux, glissent ordinairement l'un sur l'autre et chevauchent. Le moyen de mettre en contact leurs deux extrémités, c'est de tirer sur la portion du membre la plus éloignée du corps, c'est l'*extension* ; de maintenir immobile, même de tirer en sens opposé l'autre portion, c'est la *contre-extension*. Quand le contact est parfait, la main les place dans des rapports convenables; c'est la *coaptation*. Ces divers mouvements ne sont exécutables qu'autant que les chairs ne sont ni trop irritées, ni trop douloureuses, et surtout qu'elles ne sont pas considérablement gonflées. Dans le cas contraire, il faut attendre pour agir. Il est même quelquefois nécessaire de provoquer le relâchement des parties par des bains, des cataplasmes émollients, des sangsues ou une saignée. Une fois qu'on .a mis en contact les deux bouts de l'os fracturé, il s'agit de les y maintenir. Pour cela, après avoir couvert le membre de compresses trempées dans l'eau blanche, l'eau-de-vie camphrée ou toute autre liqueur résolutive, on place le membre sur un coussinet de balle d'avoine, et on l'enveloppe dans un nombre suffisant d'attelles placées de manière à l'envelopper de toutes parts ; on assujettit d'abord ces attelles par des liens circulaires bouclés sur le côté et on recouvre le tout par une longue bande.

Le désir de maintenir l'appareil dans une parfait immobilité a conduit à renfermer les membres fracturés dans un appareil qui, se durcissant progressivement, forme une espèce de boîte : c'est ce qu'on nomme aujourd'hui le bandage *inamovible*. Cet appa reil se compose ou de gâteaux d'étoupe **ou de blancs** d'œufs, ou de bandelettes trempées dans un **mélange** de farine de seigle, d'esprit de vin et de blancs d'œufs; on a substitué la solution d'amidon aux blancs d'œufs et, tout récemment, la dextrine à l'amidon. S'il a sur les moyens ordinaires l'avantage de maintenir plus solidement en position les bouts de l'os fracturé et de permettre des mouvements, même la marche presque immédiatement, c'est-à-dire aussitôt que l'appareil est bien sec, il a, quoiqu'on en puisse dire, le désagrément, ne pouvant se défaire à volonté, de mettre dans l'impossibilité de surveiller ce qui se passe.

Le temps pendant lequel un membre fracturé doit rester dans l'appareil varie suivant la grosseur du membre, l'âge et la constitution du sujet, l'état simple ou compliqué de la fracture. Dans les cas ordinaires, trente à trente-cinq jours suffisent pour le bras et l'avant-bras, mais quarante, quarante-cinq et même cinquante sont nécessaires pour la jambe et surtout pour la cuisse. Dans cet intervalle, on défait, tous les six ou huit jours, l'appareil en laissant néanmoins tout en place pour ne communiquer aucun changement de rapport aux parties, et seulement pour resserrer les liens qui se relâchent à mesure que le gonflement disparaît, et pour arroser le tout de liqueurs résolutives. On prévient les accidents par le repos du corps et de l'esprit, par une nourriture modérée, même la diète les premiers jours. S'il survient des accidents inflammatoires, on les combat par des saignées, des sangsues, des irrigations d'eau froide sur le membre. Si ces accidents sont nerveux, on s'assure s'ils ne seraient pas occasionnés par une trop forte constriction, et on frotte les parties voisines du mal avec une pommade belladonisée.

FRAICHEURS (*Voyez* Rhumatisme).

FRISSON, On désigne ainsi un sentiment de froid accompagné de pâleur et constriction de la peau, qui se hérisse de petits points saillants nommés *chair de poule.* Le tremblement des membres et le claquement des dents viennent s'y joindre, lorsqu'il est intense.

Il est naturel de frissonner lorsqu'en quittant un lieu chaud on est saisi par un froid vif et subit, ou lorsqu'on s'y expose avec des vêtements trop légers; mais l'exercice et le mouvement remettent bientôt le calorique en équilibre.

Malheureusement il n'en est pas toujours ainsi; le frisson, sans être une maladie par lui-même, n'en est pas moins un symptôme assez grave d'une foule de maladies. Il annonce particulièrement le début ou l'invasion des maladies fébriles; chez les blessés il est en général l'indice de quelque complication fâcheuse: on le voit survenir dans l'indigestion, les hémorrhagies les convulsions et dans beaucoup d'autres cas encore.

Le traitement du frisson est facile à concevoir, l'instinct seul indique le coucher dans un lit chaud et bien couvert, l'apposition de serviettes chaudes sur le corps, d'un fer échauffé ou d'une bouteille d'eau chaude, enveloppés d'un linge, aux pieds du malade, l'usage d'une boisson légèrement excitante, telles que le thé ou quelques cuillerées de vin chaud, etc., etc.

FUREUR UTÉRINE (*Nymphomanie*). — Dérangement des facultés intellectuelles, occasionné par le désir exagéré et maladif des désirs vénériens chez la femme. (*Voyez* FOLIE, HYSTÉRIE).

G.

GALE. — La gale est une maladie contagieuse de la peau, caractérisée par des vésicules saillantes en pointes, accompagnées de démangeaisons très vives et environnées de soulèvements de l'épiderme ou sillons dans lesquels est logé un insecte particulier. Elle atteint tous les âges, mais particulièrement la jeunesse, les hommes plus souvent que les femmes; et de préférence les personnes d'un tempérament sanguin ou nerveux.

La transmission directe de la gale de l'homme à l'homme est un fait trop connu pour être discuté ici, il suffit de rappeler que cette transmission a ordinairement lieu quand une personne saine couche avec un galeux, ou dans un lit qui a servi a un galeux, ou qu'elle porte des vêtements qui ont été à l'usage d'un sujet infecté. Les étoffes de laine sont le moyen le plus ordinaire de la transmission; il y a cependant des exemples de gales communiquées par certains animaux, comme le cheval, le chien, le chat; tout fait même penser qu'elle peut se déclarer spontanément sous l'influence d'une extrême malpropreté; mais ce qui paraît aussi résulter d'expériences faites avec soin, c'est que le virus des boutons, inoculé sous la peau, sans la présence de l'insecte, ne donne pas la maladie.

La gale se déclare à une époque plus ou moins éloignée de la contagion, suivant les âges; chez les enfants, l'éruption se fait ordinairement quatre ou cinq jours après le contact; chez les adultes, c'est de huit à douze dans l'été, et de quinze à vingt dans l'hiver, et plus tard chez les vieillards. Les boutons paraissent d'abord sur les points où le contact s'est effectué et avec d'autant plus de promptitude que la peau y est plus fine et plus facilement humectée par la transpiration, comme le poignet, l'intervalle des doigts, le pli des articulations, le cou, les joues, le ventre, la poitrine, etc. Quoiqu'il en soit, elle débute par une démangeaison assez vive; bientôt apparaissent quelques élevures qui ne tardent pas à former une petite vésicule terminée par une pointe et remplie d'une sérosité limpide.

Cette éruption devient plus ou moins abondante, suivant les soins de propreté que la personne a d'elle. A mesure qu'elle augmente, la démangeaison devient plus intense : cette démangeaison qu'accroît toujours la chaleur est quelquefois si violente, surtout pendant la nuit, qu'elle occasionne la fièvre. Les boutons en se rompant par leur plénitude, ou plus souvent déchirés par les ongles, laissent échapper le fluide qu'ils contenaient ; ce fluide se dessèche en croûtes peu adhérentes, mais d'autant plus épaisses qu'il a plus la consistance du pus. De chaque bouton part un sillon qui communique avec un autre bouton et loge l'insecte dont la présence est annoncée par le soulèvement et une tache blanchâtre de l'épiderme.

La gale a cela de particulier qu'elle ne se termine jamais d'elle-même sans traitement; mais elle est sujette à disparaître dans les temps froids, et dans le cours des fièvres intermittentes ou de la plupart des maladies aiguës, pour reparaître dans la convalescence. Elle n'offre d'ailleurs par elle-même aucun danger, et sa facilité à guérir est toujours en raison inverse de la faiblesse des sujets, de la misère ou de la malpropreté dans lesquelles ils vivent.

Il est peu de maladies contre lesquelles on ait proposé un plus grand nombre de remèdes que contre la gale. Le charlatanisme a surtout exploité une mine aussi féconde; mais l'expérience a fait justice de la plupart des moyens ridicules qu'il a enfantés et a réduit le traitement de cette maladie à un petit nombre de données assez fixes pour être d'une facile application. Or, de tous les spécifiques vantés contre la gale, le plus sûr, dans les cas simples et récents, est une pommade composée de soufre sublimé, de saindoux, de cérat ou de pommade de concombre à laquelle on ajoute quelques gouttes d'huile essentielle de citron, de bergamotte, de lavande ou de romarin pour masquer l'odeur désagréable du soufre. Huit ou dix jours de frictions avec cette pommade suffisent ordinairement; mais on fait bien de commencer le traitement par un grand bain, et de se frotter particulièrement le soir devant un bon feu, avec gros comme une noix de cette pommade, particulièrement aux saignées, aux poignets, entre les doigts, aux jarrets, sur le ventre et sur le devant de la poitrine. On peut substituer à cette pommade une autre préparation composée de deux parties égales de fleurs de soufre et d'acétate de plomb, et d'une partie de sulfate de zinc. On se sert de cette poudre en s'en frottant matin et soir le creux de la main d'une pincée dans quelques gouttes d'huile; elle a l'avantage de ne pas donner la mauvaise odeur de la pommade précédente.

Quelques personnes, pour se soustraire à la malpropreté qu'entraîne toujours l'usage des pommades, préfèrent les bains d'eaux ou de vapeurs sulfureuses, qui ont aussi une grande efficacité, mais agissent plus lentement; ou pour éviter l'odeur du soufre, elles le mélangent en parties égales avec le savon blanc. Enfin une foule d'autres substances peuvent au besoin remplacer le soufre : c'est ainsi que les soldats emploient de la poudre à canon ou le tabac délayés dans l'huile ou même simplement dans l'eau; que les habitants de la Lorraine ou des Vosges se frottent avec de l'huile de chenevis ou de navette qu'ils font bouillir avec la seconde écorce de l'aune noir, et que quelques médecins militaires emploient le camphre dissous dans l'huile, ou un mélange d'huile et d'alcali volatil. Enfin on a encore employé avec succès la clématite, vulgairement appelée herbe aux gueux, et l'écorce de racine de denteiaire, pilées dans un mortier et mélangées avec de l'huile, etc.

La gale étant essentiellement contagieuse, on conçoit la prudence que doivent avoir les personnes qui en sont atteintes avec celles qui les entourent ou les fréquentent ; l'isolément est ici de rigueur de la part des unes ou des autres, ou du moins on doit se bor ner aux contacts indirects. Il est également indispensable, pour assurer la guérison de la gale, de passer à la vapeur du soufre tous les vêtements qui auront été portés avant ou pendant la durée de la maladie. Un bain ou deux seront le complément du traitement. Il est bon aussi de savoir que le soufre noircissant très promptement l'or et l'argent, les personnes en cours de traitement par cette substance feront bien de s'abstenir de porter aucune espèce de bijoux.

Un régime et légers est généralement utile ; ainsi point de café, de liqueurs, de vin pur, de viandes noires, salées, fumées ou épicées. Dans le courant de la journée, on fera bien de prendre quelques tasses de tisane amère, comme de patience, de bardane, de houblon, de fumeterre, de chicorée, de scabieuse, etc. Il est bien entendu que les complications qui accompagnent quelquefois la gale doivent être traitées à part. Si par exemple les démangeaisons étaient tellement vives qu'elles occasionnassent une fièvre intense, la saignée du bras trouverait sans nul doute son application, de même que s'il existait une constipation opiniâtre, ce qui est assez commun, un purgatif ou même deux deviendraient indispensables. Cette dernière médication est souvent un moyen par lequel de sages praticiens troient pouvoir dans tous les cas terminer le trai-

GANGRÈNE. — La gangrène, ou mortification d'une partie quelconque, peut résulter de deux ordres de causes essentiellement distinctes. L'une de ces causes est l'inflammation portée à son dernier degré, ou une véritable combustion, l'autre réside dans un obstacle au cours du sang et de l'influx nerveux. Elle se reconnaît à l'insensibilité absolue de la partie, à la couleur successivement lie-de-vin, brune, noirâtre qu'elle prend, et à l'odeur nauséabonde et même fétide qu'elle répand. Considéré d'une manière générale, son traitement se résume ainsi : prévenir son développement; combattre ses progrès et ses symptômes; favoriser la séparation naturelle, spontanée des parties mortifiées ; hâter cette séparation quand elle ne se fait pas ou qu'elle se fait trop lentement attendre et que les jours du malade peuvent être en danger.

A l'aide des moyens propres à combattre toutes les inflammations, on peut prévenir la gangrène qui pourrait être la suite de piqûres, de brûlures, de contusions, d'attrition, de même que celle qui résulte d'une trop forte constriction, peut être prévenue par la cessation de cette constriction et en entourant les parties de sachets contenant des cendres ou du sable chauds. Est-elle déclarée, on cherche à borner son développement ultérieur, en pratiquant sur la partie des scarifications et en la couvrant de poudre de quinquina, de charbon, de camphre, qui ont surtout la propriété d'absorber les liquides ischoreux. Quand ces moyens échouent, on arrose les parties d'une dissolution de chlorure de chaux, et on tâche de limiter la maladie.

Une fois ce but atteint, ce qui est quelquefois très difficile, on seconde la séparation des parties mortes par des pansements simples, si l'inflammation est franche et modérée, par des cataplasmes émollients, le repos, la position horizontale et même l'application

de quelques sangsues. Si ce travail de séparation lan
guit, on a recours aux excitants, tant à l'extérieur qu'à
l'intérieur : c'est ainsi qu'on recouvre la partie de
cataplasmes émollients avec addition d'onguent diges
tif, ou de quelques gouttes d'huile de térébenthine,
qu'on les arrose avec des liqueurs excitantes et aromatiques comme le vin de quinquina, l'eau-de-vie
camphrée, et qu'on donne à l'intérieur, si rien ne s'y
oppose, des aliments toniques, même progressivement
stimulants. Si des clapiers de pus se forment dans l'é-
paisseur des parties, on favorise leur évacuation par
des mouchetures ou des incisions ; on les débarrasse
du pus en l'absorbant fréquemment avec de la charpie, et on les remplit de poudres toniques, astringentes et aromatiques.

GASTRITE.— On entend par ce mot l'inflammation de l'estomac, mais particulièrement de la membrane qui tapisse intérieurement ce viscère. C'est une
des maladies sur lesquelles les médecins ont le plus
discuté depuis une vingtaine et même une trentaine
d'années. Les uns voulaient qu'elle fût tellement commune qu'elle dût entrer comme élément essentiel dans
la plupart des autres maladies; les autres soutenaient
au contraire qu'elle était si rare qu'il en existait peu
d'exemples bien démontrés, à l'exception des cas où
elle était le résultat de l'empoisonnement par des poisons corrosifs (voyez le mot *empoisonnement*.).

Ce qu'il y a de certain c'est que la gastrite, comme
inflammation aiguë ou franche, est assez peu commune : la membrane qui tapisse son intérieur n'ayant
certainement pas la susceptibilité qu'on s'est opiniâtré
à lui reconnaître, puisqu'elle est, après la peau, le
point de notre corps qui doit se trouver le plus souvent en contact avec des substances étrangères. D'où
il suit naturellement que l'excitation produite par les

aliments sur l'estomac, étant toute naturelle, peu être portée à un haut degré sans produire d'accidents.

On rencontre le plus ordinairement la gastrite aiguë chez les enfants dans le cours de l'allaitement; viennent ensuite, comme causes, les poisons, les chûtes, les coups portés au-dessous du creux de l'estomac, l'abus de purgatifs irritants, d'eau froide ou de boissons glacées, de liqueurs alcooliques; l'usage d'aliments de mauvaise qualité, comme les poissons et les viandes salés, ayant subi un commencement de fermentation putride. Elle peut aussi résulter de la disparition brusque d'une affection rhumatismale, goutteuse ou dartreuse.

Quand elle es' occasionnée par un empoisonnement, les signes qui annoncent cette maladie débutent de suite : mais sous l'influence des autres causes que nous lui avons assignées, ce n'est, le plus souvent, qu'après plusieurs jours d'abattement et de malaise qu'il survient de la fièvre, des douleurs dans l'estomac et dans la partie élevée du ventre, enfin des vomissements. La douleur augmente rapidement et s'étend sur les côtés pour aller se faire ressentir jusque dans le dos et dans les épaules. Les vomissements sont muqueux ou bilieux et se répètent chaque fois que le malade prend une boisson quelconque pour étancher la soif qui le dévore; la langue est rouge, la face plutôt pâle et abattue qu'animée, le pouls vif, mais plutôt serré que plein; la tête toujours chaude et douloureuse, et la respiration pénible.

Avec tous ces caractères, la gastrite est toujours une maladie dangereuse, ne passât-elle qu'à l'état chronique. Aussi faut-il, dès qu'elle est manifeste, lui opposer un traitement énergique. La première condition de ce traitement, c'est la diète absolue, viennent ensuite quelquefois la saignée au bras, mais bien plus souvent une forte application de sangsues sur la région de l'estomac; les cataplasmes émollients, les boissons mucilagineuses, comme la fleur de mauve, mais en petite quantité; puis les vésicatoires appliqués de chaque côté au-dessous de la poitrine, les lavements d'eau de son, de graine de lin, les bains. Une fois que la période aiguë est passée, la diète cesse de devoir être aussi absolue : on peut se permettre quelques aliments légers et de facile digestion, comme le lait, les crèmes, les potages, les compottes de fruits cuits. Quand l'état chronique est bien marqué, peu de médicaments ont plus de succès que les eaux minérales soit sulfureuses, soit ferrugineuses, mais prises à la source même. Celles qui sont chargées d'acide carbonique, telles que celles de Seltz, de Vichy, ont aussi de très bons résultats. Mais, qu'on y prenne garde, ce que bien des médecins appellent encore *gastrite chronique*, par habitude, ou pour se faire comprendre, est bien plus souvent une affection primitivement nerveuse de l'estomac que la suite d'une véritable inflammation.

GAZ. (*Voyez* TYMPANITE, VENTS.)

GENCIVES. — Quoique les gencives, dans l'état naturel, ne soient pas douées d'une grande sensibilité, et qu'elles reçoivent sans inconvénient le frottement continuel des substances alimentaires les plus dures, elles sont cependant très souvent malades et, dans cet état, elles jouissent d'une excessive sensibilité.

Les maladies dont elles peuvent être le siége sont des inflammations, des suppurations générales ou partielles, des ulcérations et des excroissances. Au mot *dentition* nous avons déjà parlé de leur inflammation franche, surtout de celle qui accompagne si souvent la sortie des dents; voyons ici les suppurations, les ulcérations et les excroissances.

Suppuration des gencives. La plus commune des

diverses espèces de suppurations dont les gencives peuvent être le siége, consiste dans les abcès qui se forment assez souvent dans le tissu fibro-muqueux qui les compose. Ces abcès sont des tumeurs d'un volume variable, mais ordinairement peu considérables et circonscrites à la gencive elle-même. Pouvant survenir sans cause appréciable, ils résultent cependant quelquefois d'un coup ou de la présence d'un corps étranger; mais ils sont le plus souvent occasionnés par la carie d'une dent, autour de laquelle ils se reproduisent plusieurs fois. Ces abcès, toujours accompagnés de douleur et de chaleur et précédés d'un gonflement inflammatoire souvent assez considérable pour former ce qu'on nomme communément une fluxion, sont d'un rouge vermeil qui devient livide à mesure que leur volume augmente. Bientôt il se forme à leur centre un petit point blanc qui s'ouvre ordinairement de lui-même, et laisse échapper une plus ou moins grande quantité de matière, dont on est quelquefois cependant obligé d'aider la sortie en pressant sur les côtés. Aussitôt que ce liquide est évacué, l'ouverture se ferme et tout disparaît.

Ces cas simples sont heureusement les plus communs; mais quand l'inflammation qui détermine l'abcès tient à une cause persistante, comme le plombage d'une dent ou la pose d'une dent artificielle à pivot, l'abcès, de circonscrit qu'il pouvait être à son début, envahit quelquefois tout un côté de la bouche, occasionne un gonflement de la face et peut se faire jour au-dehors. Il arrive aussi assez souvent même, quand les abcès sont peu volumineux, qu'au lieu de se fermer aussitôt le pus sorti, il s'établit par l'ouverture un point habituel de suppuration; c'est ce qu'on nomme une *fistule dentaire*. Quel que soit l'importance des abcès des gencives, comme ils se résolvent rarement, il est toujours prudent de favoriser la suppuration en appliquant sur la partie malade des substances émollientes, et donner le plus tôt possible issue au pus. Si l'accident est dû à la présence d'une dent cariée ou d'un pivot de dent artificielle, l'arrachement de l'une et l'enlèvement de l'autre deviennent nécessaires si on ne veut pas s'exposer à voir l'abcès dégénérer en fistule, ou des adhérences se former entre les joues et les gencives.

Indépendamment des abcès, les gencives peuvent encore être le siége d'un autre genre de suppuration qui n'est pas précédé de signes inflammatoires apparents et qui consiste en un simple suintement purulent de leur tissu; c'est ce qu'on nomme communément suppuration des gencives. Cet état, infiniment plus commun chez les adultes que chez les enfants et les vieillards est compatible avec une bonne santé, et se remarque le plus souvent sur les personnes pléthoriques, replètes et qui ont l'habitude de se gorger d'une grande quantité d'aliments, surtout de viandes. Il est difficile de lui reconnaître d'autre cause que l'oubli des soins journaliers qu'exige la bouche, l'accumulation du tartre, l'habitation des lieux bas, humides, mal éclairés, la suppression trop brusque d'une dartre, d'un vésicatoire.

Cet état des gencives ne s'établit que lentement; borné d'abord au pourtour de quelques dents, ce n'est qu'après un temps assez long qu'il envahit successivement tout le reste, en commençant par le devant de la bouche. Aucun signe particulier ne faisant pressentir la maladie, la personne qui en est affectée n'éprouve même pas de douleur; seulement en pressant la gencive vers son bord libre, elle fait sortir entre elle et la dent une matière blanchâtre, légèrement gluante qui donnait à l'haleine une odeur pénétrante. Les dents deviennent alors douloureuses, l'alvéole qui les loge s'use et elles finissent par tomber faute de soutien. Cette affection est en définitive plus facile à prévenir qu'à arrêter dans sa marche. L'énumération que nous avons faite des circonstances au milieu desquelles elle survient ordinairement, indique assez les moyens d'empêcher son développement.

Ulcérations des gencives. Les gencives peuvent s'ulcérer sous l'influence de trois causes principales : le scorbut, une affection vénérienne, l'usage du mercure. Aux mots *scorbut* et *maladies vénériennes* nous parlerons des ulcérations qui sont la conséquence de ces deux maladies et des moyens de les combattre, pour ne traiter ici que celles qui résultent de l'usage du mercure. Les personnes qui font un usage externe ou interne de cette substance comme médicament, les ouvriers employés à l'exploitation des mines qui la fournissent, ou qui la manipulent ordinairement comme les étameurs de glaces, les doreurs sur métaux y sont fort exposés. Ces personnes commencent à éprouver une chaleur extraordinaire aux gencives qui ne tardent pas à s'engorger. Il survient ensuite de petits abcès qui, en s'ouvrant, donnent lieu à des ulcérations de forme et d'étendue variable, mais généralement plus nombreux, plus souvent saignantes, mais toujours moins taillées à pic que celles que produit le virus vénérien. Elles peuvent même gagner la langue, sont toujours accompagnées d'un crachement abondant, donnent à l'haleine une odeur insupportable, et compromettent toujours la solidité des dents.

Les précautions que les médecins recommandent aujourd'hui pour l'emploi du mercure, rendent son usage moins dangereux qu'autrefois, et la substitution de la dorure par le galvanisme à la dorure par le mercure, soustreira sans doute bientôt les ouvriers doreurs aux émanations qui engendrent les ulcérations qui nous occupent dans ce moment. Néanmoins quand elles n'ont pas pu être prévues, la personne qui s'en trouve atteinte doit se soustraire immédiatement à la cause qui les a occasionnées, puis se gargariser la bouche avec des liquides mucilagineux, comme la décoction de guimauve, de lin, auxquels on ajoute quelques gouttes de vin d'opium. Les frictions répétées plusieurs fois par jour avec de la poudre de chlorure de chaux sec et les gargarismes rendus astringents par quelques acides végétaux, la teinture de quinquina, le cachou, le sirop de coing, réussissent aussi très bien. Quand la salivation est abondante, on parvient assez facilement à l'arrêter en tenant quelques instants dans la bouche des liquides très froids, même de petits morceaux de glace, en appliquant sous la mâchoire où on sent très souvent les glandes salivaires engorgées, des compresses trempées dans l'eau froide, en prenant des bains de pieds et quelques laxatifs.

Excroissances des gencives généralement désignées par les médecins sous le nom d'épulies, les excroissances qui se développent sur les gencives sont très variables de forme, de nature et de volume. Les unes sont molles, fongueuses, indolentes, se déchirent avec facilité et fournissent en général un suintement purulent, fétide, quelquefois teint de sang. D'autres sont d'un tissu ferme, élastique, d'un rouge vif, s'affaissent quand on les comprime et reviennent sur elles-mêmes quand on cesse de les toucher; tant qu'elles ne sont pas entamées, elles ne fournissent aucune espèce de suintement, mais si on les écorche, et à plus forte raison si on les incise, elles versent en abondance un sang rouge vermeil.

Ces diverses espèces d'excroissances, dont la grosseur ordinaire varie depuis celle d'un gros pois jusqu'à celle d'une noix, et qui sont tantôt arrondies et supportées par un pédicule, tantôt bosselées et à base large, sont plus communes à la mâchoire du bas qu'à celle du haut. Elles se développent ou directement sur les gencives, ou entre deux dents, mais elles naissent le plus souvent du fond d'un alvéole vide. Tant que ces excroissances sont d'un faible volume, elles sont en général supportables, mais, parvenues à un certain degré, elles gênent la mastication et apportent un obstacle non seulement à la netteté, mais à la possibilité de la prononciation, elles ébranlent les dents qu'elles finissent par faire dévier.

Malgré tout, elles ne constituent pas en général des affections graves. Si elles ne disparaissent que rarement d'elles-mêmes, elles peuvent, dans les cas ordinaires, être enlevées sans danger et assez facilement. On se sert pour les enlever soit de la ligature, soit de l'instrument tranchant; le premier moyen convient pour celles qui sont pédiculées, l'autre pour celles à base large. Mais quel que soit le moyen employé, il faut savoir que, comme elles ont toujours une grande facilité à se reproduire, il est toujours nécessaire de cautériser après l'opération la surface à laquelle elles tenaient. Cette précaution a encore l'avantage d'arrêter l'hémorrhagie qui est assez habituelle en pareille circonstance. La cautérisation par le fer rouge est toujours préférable à celle exécutée par les caustiques.

GERÇURE (*voyez* CREVASSE).

GLAIRES (*voyez* PITUITE).

GLANDE. — Les médecins appellent de ce nom tous les organes dont la fonction est de sécréter un fluide quelconque: ainsi le foie, les reins, etc., sont des glandes qui fournissent le premier la bile, le second l'urine; mais, dans le langage ordinaire, on appelle glande toute tumeur qui survient dans les lieux

qui occupent en grand nombre les ganglions lymphatiques, comme le cou, l'aisselle, l'aine, et qui n'est
autre chose que l'engorgement inflammatoire de ces
ganglions. Cette inflammation est franche ou spécifique. Dans ce dernier cas, son traitement étant subordonné à celui de la maladie de laquelle elle dépend,
et qui est ordinairement, pour les glandes du cou, la
scrofule, et, pour celle de l'aine, la syphilis, il en sera
traité à l'occasion de ces maladies.

Quand au traitement des glandes de nature franche,
il doit nécessairement varier suivant l'intensité de
l'inflammation ; ainsi quand la peau ne présente aucune rougeur, aucune chaleur, on peut tenter leur
résolution avec des emplâtres fondants, des frictions
mercurielles, même en les recouvrant d'un vésicatoire
volant. Si, au contraire, il y a tension douloureuse,
chaleur et rougeur marquées, fièvre générale, il faut,
indépendamment de la diète, appliquer des sangsues
sur la tumeur, la couvrir de cataplasmes arrosés d'eau
blanche et même, dans les cas extrêmes, faire une saignée au bras. Si la suppuration n'a pu être évitée, ce
qu'on reconnaît au ramollissement de la tumeur et à
la fluctuation, à la cessation de la tension dont elle
était le siége, il faut ouvrir l'abcès, mais toujours de
préférence avec le bistouri, parce que les caustiques
ne pénètrent jamais assez profondément et laissent
toujours des cicatrisations irrégulières qu'il faut surtout éviter dans les régions apparentes. Quand l'abcès
est ouvert, on le presse pour faciliter l'écoulement du
pus, on introduit même un bourdonnet de charpie
dans l'ouverture, afin qu'elle ne se ferme pas trop tôt,
et on tient les parties recouvertes d'un cataplasme
pour obtenir leur entier dégorgement.

GOITRE, *gros cou, grosse gorge,* et en langage médical, *thyrocèle, bronchocèle.* — Cette maladie, qui

n'est dans la plupart des cas qu'une difformité, et consiste tout simplement dans l'augmentation de volume d'un organe qui, sous le nom de glande thyroïde, occupe la partie antérieure et moyenne du cou, est endémique, c'est-à-dire très-commune, dans un grand nombre de pays, particulièrement dans les lieux bas, ombragés, humides, comme toutes les gorges des grandes montagnes. Mais à quoi tient-elle? est-ce à la disposition des lieux, à la nourriture des habitants, à l'eau qu'ils boivent? c'est ce qu'on ignore absolument. Aussi de cette ignorance dans laquelle nous sommes sur ses causes véritables, il s'en suit que son traitement est plutôt empirique que rationnel. Toutefois, la personne affectée de goître, ayant quitté les lieux où il est endémique, pourra faire usage de trois genres de moyens. Les premiers, comme les amers, les toniques, les stimulants, pourront entraîner la disparition de la tumeur par la nouvelle condition dans laquelle ils placeront l'économie; les autres, dont l'iode et ses nombreuses préparations, comme la poudre d'éponge calcinée, la poudre de sency, forment la base, agiront par leurs propriétés spéciales sur la nutrition et l'absorption; les troisièmes seront des topiques, comme les frictions mercurielles, les liniments ammoniacaux camphrés, les emplâtres de ciguë, de savon, les sachets iodurés, ou des moyens chirurgicaux, tels que la compression qui a rarement réussi, le vésicatoire et le séton qui ne comptent guère plus de succès, la ligature en masse de la tumeur, ou seulement celle de ses artères qui constituent des opérations trop dangereuses pour qu'on soit autorisé à y avoir recours dans les cas ordinaires. Aussi, quand les moyens spéciaux et les topiques ont échoué, et quand l'existence du goître ne donne lieu à aucun accident, à aucune gêne dans les fonctions des organes environnants, il vaut infiniment mieux le garder que de courir les chances d'une opération.

GOURME. On appelle gourme ou croûtes de lait une affection très commune chez les enfants, qui consiste en une éruption de pustules superficielles d'un blanc jaunâtre, réunies, auxquelles succèdent des croûtes jaunes, verdâtres, tantôt lamelleuses et minces, tantôt épaisses et rugueuses.

Cette maladie très commune, disons-nous, surtout chez les très jeunes enfants, comme l'indique le nom de croûte de lait sous lequel on la désigne souvent, peut se développer sur toutes les parties du corps, mais les endroits qui en sont plus particulièrement le siége sont le cuir chevelu et le derrière des oreilles; on la voit aussi assez souvent survenir au front, aux tempes, et même envahir toute la figure. Dans ce dernier cas, elle débute ordinairement sur le front et les joues par de petites pustules groupées sur une surface enflammée; de vives démangeaisons accompagnent leur apparition, elles s'ouvrent bientôt d'elles-mêmes ou par l'action des ongles, et il s'en écoule un fluide visqueux, jaunâtre, qui en se desséchant forme les croûtes. Quand celles-ci se détachent, elles laissent une surface rouge très enflammée, sur laquelle il s'en forme de nouvelles.

Lorsque cette affection dure depuis longtemps à la tête, que les croûtes abandonnées à elles-mêmes sont restées des mois entiers sans qu'on ait cherché à les détacher, les cheveux tombent quelquefois dans une étendue plus ou moins grande, mais il y a cela de différent avec la teigne, qu'ils repoussent, parce que leurs bulbes n'ont été qu'enflammés. Quand les croûtes sont enlevées avec soin au moyen de lotions émollientes, on trouve une surface peu enflammée offrant de légères écorchures d'où suinte un fluide visqueux d'une odeur fade ; on y rencontre même assez souvent de petits abcès qu'on est obligé d'ouvrir. La durée en est variable ; elle est en général assez opiniâtre, car elle persiste toujours plusieurs mois, néanmoins elle est rarement grave et ne le devient qu'autant qu'elle est accompagnée ou suivie de quelque maladie importante.

Les causes de la gourme sont, dans la plupart des cas, très difficiles à apprécier, car si elle se développe sur des enfants mal nourris et tenus malproprement, elle survient souvent aussi sur des enfants élevés dans des conditions diamètralement opposées, en sorte qu'il est difficile de rien savoir de positif à cet égard. Le traitement consiste ordinairement à laver tout simplement les parties affectées avec de l'eau tiède, mais mieux de l'eau de guimauve ou du lait ; ce qui a le double avantage d'empêcher les croûtes de s'amonceler et de calmer l'ardeur de l'inflammation. Chez les enfants à la mamelle, le meilleur moyen consiste à faire jaillir sur les surfaces malades le lait du sein même de la nourrice. Si on suppose que le lait est trop fort comme nourriture, on fait prendre plusieurs fois par jour à l'enfant de l'eau d'orge ou de gruau, ou bien on change la nourrice.

Quand la gourme occupe la tête, on a le soin de couper les cheveux très courts et de faire tomber les croûtes en même temps, de calmer l'inflammation par des cataplasmes de mie de pain et de lait, ou de fécule de pommes-de-terre et de guimauve, qu'on renouvelle souvent. Si l'éruption est étendue et dure depuis longtemps, il devient quelquefois nécessaire de modifier l'état de la peau en lavant les parties malades avec des eaux sulfuro alcalines, comme on le ferait pour de légères dartres (*Voyez* ce mot). De doux purgatifs sont aussi souvent utiles ; pour les enfants très jeunes le sirop composé de rhubarbe et chicorée, suffit; mais quand ils sont déjà un peu grands, le mercure doux à la dose d'un quart de gramme, même d'un demi-gramme, ou cinq à six grammes de sel de Sedlitz dans une tasse de bouillon à l'oseille conviennent mieux. Enfin si l'éruption qui constitue la gourme s'était déclarée dans le cours, ou mieux encore dans la convalescence de quelque maladie grave, il faudrait s'en tenir à son égard aux seuls soins de propreté, et n'essayer de la faire disparaître que quand on n'aurait plus rien à craindre du côté de la maladie avec la cessation de laquelle son apparition aurait coïncidé. On est même souvent obligé d'entretenir la suppuration en couvrant les parties affectées de feuilles de poirée ou de compresses enduites de cérat mélangé à un peu de pommade au garou, etc., etc.

GOUTTE. — Partage le plus ordinaire des hommes vigoureux, intempérants et sédentaires, ou plutôt qui passent d'une vie active à une existence tranquille; cette cruelle maladie est encore trop peu connue dans son essence pour pouvoir être le sujet d'une définition exacte. Tout ce que l'on peut faire, c'est de la définir par l'énoncé des deux caractères principaux, au moyen desquels elle se montre, et qui sont des douleurs spontanées et périodiques dans les articulations, particulièrement aux pieds et aux mains, avec production autour de ces parties, de matières calcaires, analogues à la substance même des os.

L'invasion de la goutte, annoncée souvent par des signes précurseurs qui sont ou un malaise général, des troubles variés dans la digestion, tels que rapports, vomissements selles bilieuses ou des douleurs vagues, des engourdissements partiels, de la sécheresse et des crampes dans la partie menacée, se fait très souvent aussi d'une manière brusque et inattendue. Dans tous les cas, c'est ordinairement au milieu de la nuit, souvent même après quelques heures d'un sommeil dans trouble qu'une douleur se fait sentir le plus souvent à l'articulation du gros orteil. Cette douleur est suivie de tremblements, de frissons, d'une impossibilité absolue de mouvoir et de rien supporter qui la touchet Cet état ne dure que six, huit, dix, douze ou vingt-quatre heures, et se termine par une sueur, surtout vers la partie affectée ; mais revient ou le même jour ou le lendemain, pour durer quatre ou cinq jours, c'est ce qui constitue un accès.

A ce premier accès en succède souvent un second, même un troisième à peu près semblable, et cette succession de deux, trois, quatre accès forme une attaque. Dans la plupart des cas, ces attaques ne se renouvellent qu'après un laps de plusieurs mois, d'un an même et plus. Mais une fois quelles se sont renouvelées, elles se succèdent alors de plus près, en perdant un peu de leur violence ; mais en revanche, le gonflement des parties qui accompagne les douleurs présente un volume toujours croissant à mesure que les attaques se renouvellent sur un point déterminé ; puis on y remarque des noyaux ou concrétions pierreuses et une rougeur tirant sur le violet. La répétition continue des attaques, quelquefois aussi une sort de travail organique sans douleur conduisent d'autre malades à un état de détérioration que signalent la décoloration de la peau, la langueur générale de la constitution et les déformations les plus extraordinaires des parties tendineuses, articulaires et osseuses.

Les hommes sont incomparablement plus sujets à la goutte que les femmes ; elle se transmet souvent par voie d'hérédité, mais un grand nombre de pères goutteux ont des enfants qui, au lieu de la **goutte,** ont la pierre ou la gravelle.

Les moyens les plus divers et les plus contradictoires ont été essayés, et tous comptent des succès,
ou plutôt aucun n'a réussi seul, c'est-à-dire sans le
secours du temps, sans des modifications sévères ap-
portées dans le régime, les habitudes. Voici cependant la médication la plus ordinaire : Pendant les
signes précurseurs, la compression du membre, le
repos au lit, des boissons sudorifiques, un ou deux
purgatifs, des vêtements de laine sur la peau, une
grande tranquillité d'esprit, ont souvent fait avorter
l'accès. Pendant ce dernier, on se borne, s'il est léger, au repos du corps et de l'esprit, à une douce
chaleur, à un régime léger, à quelques applications
laudanisées sur la partie douloureuse. S'il est aigu,
avec fièvre, spasmes, crampes et douleurs extrêmes,
la saignée peut être utile, mais il faut en être très
sobre, car elle a souvent plutôt aggravé qu'amendé le
mal. Les sangsues ont eu rarement d'heureux effets.

Le sujet est-il faible, nerveux et irritable? on s'abstient de la saignée, mais on administre avec assez
de succès les laxatifs, les purgatifs, même les drastiques. Les préparations opiacées, surtout l'extrait
aqueux d'opium, le laudanum de Rousseau, l'acétate
de morphine, dont on donne cinq centigrammes
(1 grain) seulement, en sept ou huit fois dans la journée, peuvent aussi être employées avec avantage
Quand leur action s'émousse, on les remplace par les
préparations de jusquiame, de ciguë, de laitue. Les
boissons alcalines, par exemple, toutes celles qui contiennent du bi-carbonate de soude ont aussi été pré-
conisées, et sont devenues la base d'un traitement
efficace en quelque cas, mais dont les partisans in-
téressés de certaines eaux minérales ont certainement
exagéré les effets Quant aux moyens extérieurs, le
nombre de ceu   'on a conseillés est vraiment in-

calculable et leur choix difficile. Voici ceux qui ont le plus souvent réussi : on enduit deux ou trois fois dans la journée la partie souffrante avec un corps gras, comme du suif chaud ; on recouvre le tout de cardes de coton et de taffetas ciré. On applique aussi des cataplasmes émollients laudanisés ou faits avec la jusquiane et la ciguë.

Enfin, quand l'accès tire à sa fin, on essaie peu à à peu de mouvoir le membre, on le frotte avec la main armée d'une flanelle ou d'une brosse douce, on le comprime quelque temps en l'entourant d'une bande, on le soumet à des douches d'eaux sulfureuses dont on augmente graduellement le nombre et la force. Une fois l'accès complètement passé, le malade doit craindre la récidive. Aussi fera-t-il bien de se couvrir le corps de laine, d'éviter toute nourriture stimulante, de coucher sur un lit de crin, de se modérer dans les travaux de l'intelligence. La goutte étant une des maladies les plus sujettes à disparaître brusquement, il est bon de savoir que ce qui remédie le plus vite et le plus sûrement aux effets de son transport sur un autre organe, c'est de la rappeler par des cataplasmes irritants ou même par l'application d'un vésicatoire sur le lieu affecté.

GOUTTE SEREINE : *Amaurose.* — Perte complète ou incomplète de la vue, par suite de la paralysie de la membrane de l'œil sur laquelle se peint l'image des objets. Le traitement de cette maladie varie suivant qu'elle est le résultat d'un état apoplectique ou la suite d'un épuisement de la sensibilité, et suivant aussi que sa cause agit sur le lieu même ou qu'elle est éloignée. Dans le premier cas, qui se reconnaît surtout à la force, à l'âge du sujet et à l'invasion brusque de la maladie ; on pratiquera des saignées générales, tant au bras qu'au pied, proportionnées à l'intensité

de l'affection ; on appliquera des sangsues à l'anus ,
aux tempes, derrière les oreilles, à la nuque, et des
ventouses entre les épaules ; on administrera des purgatifs, même l'émétique en lavage, et on garantira les
yeux de toute lumière vive, en même temps qu'on
suivra un régime doux et tempérant. S'il y a prédominance de symptômes nerveux, on frictionnera les
sourcils, le front, les tempes avec une pommade dans
laquelle on aura fait incorporer de l'extrait de bella-
donne, mais dont on cessera l'emploi dès que la pupille commencera à se dilater, pour y revenir ensuite
deux et même trois fois par jour, en faisant alterner
ces frictions avec des lotions ou des affusions d'eau
froide pour prévenir toute congestion.

Quand, à la faiblesse du sujet, à la connaissance
qu'on acquiert des excès qu'il a pu faire en travail intellectuel, en plaisirs de tout genre, ou des privations
qu'il a endurées, on reconnaît que la goutte sereine
est un résultat de l'énervation ; on la combat par l'u-
sage intérieur des préparations de quinquina, de fer,
des bains froids et ferrugineux, une nourriture animale
et fortifiante. Comme moyen direct, on conseille
l'usage du tabac, si la personne ne l'a pas déjà con-
tracté ; on applique des vésicatoires volants au-dessus
des orbites, sur les tempes, on peut même les panser avec une pommade dans laquelle entrerait de la
strycnine ou de la noix vomique, mais en agissant avec
la plus grande circonspection, parce que ces substances
sont très énergiques. On est très souvent obligé d'a-
voir recours au séton, au moxa à la nuque, à l'électricité et au galvanisme. Si la goutte sereine était liée
à la suppression d'une perte de sang habituelle ,
comme un flux hémorrhoïdal, les menstrues, une hémorrhagie nazale, c'est par le rappel de cette perte
que devrait nécessairement commencer le traitement,

GRAVELLE. — La gravelle diffère de la pierre en ce que la poussière ou les graviers qui la constituent proviennent ordinairement des reins, tandis que les pierres se forment le plus habituellement dans la vessie. On distingue deux principales espèces de gravelle, suivant la couleur de la matière rendue dans les urines : gravelle *rouge* et gravelle *blanche*. L'acide urique fait la base de la première, le phosphate de chaux, celle de la seconde.

L'observation ayant prouvé que la gravelle rouge est plus commune chez les personnes qui se nourrissent de substances fortement azotées, que chez celles qui vivent de végétaux, de viandes blanches, de laitage, d'aliments féculents, c'est à ce dernier régime qu'il faut d'abord mettre les personnes dont les urines charrient du sable rouge. De plus, on leur conseillera une boisson abondante de chiendent, de queue de cerises, de pariétaire, l'usage de la bière. A ces moyens, propres seulement à augmenter la quantité des urines, on joindra l'emploi d'un autre moyen spécial, comme le bicarbonate de soude, 10 à 20 décigrammes (un gros à deux) par pinte de tisane ; les eaux de Vichy, les tablettes de Darcet, les eaux de Contrexeville, de Luxeuil, remplissent la même indication. Quant à la gravelle blanche, au traitement général on joindra les boissons très chargées en gaz acide carbonique, comme les eaux de Seltz, etc. L'évacuation des graviers est-elle très difficile, et compliquée de douleurs vives dans les reins et dans la direction des conduits qui se rendent d'eux à la vessie, de fièvre, d'agitation, d'insomnies, d'efforts de vomissements, de crampes dans les membres inférieurs, d'envies fréquentes d'uriner et d'aller à la selle ? on a recours à des moyens appropriés à chacun de ces accidents ou complications, c'est-à-dire aux saignées, aux sangsues, aux bains, aux fomentations émollientes et narcotiques, aux boissons délayantes, à la diète, au repos, aux frictions sur les reins et sur le ventre. Enfin les graviers restent-ils, quoiqu'on fasse, dans les réservoirs qui les contiennent, et les douleurs augmentent-elles d'intensité, on insiste de plus en plus sur les moyens que nous venons d'indiquer, et le malade ne recevant, en définitive, aucun soulagement, on en vient à des opérations qui sont, ou le broiement des graviers ou leur enlèvement par l'opération de la taille.

GRIPPE. — (*Voyez les mots* CATHARRE, ESQUINANCIE, RHUME).

GROSSESSE. — État de la femme qui a conçu. Il y a trois choses à considérer dans la grossesse : les signes qui l'annoncent ou la caractérisent, les soins dont elle exige que les femmes s'entourent, et les accidents qui peuvent venir la compliquer.

Le signe le plus saillant qui, dans les cas ordinaires, peut faire croire à une femme qu'elle est enceinte, est la suppression de ses règles, bien entendu quand, dans le cours du mois qui a précédé le moment où les règles devaient paraître, elle s'est placée dans la position sans laquelle la conception ne peut avoir lieu ; qu'elle a souvent éprouvé à un point quelconque de cet intervalle des frissonnements et des tressaillements universels, de légers spasmes et un abattement qui n'est pas pour elle sans quelques charmes. Dès le début, on a remarqué dans ses traits quelque chose d'insolite, une sorte de décomposition de l'ensemble de la figure ; les yeux ont perdu leur brillant et se cernent. Fréquemment il survient une salivation plus ou moins abondante, et presque toujours des nausées et même

de véritables vomissements, du dégoût une répu-
gnance pour les aliments succulents, mais un désir
prononcé pour les mets acides et quelquefois pour
les choses les plus extraordinaires. On voit encore
assez souvent survenir des palpitations, des syncopes, de la gêne dans la respiration, des hoquets et
de fréquents bâillements, un changement notable
dans le timbre de la voix, enfin les seins se gonflent.
Ces phénomènes durent plus ou moins longtemps;
ils persistent quelquefois pendant tout le cours de
la grossesse; d'autres fois, ils se calment et cessent
vers le quatrième mois, époque où le développement
progressif et alors bien manifeste du ventre et les
mouvements de l'enfant, ne laissent plus aucun
doute.

Les femmes enceintes, quand elles le peuvent,
doivent habiter un lieu sec et élevé, se livrer chaque jour à un exercice modéré, se nourrir d'aliments
sains, résister autant que possible aux écarts de leur
désir, s'habiller de telle sorte que tous les mouvements soient libres et toutes les parties du corps à
l'aise, éviter le frais, l'humidité et les variations
brusque de l'atmosphère. Les bains ne sont bien indiqués qu'au milieu et sur la fin de la grossesse; plus
tôt ils peuvent déterminer l'avortement, surtout
chez les femmes qui sont sujettes aux pertes et qui
ont déjà eu des fausses couches. Les lavements sont
toujours utiles. On doit éloigner d'une femme enceinte toutes les émotions vives ou pénibles, satisfaire autant que possible à ses caprices, mais ne pas
lui laisser faire, sous prétexte d'*envies*, des actes
répréhensibles.

Quant au dégoût, aux nausées, aux vomissements
qui surviennent ordinairement pendant les premiers
mois de la grossesse, ils dépendent presque toujours

de l'influence sympathique que la matrice exerce sur l'estomac, et cèdent assez souvent à l'usage de l'eau de seltz, aux légères infusions d'oranger ou de tilleul, de mélisse, de camomille, de racine de columbo, ou à quelques cuillerées de vins d'Espagne. On a également proposé contre le vomissement un mélange par parties égales de kirch et de sirop de sucre dont on prendrait une ou deux cuillerées après chaque repas. On arrête aussi facilement avec quelques pastilles dans lesquelles entrent le cachou ou le borax, le crachement qui se montre assez souvent avec le vomissement.

Reste une dernière question, c'est celle qui est relative à la nécessité de la saignée dans le cours de la grossesse. Cette nécessité est-elle aussi absolue que le disent beaucoup de médecins, et que le croyent la plupart des femmes? Non, assurément, et quand aucun signe de pléthore ne se fait remarquer, elle est pour le moins inutile. Dans le cas contraire elle est indispensable, mais on ne devra jamais perdre de vue le sage précepte sur lequel les accoucheurs prudents insistent beaucoup, de ne tirer dans ce cas qu'une petite quantité de sang à la fois, et de n'ouvrir qu'étroitement la veine dans la crainte qu'en en retirant trop ou trop vite la femme ne tombe dans une syncope qui pourrait faire périr l'enfant et occasionner l'avortement. Le moment le plus favorable à la saignée est généralement l'espace qui sépare le troisième mois du septième.

Divers accidents peuvent venir compliquer la grossesse, les chutes de la matrice, les hémorrhagies et les convulsions sont les plus graves. Nous avons parlé du premier au mot *descentes*, et des deux autres aux mots *hémorrhagies* et *convulsions*.

H

HALEINE. — Air qui sort des poumons dans l'expiration. Dans l'enfance, l'haleine développe une odeur légèrement acide; à l'époque de la puberté, et jusqu'à trente ou quarante ans, cette odeur est suave, pleine de fraîcheur chez les personnes d'une grande propreté, jouissant d'une santé parfaite et habituées à une nourriture douce, plus végétale qu'animale; enfin dans l'âge mûr, et surtout la vieillesse, l'haleine perd sa fraîcheur et acquiert peu à peu une odeur plus ou moins désagréable.

A tout âge, cependant, une foule de causes très diverses peuvent imprimer à l'haleine une odeur puante et fétide : les plus communes sont la malpropreté de la bouche, la carie des dents et généralement toutes les maladies de la bouche, des fosses nasales, des poumons et de l'estomac.

La première chose à faire pour remédier à cette affection, est de détruire la cause qui l'a produite ; mais comme cela n'est pas toujours très facile, en attendant la guérison, il est bon de déguiser la mauvaise odeur de l'haleine par des soins de propreté très fréquents. Pour cela, on se rince la bouche plusieurs fois dans le jour avec une eau aromatisée par quelques gouttes d'eau-de-vie ou, mieux encore, par quelque spiritueux odorants, comme l'eau de Cologne; puis on a soin de mâcher de temps à autre des substances aromatiques, telles que l'angélique, les pastilles de menthe, de cachou, l'écorce d'orange, de citron, les tablettes dans la composition desquelles entrent cinq centigrammes environ de chlorure de chaux, etc. Enfin, malgré tous ces soins, les individus ayant mauvaise haleine feront toujours bien de tenir conversation à distance ; nous croyons devoir leur faire cette recommandation, parce qu'ils semblent presque tous prendre à tâche de parler aux autres sous le nez.

HÉMORRHAGIE. — Considérées d'une manière générale et abstraction faite du lieu et de l'organe desquels elles proviennent, les hémorrhagies sont de deux sortes, suivant qu'elles résultent de la lésion accidentelle ou spontanée d'un vaisseau sanguin, ou bien qu'elles s'établissent à la surface d'une membrane muqueuse dont elles ne sont qu'une exhalation. Les premières se divisent elles-mêmes en deux espèces, selon qu'elles proviennent de la lésion d'une veine ou de celle d'une artère. De ces deux dernières espèces les premières sont infiniment moins dangereuses et beaucoup plus faciles à arrêter : il suffit ordinairement d'un tamponnement, d'une compression et même de l'aspersion de la partie blessée avec une eau aiguisée avec le vinaigre, l'alun, pour les faire cesser ; mais il n'en est pas de même des hémorrhagies provenant de la lésion d'une artère, et qu'on reconnaît à leur persistance et à la manière dont coule le sang qui, au lieu de couler en nappe ou par bavure, coule par saccades ou par jets correspondants aux battements du cœur. Ces hémorrhagies ne sont arrêtées par le tamponnement que lorsque le vaisseau est très petit ; dans la plupart des cas, il faut avoir recours soit à la ligature quand on voit les bouts de l'artère divisés en totalité ou en partie ; soit à la compression latérale, si la plaie du vaisseau est tout près d'un os qui puisse servir de point d'appui ; soit à la torsion, quand l'artère est flexueuse et d'un médiocre volume ; soit en la bouchant par un morceau de cire, d'alun, de sulfate de fer, quand on ne peut ni la lier, ni la comprimer, ni la tordre, comme cela arrive pour les artères des os ; soit enfin à la cautérisation , pour les artères occupant des parties mobiles, comme la langue.

Les hémorrhagies par exhalation sont aussi de deux espèces. Les unes dépendent d'une véritable exaltation des propriétés vitales de la partie de laquelle le sang s'échappe , et le plus souvent de l'économie toute entière : ce sont celles qu'on nomme, en langage de l'école, *actives* ou *sthéniques;* les autres résultent d'une espèce de transsudation du sang à travers les vaisseaux qui le contiennent : ce sont celles qu'on appelle *passives* ou *asthéniques.* Les premières sont l'apanage des jeunes sujets, des hommes forts, sanguins, et sont souvent précédées de pesanteurs de tête , d'étourdissements, de tintements d'oreilles, de lassitudes spontanées. Elles ont fréquemment lieu par le nez. Quand elles ne sont pas inquiétantes, rien ne presse de les arrêter : elles sont souvent une voie de déplétion générale ouverte par la nature , et qui prévenu de plus graves accidents. Si elles sont abondantes et de longue durée, on pratiquera une saignée au bras, mais par une simple piqûre de la veine ; on mettra la personne à l'usage des boissons froides acidulées , on irritera par des bains de pieds synapisés, des cataplasmes de farine de moutarde , une partie éloignée ; enfin on appliquera sur le lieu même de l'hémorrhagie des compresses trempées dans l'eau glacée ou dans quelques unes de ces eaux dites hémostatiques, dont l'alun fait généralement la base ; on comprimera sur des compresses, de l'amadou, etc. Quant aux hémorrhagies passives , ce à quoi il faut surtout songer, c'est à combattre par une nourriture fortifiante et des soins hygiéniques bien entendus, l'état général de détérioration de l'économie dont elles ne sont que la triste expression.

HÉMORRHOÏDES. — On donne ce nom à une maladie fort commune, et quelquefois très incommode , qui consiste en un flux sanguin vers le fondement et occasionne la plupart du temps des tumeurs qui gênent l'ouverture de cet intestin. Les hémorroïdes se présentent sous deux formes : sous celle d'un simple écoulement de sang par le fondement, c'est ce qu'on nomme *flux hémorrhoïdal;* sous celle de tumeurs situées au pourtour de l'anus, ce sont à proprement dit les *hémorrhoïdes* ou varices des veines hémorrhoïdaires. Le flux hémorrhoïdal doit être abandonné à la nature toutes les fois qu'il n'est pas trop abondant et qu'il n'est pas dangereux pour les jours de la personne, et ce précepte est d'autant plus rationnel que la maladie est plus ancienne : la preuve s'en trouve dans la nécessité même dans laquelle on est de rappeler l'écoulement lorsqu'il se supprime subitement. Est-il trop abondant ? on le modère assez bien par un régime alimentaire peu stimulant, par des saignées générales si le sujet est pléthorique et dans la force de l'âge, par des bains tièdes et de fréquents lavements d'eau de son , par la précaution de rester plus souvent debout qu'assis , de se servir d'un siége de cuir, ou résistant, et de se coucher sur un lit peu moelleux.

La tumeur est-elle peu volumineuse ; l'écoulement sanguin qui en provient assez souvent est-il peu considérable ; la personne peut-elle , toutes les fois qu'elle a été à la selle, faire rentrer la tumeur à l'aide des doigts entourés d'un linge graissé de cérat, on les respecte ; on se contente de les enduire de topiques narcotiques ou opiacés, comme l'onguent populéum si elles sont un peu douloureuses. Les douleurs deviennent - elles plus vives que d'habitude , on applique quelques sangsues au pourtour de l'anus,

on prend des bains de siége, on emploie des cataplasmes émollients , des fomentations opiacées. Si
elles se flétrissent d'elles-mêmes, on excise les
excroissances qui résultent, au pourtour de l'anus,
de leur atrophie, qui sont gênantes et capables de
produire des déchirures, des fissures. Ces douleurs
sont-elles continuelles et fatigantes au point de rendre la marche sans cesse pénible? on peut alors
chercher à les faire disparaître à l'aide de l'excision,
de l'extirpation, de la ligature, toutes suivies de la
cautérisation ou du simple tamponnement, suivant
l'intensité de l'hémorrhagie qui survient après l'opération. Une fois les hémorrhoïdes enlevées, ce qui
constitue toujours une opération douloureuse autant
que délicate, on empêche leur reproduction par des
saignées générales, un régime peu substantiel, de
fréquents lavements à l'eau glacée , des bains de
siége froids.

HERNIE. — On donne ce nom, en médecine, à
toute tumeur formée par la sortie d'un organe quelconque hors de sa cavité naturelle; mais, dans le
langage ordinaire , il exprime particulièrement la
sortie des viscères abdominaux. Les hernies sont des
maladies fort communes surtout parmi les personnes
qui par position restent fréquemment debout, montent souvent à cheval et se livrent à de violents exercices. Le peu d'incommodités qu'elles occasionnent
en général dans leur début, fait qu'on ne songe à
leur porter remède que lorsque les ouvertures par
lesquelles elles se font jour sont déjà fort dilatées,
que la tumeur qu'elles forment est fort volumineuse,
gêne les mouvements et occasionne des coliques soit
par le tiraillement de l'intestin, soit par la difficu té
qu'ont les matières alimentaires à le parcourir. Réduire les hernies et les maintenir réduites, voilà ce

dont se compose leur traitement ordinaire. Dans la plupart des cas, les personnes qui les portent les réduisent assez facilement elles-mêmes. Une détermination purement instinctive ou, à son défaut, le seul souvenir de la marche qu'à suivie la hernie dans sa formation, met sur la voie des moyens. Mais il arrive souvent un moment où cette réduction est difficile, même impossible, et où les secours d'une main étrangère deviennent nécessaires.

Pour cela on fait coucher la personne sur le dos, le ventre plus bas que le siége, la poitrine et la tête ; on lui recommande de faire son possible pour ne respirer que lentement et faiblement pendant toute la durée de cette manœuvre, que les chirurgiens nomment le *taxis*, et surtout de ne pas chercher à relever la tête pour voir ce qui se passe. On prend les parties qui forment la hernie entre les deux mains rapprochées l'une de l'autre, et dans une seule si cela suffit; on exerce sur les viscères contenus une légère pression d'avant en arrière, et avec l'extrémité des doigts on cherche à les faire rentrer. Les portions intestinales sorties les dernières, c'est-à-dire celles qui sont les plus rapprochées de l'ouverture à franchir, sont refoulées les premières, et on f. it tous ses efforts pour faire suivre à ces parties la route qu'elles ont suivie dans leur déplacement. Si on ne réussit pas de suite, on attend un peu, puis on recommence. Si on échoue encore, on met le malade dans un bain, on applique des cataplasmes émollients sur la tumeur, on fait une saignée générale, et on frotte le pourtour de l'anneau à franchir avec une pommade belladonée. Au moment où les parties herniées rentrent, la personne éprouve souvent des hoquets, des vomissements, des coliques, mais qui ont peu de durée et cèdent ordinairement au repos et à l'administration de quelques cuillerées d'huile d'amandes douces aromatisée avec quelques gouttes d'eau de fleur d'oranger et rendue calmante par un peu de sirop d'iacode.

La hernie étant réduite, ce qu'on reconnaît à la facilité avec laquelle on distingue l'ouverture herniaire et au bruit de gargouillement qu'ont fait entendre les parties en rentrant, on pourvoit au moyen de la contenir. Ce moyen est l'application d'un bandage dont la forme varie nécessairement un peu, suivant la nature particulière de la hernie. Considérés d'une manière générale, les bandages sont d'autant meilleurs qu'ils joignent plus de force à plus d'élasticité, que leur pelotte s'adapte plus uniformément à la surface sur laquelle elle doit reposer, que le ressort enveloppe plus régulièrement les hanches, enfin qu'ils sont plus simples dans leur construction.

Quant à la guérison radicale des hernies, on a proposé plusieurs moyens qui se réduisent tous à l'oblitération de l'ouverture herniaire, mais aucun d'eux n'a encore pris rang parmi les opérations régulières. Quant à l'opération que nécessite une hernie dite étranglée, c'est-à-dire dans laquelle les parties herniées trouvent à leur rentrée un obstacle insurmontable, dans le pourtour de l'anneau qui leur a livré passage, elle constitue une des opérations les plus délicates de la chirurgie, et dont les chances sont toujours en raison inverse de la lenteur qu'on a mise à s'y décider.

HOQUET. — Le hoquet ou spasme de la glotte, dont la cause échappe ordinairement, et qui ne constitue dans la plupart des cas qu'une gêne momentanée, se dissipe presque toujours de lui-même et dans un temps assez court. Si au contraire il persiste, une peur, une surprise, une cuillerée ou deux d'eau froide avalée d'un trait, une aspersion d'eau fraîche sur la figure, une attention fortement tendue vers un objet, sont les moyens auxquels on doit avoir recours et dont l'effet est presque toujours certain. Si cependant ils échouaient, et qu'on reconnût bien que le hoquet ne tient à aucune cause générale ou à aucun état organique des parties dans lesquelles il réside, on peut employer des bains froids par surprise, de la glace pilée et appliquée sur le creux de l'estomac, enfin un peu d'opium, soit pris à l'intérieur, soit déposé sur un petit vésicatoire appliqué à la partie antérieure et moyenne du cou ; il est même des cas où l'on a été obligé de mettre en usage les ventouses scarifiées, le cautère actuel, les purgatifs, les vomitifs, l'acupuncture, la saignée, l'électricité, le galvanisme. Si le hoquet n'était que le symptôme d'une autre maladie, c'est de cette dernière qu'il faudrait surtout s'occuper, et dans tous les cas, ne rien employer qui lui fût contraire.

HUMEURS FROIDES. (*Voyez* SCROFULE.)

HYDROCELE. — On donne ce nom à tout épanchement de sérosité dans les bourses. Cet épanchement se fait dans les mailles du tissu cellulaire ou dans une véritable poche. La tumeur qui résulte du premier est une hydrocèle *par infiltration*, l'autre est une hydrocèle *enkystée*. C'est à cette dernière qu'appartient ce qu'on nomme communément hydrocèle, qui est un amas de sérosité dans la membrane enveloppant le testicule. Comme elle offre le type des autres espèces, tant pour ses caractères généraux que pour son traitement, nous nous en tiendrons à elle. D'abord on la reconnaît à la tuméfaction des bourses, qui s'est faite progressivement, sans douleur et le plus souvent sans cause bien appréciable, si ce n'est quelquefois une inflammation

aiguë du testicule ; ensuite en palpant avec attention la tumeur on reconnaît qu'elle doit être formée
par un liquide, et on en acquiert la certitude en la
plaçant entre une bougie et l'œil qui en constate
assez aisément la transparence.

Il y a trois choses à faire dans le traitement de
l'hydrocèle : chercher à obtenir la résorption du liquide dont l'accumulation la constitue ; donner issue
à ce liquide quand on n'a pas réussi à le faire résor-
ber ; prévenir sa nouvelle formation en déterminant
l'adhérence de la poche qui le contenait. On cherche à faire absorber le liquide épanché en couvrant
dès le début la tumeur de compresses imbibées d'eau
blanche ou eau de saturne, de teintures de scille,
de digitale, d'iode, suffisamment étendues d'eau ; en
la frictionnant avec des pommades contenant du
mercure ou de l'iode ; mais surtout en la couvrant
de vésicatoires ou de pommades ammoniacales.

Si ces moyens ne réussissent point, ce qui est
assez commun, on est obligé d'en venir à l'évacuation du liquide, évacuation qui se fait au moyen
d'une ponction pratiquée dans la partie la plus déclive de la tumeur et de laquelle on a eu le soin de
détourner le testicule. Comme l'accumulation du
liquide se reproduit le plus ordinairement, on en
vient en temps opportun à une seconde, une troisième
ponction, ou bien on cherche, comme nous l'avons
dit, à obtenir l'adhérence entre elles des parois de
la poche. Pour cela, on injecte dans sa cavité un
liquide irritant qui y détermine une inflammation qui
se termine le plus souvent par l'union des surfaces
irritées. Ce liquide est du gros vin dans lequel on
a fait bouillir des roses de provins, ou une teinture
d'iode étendue d'eau, ou de l'eau-de-vie camphrée.
Quelques chirurgiens préfèrent inciser la tumeur, là

percer d'un séton, et même exciser la membrane ou tunique vaginale quand elle offre une dégénérescence organique bien manifeste.

HYDROPISIE Toutes les grandes cavités du corps, comme la tête, la poitrine, le ventre, sont tapissées d'une membrane fine et transparente, sécrétant sans cesse un fluide séreux, destiné à lubréfier les organes qu'elles renferment, et à faciliter leur frottement. C'est l'accumulation de ce fluide au de-là de la quantité nécessaire et voulue qui constitue les hydropisies. Leurs causes sont ou une inflammation de la membrane secrétante, où un état de faiblesse qui s'oppose à ce que le fluide sécrété ne soit résorbé à mesure de son épanchement. De là deux sortes de traitement, dont le choix ne peut être établi que sur une appréciation rationnelle des causes de la maladie ou des circonstances au milieu desquelles elle s'est développée. Quand les hydropisies coïncident avec un état inflammatoire, on doit recourir dès le principe aux saignées générales, moins précisément pour combattre l'inflammation que pour désemplir les vaisseaux sanguins et ranimer les fonctions absorbantes. On passe de là aux sangsues appliquées dans le voisinage des parties affectées, aux boissons d'abord simplement aqueuses, puis nitrées, qui, en augmentant la sécrétion de l'urine, diminuent d'autant celle du fluide qui est en excès ; enfin on tente la résorption des fluides épanchés en employant les révulsifs sur la peau et sur le canal intestinal, c'est-à-dire par des vésicatoires et de violents purgatifs, comme l'aloès, la gomme-gutte, la coloquinte. L'émétique donné à haute dose, comme nous l'avons indiqué pour la goutte, réussit aussi dans bien des cas

Les hydropisies sont-elles passives ou chroniques, et de plus sont-elles liées à une autre maladie, leur traitement doit être établi sur les circonstances au milieu desquelles elles se sont formées. Ainsi sont-elles la suite d'hémorrhagies abondantes, de maladies longtemps prolongées, c'est aux médicaments toniques et à une alimentation fortifiante et réparatrice qu'il faut avoir recours. Sont-elles l'effet d'une habitation insalubre, d'une mauvaise nourriture, il faut changer ces conditions défavorables. Enfin se sont-elles déclarées sous l'influence d'une cause qui a apporté un obstacle au libre cours des vaisseaux sanguins et lymphatiques, comme une affection du cœur, du foie, une tumeur dans le ventre, la poitrine, etc, c'est cet obstacle qu'il faut d'abord détruire. Malheureusement leur guérison n'est pas facile à obtenir. S'agit-il, par exemple, d'une affection du cœur, on ne peut, dans la presque totalité des cas, que soulager le malade, en cherchant à contrebalancer l'accumulation du fluide qui forme l'hydropisie par des médicaments qui excitent la sécrétion des reins, de l'intestin, la digitale surtout qui agit à la fois en ralentissant la circulation et en augmentant la quantité des urines. Si tous ces moyens échouent, on évacue le liquide au moyen d'une ponction qu'on pratique aussi souvent qu'il le faut. On a vu des malades guérir après un grand nombre de ponctions, qui toutes avaient fourni une immense quantité de liquide.

HYPOCHONDRIE.— La signification de ce mot est loin d'être aussi précise que son emploi est fréquent dans le langage médical. Envisagé dans son étymologie, il semblerait ne vouloir indiquer qu'une maladie quelconque siégeant dans les flancs ou les hypochondres, tandis que les médecins ne s'en servent que pour désigner un dérangement dans l'exercice des fonctions organiques, accompagné d'un sentiment habituel de tristesse, de chagrin et de désespoir, portant surtout à s'occuper de sa santé : c'est ce qu'on entend par *va-*

peurs, maladies vaporeuses, humeurs noires, mélan-
colie, spleen.

Cette maladie, qui fait l'ennui et le désespoir des personnes vivant auprès de ceux qu'elle affecte, est exclusive à l'espèce humaine. Plus commune chez les jeunes gens et dans l'âge viril qu'à aucune autre épo- que de la vie, elle attaque indifféremment les deux sexes, et trouve la cause prédisposante la plus active de son développement dans la force des qualités affec- tives ou l'élévation des facultés intellectuelles. Aussi est-elle d'autant plus fréquente que l'esprit humain marche plus vite et que la civilisation fait plus de pro- grès. C'est parmi les gens de lettres, les poètes, les personnes adonnées aux travaux assidus du cabinet, les artistes, au milieu des personnes douées de l'imagi- nation la plus ardente, de la sensibilité la plus vive qu'elle choisit de préférence ses victimes.

On la voit cependant se déclarer chez des individus d'une intelligence ordinaire, mais menant une vie inoccupée, qui leur permet d'analyser leur moindre sensation et les porte à s'effrayer des plus légères in- commodités, ou à exagérer leurs souffrances réelles. Il y a donc deux espèces d'hypochondrie, une purement morale et intellectuelle, que rien ne justifie, si ce n'est un dérangement cérébral; l'autre physique et organi- que, qui prend son point de départ dans un organe malade, et n'est que l'exagération des douleurs que l'altération de cet organe entraine et des craintes de son issue fatale. Cette dernière se remarque particulière- ment chez les personnes affectées de maladies des or- ganes génito-urinaires. Si les médecins avaient établi cette distinction, ils n'auraient peut-être pas si lon- guement discuté pour savoir si l'hypochondrie avait plutôt son siége dans le cerveau que dans les autres viscères. Occupons-nous seulement ici de l'hypochon--

drie morale (spleen) , l'autre cédant ordinairement avec la guérison de la maladie qui l'occasionne.

Cette maladie a dans sa marche trois périodes assez tranchées : dans la première, la personne éprouve des inquiétudes morales vives et continuelles excitées par les sensations les plus ordinaires; concentration perpétuelle de toute son attention sur la recherche de la nature de ses maux, choix d'une maladie grave et bizarre, lecture avide de livres de médecine, confiance donnée aux charlatans, emploi intempestif de médicaments : de là troubles plus ou moins marqués dans les digestions et les fonctions sensitives. Dans la deuxième période, tous les phénomènes de la première se trouvent augmentés, mais il s'y joint des palpitations, des bourdonnements ou des détonnations dans la tête, des renvois habituels, une constipation opiniâtre, des faiblesses et même des syncopes, une pusillanimité que le plus léger motif met en jeu, et parfois même un trouble bien manifeste dans les facultés intellectuelles. Mais quelque grave que soit alors la maladie, elle offre encore des chances de guérison ; ce qui est malheureusement rarement vrai dans la troisième période, où la tête devient le siége des sensations les plus bizarres et les plus pénibles, et où cette altération si profonde de la sensibilité a entraîné des troubles profonds, particulièrement dans les fonctions digestives et nutritives.

C'est cette fréquence des altérations des organes digestifs dans l'hypochondrie qui a fait placer longtemps le siége de cette maladie dans l'estomac, le foie ou les intestins. Mais ce qui prouve que dans la plupart des cas ces organes ne sont que consécutivement malades, c'est que dans un degré même avancé de la maladie, plusieurs hypochondriaques mangent avec avidité, et même digèrent parfaitement. Quelque grave que soit l'hypochondrie, l'état des malades est cependant toujours moins dangereux que ne pourraient le faire croire l'exposé minutieux qu'ils font de leurs souffrances et le ton lamentable qu'ils prennent en en parlant. Il en résulte nécessairement que de toutes les indications appropriées à leur traitement, la plus importante et la plus urgente à remplir, c'est de détourner leur attention du sujet qui l'occupe exclusivement, et quand les causes morales sous l'influence desquelles la maladie s'est déclarée, ne peuvent être détruites, c'est de se montrer avec eux doux et compatissants, car ils souffrent; leur soutenir le contraire, ne ferait qu'aggraver leurs maux en pure perte. L'exercice même porté jusqu'à la fatigue, leur fournira le repos dont ils ont tant besoin, les bains tièdes calmeront leur agitation incessante, une nourriture légère sans être débilitante permettra aux fonctions digestives de s'exécuter facilement; de fréquentes lotions froides de la tête modèreront l'abord du sang vers cet organe. Quand aux médicaments proprement dits, si on excepte quelques antispasmodiques dont l'effet est malheureusement bientôt épuisé, et quelques purgatifs dont il ne faut pas abuser, pour les rendre plus utiles dans les cas de nécessité absolue, on les conseille bien plus pour contenter l'imagination des malades que par la confiance qu'on peut avoir dans leur action.

HYSTÉRIE. — L'hystérie, aussi nommée *passion* ou *vapeur hystérique*, n'est autre chose que ce qu'on appelle communément chez la femme *maux de nerfs* ou *attaques de nerfs*. La croyance dans laquelle on a longtemps été, et dans laquelle sont encore aujourd'hui beaucoup de médecins, que cette maladie a son siége directement dans la matrice, lui a fait donner le nom de *suffocation de matrice* et l'a fait assimiler à la *fureur utérine* ou *nymphomanie*.

Les cas les plus tranchés d'hystérie sont des attaques convulsives débutant le plus souvent par une chute que signalent des cris précipités, aigus, et caractérisées par des mouvements violents d'extension et de flexion alternatives des membres. Les malades se lèvent vivement sur leur séant, puis se précipitent avec force en arrière, se jettent de droite et de gauche avec une effrayante rapidité, frappent des pieds et des mains; leurs yeux sont ordinairement fermés. A cette agitation succède bientôt un relâchement général dans lequel elles restent haletantes, frémissantes de la tête aux pieds, et qui précède souvent une nouvelle attaque. Dans le cours de ces attaques la tête est ordinairement portée en arrière, les mains se dirigent souvent sur la partie antérieure du cou comme pour prévenir un étranglement; et toute la scène se termine dans la plupart des cas par une explosion de pleurs ou de sanglots entrecoupés d'éclats de rire.

L'hystérie n'a cependant pas toujours cette violence ni même ces caractères. Chez plusieurs malades elle se manifeste par une chute subite avec perte de connaissance, gonflement du cou, rougeur de la face, immobilité presque absolue; le tronc est tendu, courbé en arrière, l'expiration saccadée, un peu bruyante, puis il y a retour à la connaissance et disposition à pleurer et à se désespérer; perte d'une petite quantité d'urine limpide. La durée des attaques est variable, elle est cependant rarement moindre d'une heure et va souvent jusqu'à trois. Dans leurs intervalles les malades peuvent offrir l'apparence de la plus brillante santé. Cependant presque toutes sont nerveuses, mobiles, d'une imagination vive, impatientes, faciles à s'inquiéter pour le plus léger motif, irascibles, entêtées; les occupations sérieuses les fatiguent; la plupart sont mélancoliques, aiment la solitude, tandis que d'autres sont gaies et rient tout à coup sans raison.

Cette cruelle maladie attaque presque exclusivement les femmes dans toute la partie de leur existence où elles peuvent devenir mères , c'est-à-dire de quinze à quarante-cinq ans ; elle trouve sa cause prédisposante dans un tempérament nerveux, colère , impatient, et sa cause excitante dans une imagination exaltée par des lectures passionnées, des conversations sentimentales , la jalousie , un amour contrarié. Cependant loin d'être, comme on l'a cru longtemps, le résultat habituel de la continence, elle trouve souvent sa cause dans l'excès contraire: aussi voit-on des femmes mariées en être fréquemment atteintes; elle est aussi quelquefois produite par l'exemple, et se contracte par une sorte d'imitation. Dans tous les cas, quand elle dure depuis longtemps il est bien rare qu'elle ne laisse pas des traces profondes dans le cerveau. L'intelligence et surtout la mémoire s'affaiblissent, et les malades sont tourmentées de la crainte de tomber en démence.

Les médecins sont loin ici , comme en bien d'autres cas, d'être d'accord sur le moyen de prévenir les attaques d'hystérie. Chacun se laisse guider à cet égard par l'opinion qu'il s'est faite du siége et de la nature intime de cette maladie ; ceux qui prennent la matrice pour son point de départ, conseillent chez les jeunes filles le mariage et ne connaissent pas d'autres chances de guérison ; ceux au contraire, et ce sont aujourd'hui les plus nombreux, qui se fondent sur ce que les femmes mariées, même celles qui font des excès vénériens , sont souvent hystériques, pensent que la matrice ne joue dans l'hystérie qu'un rôle secondaire, blâment le mariage, à moins qu'il n'ait pour but de satisfaire un besoin du cœur.

Il y a dans tout cela une grande exagération, et l'ex. périence démontre que si la jeune fille est forte et pléthorique, elle trouvera dans la nouvelle position où la placera même seulement moralement le mariage des chances avantageuses, pourvu qu'elle n'ait pas une aversion marquée pour l'époux qui lui sera offert. Par une raison opposée, c'est avec une grande réserve qu'il faudra conseiller ce moyen pour une jeune fille chez laquelle l'habitude de la souffrance du cerveau a déjà produit une exaltation manifestement maladive de la sensibilité générale.

Mais enfin le mal existant, la première chose à faire pendant les accès est de mettre la malade à l'abri des dangers que lui font courir la violence de ses mouvements. On y parvient en la contenant sur un lit avec ménagements, puis on lui fait respirer un air frais ou quelques odeurs fortes, on lui jette de l'eau froide à la figure, etc.

Les accès une fois passés, faut-il compter pour la guérison sur cette foule de prétendus calmants qualifiés du titre pompeux d'anti-hystériques, comme le camphre, le musc, le castoréum, l'opium, auxquels on a constamment recours en semblable occasion? Non; mais regarder le régime et tout ce qui tient à la manière de vivre comme le moyen qui offre les ressources les plus utiles. Pour le régime, le laitage, les viandes blanches, les boissons émulsionnées; pour les autres parties de la manière de vivre, l'usage fréquent des bains tièdes, l'exercice du corps, les voyages, les impressions morales capables de faire une puissante diversion aux sentiments dont l'exaltation a pu être la cause première du mal, sont, sauf les modifications que quelques circonstances particulières indiqueraient, les moyens les plus sages et sur l'efficacité desquels il faut particulièrement compter.

I

IDIOTISME — (*Voyez* DÉMENCE).

IMPUISSANCE. — C'est par ce mot qu'on désigne l'inaptitude ou l'incapacité chez l'homme ou chez la femme, à exercer l'acte en vertu duquel la reproduction a lieu : ce qui diffère de la stérilité, qui constitue seulement l'état des parties ou des individus rendant cet acte nul pour la reproduction, bien qu'il puisse s'effectuer. L'impuissance affecte plus souvent l'homme tandis que la stérilité est plus souvent du fait de la femme.

L'impuissance résulte fréquemment d'un vice de conformation, comme l'absence ou le défaut de développement des organes génitaux chez l'homme, l'imperforation des ouvertures propres à ces organes, etc.; vices de conformation qu'il faut avant tout détruire, et que par cela même nous ne pouvons passer ici en revue; mais elle dépend plus souvent encore d'une cause toute nerveuse, ou mieux d'un état d'énervation résultant des jouissances anticipées, d'affections morales, d'études prolongées, et même de l'excessive vivacité des désirs. A côté de ces causes viennent se ranger l'onanisme, une nourriture insuffisante et l'emploi de certaines substances médicamenteuses, comme le nénuphar, le camphre, le nitrate de potasse ou sel de nitre. Quelle que soit la cause de l'impuissance, elle a souvent été invoquée comme une cause de nullité de mariage, mais la loi ne l'admet point, celle qui dépend d'un vice de conformation pouvant, dans la plupart des cas, être détruite par l'art, et celle que nous avons appelée nerveuse pouvant n'être que temporaire.

Lorsque cette dernière résulte d'un épuisement général ou local, consécutif à l'abus ou à l'anticipation des plaisirs, elle réclame nécessairement, comme on le prévoit bien, l'éloignement momentané de tout ce qui est capable de provoquer les désirs que le sujet ne peut satisfaire. L'impuissance qui dépend d'un régime débilitant réclame le même moyen : nourriture fortifiante, et tout ce qui peut relever les forces. Ce n'est qu'autant que l'économie sera relevée de l'état de détérioration générale qu'on peut recourir, bien entendu, encore avec toute la prudence nécessaire, aux stimulants directs des organes génitaux. On regarde comme propres à procurer cette stimulation les substances spiritueuses et fortement aromatiques, comme les diverses espèces de menthe, la vanille, le safran, l'ambre gris, le musc, l'opium, mais pris à des doses élevées, ce qui n'est pas sans danger ; enfin les feuilles d'un espèce de chanvre (canabis indica), qui constitue la principale substance dont les Indiens et les Turcs se servent en pareil cas.

. Mais de toutes les substances décorées en médecine du nom d'aphrodysiaques, celles dont l'action est la plus énergique, et que par cela même il ne faut employer qu'avec la plus grande réserve, sont la cantharide et le phosphore. La première entre dans laplupart des préparations connues des débauchés sous les noms de diablotins d'Italie, de pastilles de Venise. On emploie aussi avec succès, et c'est par là qu'il est toujours prudent de commencer, les demi-bains froids, les vapeurs aromatiques d'oliban, de genièvre, les frictions faites sur les cuisses avec des liniments dans la composition desquels entrent l'ambre, le musc ; les vésicatoires volants sur le bas de la colonne vertébrale. L'électricité a aussi été quelquefois employée avec succès ; mais, nous le répétons, c'est bien plutôt dans l'abstinence que dans toutes ces substances qu'on peut trouver les moyens de recouvrer une faculté que l'abus a détruite, et dont il serait à désirer qu'on sût faire le sacrifice à l'âge où elle ne peut plus être productive.

INCONTINENCE D'URINE. — On désigne sous ce nom l'écoulement involontaire et ordinairement non douloureux de l'urine par les voies naturelles. Cet écoulement peut être complet ou incomplet ; dans le premier cas il est permanent ou continu ; dans le second il n'est que temporaire et peut avoir lieu soit de jour soit de nuit, ce qui est plus ordinaire.

Deux ordres de causes donnent lieu à l'incontinence d'urine : l'une consiste dans une lésion ou une altération des organes urinaires, à la tête desquelles il faut placer les plaies de la vessie ou de son col, l'épaississement des parois de la première et la paralysie, par dilatation forcée, du second, ainsi que cela peut avoir lieu pour l'introduction des instruments de la lithotritie. L'autre cause réside dans ce que les médecins appellent une lésion de vitalité, comme, soit une inflammation aigüe de la vessie, certaines maladies également aigües du cerveau ou de la moelle épinière, les fièvres de mauvais caractère, l'ivresse forcée, la syncope, les convulsions, l'épilepsie, le catharre de la vessie chez les vieillards, la compression de la vessie par des tumeurs quelconques, les excès de toutes sortes ; ou bien soit une paralysie directe de la vessie ou un surcroît de contractilité des parois de cette poche musculeuse, ainsi que cela arrive assez souvent, le premier cas chez les vieillards, le second chez les enfants.

Néanmoins tous les enfants qui pissent au lit la nuit, suivant l'expression vulgaire, ne sont pas dans ce dernier cas : plusieurs n'ont cette incommodité que parce que, dotés d'un tempérament mou et lymphatique, ils ont le sommeil si lourd que le col de la vessie, qui forme la barrière naturelle que rencontre l'urine, est pendant la nuit soustrait à l'influence de leur cerveau ; mais cette incommodité disparaît assez ordinairement après la seconde dentition, ou chez les jeunes filles à l'époque où elles se forment.

Lorsque l'incontinence d'urine **dépend du premier** des deux ordres de causes que nous avons établis, elle est souvent, pour ne pas dire toujours, incurable. De même, quand elle ne se présente que comme symptôme d'une autre maladie, c'est cette dernière qu'il faut traiter. Reste donc celle qui dépend, soit d'une lésion avec diminution de la sensibilité de la vessie, et contre aquelle on peut employer les ventouses sèches dans la région lombaire (au bas du dos), les frictions ou les louches aromatiques ferrugineuses au périnée, les vésicatoires aux cuisses, les bains composés ou de vapeurs, l'électricité et les diverses substances que nous avons indiquées comme étant usitées dans le cas de paralysies (*Voyez ce mot*). On a aussi, comme dans le cas d'impuissance, mis les cantharides à contribution, même le seigle ergoté et, comme moyen plus direct, les injections vineuses, astringentes ou balsamiques faites directement dans la vessie.

Il est bien facile de prévoir que si, contre l'habitude, l'incontinence résultait, ainsi que nous en avons signalé la possibilité, d'un excès d'irritabilité directe de la vessie, on la combattrait avec des bains de siége émoliens, des sangsues au périnée, des boissons émulsionnées et nitrées, la diète, le laitage pour principale nourriture. Enfin dans tous les cas d'incontinence d'urine, les personnes qui en sont affligées ne doivent pas négliger de porter des urinoires faits de manière à ne pas être aperçus. Ce moyen est préférable aux linges dont quelques personnes se contentent de se garnir et qui laissent toujours échapper une odeur ammoniacale fort incommode qu'on ne parvient jamais à masquer complétement.

INDIGESTION.—Il y a indigestion toutes les fois que l'estomac, sans être manifestement malade, se refuse à digérer des aliments pris en trop grande quantité ou d'une manière inopportune. Elle diffère donc de l'embarras gastrique en ce que, dans ce dernier, l'estomac est malade même en déhors de la présence des aliments, et de l'empoisonnement, qui résulte de l'ingestion dans l'estomac de matières non seulement réfractaires aux voies digestives, mais capables d'exercer une action plus ou moins promptement mortelle.

On doit pressentir qu'une indigestion doit avoir lieu toutes les fois qu'à une époque plus ou moins rapprochée du moment où l'on a mangé, on éprouve un sentiment de pesanteur sur l'estomac, un dégoût pour les aliments et surtout pour ceux qui ont été mangés en dernier lieu; une lourdeur et même une douleur dans la tête, surtout sur le front; des nausées ou de simples rapports analogues à l'odeur des œufs couvés. Cet état dure plus ou moins longtemps, et se termine très souvent par le vomissement des matières qui chargeaient l'estomac. Si ces divers symptômes sont peu prononcés, il suffit de prendre une ou deux tasses d'une infusion de quelque plante aromatique, comme le thé, la camomille, pour ranimer les forces de l'estomac et en même temps pour entraîner les matières non digérées dans l'intestin; mais dans les cas plus marqués, il ne faut pas hésiter à provoquer leur rejet par cinq ou six centigrammes (1 grain) d'émétique donnés dans un verre d'eau tiède. Une fois l'estomac vidé, tous les symptômes cessent, et il suffit d'un jour de diète, aidée de quelques lavements, pour en dissiper les traces. Les choses sont cependant quelquefois plus graves, car une indigestion peut être le prélude d'une inflammation de l'estomac ou de l'intestin. C'est alors cette maladie qui doit fixer toute l'attention.

INFLAMMATION. — Il n'est pas de mot en médecine dont on fasse un plus fréquent usage que celui d'inflammation, parce qu'il exprime un état maladie que l'on retrouve , les uns disent toujours, d'autres le plus ordinairement, dans les autres maladies, soit comme essence même de ces maladies, soit comme effet , soit enfin comme complication.

La valeur grammaticale de ce mot , auquel les médecins ont donné ceux de *phlogose* et de *phlegmasie* pour synonymes , fait déjà pressentir l'analogie qu'on a cru rencontrer entre les phénomènes qu'il exprime et ceux qui se passent pendant la combustion. Voyez en effet ce qui a lieu dans la peau lorsque, sous l'action de causes diverses, elle devient rouge, brûlante, tuméfiée et douloureuse : on dit alors qu'elle s'enflamme. Aussi donne-t-on , en médecine, les quatre faits suivants comme caractères habituels de l'inflammation : la rougeur, la douleur, la chaleur et le gonflement. La rougeur provient évidemment d'un abord plus considérable de sang dans la partie où se passe le phénomene dont nous nous occupons, la douleur, dela compression ou pour mieux dire d'une excitation des nerfs par les vaisseaux sanguins plus remplis qu'ils ne le sont ordinairement, la chaleur, de l'accélération du mouvement vital, et le gonflement, de l'abord de tous les fluides en plus grande quantité que dans l'état ordinaire. Quelques uns de ces faits, pour être habituels, ne sont cependant pas constants : c'est ainsi que la rougeur n'est pas toujours très prononcée, que la douleur peut tenir à toute autre cause qu'à l'inflammation, que la chaleur n'est, le plus ordinairement, bien appréciable que du malade , et que le gonflement fait souvent défaut.

Le rôle important, pour ne pas dire absolu , que les médecins modernes ont fait jouer à l'inflammation dans la plupart des maladies les a portés à en désigner un très grand nombre par une terminaison ou une désinence qui indiquât cet état; cette terminaison est *ite* , ajoutée au nom grec ou latin de l'organe affecté : ainsi, *hépatite* inflammation du foie, *gastrite* celle de l'estomac, *entérite* de l'intestin, *cystite* de la vessie, etc., etc. De même que la part essentielle , et dans la plupart des cas bien manifeste , que prend l'afflux du sang dans le phénomène propre de l'inflammation a dû nécessairement faire penser que la soustraction d'une partie de ce sang, soit au moyen d'une ouverture pratiquée à une grosse veine (saignée générale), soit par des sangsues appliquées ou sur la partie malade (saignée locale), ou dans un lieu éloigné (saignée révulsive), devait être la base du traitement de l'inflammation.

Après la soustraction du sang , le moyen le plus raisonnablement opposé à l'inflammation, est de toute nécessité la diète, qui a pour effet de priver momentanément l'économie des matériaux de réparation que la nourriture fournirait bientôt au système sanguin dont on a jugé la déplétion utile ; viennent ensuite les boissons aqueuses dites émollientes, ou mieux délayantes qui étendent les molécules du sang et augmentent la proportion de sa sérosité aux dépens de sa fibrine qui est évidemment son élément stimulant; puis les bains qui en relâchent les tissus, favorisent une plus libre circulation de fluides accumulés dans la partie enflammée. C'est à l'occasion de chaque maladie portant le cachet inflammatoire que nous indiquerons la mesure dans laquelle chacun des moyens qui, sous le nom d'anti-phlogistiques, sont devenus la base du traitement de l'inflammation, doivent être employés, et les combinaisons simultanées ou successives qu'il est très souvent nécessaire de leur faire subir.

IRRITATION. — On désigne sous ce nom le premier degré de l'exaltation des propriétés vitales d'une partie quelconque du corps; l'irritation n'est en quelque sorte que la première période de l'inflammation avec afflux de sang; son caractère le plus tranché est de ne donner lieu immédiatement à aucune modification appréciable des tissus qu'elle affecte; leurs fonctions seules paraissent éprouver quelque trouble.

L'irritation peut se développer sous l'influence de presque tous les agents de la nature; ainsi un grain de sable entre dans l'œil, il l'irrite, l'œil pleure, rougit: ce qui prouve que l'action vitale est augmentée dans cette partie; de même un vomitif irrite l'estomac, un purgatif irrite les intestins, des vapeurs âcres irritent les poumons et produisent la toux, etc., etc.

D'après ce que nous venons de dire tout le monde comprendra que la première chose à faire dans l'irritation c'est de combattre la cause qui l'a produite, et la cause cessant, presque toujours le mal cessera. Si cependant on s'y était pris trop tard et que l'irritation eût persisté et même fait des progrès, il y aurait alors *inflammation*, et la médication la plus convenable serait celle dite *anti-phlogistique*. (*Voyez pour plus de détails le mot* INFLAMMATION.)

IVRESSE. — L'ivresse n'est généralement pas regardée comme une maladie; on ne peut cependant se dissimuler qu'elle constitue un état assez anormal pour qu'on puisse craindre qu'elle n'ait, dans bien des cas, des suites défavorables, et pour autoriser l'emploi de certains moyens que l'expérience a montrés pouvoir ou la faire cesser ou rendre purement passagère la position dans laquelle elle place.

Or, quand l'ivresse n'est que légère, la nature indique elle-même, comme première chose à faire, l'expulsion de l'estomac des matières alimentaires et du vin ou de toutes les autres boissons alcooliques dont il peut être surchargé. On se sert pour cela d'eau tiède prise en abondance, à laquelle on peut même ajouter trois ou quatre centigrammes d'émétique par verre.

Quand l'estomac est débarrassé, on donne pour boisson un thé léger ou une légère infusion soit de feuilles
d'oranger, de camomille ou de tilleul. On parvient
encore assez souvent à dissiper l'ivresse dépendant uniquement de boissons alcooliques ou vineuses en pre
nant quelques petites tasses de café léger : le sel dont
quelques personnes croient devoir saturer le café est
pour le moins inutile, à moins qu'il ne soit donné
dans l'intention de provoquer les vomissements ; mais
alors dans ce cas, les moyens que nous avons précédemment indiqués sont plus sûrs et moins dangereux
pour l'estomac.

On a beaucoup vanté depuis quelques années contre
l'ivresse l'ammoniaque liquide, ou alcali volatil fluor,
donné à la dose de quinze à vingt gouttes dans un verre
d'eau légèrement sucré : mais ce moyen est loin de dis
siper l'ivresse aussi aisément, et surtout dans un temps
aussi court qu'on semblait le donner à croire à la suite
des premiers essais tentés pour constater son efficacité.
Il n'agit d'une manière bien marquée que quand l'estomac est en totalité ou du moins en grande partie dé
barrassé des matières solides ou liquides qui le sur-
chargeaient; mais on sait qu'une fois ce dernier effet
obtenu par un moyen quelconque, les suites de l'ivresse
se dissipent généralement assez vite. En un mot, nous
pensons qu'on peut tenter soit l'ammoniaque liquide,
soit l'acétate d'ammoniaque, le premier à la dose,
avons-nous dit, de quinze à vingt gouttes et le second
de quatre à cinq grammes dans un verre d'eau, mais
sans compter que l'ivresse disparaîtra de suite. Les
demi-lavements dans lesquels on ajoute trente à quarante gouttes de cette substance ont à peu près le
même effet. On a aussi essayé, sans un succès plus complet, l'éther sulfurique depuis quinze jusqu'à vingt-
cinq gouttes, toujours dans un verre d'eau.

Mais si ces divers moyens parviennent à dissiper le délire de l'ivresse, il serait imprudent de compter sur eux pour remédier à certains symptômes cérébraux qui, dans quelques cas, peuvent être considérés comme les signes précurseurs de l'apoplexie. C'est à la saignée du bras ou à une large application de sangsues soit derrière les oreilles, soit au fondement, suivant la circonstance, qu'il faut avoir recours. On en seconde l'action par des lavements rendus purgatifs par quelques gouttes de teinture d'aloès, du sel de cuisine, des irrigations froides sur la tête, l'exposition de la personne à l'air frais. Si l'ivresse, au lieu d'être occasionnée par l'abus du vin ou des liqueurs alcooliques, était déterminée par des préparations dans lesquelles entrerait l'opium, comme cela est si fréquent parmi les Orientaux, c'est aux excitants, particulièrement au café qu'il faudrait avoir recours. Enfin l'ivresse est-elle convulsive, c'est à l'eau tiède seule qu'il est prudent d'avoir recours pour faire vomir; si par la continuité de l'ivresse il se déclare un tremblement, il faut se conduire d'après les règles que nous établirons à ce mot.

J

JAUNISSE. Il y a deux espèces de jaunisse : l'une simple, qu'on ne peut rattacher à aucune inflammation, même à aucun état maladif, et qui survient aussitôt ou peu de temps après une colère, un violent chagrin ou toute autre secousse morale très vive et soudaine; que l'on observe encore, dans certaines saisons de l'année, surtout au commencement de l'hiver; l'autre qui est un symptôme d'une maladie facile à constater, comme une inflammation du foie, la fièvre jaune, certaines maladies de l'intestin, une fièvre intermittente.

La première cède presque constamment au repos, à un régime modéré et à l'usage de quelques
boissons purgatives. Si elle persiste, il faut mettre
le malade à l'usage des bains tièdes, des boissons
alcalines gazeuses, d'un régime entièrement végétal,
et l'engager à habiter la campagne.

Dans la jaunisse qui est liée à une autre maladie
dont elle n'est que le symptôme, c'est vers cette
dernière maladie qu'il faut tout d'abord diriger le
traitement. Ainsi n'est-elle que la conséquence d'une
inflammation du foie, on applique, sur la région
qu'occupe cet organe, des sangsues, un vésicatoire
volant, à moins que la violence de la fièvre ne force
à débuter par une saignée au bras. N'est-elle au
contraire que la complication d'un embarras de l'estomac, d'une fièvre bilieuse, on a recours aux vomitifs et aux purgatifs. Es-elle liée à une fièvre
intermittente, elle disparaît aussitôt qu'on s'est rendu
maître de cette dernière par le quinquina ou ses
composés.

L

LAIT RÉPANDU. — Les personnes étrangères à la
science attachent beaucoup plus d'importance que
les médecins aux dangers d'un lait répandu, et lui
attribuent un grand nombre de maladies que les
gens de l'art regardent comme le résultat de toute
autre cause. Ainsi, les douleurs de tête et les migraines qu'éprouvent beaucoup de femmes, devenues
mères, sont à leurs yeux l'effet d'un lait répandu
dans la tête, tandis que les médecins n'y voient en
général qu'une affection nerveuse ou rhumatismale.
Mais les maladies les plus communément attribuées
au lait sont diverses affections de la peau qui, se
présentant sous forme écailleuse, offrent en effet

jusqu'à un certain point l'aspect d'une croûte provenant de la dessiccation d'une couche de lait. Les médecins ont beau assimiler ces affections à des maladies ordinaires de la peau, et chercher à persuader qu'elles auraient pu survenir dans toute autre circonstance, leurs raisonnements trouvent la plupart des femmes incrédules.

S'il y a exagération dans l'opinion vulgaire, il faut convenir aussi que les médecins n'ont peut-être pas attaché à cette question toute l'importance qu'elle méritait. Les exemples bien authentiques d'abcès qui se sont formés en divers points du corps après une suppression brusque du lait chez des femmes qui allaitaient et dans lesquels du lait a été trouvé en toute nature, prouvent que non seulement cette suppression brusque peut occasionner les mêmes accidents que ceux que les médecins n'hésitent pas à attribuer à la cessation d'une hémorrhagie habituelle ou d'une perte de toute autre nature, mais qu'elle peut encore entraîner des inconvénients provenant du transport du lait lui-même.

Concluons donc que les femmes qui se décident à ne pas allaiter leur enfant, ou celles qui cessent de le nourrir pour le sevrer, font bien de ne rien négliger des moyens que nous avons indiqués au mot *allaitement ;* quant aux remèdes vraiment *anti-laiteux,* il n'en existe pas de véritables ; quelque croyance qu'on puisse avoir qu'une affection de la nature de celles que nous avons désignées plus haut, et survenant dans les mêmes conditions, soit le résultat d'un lait répandu, il faut la traiter comme si elle tenait à toute autre cause et remplacer la sécrétion qu'on ne peut rappeler par un vésicatoire, un cautère et des purgatifs employés fréquemment, mais avec prudence.

LÈPRE. — On confond sous ce nom, même dans le langage médical, deux maladies qui, bien que graves toutes deux et difficiles à guérir, n'en ont pas moins des caractères bien différents. L'une est la *lèpre vulgaire*, espèce de dartre caractérisée par des écailles arrondies élevées sur les bords, déprimées au centre et pouvant se confondre au point de former sur la peau une plaque continue ; l'autre, est la *lèpre tuberculeuse*, que les médecins nomment *éléphantiasis des Arabes*, et caractérisée par un gonflement dur et tuberculeux de la peau et du tissu cellulaire qu'elle recouvre avec une déformation souvent fort extraordinaire des parties qui en sont le siége.

La première, assez difficile à guérir, est fort sujette à revenir après avoir disparu, elle se traite par un ensemble de moyens internes, externes et hygiéniques ; à la tête des moyens internes on peut mettre tous ceux que nous avons déjà indiqués au mot Dartres, et auxquels on attribue la propriété de dépurer le sang, comme les amers, les tisanes de scabieuse, de patience, de houblon, de gentiane, de chicorée, que l'on peut faire suivre de l'emploi des préparations mercurielles, iodurées, antimoniales. Les moyens externes sont les bains, les lotions et les pommades préparées d'abord avec des substances peu actives comme les gélatines sulfureuses, alcalines, iodées et mercurielles ; peu à peu on en vient au soufre sublimé, à la suie, au précipité blanc, et même aux vésicants.

Quant à la lèpre tuberculeuse, affection fort heureusement très rare dans nos climats, elle résiste le plus ordinairement au traitement le mieux combiné. Les malades qu'elle affecte trouvent cependant quelques chances de guérison en abandonnant les pays dans lesquels ils l'ont contractée.

LÉTHARGIE. — Ce mot exprime l'état dans lequel se trouve une personne qui offre tous les signes apparents de la mort, et qui cependant est encore vivante.

Le seul moyen de constater cet état est donc de s'assurer ici des signes de la mort. Or, ces signes sont : l'absence de sentiment, de mouvement, la cessation des battements du cœur et des mouvements de la poitrine, le refroidissement, l'aspect adynamique de la face, la mollesse et la flaccidité des yeux avec formation d'une toile glaireuse ou muqueuse sur les yeux, la formation de taches, de lividité et de vergétures sur la peau, le relâchement des sphyncters de l'anus, la roideur cadavérique, enfin la putréfaction. On doit d'autant plus craindre qu'une personne ne soit qu'en léthargie, qu'elle a été frappée plus promptement, que la maladie à laquelle cet état a succédé est une affection nerveuse, que ses habitudes morales décélaient une grande sensibilité, que ses traits ne se décomposent pas et surtout que la putréfaction ne survient pas au moment où, suivant la saison, elle se déclare ordinairement.

Pour peu qu'on ait quelques doutes, il est important de les dissiper aussitôt ; pour cela on présente devant la bouche et les narines de la personne un miroir que la plus faible expiration ternirait. On applique l'oreille sur la région du cœur afin de s'assurer si les mouvements de cet organe ont bien complétement cessé. Ces moyens ayant été infructueux, on peut tenter les lavements excitants, ouvrir la veine du bras, appliquer sur la poitrine des ventouses scarifiées, faire des piqûres, même des incisions à la paume de la main, à la plante des pieds ; on peut encore répandre sur quelques parties très sensibles de la cire d'Espagne en fusion, de l'eau bouillante, appliquer un moxa ou le cautère actuel.

Si par ces moyens on acquiert le pressentiment fondé que la mort n'est qu'apparente, on s'empressera de placer la personne dans un lieu éclairé, de la remuer souvent en l'appelant par son nom, de lui faire des frictions sèches sur les membres et sur la région du cœur, de lui répandre de l'eau froide sur la tête, de lui administrer de légers excitants à l'intérieur et des lavements irritants, de lui faire respirer des odeurs fortes comme celle du cuir ou de la plume brûlés, et même l'ammoniaque, de lui titiller les narines avec une plume, ou de lui chatouiller la plante des pieds, de lui insuffler de l'air dans la poitrine, enfin de la soumettre à de légères secousses électriques ou à un courant galvanique. Si la mort apparente était le résultat de l'ivresse, il faudrait se conduire comme nous l'avons indiqué à ce mot; quant à celle qui est la suite d'une asphyxie par submersion, par strangulation, par inspiration de gaz délétères, on se conformera à la nature spéciale de la cause, comme il l'a été dit au mot asphyxie.

LOUCHE. (Vue).—*Loucherie, yeux de travers, vue oblique, strabisme* des médecins. Cette difformité, assez souvent congéniale, est fort commune. Elle résulte ou d'une force inégale des muscles chargés de mouvoir l'œil, ou d'une inégale répartition entre les deux yeux de la puissance visuelle elle-même.

Dans le premier cas l'œil cède à l'action des muscles qui l'entraînent de leur côté; dans le second, les yeux se dirigent chacun du côté par lequel les rayons lumineux peuvent frapper plus convenablement la membrane sur laquelle l'image des objets extérieurs vient se peindre. Ce dernier cas est le plus rare: aussi la plupart des moyens de traitement mis aujourd'hui en usage ont-ils pour but l'indication qui résulte de la première cause. Cette indication se remplit de deux manières : en augmentant l'énergie des muscles les plus faibles, ou en annulant par la section les plus forts. On atteint le premier but soit en obligeant la personne à ne voir les objets que par un trou percé au milieu même d'une plaque placée devant l'œil dévié, l'autre œil étant couvert d'un bandeau ; soit en lui faisant porter des lunettes dont les verres sont remplacés par des tubes noirs percés à leur sommet d'un trou par lequel arrive la lumière ; soit en l'obligeant à regarder pendant un certain temps plusieurs fois par jour sa pupille dans une glace ; soit enfin, si l'œil se dirige en dehors, en appliquant sur le sommet du nez une mouche de taffetas vers laquelle l'œil aura nécessairement une tendance à se diriger : Quant à la section des muscles, elle constitue une opération qui, toute rationnelle qu'elle est, est loin d'avoir répondu aux espérances qu'on avait pu en concevoir.

LOUPE. — Les loupes sont des humeurs circonscrites, indolentes, fermes, qui ne se developpent guère que dans le tissu cellullaire placé au-dessous de la peau qu'elles soulèvent par leur saillie. A l'exception des lèvres où la peau est fortement collée aux parties sous-jacentes, de la pomme de main, de la plante de pieds et des doigts, il n'y a presque point de parties de la surface du corps où on ne les rencontre quelquefois. On en voit très souvent plusieurs sur la même personne, et dans ce cas, elles acquièrent rarement un grand volume ; le contraire arrive souvent quand elles sont seules.

Très communes à la tête, les loupes offrent des formes très variées ; le plus ordinairement cependant elles sont arrondies, avec ou sans collet, c'est-à-dire à base étroite, pour ainsi dire montées sur une pédoncule, ou à base large et diffuse. Quand on les ouvre, il en sort ordinairement une matière grumeleuse, d'une odeur aigre, qui ressemble assez à du miel quelquefois même à du suif : de là divers noms; et qui se trouve renfermée dans une espèce de poche particulière qu'on nomme kyste. Lorsqu'elles ont acquis un certain volume, la peau qui les couvre peut s'enflammer naturellement ou par une cause accidentelle, et une ulcération s'établir pour laisser échapper la matière contenue.

Quant à la cause sous l'influence de laquelle les loupes se developpent, elle est bien loin d'être parfaitement connue. Les uns disent qu'elles dépendent d'une pression long temps soutenue, mais une foule de parties de notre corps sont soumises à des pressions continuelles et n'offrent jamais de loupes, tandis que d'autres en sont couvertes sans avoir été comprimées. Les autres croient qu'elles doivent leur naissance à la contusion ou à un état maladif accidentel du tissu cellulaire souscutané qui, sous l'excitation déterminée par cette cause, sécrète le produit contenu dans ces tumeurs. Tout cela se réduit à dire que la cause en question est généralement inconnue dans son essence même. Mais ce qu'il importe de savoir, c'est que les loupes ne sont pas par elles-mêmes des affections dangereuses ; elles ne sont désagréables que par la difformité qu'elles occasionnent, et si elles entraînent quelques résultats fâcheux, ce n'est le plus souvent que par leur pression mécanique sur les parties qu'elles recouvrent ou qu'elles avoisinnent.

Une foule de moyens ont été employés pour guérir les loupes. Ces moyens ont pour but, 1° de les faire fondre; 2° de les vider par la ponction faite soit par le bistouri, soit par la pierre infernale ; 3° de les extirper complètement. Le premiére méthode compte bien peu de succès, quels que soient les cataplasmes, les pommades, les onguents qu'on emploie comme fondants, on ne parvient souvent qu'à déterminer par leur action l'inflammation, la suppuration et par suite l'ouverture de la tumeur. La ponction ne procure généralement que des guérisons temporaires, parce que l'enveloppe propre de la tumeur, le kiste en un mot, persistant, fournit bientôt une nouvelle matière qui remplace celle qui a été évacuée, à moins qu'elle ne s'enflamme et ne s'oblitere par le fait même de cette inflammation ; ce qui n'arrive que dans quelques cas, et sous l'influence de quelques moyens propres à déterminer ou à exciter cette inflammation. Le procédé le plus sûre est donc de faire enlever la tumeur; mais cette opéraation demande des soins, parce qu'il faut enlever avec elle son kyste, dont la pesristance occasionnerait une récidive.

LUXATION. — On donne ce nom à un déplácement permanent, complet ou incomplet, dans les surfaces par lesquelles deux os, en se touchant, forment une articulation; déplacement opéré par une violence extérieure, comme un coup, une chute, soit par une action musculaire; c'est-à-dire un mouvement brusque et violent, ou par ces deux causes à la fois. La luxation est ce qu'on nomme vulgairement *un membre démis.*

Les luxations les plus fréquentes sont celles de l'épaule, du poignet, de la cuisse, de la jambe et de la clavicule. Toutes les extrémités articulaires sont néanmoins susceptibles de se luxer. Certaines dispositions organiques peuvent singulièrement prédisposer à la production de cet accident. Les principales sont la faiblésse musculaire naturelle ou accidentelle, la paralysie d'un membre et le relâchement des ligaments des articulations. Aussi il est reconnu que les vieillards sont plus exposés que d'autres aux luxations, parce que chez eux les os raréfiés et devenus friables ont une tendance plus prononcée à se rompre qu'à se déplacer. Les enfants n'y sont aussi que rarement exposés, également à cause de la friabilité de leurs os. Les adultes sont ceux chez lesquels la luxation se présente le plus souvent. L'on sait aussi que chez les personnes ivres les luxations s'opèrent et se réduisent avec une grande facilité, à cause de l'état de relâchement dans lequel se trouvent les muscles, et que les personnes qui ont un membre luxé ont une grande dispositon à le voir luxer de nouveau. Enfin les os mal conformés, soit de naissance soit accidentellement, sont fort exposés aux luxations ; c'est ce qui se voit chez les goutteux, les vieux rhumatisants, les personnes affectées de rachitisme, de carie, et chez lesquelles la maladie a déjà altéré les rapports naturels des os entre eux. Les luxations sont aussi plus communes dans l'hiver que dans aucune autre saison ; est-ce parce que les chutes y sont plus fréquentes, ou parce que les os sont alors plus friables ? La première raison est assurément plus plausible que la seconde.

Les causes prédisposantes que nous venons de passer en revue rendent sans doute les luxations plus faciles ; mais elles ne sont pas indispensables pour l'accomplissement du déplacement ; souvent en effet elles n'existent pas et des luxations n'en ont pas moins lieu. Quand des violences extérieures agissent seules, c'est tantôt en imprimant brusquement des mouvements de totalité à un des deux os d'une articulation pendant que l'autre est maintenu en place et immobile, tantôt en écartant violemment ces os l'un de l'autre dans un sens différent de l'articulation. De quelle que manière qu'elles aient lieu, les violences extérieures né produisent facilement les luxations qu'autant qu'elles surprennent inopinément le membre. Autrement les muscles sont préparés à y résister, et, s'ils sont assez volumineux, ils s'y opposent d'une manière efficace, à moins toutefois que la position du membre, au moment de l'action extérieure, ne soit telle que les muscles les plus puissants, au lieu de l'empêcher, ne tendent à la produire.

Une luxation peut être compliquée de lésions diverses plus ou moins graves : aucune luxation de cause externe ne peut même généralement avoir lieu (à moins qu'il n'existe quelque vice de conformation des os ou un relâchement naturel ou accidentel des ligaments des articulations), sans que les ligaments, les muscles, les nerfs et les petits vaisseaux voisins ne soient plus ou moins distendus, meurtris, rompus. Lorsque ces diverses lésions sont peu graves, qu'elles sont inséparables en quelque sorte de la luxation, elles n'en sont plus considérees comme des complications ; mais il n'en est pas de même quand elles sont portées à un très haut degré, elles présentent alors des indications spéciales et urgentes à remplir (*Voyez* CONTUSION, PLAIE, HÉMORRHAGIES, INFLAMMATIONS, FRACTURES, GANGRÈNE etc.)

En général les luxations sont assez faciles à reconnaître, et, à moins d'un gonflement très prononcé, il existe toujours dans le membre luxé des changements assez notables pour être appréciés à la vue et au toucher ; la forme naturelle du membre est changée, il est allongé ou raccourci, il s'y forme des saillies et des enfoncements qui n'existaient pas ou à peine, et qui en changent singulièrement l'aspect extérieur. Ces changements dépendent de trois causes : de la présence de l'extrémité de l'os luxé ailleurs que dans sa cavité naturelle, du vide de cette cavité,

du tiraillement, du déplacement et de la rupture
des muscles. Enfin le membre luxé se maintient généralement dans un état de raideur plus ou moins
grande, et ses moindres mouvements, si toutefois il
peut en exécuter, occasionnent de très vives douleurs.

Il faut également avoir soin de ne pas confondre
les luxations avec les fractures ; les premières se
reconnaissent 1° à la persistance, à la stabilité de
la difformité, de la direction anormale et des em-
pêchements aux mouvements des membres ; 2° à
l'absence de toute crépitation rugueuse, pendant les
mouvements que l'on peut encore imprimer à la partie ; 3°.à la résistance que le membre oppose au
rétablissement de sa conformation, résistance qui,
une fois vaincue, est suivie de la brusque disparition de toutes les apparences de difformité et de la
possibilité de mouvoir l'os luxé dans toutes les di-
rections, en un mot de la guérison de la maladie
qui ne se reproduit plus, à moins qu'un effort violent ou un accident ne la renouvelle.

.. Le traitement des luxations doit avoir pour but,
1° de rétablir l'os luxé en sa place naturelle ; 2° de
l'y maintenir ; 3° enfin de prévenir ou combattre les
accidents inflammatoires ou autres qui peuvent accompagner ou suivre la luxation.

Pour y parvenir, on étend fortement, mais graduellement et sans secousses, le membre luxé, afin de
fatiguer et de vaincre la résistance des muscles qui le
retiennent dans sa position défectueuse, c'est l'*extension* ; on retient en même temps le corps assez solidement fixé pour qu'il résiste à l'extension qui tend à
l'entraîner, c'est la *contre-extension*. Enfin ces deux
efforts seraient eux-mêmes inutiles sans la manœuvre
que l'on doit imprimer à l'os luxé pour le diriger et
le replacer dans la situation naturelle, quand l'exten-

sion l'a ramené au niveau de sa cavité, c'est la *coaptation*. Ces trois moyens suivis de succès constituent ce qu'on nomme la *réduction*.

Le retour de l'os à sa situation normale s'annonce presque toujours par une secousse brusque, une sorte de craquement sourd, facile à apprécier, et après lequel la douleur, la gêne, la difformité et tous les accidents cessent aussitôt en grande partie, et se trouve remplacé par une liberté et une solidité presque complète du membre.

Une fois la réduction obtenue, le membre doit être placé dans un état complet d'immobilité et de relâchement. Des applications résolutives, une compression médiocre, une saignée rigoureuse, si cette opération n'a pas été pratiquée d'abord, le repos, un régime doux et quelques boissons délayantes, tels sont les moyens qu'il convient généralement d'employer. Plus tard, et lorsque les parties déchirées commencent à se raffermir, il convient de faire graduellement et avec circonspection exécuter au membre luxé quelques mouvements, afin de prévenir l'*ankilose*. (*Voyez ce mot*).

En général plus tôt on essaye de réduire une luxation, plus les résultats doivent être prompts et heureux. Cependant dans les cas ou il y aurait un gonflement inflammatoire très violent, il faudrait retarder, et traiter ce dernier état avant tout Quelquefois la la résistance des muscles est telle qu'elle s'oppose à la réduction, il faut alors avoir recours aux saignées, à la diète, aux bains longtemps prolongés, aux ambrocations émollientes, etc. Quant aux fractures et aux plaies qui peuvent compliquer les luxations, elles sont rarement une contre-indication à la réduction, et doivent se traiter suivant les règles établies ailleurs (*Voyez* FRACTURE, PLAIE).

M

MAL D'AVENTURE. — *Voyez* Piqure et Panaris.

MAL DE CŒUR. — Expression erronée employée par la plupart des personnes pour désigner l'envie de vomir ; ce dégoût, ce malaise n'est point un mal de cœur, mais bien de l'estomac, qui se soulève pour rejeter ce qui lui est nuisible. Le soi-disant mal de cœur peut être provoqué par des causes très nombreuses : la grossesse, une indigestion, une gastrite, la présence de certains médicaments, etc. Aussi, faut-il nécessairement s'attaquer aux causes pour guérir cette affection. Dans la plupart des cas, cependant, une nourriture légère et en petite quantité, souvent même la diète, quelques boissons glacées, seront les meilleurs moyens que l'on puisse employer. (*Voir, au surplus, les mots* Dégout, Bile, Pituite, Mal de mer, Indigestion, Gastrite, Vomissement, etc.)

MAL DE GORGE. — (*Voyez* Esquinancie.)

MAL DE MER. — Le mal de mer se guérit, ou plutôt est quelquefois empêché par le mouvement et la distraction, par la précaution d'avoir l'estomac toujours garni d'aliments solides et liquides. Au surplus tout ce qui a été dit à ce sujet sur l'efficacité des calmants, des antispasmodiques, des toniques, des aromates, des sachets placés sur l'estomac, ne mérite pas d'être répété.

MAL DU PAYS. — Ce mot, synonyme de *nostalgie*, est employé pour exprimer un état de souffrance morale, d'ennui, de tristesse, de désespoir même qu'occasionnent l'éloignement du pays natal et le vif désir d'y retourner. Si ce n'est point, à proprement dire, une maladie, ce n'en est pas moins dans certains cas une cause de troubles assez graves pour compromettre l'existence, et par cela même digne d'être étudiée pour être arrêtée dans sa marche ou combattue dans ses effets.

Ce genre particulier de mélancolie est de tous les âges ; cependant c'est dans la jeunesse qu'on l'observe le plus ordinairement, et c'est parmi les jeunes gens appelés au service militaire, ou placés loin de chez eux comme domestiques, qu'il est plus fréquent. On n'en est point étonné quand on considère que la plupart d'entre eux, habitués à une vie plus ou moins indépendante, ne peuvent passer tout à coup à cet assujétissement de tous les instants qu'entraînent la discipline militaire et la domesticité, sans en éprouver une influence plus ou moins nuisible. On a aussi remarqué que les jeunes gens de la campagne montrent en général un attachement plus grand pour les lieux de leur naissance que ceux des villes.

Quelle que soit la cause qui éveille et exalte le désir de revoir la terre natale, son premier effet est une tristesse profonde, et l'économie ne tarde pas à se ressentir de cette influence. C'est le cerveau et l'estomac qui souffrent plus particulièrement : le premier concentre toutes ses forces sur un seul ordre d'idées, sur une seule pensée ; le second devient le siége d'impressions incommodes, de resserrements spasmodiques qui nuisent nécessairement à la digestion et jettent toute la machine dans un état d'abord de susceptibilité ensuite de faiblesse extrêmes ; le seul bon sens fait de suite prévoir que le traitement le plus approprié à cette affection est le retour du malade à son pays. La seule espérance de ce retour a quelquefois produit le plus grand bien, et la certitude de sa possibilité a guéri plus souvent que toutes les drogues dont on a cru, dans quelques cas, devoir faire usage.

MAL DE TETE. — (*Voyez* MIGRAINE, COUP DE SANG, APOPLEXIE, FIÈVRE CÉRÉBRALE, etc.)

MANIE ou **MONOMANIE** (*Voyez* FOLIE).

MARASME. — (*Voyez* AMAIGRISSEMENT, PROSTRATION.

MATRICE (*Utérus*). — Organe destiné, dans l'appareil générateur de la femme, à contenir le produit de la conception et à lui fournir les fluides nécessaires à sa nutrition jusqu'au terme de l'accouchement. Il n'existe que chez la femme et se trouve dans le bassin, derrière la vessie et au devant de l'anus. Sa forme a beaucoup de rapport avec celle d'une poire tapée, dans l'état de vacuité, son volume est à peu près celui de ce fruit; mais, pendant la grossesse, il augmente considérablement.

La matrice, plus que tout autre organe chez la femme, se trouve, à cause de l'importance de ses fonctions, exposée à un assez grand nombre de maladies assez graves, et dont il sera question dans le cours de cet ouvrage. (*Voyez* RÈGLES, FLEURS BLANCHES, DESCENTES, CANCER, POLYPES, FAUSSE-COUCHE, ACCOUCHEMENT, etc.)

MENTAGRE. — De cette série innombrable d'affections désignées sous le nom de *dartres*, il en est peu de plus tenaces, et il n'en est point de plus désagréables que la mentagre. Très rare chez la femme, elle occupe chez l'homme le menton et la lèvre supérieure, paraît n'être qu'une maladie des bulbes de la barbe, et débute par une éruption de pustules qui crevant bientôt, laissent échapper le pus qu'elles contenaient et dont la dessiccation donne une croûte jaunâtre formant en peu de temps une plaque irrégulière plus ou moins étendue.

Le traitement de cette affligeante maladie rentre bien évidemment dans le traitement général des dartres (*Voyez ce mot*). Cependant il est bien de noter que l'application des sangsues sur les parties malades ou dans leur voisinage est généralement plus efficace que dans aucun autre cas. Dans les circonstances ordinaires on se borne aux lotions rafraîchissantes faites avec l'eau de son vinaigrée, l'eau de laitue, de cerfeuil ; les cataplasmes sont aussi très utiles tant pour calmer l'inflammation que pour faire tomber les croûtes. Si cette inflammation est peu intense, dès le début, on peut saupoudrer de fleur de soufre ces cataplasmes qui sont généralement faits avec la fécule de riz et de pomme de terre. On passe de là aux lotions iodurosulfureuses, aux eaux de Barèges, et si l'on n'obtient pas une résolution complète, on peut en venir soit à couvrir toutes les parties malades d'une pommade vésicante , pour changer leur mode de vitalité, soit à cautériser les pustules et les tubercules avec le nitrate d'argent disposé en crayon ou en lotions. Dans ce dernier cas la cautérisation doit être faite avec la plus grande circonspection, parce qu'il pourrait en résulter des cicatrices fort désagréables.

MIGRAINE. — Quoique la migraine et le simple mal de tête soient assez communément confondus et paraissent, pour bien des personnes, n'être que deux formes ou deux degrés de la même maladie , on ne peut cependant se refuser à reconnaître qu'ils diffèrent essentiellement : la première offrant tous les caractères d'une affection nerveuse dont la cause échappe presque toujours, le mal de tête n'étant la plupart du temps qu'un état d'excitation sanguine ou de congestion cérébrale dont le point de départ est souvent l'estomac. Plus commune chez la femme que chez l'homme, la migraine est fort sujette à récidive et revient souvent à des époques régulières. Son début est brusque ; la douleur commence d'abord à se faire sentir au front, vers l'angle interne des yeux, et de là envahit la tête tout entière qui se trouve bientôt, comme serrée dans un étau, ou comme frappée de violents coups de marteau. Il survient assez souvent des nausées et même des vomissements, mais qui n'ont pas comme dans le simple mal de tête l'avantage de faire cesser la douleur, ce qui prouverait que dans la migraine l'estomac n'est qu'influencé, tandis que dans le mal de tête ce serait ordinairement le contraire.

Le traitement de la migraine est assez difficile à formuler d'une manière bien précise. Se trouve-t-elle affecter une personne jeune et sanguine? on fait très bien de lui conseiller la saignée ou les sangsues au siége suivant le cas; la personne est-elle au contraire plus nerveuse que sanguine, ce qui arrive le plus communément? on emploie pendant les accès les bains de pieds très chauds et même les cataplasmes irritants appliqués sur le creux de l'estomac; on place la personne dans un lieu obscur, loin de tout bruit et on lui applique des compresses d'eau vinaigrée sur le front, ou des linges trempés dans un mélange d'ammoniaque liquide et d'eau dans le rapport d'un à dix et auquel on ajoute une certaine quantité de sel marin, de camphre et d'eau de roses. Enfin on administre des potions antispasmodiques, comme l'eau de laitue, de tilleul, auxquels on ajoute du sirop de pavots blancs. On a aussi retiré quelques bons effets des courants électriques et du galvanisme; c'est ce qui a fait naître l'idée de ces bagues dites aimantées, dont l'effet est, bien entendu, purement imaginaire. Quand la migraine devient chronique, les personnes qui en sont affectées font bien de tenter un vésicatoire au cou ou derrière les oreilles, de chercher à découvrir si elle ne serait pas liée à une habitude supprimée. S'il y avait périodicité bien manifeste dans les accès, le sulfate de quinine, donné comme nous l'avons indiqué au mot *fièvre*, trouverait parfaitement son application. Il est encore des migraines qui ne cèdent qu'aux progrès de l'âge ou à un changement complet de position.

MILIAIRE. — Caractérisée par l'éruption de vésicules très petites, répandues en nombre variable sur la peau comme des grains de millet, cette affection est plutôt un symptôme de maladie qu'une maladie par elle-même, aussi demande-t-elle plutôt un traitement général, c'est-à-dire un traitement appliqué aux maladies ou complications qui l'accompagnent ou dont elle dépend, qu'un traitement spécial. En effet, le plus ordinairement, la miliaire simple et légère demande à peine l'usage des boissons délayantes et tempérantes, le repos, un air pur et un peu chaud, un régime sobre même de la diète. Si elle s'observe chez une femme en couche, ce qui est assez commun, l'eau de veau, le petit-lait et une grande attention donnée aux *couches*, en triomphent aisément.

Quand la miliaire règne épidémiquement et se trouve accompagnée de sueurs abondantes, elle prend le nom de Suette miliaire. (*Voyez* SUETTE).

MORVE. — Longtemps on a cru la morve propre au cheval ou, pour mieux dire, aux solipèdes (animaux dont le pied est enfermé dans une seule corne) ; mais une expérience, bien tristement acquise dans ces dernières années, tant en Allemagne, en Angleterre et en Hollande qu'en France, n'a laissé aucun doute sur sa transmissibilité, des animaux sur lesquels on l'a remarqué habituellement, à l'homme. Toutefois, aucun fait n'a encore même fait soupçonner qu'elle pût se déclarer spontanément chez lui.

Spécialement caractérisée par un rhume de cerveau accompagné d'un écoulement ou mieux d'un flux nasal sanguinolent et puruleut, une éruption de pustules à la peau et un développement de tumeurs purulentes et gangréneuses dans le tissu de cette membrane, la morve se communique de deux manières. Dans le plus grand nombre de faits observés il y a eu véritable inoculation, c'est-à-dire transmission de la maladie par l'introduction par un point quelconque du corps, au moyen d'une piqûre, d'une érosion, d'une coupure, de la matière contagieuse ; mais dans d'autres cas, aucune de ces circonstances n'ayant pu être constatée, la maladie n'a pu être communiquée que par une pure infection déterminée par des rapports fréquents et prolongés avec des chevaux morveux.

Quel que soit le moyen par lequel la morve se gagne, son début est en général marqué par de la fièvre, un frisson, des douleurs dans les membres. Ces douleurs augmentent assez vite, et en touchant les parties qui en sont le siége on reconnaît des engorgements durs et circonscrits comme des furoncles. Plus tard la peau qui recouvre ces engorgements prend une teinte rouge ou violette, quelquefois gangréneuse, surtout près des jointures ; le cinquième, le septième, le huitième, le douzième, même le quatorzième jour, le flux nasal se déclare : la matière de cet écoulement, comme nous l'avons dit, est jaunâtre, tantôt liquide, tantôt épaisse, visqueuse, adhérente aux narines ; mais toujours mêlée à du sang et d'une horrible fétidité ; il peut même s'établir par la bouche.

Ensuite un des caractères principaux de la morve (aiguë) chez l'homme et sans contredit un des plus frappants, est une éruption pustuleuse particulière de bulles gangréneuses sur la face, les membres et le tronc. Ces pustules sont arrondies, entourées d'un cercle rosé et tendent à la suppuration. Enfin si le pouls est accéléré et assez développé au début et pendant la période des douleurs, il devient faible, facile à déprimer et quelquefois intermittent à une époque avancée de la maladie. Les malades ont une grande faiblesse, des vertiges, des rêvasseries dans la nuit, souvent un pressentiment sinistre suivi d'un délire calme ou d'un assoupissement fatal.

Si nous avons fait le tableau exact des principaux symptômes de la morve, c'est bien moins pour en déduire des conséquences applicables à son traitement, que pour montrer combien il importe de s'en garantir, puisque tout ce qu'on a pu faire ici contre cette cruelle maladie a généralement été infructueux. Les personnes appelées par position à approcher les chevaux morveux, doivent donc prendre les précautions convenables pour éviter la contagion : ainsi elles ne devront pas coucher dans les écuries renfermant des chevaux morveux; elles feront en sorte d'éviter le contact de la matière qui s'écoule de leur nez, et si cette matière venait à toucher une partie écorchée, piquée ou coupée, elles devront à l'instant même la laver à grande eau et même la cautériser. On prévoit aussi combien il importe, aujourd'hui que cette triste vérité du fait de la contagion est acquise, que chacun veille sans scrupule à la stricte observance des règlements de police qui enjoignent la séquestration, et dans bien des cas l'abattage des chevaux atteints de la cruelle maladie qui fait le sujet de cet article.

MUGUET. — On donne communément ce nom à une maladie inflammatoire de la bouche et des intestins, propre à l'enfance, et caractérisée par une éruption de petits boutons blanchâtres effectivement assez ressemblants aux fleurs du muguet. On le nomme aussi assez souvent *mille*, *blanchet*; les médecins lui donnent le nom d'*aphtes coenneux* pour le

distinguer de l'aphte ordinaire, dont il diffère en
effet beaucoup. (*Voyez* APHTES.)

Le muguet attaque presque exclusivement les
enfants à la mamelle et semble sévir de préférence
sur ceux qui sont d'une constitution faible, mal
nourris et élevés en communauté. Dans la plupart
des cas, il est précédé d'une rougeur érysipéla
teuse des fesses et du derrière des cuisses, en se
montrant cinq ou six jours avant l'éruption de la
bouche, et accompagnée d'une élévation avec accélération bien manifeste du pouls, sans toutefois que
la figure s'anime plus que dans l'état ordinaire.
Bientôt les papilles de la langue se gonflent, et toute
sa surface se couvre d'une couleur rouge-vif qui ne
tarde pas à se propager au reste de la bouche.

Les boutons, caractérisant la maladie, se montrent sous l'apparence de petits points demi-trans-
parents, mais qui deviennent bientôt d'un blanc
mat ou luisant. Ces points se multiplient, se réunissent et forment des plaques irrégulières, ressemblant pour l'aspect à une matière légèrement ca-
séeuse ou crémeuse, qui s'étend ordinairement sur
la partie interne des gencives, sur les côtés de la
langue, au palais, au fond de la gorge, ne s'arrêtent en dehors que sur le bord extérieur des lèvres.
C'est alors que la sensibilité de la bouche se manifeste par le refus de la part de l'enfant de prendre
le sein, par ses cris, ses mouvements d'impatience,
lorsqu'on veut y introduire le doigt.

Très souvent alors le ventre se tend, se ballonne,
devient douloureux à la pression Dans quelques cas, il
survient des vomissements bilieux ou muqueux, et
tout annonce que l'enfant est en proie à de violentes
coliques, par conséquent que la maladie s'est pro-
pagée dans l'intestin. Tous ces accidents durent de

dix à quinze jours, plus ou moins, suivant que la
maladie a offert plus ou moins d'intensité. Quand
la maladie doit avoir une issue favorable; il y a diminution rapide de tous les phénomènes que nous
venons de signaler sans grand abattement des forces,
sans refroidissement des jambes et des bras.

Le muguet constitue toujours une maladie grave;
cependant il ne paraît pas être de nature à pouvoir se communiquer d'un enfant à un autre. Aussitôt qu'on voit apparaître le dévoiement et la rougeur des fesses, on doit donner le sein à l'enfant si
on le nourrit à la bouillie. Si on ne pouvait trouver
à l'instant même une nourrice convenable, on lui
ferait prendre une boisson mucilagineuse de guimauve, de fleurs de violettes, de gomme coupée
avec le lait. Puis on donnera des demi-lavements
d'amidon dans lesquels on mettra quelques gouttes
de laudanum. Si les douleurs du ventre étaient
fortes, et la fièvre très développée, on pourrait appliquer deux sangsues au fondement. Quand l'éruption est déclarée, on peut ajouter aux boissons
mucilagineuses un peu de sirop de mûres, de coing
ou de miel rosat, qu'on tâche de faire pénétrer aussi
loin que possible, afin d'humecter toutes les parties
malades.

L'espèce de fausse membrane qui se forme sur
les boutons gênant beaucoup les petits malades, on
a cherché à les débarrasser : pour cela quelques
personnes l'arrachent, à mesure qu'elle se forme,
à l'aide d'un linge mouillé, qu'elles promènent dans
la bouche. Cette pratique est mauvaise, parce qu'elle
dessèche et irrite les parties qui se recouvrent d'autant plus vite, qu'on les a plus souvent dépouillées.
Cependant comme, dans certain cas, le muguet
étant très abondant occasionne une gêne insupor-

table au malade, il faut, non arracher la fausse
membrane qui recouvre l'éruption, mais l'humecter
souvent, et avec beaucoup de douceur, jusqu'à ce
que l'adhérence soit devenue très faible, ce qui ne
tarde guère à arriver : alors cette concrétion se
laisse enlever avec facilité et sans inconvénients.

On a même proposé, pour hâter sa chute, plusieurs gargarismes composés, les uns de chlorure de
soude, ou liqueur de Labarraque, étendue dans une
décoction mucilagineuse; les autres de jus de citron,
d'oranges, de groseilles, de grenades fraîches, ou
bien soit une poudre composée de sucre et de calomel, ou mercure doux, soit même de l'alun pulvérisé. Mais toutes ces préparations doivent être portées avec attention et ménagement sur les parties
malades, au moyen de petits pinceaux de charpie.
Quant à la question de savoir s'il faut nourrir l'enfant dans le cours de la maladie, c'est la nature
qu'il faut prendre pour guide à cet égard : tant
qu'il ne repousse pas le sein, on peut le lui présenter.

MYOPIE. — Si *myopie* et *vue courte* sont synonymes, il ne faudrait pas en conclure que les myopes
ont la vue faible, parce que c'est le contraire.

Pour se rendre une idée exacte de cette vérité,
il faut savoir que l'œil est un véritable instrument
d'optique destiné à faire subir à la lumière toutes les modifications nécessaires pour qu'elle aille
peindre sur le fond de cet organe l'image des objets
qui sont placés devant lui. Si la puissance réfrin-
geante de cet instrument est trop forte, les rayons
lumineux s'entrecroiseront avant d'arriver à leur
destination, c'est le cas des *myopes*; si au contraire
cette puissance est trop faible, ces mêmes rayons ne
seront pas réunis en temps opportun et la vision sera

impossible, c'est le cas des *presbytes* ; aussi les premiers regardent-ils de très près, ou aiment mieux fixer des objets très petits, et les seconds regardent-ils de très loin et préfèrent fixer des objets de grande dimension. Les myopes ont cet avantage que leur infirmité, loin d'augmenter par l'effet de l'âge, peut plutôt diminuer, tandis que ce doit être tout à fait le contraire pour les presbytes.

C'est sur la connaissance exacte et parfaitement déterminée de ces faits qu'est basé tout le traitement de la myopie. Ce traitement est ou simplement palliatif, c'est-à-dire qu'il peut se borner à rendre l'infirmité moins prononcée et moins incommode ; ou curatif, c'est-à-dire disposé pour la guérison définitive. L'emploi des lunettes à verres concaves forme le premier, un exercice particulier de la vue constitue le second. Les verres à surface concave ont pour résultat, comme on le pressent de suite quand on a quelques notions de physique, de diminuer la tendance qu'ont les rayons lumineux à converger et de compenser ainsi la tendance contraire qu'ils reçoivent de la part des yeux des myopes trop bombés ou trop longs d'avant en arrière.

Pour le traitement curatif, on fait asseoir la personne sur une chaise, l'occiput fixé contre un mur ; on place un pupitre devant elle, à une distance convenable pour qu'elle puisse lire sans effort dans un livre à caractères ordinaires. On la fait exercer pendant une heure ou deux plusieurs fois par jour à cette lecture. On éloigne chaque semaine le pupitre de quelques lignes et on oblige ainsi les yeux à s'habituer par degrés à la lecture éloignée jusqu'à ce qu'on arrive enfin à la distance de la vision ordinaire. On a aussi proposé tout récemment de couper quelques-uns des muscles de l'œil sous le prétexte-

que la myopie pourrait bien n'être que le résultat de la compression exercée sur cet organe par ces muscles. Mais les expériences tentées à ce sujet, sans avoir eu des suites défavorables, n'ont cependant pas eu assez de succès pour faire partager l'opinion de ceux qui ont proposé ce moyen.

N

NAUSÉE. — Envie de vomir. (*Voyez* VOMISSEMENT.

NERFS, *Maux de nerfs.* — On dit souvent d'une personne qu'elle a *mal aux nerfs*, qu'elle a les *nerfs agacés*, parce qu'elle est irritable, qu'elle ne peut souffrir aucune contrariété, aucune opposition. Cet état, qui est, comme on le pense bien, le propre des tempéraments nerveux et même bilieux, se calme par une bonne direction donnée aux facultés intellectuelles, par l'abstinence de toute alimentation excitante et par l'emploi fréquent des bains ; mais il faut surtout se mettre en garde contre l'abus des préparations dans lesquelles entre l'opium, parce que, si elles calment pour l'instant, leur emploi ne tarde pas à être suivi d'une excitation plus pénible encore que celle pour laquelle on les avait mises à contribution.

On désigne aussi communément sous le nom de *maladies des nerfs* ou *maladies nerveuses*, diverses affections souvent même assez graves, surtout par l'insuffisance des moyens que la médecine peut leur opposer. (*Voyez* CONVULSIONS, HYSTÉRIE, HYPOCHONDRIE, FOLIE.)

NOYÉS. — (*Voir* ASPHYXIE.)

O

OBÉSITÉ. — On désigne ainsi un développement considérable du volume du corps, un embonpoint excessif occasionné par un amas extraordinaire de graisse ans le tissu cellulaire.

Les causes de l'obésité sont une nourriture succulente, copieuse et humectante. Ainsi, le laitage, les farineux, la bouillie, et surtout un régime exclusivement animal engraissent facilement. Parmi les boissons, la bière, les mucilagineux, le *quass* aigre des Russes, l'hydromel non fermenté des Lithuaniens, favorisent le développement de ces grasses chairs, de ces épaisses corpulences qu'on remarque chez plusieurs peuples du Nord. Toute espèce de repos du corps et de l'esprit, l'immobilité, le sommeil prolongé, le calme, la quiétude de l'âme, sont également des causes prédisposantes à l'obésité; mais, indépendamment de toutes ces diverses circonstances que nous venons d'énumérer, certaines personnes apportent en naissant une plus ou moins grande disposition à l'obésité, laquelle n'attend, pour se développer, qu'un concours de circonstances favorables.

L'obésité est une affection de l'âge mûr. Elle n'est pas une maladie par elle-même ; mais, outre les embarras et la gêne qu'elle apporte dans la marche et les mouvements, elle prédispose à une multitude de maladies, entre autres l'hydropisie, l'apoplexie, la paralysie, l'impuissance, la stérilité, etc.

Le traitement de l'obésité est assez difficile. Quelques remèdes ont bien produit quelquefois, à la vérité, un amaigrissement prompt et rapide, entre autres l'usage du vinaigre, pris comme boisson, les violents vomitifs ou purgatifs; mais ce n'est jamais sans de graves dangers qu'on a recours à de pareils moyens. La santé en est toujours plus ou moins altérée, et des gastrites chroniques, des névralgies intestinales atroces en sont souvent la suite. Ce n'est donc que dans le régime qu'il faut chercher un remède à l'excès de l'embonpoint. Ainsi, l'abstinence, le jeûne même, le travail de corps et d'esprit, la marche et l'exposition à la chaleur de l'été, sont au premier rang. Il ne faudra pas oublier l'usage des boissons légèrement acides, telles que la limonade, les boissons délayantes et quelques légers laxatifs de temps en temps, mais jamais au point d'irriter vivement la membrane interne des intestins. L'usage des aliments secs et épicés, salés ou fumés, des aromates, du café, du tabac, employés comme stimulants pour agacer la fibre nerveuse et tendre l'excitabilité musculaire, peuvent encore avoir un effet puissant ; mais leur usage, poussé à l'excès, ne serait pas sans danger. Nous en dirons autant des sudorifiques, tels que le gayac, la squine et autres médicaments semblables, qui sont toujours âcres et irritants.

ONANISME, *Masturbation*. — Les suites funestes de cette déplorable habitude, malheusement bien commune dans tous les lieux où les enfants, surtout ceux des deux sexes, sont réunis en grand nombre, sont trop connus pour qu'il soit utile d'en faire ici le triste tableau.

L'existence de l'onanisme reconnue, on doit procéder hardiment à la réforme de cette désastreuse affection ; pour la combattre, les parents doivent avoir recours à l'hygiène et à la morale. Une nourriture lactée, végétale, sera préférable à une nourriture animale et excitante ; on empêchera la réunion, les jeux entre sexes opposés. Un exercice actif, une gymnastique bien dirigée, des occupations sérieuses, variées et toujours en rapport avec l'intelligence de l'enfant seront d'un précieux avantage ; nous en dirons autant des punitions et des récompenses. Si le raisonnement peut déjà être entendu, il sera bon d'en faire usage pour faire le tableau des maux physiques et moraux que doivent inévitablement encourir les enfants qui s'abandonnent à l'onanisme ;

mais sans trop exagérer, pour ne pas donner à ceux qui auraient jusque là échappé à ces maux, la certitude de cette exagération.

Les enfants adonnés à l'onanisme devront coucher seuls sur des lits de crin ou des matelats peu moelleux, et devront, au besoin, porter des camisoles, des caleçons, des ceintures, pour être protégés contre eux-mêmes; un violent exercice pris immédiatement avant le coucher est souvent un excellent moyen, parce qu'il détermine souvent un prompt sommeil. Les boissons délayantes, les lavements relâchants devront de temps à autre s'opposer à la constipation, qui quelquefois, par l'irritation qu'elle apporte dans le gros intestin, stimule les parties génitales et réveille la funeste habitude; il en est de même de la plénitude de la vessie, qui peut entretenir dans les organes voisins une stase sanguine toujours préjudiciable dans l'espèce. Enfin quelques applications d'eau froide sur la nuque, le long de la colonne vertébrale peuvent être utilement employées.

ONGLE INCARNÉ. — On nomme ainsi l'ongle qui, par sa conformation vicieuse ou par la pression exercée par des chaussures trop étroites, pénètre dans les chairs. C'est par conséquent le plus habituellement, pour ne pas dire toujours, au pied et au gros orteil que survient cette affection, en général peu dangereuse, mais tourmentant par les douleurs qu'elle peut occasionner et le repos auquel elle condamne.

Les effets de l'ongle incarné diffèrent selon ses degrés. Dans le principe, la peau est seulement irritée, le malade éprouve de la douleur en marchant; mais comme cette douleur est supportable, il ne s'impose aucun repos. Cependant, le mal augmente, la peau s'enflamme, s'entame dans l'endroit sur lequel le bord de l'ongle appuie; les douleurs s'accroissent, la marche est plus difficile. Il s'élève quelquefois de l'ulcération de la peau une espèce d'excroissance charnue semblable à celle qui survient souvent aux doigts affectés de tourniole ou de panaris. Dans un degré plus avancé, l'inflammation s'étendant à toute la peau qui environne l'ongle, les adhérences de celui-ci s'en trouvent détruites. Alors il s'y fait une suppuration abondante, sanieuse et fétide ; les douleurs sont très-vives, et le malade ne peut marcher qu'en s'appuyant sur le talon.

De tout temps, on a senti la nécessité de remédier le plus promptement possible à cette maladie, et on a imaginé contre elle une infinité de moyens. Ces moyens sont de deux sortes, suivant qu'ils s'adressent à l'ongle ou aux chairs qui le recouvrent. Dans le premier cas, on a d'abord cherché à remédier à la trop grande largeur de l'ongle, cause présumée de tout le mal. Pour cela, on a d'abord imaginé de l'user à sa partie moyenne, de manière à le partager en deux, et à rapprocher ainsi ces deux moitiés, soit par des tampons placés entre leurs bords extérieurs et les chairs, soit par un fil introduit dans un trou pratiqué sur chacune d'elles ; mais on y a renoncé, parce que l'ongle ne pouvant jamais, quoi qu'on fît, être divisé dans toute sa longueur, les deux parties résultant de sa division étaient tenues écartées. On lui a substitué la résection au moyen du bistouri de toute la partie incarnée, depuis sa racine jusqu'au bord libre, en brûlant même avec la pierre infernale la partie de la racine qui pourrait se reproduire.

D'autres auteurs, ayant cru que la maladie dépendait de la courbure vicieuse de l'ongle, ont cherché à le redresser en parvenant à introduire une lame de fer blanc ou de plomb entre sa face intérieure et les chairs, puis en recourbant cette feuille métallique sur le côté ou les côtés de l'orteil, suivant qu'il est incarné d'un ou de deux côtés, pour déprimer les chairs excédantes ; ce moyen réussit dans bien des cas. Les chirurgiens modernes, peut-être trop souvent empressés d'opérer, lui préfèrent l'arrachement de la partie incarnée de l'ongle ou même de sa totalité.

Restent maintenant les moyens dirigés contre les chairs qui recouvrent l'ongle. Tout, à leur égard, se réduit, comme on le prévoit de suite, à les enlever. Cet enlèvement se fait, soit avec le bistouri, soit avec la pierre infernale ou la potasse caustique. Ces deux moyens peuvent avoir le mérite de la promptitude dans les résultats et de porter le cachet chirurgical ; mais ils sont par trop effrayants et trop douloureux pour qu'on s'y soumette bénévolement en dehors des cas extrêmes ; aussi, préfère-t-on, dans les cas ordinaires, avoir recours aux premiers moyens, surtout à la plaque introduite sous l'ongle et recourbée sur les côtés de l'orteil, qu'elle embrasse en partie.

OPHTHALMIE, *Rougeur des yeux, Mal d'yeux.* — On nomme ainsi, en langue médicale, l'inflammation de la membrane qui tapisse la partie extérieure du globe oculaire, pour se réfléchir sur la partie interne des paupières ; c'est à dire à tout état de l'œil ou des paupières qui se produit au dehors par quelque rougeur ou quelques-uns des signes ordinaires de l'inflammation.

Les causes de l'ophthalmie sont externes ou internes, suivant que ces causes résident dans l'application de substances irritantes sur les yeux, comme des liquides froids ou acides, l'action d'un vent froid ou chargé de poussière et de sable, l'exposition à une lumière très vive, à la fumée ou à des vapeurs irritantes, à la présence ou au simple contact de corps étrangers ; ou bien suivant que ces causes sont la suppression de la transpiration, d'un saignement de nez ou de

aute autre perte habituelle. L'ophthalmie peut aussi
enir à un état scrophuleux ou vénérien.

Lorsque cette maladie est simple et légère,
elle cède assez promptement à la diète et à quelques doux purgatifs, comme l'eau de veau, l'infusion de séné, secondés par quelques moyens locaux, à la tête desquels se placent naturellement les
lotions émollientes, les cataplasmes faits avec des
herbes mucilagineuses bouillies dans du lait. Les
lotions froides réussissent aussi quelquefois, mais
chez les personnes sanguines elles occasionnent plus
le mal que de bien.

Est-elle plus intense, on doit s'attacher à empêcher qu'elle ne tourne à suppuration, parce que
quand elle arrive à cet état, il se forme assez souvent
des taies qui, si elles surviennent en face de la pupille, gênent ou même empêchent complétement la
vision. A cet effet on a recours à la saignée du bras,
aux sangsues derrière les oreilles, aux bains de
pieds synapisés, aux purgatifs salins, comme l'eau de
Sedlitz, enfin aux vésicatoires et même au séton placé derrière le cou. Une atonie caractérisée par le
changement de couleur de l'œil qui, de rouge vif,
devient brun ou violet, et par la cessation ou la diminution de la douleur, succède-t-elle à la vive
inflammation? on remplace les médicaments émoll-
lients par des topiques astringents, comme l'eau
blanche très étendue d'eau, la solution de sulfate
de zinc, et même de nitrate d'argent, dans les rapports de 10 centigr. environ, ou 2 grains par
32 gramm. en une once d'eau. On fait aussi avec
avantage des frictions sur le front et même sur les
paupières avec une pommade mercurielle simple, ou
mieux associée avec l'extrait de belladone.

OREILLE (*Mal d'*). — Il est peu ou plutôt il n'est point de maladie qui, à gravité égale, occasionne des douleurs plus aiguës que l'inflammation de l'intérieur de l'oreille. Résultat ordinaire d'une température froide et humide, de l'exposition de la tête nue à un courant d'air rapide, surtout lorsqu'on est en sueur, de la présence d'un corps étranger, de la disparition d'une ophthalmie, de la suppression subite d'une perte habituelle, contre-coup d'un mal de gorge, d'une carie dentaire, etc., elle affecte ordinairement les sujets jeunes et se montre plus souvent chez les personnes d'une constitution lymphatique que chez celles de toute autre constitution. Lorsqu'elle se déclare on éprouve d'abord une douleur peu intense, quelquefois même une simple démangeaison incommode. Cette douleur augmente au seul toucher de l'oreille, au plus léger mouvement des mâchoires, occasionne bientôt un violent mal de tête, des bourdonnements et des sifflements dans l'oreille, que le plus léger bruit, les efforts de la déglutition aggravent. Si l'inflammation **est** plus prononcée, aux symptômes précédents se joignent bientôt de la fièvre, une rougeur des yeux, une tuméfaction des glandes du cou, une sécheresse douloureuse de la gorge, une salivation abondante.

Quand cette inflammation est légère et se trouve liée à un mal de gorge, elle se dissipe aisément et comme d'elle-même en trois ou quatre jours; mais si elle a gagné l'intérieur même de l'oreille, chez un sujet jeune et sanguin, on est souvent obligé d'avoir recours à la saignée du bras, aux sangsues appliquées derrière l'oreille malade ou à l'anus, aux injections émollientes rendues plus calmantes par la décoction de pavot ou l'addition de quelques gouttes de laudanum, aux vésicatoires sur le cou, aux lavements purgatifs; et encore on n'est pas toujours certain de prévenir la suppuration. Quand celle-ci est complétement formée, elle se fait souvent jour au dehors par une sorte d'explosion qui soulage la personne; mais quelquefois le pus ne peut s'écouler, faute d'issue, et occasionne de graves désordres par son accumulation. Chez les sujets lymphatiques, c'est-à-dire de tempérament mou et indolent, la maladie prend assez souvent une marche chronique et peut, en occasionnant la carie des osselets contenus dans l'intérieur de l'oreille, déterminer une surdité qu'il est toujours plus facile de prévenir que de combattre efficacement. C'est dans ces cas que l'application d'un vésicatoire au cou, ou d'un cautère au bras, et l'emploi des boissons amères sont indispensables : les premiers pour diminuer le travail de désorganisation de l'intérieur de l'oreille, les secondes pour changer l'ensemble de la constitution.

OREILLONS. — On donne généralement ce nom ou simplement celui de *glandes*, à certains gonflements inflammatoires des petites glandes situées derrière l'angle de la mâchoire, au-dessous de l'oreille, aux environs de la glande salivaire dite *parotide*, et parfois à l'inflammation de cette glande elle-même.

Les oreillons se manifestent tantôt d'un seul côté, tantôt des deux à la fois, ou bien d'abord à l'un, puis à l'autre; la tumeur qui en résulte parvient souvent à la grosseur du poing, ordinairement elle est assez douloureuse et gêne presque toujours la mastication, quelquefois même elle l'empêche entièrement; mais en général cette maladie est assez bénigne, quoique toujours accompagnée d'une fièvre plus ou moins forte, et rarement elle se montre rebelle au traitement dirigé contre elle.

Les oreillons sont beaucoup plus communs chez les enfants que chez les grandes personnes. Le tra-

vail de la dentition, la répercussion ou le dessécho-
ment du suintement des oreilles, le froid, l'humidité
en sont les causes les plus ordinaires; quelquefois
aussi cette affection sévit d'une manière épidémique

Le traitement des oreillons est ordinairement simple. On se contente en général de les frotter avec
de l'huile de lin un peu chaude, ou bien on les recouvre d'un tampon de laine grasse, c'est-à-dire récemment coupée et chauffée. On peut très bien substituer à ces moyens des cataplasmes émollients, des
boissons tempérantes et portant aux urines, comme le
sel de nitre. Si la suppuration se déclare, on la favorise par des cataplasmes rendus maturatifs au moyen
d'un mélange d'un peu de saindoux ou d'ognons
cuits sous la cendre ; puis on ouvre la tumeur dans le
point le plus bas, pour faciliter l'écoulement du pus

ORGEOLET.— Nommée aussi, en termes familiers,
pour ne pas dire triviaux, *Compère-Loriot*, cette affection consiste en une petite tumeur inflammatoire
qui se développe dans le bord libre des paupières
le plus ordinairement vers l'angle interne de l'œil.
Cette petite tumeur est, comme les clous, d'un rouge
foncé, très enflammée et beaucoup plus douloureuse
que ne peut le faire croire sa petitesse ; elle excite
même souvent la fièvre et l'insomnie chez les personnes délicates et sensibles.

Cette espèce de véritable furoncle se développe
sans cause apparente ; on a cependant remarqué qu'il
était assez fréquent chez les personnes qui se nourrissent d'aliments âcres et irritants, ou qui abusent
des liqueurs alcooliques. Quand il ne fait que commencer, et qu'il n'est encore que borné à la peau
on peut essayer d'en obtenir la résolution en appliquant sur lui l'eau froide et même la glace ; mais

quand il est déjà avancé et que le tissu cellulaire est
déjà envahi, on ne doit plus s'occuper que de favoriser la suppuration qui seule peut amener la guérison. Si l'inflammation est considérable et excite beaucoup de douleur, on bassinera les paupières plusieurs fois par jour avec l'eau de guimauve, ou mieux
on les couvrira d'un cataplasme fait avec la mie de
pain, le lait, la pulpe de pomme cuite, etc. Quand
l'inflammation est médiocre, une petite mouche de
diachylon gommé accélère la suppuration et favorise
l'ouverture de la tumeur, qu'il convient presque toujours d'abandonner à la nature.

Lorsque l'on voit blanchir le sommet de l'orgeolet, il ne faut pas se hâter de l'ouvrir, pour donner
issue à la petite quantité de sérosité purulente qui
se trouve entre le bourbillon et la peau, comme cela
arrive dans tous les clous, il faut attendre que la
peau s'amincisse autour du point blanchâtre, qu'elle
se rompe et s'ouvre assez d'elle même pour laisser
sortir avec le pus toute la portion morte du tissu cellulaire. Quand le bourbillon tarde à s'échapper, on
le fait sortir en pressant doucement la paupière vers
la base de la petite tumeur. Tous les symptômes ne
tardent pas ensuite à disparaître ; le vide qui succède
à la sortie du bourbillon se remplit et se ferme en
vingt-quatre heures.

On voit aussi assez souvent la tumeur qui nous occupe sur certaines personnes scrofuleuses, et surtout chez celles qui sont très sujettes à l'ophthalmie
et aux croûtes laiteuses de la tête et de la figure.
Un traitement composé de médicaments purgatifs, d'un
régime doux, du repos absolu des yeux, surtout l'abstinence du travail à des objets délicats et à une lumière artificielle, guérissent ordinairement une pareille tendance à la formation de l'orgeolet. Quand

il s'ouvre chez ces personnes; il arrive quelquefois qu'un petit flocon de tissu cellulaire reste dans le fond du foyer qui le logeait, et que sa présence empêchant le rapprochement des parois du foyer, retarde la guérison complète. Il faut alors toucher avec la pointe d'un crayon de pierre infernale, ou avec un pinceau très fin trempé dans l'acide sulfurique, pour déterminer promptement sa chute.

ORTHOPÉDIE. — C'est ainsi qu'on appelle la partie de la chirurgie qui s'occupe du traitement des difformités. Cette partie importante de l'art est devenue de nos jours l'objet des plus sérieuses recherches, et malgré les promesses toujours fort exagérées des praticiens qui en font le sujet d'une spécialité, on ne peut se dissimuler qu'elle n'ait fait des progrès fort remarquables, et n'ait en définitive donné d'excellents résultats (*Voyez les mots* BÉGAIEMENT, LOUCHES, TORTICOLIS, PIED-BOT, PIED PLAT, TAILLE, etc.).

P

PALES COULEURS. — Cette maladie, désignée en médecine sous le nom de *chlorose*, est propre aux jeunes filles, aux vierges et aux veuves; elle se manifeste par les symptômes suivants : pâleur excessive, couleur verdâtre, jaunâtre et bouffissure de la face; paupières livides et ordinairement tuméfiées après le sommeil ; yeux mornes , lèvres blanchâtres, peau sèche, terne et comme plombée , chairs molles et flasques; pieds gonflés, pouls petit et fréquent, respiration difficile, sentiment de tristesse , diminution et quelquefois perte complète de l'appétit, goût dépravé pour diverses substances non alimentaires, telles que le plâtre, le salpêtre, la craie, le charbon, etc. (Quelquefois les malades éprouvent des nausées et des vomissements, des palpitations, un engourdissement

es membres, des pandiculations, des pesanteurs et
aux de tête, etc. Les règles sont presque toujours
supprimées ou diminuées, et c'est surtout à leur épo-
ne que les symptômes s'exaspèrent.

Les causes des pâles couleurs sont souvent l'état
e virginité, surtout lorsqu'à l'époque de la puberté
a menstruation ne s'établit pas, ou qu'elle se fait
l'une manière irrégulière. Après les vierges, les
euves y sont le plus sujettes : c'est ce qui a fait
enser que cette maladie dépendait de l'inertie des
rganes génitaux, mais les médecins ne sont pas
l'accord à ce sujet. Quoi qu'il en soit, cette affection
e développe généralement sous l'influence de causes
débilitantes, telles que la vie sédentaire et renfermée, le séjour dans des lieux humides et malsains,
la fatigue jointe à une mauvaise nourriture, les veilles,
un chagrin profond et concentré, l'ennui, la jalousie, un amour contrarié, etc.

En général cette maladie est rarement dangereuse,
quoique souvent elle soit de longue durée ; cependant, comme toutes les autres maladies chroniques, elle
peut avec le temps, mais dans des circonstances rares,
produire l'inertie ou une grande irritation des organes
digestifs, et donner lieu d'abord au marasme, et par
suite à la mort.

Le traitement des pâles couleurs doit être en raison
des causes qui les ont produites et qui les entretiennent ; ainsi il faut débuter par rappeler les règles, si
elles sont supprimées, ou en provoquer l'éruption chez
les jeunes filles qui ne les ont point encore vues. Les
emménagogues et les préparations ferrugineuses suffisent souvent alors pour amener la guérison. On trouvera au mot RÈGLES tous les détails de ce traitement.
Lorsque la chlorose paraît être due à des chagrins ou
à une inclination contrariée, il faut se borner aux

moyens hygiéniques, aux distractions, s'abstenir de tout médicament jusqu'à ce que le temps ait émoussé ces affections tristes, et alors, pour l'ordinaire, il n'est plus besoin de médicaments.

Les pâles couleurs ne sont point un obstacle au mariage, qui peut même au contraire agir comme un remède, quand la maladie dépend d'un amour contrarié, du veuvage et d'un excès de chasteté. Mais toutefois il est de la plus grande importance que la malade ait atteint l'âge où le corps est bien développé, et que sa constitution ne soit point trop débile; car sans cela, au lieu d'être utile, le mariage viendrait aggraver la maladie.

Quelles que soient les causes des pâles couleurs, outre les médicaments, il est nécessaire d'avoir recours à un traitement hygiénique : ainsi les habitations seront saines, aérées, et exposées aux rayons solaires, les vêtements chauds, l'exercice modéré, les promenades à âne, en voiture, et même à cheval, les aliments sains, faciles à digérer, pris en petite quantité et rendus un peu excitants et toniques, le bon vin coupé avec deux tiers d'eau ferrugineuse naturelle ou factice, la danse, la musique, les amusements divers, les jeux un peu actifs, en un mot tout ce qui peut concourir à distraire agréablement les malades. On retire également des effets avantageux des bains d'eaux minérales pris à la source, tant par l'exercice et les distractions qu'ils procurent que par l'action tonique des eaux elles-mêmes. Celles qui sont le plus spécialement recommandées sont les eaux de Vichy, de Plombières, d'Enghien, de Passy, de Pyrmont, etc.

Les signes qui font présager la guérison prochaine des pâles couleurs sont les suivants : la peau se colore, surtout la face, les yeux reprennent leur éclat, les forces se rétablissent, etc. Il importe de ne pas cesser

tout à coup le traitement, lorsque la guérison est ré-
centé, mais on ne doit l'abandonner qu'avec lenteur
et d'une manière insensible, et se préoccuper de la nécessité des conditions hygiéniques, jusqu'à ce qu'on
soit à l'abri de toute rechute.

PALPITATIONS. — Les palpitations ou battements de cœur se lient ordinairement à une affection
organique de ce viscère, c'est-à-dire à une altération matérielle et conséquemment appréciable de sa
conformation; mais très souvent aussi elles sont l'effet d'une disposition nerveuse ou d'une constitution
détériorée, comme celles qui affectent les personnes
dont la vie a été agitée, et qui sont restées longtemps
exposées à des affections morales vives, mais surtout
à de violents chagrins, et celles qu'on observe chez
les individus convalescents de quelques maladies
ayant exigé un traitement énergique, ou chez les jeunes filles non encore réglées et chlorotiques.

La première chose à faire dans le cas de palpitations
purement nerveuses, très communes dans les classes
élevées de la société, est assurément de faire cesser
les causes morales qui les ont occasionnées. Mais ces
causes une fois détruites, il arrive assez souvent que
l'effet persiste : on est alors obligé d'avoir recours à
divers moyens, comme les boissons froides longtemps continuées, les applications sur la région du
cœur de compresses trempées dans des liquides froids
ou arrosées d'éther, les antispasmodiques, tels que
l'opium, la digitale et la belladone. On a aussi retiré
de grands avantages du sirop de pointes d'asperges,
des tisanes fortement nitrées, des bains tièdes.

Le séjour à la campagne, les voyages, les distractions
morales, une nourriture légère, mais non débilitante,
secondent puissamment l'effet de ces divers moyens.
On conçoit très bien que si les palpitations se liaient

à un état sanguin, qu'elles en fussent ou non la conséquence, une saignée au bras devrait précéder tout le traitement ; elle pourrait même, dans certains cas, dispenser de tout autre soin, tandis que si elles s'étaient déclarées sous l'influence de la suppression d'un flux périodique, c'est au rétablissement de ce dernier qu'il faudrait d'abord songer. Quant aux palpitations qui affectent les personnes très affaiblies ou les jeunes filles non encore réglées, et qu'on reconnaît aisément à la pâleur de la face et à tous les signes d'une détérioration générale, elles ne cèdent qu'à l'emploi sagement combiné des fortifiants, et surtout des préparations ferrugineuses (*Voyez* les mots PALES COULEURS).

PANARIS. — On donne ce nom à l'inflammation aiguë des parties molles qui entrent dans la composition des doigts, inflammation qui, bornée primitivement à l'un des doigts, peut s'étendre et ne s'étend que trop souvent à la main, et même au bras. Cette maladie a reçu divers noms, suivant ses degrés ; ainsi quand elle est légère et bornée aux couches superficielles de la peau, on la nomme *tourniole ;* quand elle est plus intense et paraît avoir son siége plus profondément, elle constitue ce qu'on nomme *mal d'avénture ;* dans le langage ordinaire, le mot *panaris* exprime le degré le plus élevé de la maladie ; celui dans lequel le tissu cellulaire, situé en dessous de la peau, est envahi.

Le panaris s'annonce, comme on sait, par une légère démangeaison dans la partie du doigt qui a été le siége d'une irritation quelconque, mais le plus ordinairement d'une piqûre. Bientôt cette partie devient rouge et se gonfle, la démangeaison se change en une douleur brûlante et pulsative, c'est-à-dire accompagnée de battements. Au bout de quelques jours, il s'amasse

sous l'épiderme et autour de l'ongle un fluide purulent, blanchâtre, le petit abcès se perce de lui-même
et son évacuation est ordinairement suivie d'une
prompte guérison. Très souvent néanmoins, même
avec cette marche simple, l'ongle finit par tomber. Le
panaris est loin d'être toujours une maladie aussi légère. Si l'inflammation a gagné le tissu cellulaire, ce
que nous avons dit constituer le véritable panaris, les
douleurs deviennent aiguës, le gonflement et la tension augmentent, le doigt affecté prend une couleur
foncée, les artères de la main battent avec force, la
totalité de la main peut même être envahie et l'irritation se propager à l'avant-bras, au bras et surtout à
l'aisselle où elle aboutit très souvent. Cet état est toujours accompagné de fièvre, d'insomnie et quelquefois
même de délire.

Les médicaments les plus bizarres ont été conseillés
contre le panaris, ou plutôt pour prévenir son développement dans les cas où l'on craint qu'il ne se
forme. De ces médicaments il ne reste plus aujourd'hui
que l'immersion du doigt malade dans l'eau froide,
même dans la glace ou la neige pilée, ou dans un bain
saturé de quelques topiques calmants, l'emploi des cataplasmes laudanisés, les frictions mercurielles, les
cataplasmes de ciguë. Mais il est bien rare que ces
moyens, même employés dès le début de l'inflammation, puissent l'arrêter dans sa marche et surtout prévenir la formation d'un abcès ; aussi est-on assez
généralement d'accord aujourd'hui sur la nécessité
d'inciser de bonne heure la partie malade. Cette incision a l'avantage de débrider les parties, pour ainsi
dire étranglées, et de ménager une issue au pus, si on
n'a pu empêcher sa formation. Après que l'incision
est faite, on plonge le doigt dans une décoction émol-
liente qu'on a rendue calmante en la coupant avec de

l'eau de pavot; on laisse saigner quelque temps la plaie, et on la panse avec des bourdonnets de charpie qu'on recouvre deux fois par jour de cataplasmes arrosés de quelques gouttes de laudanum.

PARALYSIE. — On dit qu'une partie est paralysée quand elle se trouve privée de la faculté de mouvoir ou de sentir, ou même de ces deux facultés à la fois. On la nomme *générale* lorsqu'elle occupe la totalité ou la presque totalité des organes ; *hémiplégie* si elle est bornée à un seul côté du corps, et *paraplégie* quand elle frappe sur toutes les parties inférieures. On la divise encore en paralysie du mouvement et paralysie du sentiment, suivant que c'est l'une ou l'autre de ces deux facultés qui est éteinte. Pour se faire une idée exacte de la paralysie, il faut savoir que nos organes ne sentent et ne se meuvent que par le cerveau et la moelle épinière, et qu'ils cessent, par conséquent, de sentir et de se mouvoir aussitôt que leurs rapports avec ces centres nerveux sont détruits ou interrompus, ou que ces derniers sont plus ou moins profondément affectés. Ainsi l'incision d'un nerf se rendant à un membre entraîne la paralysie de ce membre par l'impossibilité où ce dernier se trouve alors de recevoir l'influence du cerveau, de même qu'un épanchement de sang, ou de tout autre chose dans un point quelconque du cerveau, détermine la paralysie du membre auquel ce point correspond par l'impossibilité où se trouve alors le cerveau d'envoyer son influence.

C'est de l'appréciation de ces deux ordres de causes de la paralysie que découle son traitement. Une personne se trouve-t-elle paralysée par une attaque d'apoplexie *(voyez* ce mot), c'est bien moins sur les parties privées de sentiment que vers le cerveau que doit être dirigé le traitement; aussi la première chose à faire dans ce cas c'est de chercher à dégager le

cerveau par des saignées générales, des sangsues derrière les oreilles, des vésicatoires volants appliqués à la
nuque, des purgatifs ou même l'émétique si la personne
avait l'estomac embarrassé d'aliments, comme cela arrive très souvent. Une fois que le sentiment commence
à reparaître dans les parties qui ont été atteintes, on
peut diriger sur elles quelques moyens propres à relever leur vitalité, comme des frictions sèches ou faites
avec des préparations soit alcoboliques, soit ammoniacales; des douches sulfureuses, des exercices d'abord
modérés et de plus en plus actifs. L'électricité et le
galvanisme ont aussi souvent été mis à contribution
avec succès. On a également essayé de ranimer l'action
du cerveau et de la moelle épinière par l'emploi de
certaines substances très actives, que l'expérience a
démontrées agir spécialement sur eux, comme la noix
vomique, la strychnine, le rhus radicans. Mais ce
mode de traitement ne peut être tenté que dans les cas
extrêmes, et demande la plus grande circonspection.

PEAU (*Maladie de la*). — (*Voyez* DARTRES, GALE,
MENTAGRE, PRURIGO, SCARLATINE, VARIOLE, ZONA, etc.)

PENDU. — (*Voyez* ASPHYXIE.)

PERTE. (*Voyez* HÉMORRHAGIE, RÈGLES, etc.)

PESTE. — On confond très souvent sous ce nom la
plupart des maladies qui règnent épidémiquement et
exercent de grands ravages; mais il appartient spécialement à une maladie propre aux pays chauds, endémique en Égypte, généralement réputée contagieuse,
caractérisée par des taches livides à la peau, des bubons, des gangrènes, etc., contre laquelle les traitements les plus opposés ont été tentés sans grand
résultat, et dont on n'est sûr de se garantir qu'en s'éloi-
gnant des lieux où elle règne. La peste étant une maladie à peu près inconnue en France et même en Europe, il est inutile de nous en occuper davantage.

PHTHISIE.—On a longtemps appelé du nom de phthisie tout état d'amaigrissement porté jusqu'à la consomption, qu'elle qu'en fût la cause ; mais cette dénomination n'appartient aujourd'hui qu'au marasme déterminé par les altérations de l'appareil respiratoire, comme le poumon, le larynx : de là, la phthisie *pulmonaire* et la phthisie *laryngée*. Voyons d'abord la première.

Cette redoutable maladie, plus fréquente parmi les femmes que parmi les hommes et plus commune de dix-huit à trente ans qu'à aucune autre époque de la vie, débute presque toujours par une toux sèche, souvent si peu pénible que la personne y fait à peine attention, quoiqu'elle soit généralement opiniâtre et qu'elle redouble tous les soirs. Il n'est pas rare de la voir accompagnée ou suivie de crachements de sang ; mais à mesure qu'elle se prononce davantage, quelques douleurs d'abord vagues, mais bientôt plus prononcées se déclarent dans divers points de la poitrine ou dans le dos, en même temps que la respiration se gêne de plus en plus, que les crachats deviennent plus abondants et plus chargés, que la fièvre devient plus forte, que des sueurs visqueuses se déclarent au front et dans la paume des mains, que la voix s'éteint, que les yeux se cavent, que les pommettes deviennent plus saillantes.

Que de moyens n'a-t-on pas proposés contre la phthisie pulmonaire, et malheureusement que de déceptions n'a-t-on pas eues ? plusieurs médecins sont même d'avis qu'elle est complétement incurable. Mais cette assertion est très contestable, à moins qu'elle ne s'applique qu'à la seconde et à la troisième période de la maladie. Mais les exemples de guérison dans la première période sont assez communs pour encourager l'espérance des malades. Dans le début de la maladie, les personnes qui le peuvent feront bien d'habiter en climat chaud et sec, de porter constamment de la laine sur la peau, d'arrêter le travail de désorganisation, dont le poumon tend de plus en plus à devenir le siége, par des vésicatoires placés soit au bras, soit mieux encore sur les parties de la poitrine répondant aux points malades, de faire un usage habituel de tisanes pectorales, d'éviter tous les aliments salés qui provoquent la toux, de prendre une nourriture substantielle, le lait d'ânesse. L'observation semble aussi avoir prouvé que les eaux sulfureuses, l'iode, l'huile de foie de morue, les décoctions de plantes amères comme les lichens, le cresson, pouvaient quelquefois arrêter la dégénérescence de la matière qui fait la base même de la phthisie pulmonaire.

Quant à la phthisie *laryngée*, conséquence assez commune de la première, elle est cependant plus fréquente chez les hommes que chez les femmes, et se développe plus souvent que celle du poumon sous l'influence de causes physiquement appréciables. Aussi, la rencontre-t-on assez ordinairement sur des personnes qui ont fait des exercices forcés de la voix, qui vivent dans une atmosphère chargée de poussière, qui boivent beaucoup de liqueurs alcooliques. Dans son début, elle est souvent arrêtée par les saignées, si elle s'est énoncée avec les apparences d'une vive inflammation. Des vésicatoires sur le devant du cou et le silence le plus absolu ont quelquefois arrêté la formation des ulcères, par lesquels se termine le plus habituellement cette espèce de phthisie. La cautérisation de ces ulcères par des fumigations balsamiques, comme les diverses résines, l'atténuation des douleurs par les préparations opiacées, etc., sont des indications que l'on doit avoir en vue de remplir ; mais la maladie ne triomphe que trop souvent de ces moyens et d'une infinité d'autres qu'on a cherché à lui opposer.

PIED-BOT. — Un grand nombre d'enfants naissent ayant les pieds tellement disposés, qu'ils ne peuvent toucher le sol que par un de leurs bords ou par la pointe, ou bien encore, si les orteils sont dirigés en dedans, sans que leur face plantaire cesse d'être horizontale. Il en résulte diverses difformités auxquelles on donne généralement le nom de *pied-bot*, et qu'on distingue en *équin* lorsque le pied ne touche le sol que par sa pointe, en *varus* quand le pied est tourné en dedans, et *valgus* quand c'est le contraire. Quoi qu'il en soit de ces diverses dénominations, auxquelles les hommes spéciaux ont voulu en substituer d'autres plus scientifiques, il faut reconnaître, puisque c'est la vérité, que, dans aucune autre maladie, la science de nos jours n'a eu des résultats plus certains. Ces résultats datent seulement du moment où l'on reconnut que, dans la plupart de ces difformités, les os du pied avaient conservé leur forme naturelle, et se trouvaient seulement maintenus dans des rapports vicieux par les muscles ou les cordes tendineuses qui s'insèrent sur eux.

Une fois ce fait démontré et bien acquis, il en découlait naturellement cette conséquence : qu'il devait suffire de détruire, par la section du muscle ou des muscles raccourcis, l'obstacle qu'ils opposaient aux rapports réguliers des os du pied entre eux. C'est effectivement ce qui a lieu, et des faits nombreux viennent tous les jours confirmer l'exactitude de cette application théorique. Une fois le muscle coupé, le pied et le bas de la jambe sont fixés dans un appareil qui maintient ses deux bouts écartés et favorise la formation d'une substance intermédiaire, par l'extrémité de laquelle ce muscle reprendra ses fonctions. Comme le défaut de mouvement du pied et la compression que les os détournés de leur place ont exercée sur les vaisseaux nourriciers du membre, l'ont ordinairement jeté dans un grand état de maigreur, on voit très souvent tous ces accidents consécutifs disparaître avec la destruction de la cause qui les entretenait.

PIED PLAT. — Tout le monde sait que l'aplatissement du pied rend la marche difficile et même pénible. La raison s'en trouve dans le peu de force qu'ont sur les os du pied les muscles qui, s'insérant à eux pour entraîner le pied dans la marche, y arrivent dans une direction qui leur est parallèle, et non obliquement, comme cela existe quand le coude-pied est très prononcé. Cette difformité qui, dans bien des cas, est une cause d'exemption du service militaire, se corrige en quelque sorte par des chaussures à talons élevés.

PIERRE. — La pierre est une maladie fort commune, sans qu'on puisse connaître les causes qui président à sa formation. Les deux sexes y sont à peu près aussi sujets l'un que l'autre, aucun âge n'en est exempt, on en trouve un nombre presque égal dans les pays chauds et les pays froids, aucun régime n'en garantit ; quant à la disposition à l'acquérir, elle se transmet assez facilement par voie d'hérédité. Les signes qui dénotent l'existence de la pierre sont quelquefois très obscurs, puisqu'on a vu des individus vivre très longtemps, mourir même sans s'être jamais doutés qu'ils eussent dans leur vessie des pierres même assez volumineuses. Mais ce sont des cas exceptionnels ; dans les cas ordinaires, le cours des urines est troublé, on éprouve un sentiment de tension et de pesanteur dans le fond du bassin, le bout de la verge est douloureux, les urines sont glaireuses ou sanguinolentes, leur émission est accompagnée d'une ardeur qui augmente surtout vers la fin, au moment où les parois de la vessie, se vidant, viennent s'appliquer sur la pierre ; cette émission se trouve souvent tout à coup interrompue, pour ne reprendre son cours qu'après quelques mouvements, ou dans certaines positions extraordinaires; enfin une sonde introduite dans la vessie fait éprouver, sur la pierre qu'elle contient, un choc qui ne laisse plus aucun doute sur son existence.

Le traitement de la pierre est médical ou chirurgical, c'est-à-dire qu'il est composé ou de moyens fournis par la pharmacie, ou d'opérations chirurgicales. Les premiers de ces deux ordres de moyens doivent, surtout dans les cas simples, et quand on est averti dès le début de la maladie, précéder l'emploi des seconds. A leur tête on place aujourd'hui les boissons capables, par leurs propriétés chimiques, de dissoudre la pierre, comme les eaux chargées de carbonate ou de bicarbonate de soude, telles que celles de Vichy, de Contrexeville, de Saint-Myon, administrées comme boissons, en bains, et même en injections, surtout si on a eu le soin d'acquérir la certitude que la pierre est d'acide urique. A ces moyens on peut joindre l'électricité, la pile voltaïque, comme dissolvant physique; et dans tous les cas, les malades devront suivre un régime sévère, boire abondamment des boissons délayantes, prendre fréquemment des bains, se tenir le ventre libre par des lavements émollients. Il n'arrive que trop souvent par malheur que toutes ces ressources échouent; on est alors forcé d'en venir aux moyens chirurgicaux, qui sont ou l'enlèvement de la pierre par une incision faite à la vessie, ou son broiement au moyen d'instruments introduits par le canal de l'urètre; c'est ce qui constitue la *taille* et la *lithotritie*. La première ne convient qu'aux cas, fort heureusement les moins nombreux, où la pierre, trop volumineuse, ne pourrait être que difficilement attaquée par les instruments lithotriteurs, tandis que la sonde, qui est sans contredit une des innovations les plus heureuses de la science, trouve son application dans la pluralité des cas.

PIQURE. — On donne ce nom aux plaies fatise
par des instruments piquants, tels que les épées,
les aiguilles, les clous, les épines, etc. Des quatre
genres de plaies aujourd'hui reconnues savoir : plaie
par *contusion*, plaie par *coupure*, plaie par *arrache-*
ment, plaie par *piqûre*, ce dernier est généralement
regardé comme le plus grave, toutes choses étant
égales d'ailleurs sous le rapport de l'étendue de la
plaie et de la nature des parties blessées.

Les piqûres diffèrent non seulement par leur étendue, mais encore par la forme des corps qui les produisent, et dont les uns agissent seulement en écartant les fibres des tissus dans lesquels ils pénètrent
sans les rompre ou en les déchirant légèrement,
comme les instruments très fins, tels qu'une aiguille,
un canif très pointu ; dont les autres agissent en déchirant les tissus dans leur passage, comme un coin
qu'on pousse dans un bois, un clou, un canif dé-
pointé, la corne des animaux. Enfin les piqûres sont
simples, suivant qu'elles ne communiquent avec aucune cavité, qu'elles n'intéressent ni vaisseaux ni
nerfs importants, qu'elles ne renferment aucune partie de l'instrument qui les a produites ou de tout autre corps, ou bien elles sont compliquées dans les
cas contraires.

Considéré d'une manière générale, le traitement
des piqûres se réduit à l'emploi des moyens qui
ont pour but de prévenir l'inflammation et de la
combattre quand il a été impossible de la prévenir :
ainsi, suivant le cas, saignées générales ou locales,
ventouses quelquefois sèches, mais souvent scarifiées,
aux environs de la plaie, irrigations permanentes avec
l'eau froide, ou, si la plaie intéresse un membre,
immersion de ce membre dans l'eau glacée. On
réussit aussi quelquefois très bien à prévenir la

réaction inflammatoire, en frictionnant fortement
la partie piquée avec la pommade mercurielle dans
laquelle on a incorporé du camphre ou de l'extrait
de belladone. Si une portion quelconque de l'instrument qui a fait la piqûre est restée dans la plaie,
c'est par son extraction que l'on doit avant tout procéder, de même que si on supposait que quelque
substance vénéneuse y fût introduite, on cautérise-
rait, suivant le cas, ou on se contenterait de laver
la plaie avec une eau ammoniacale. Malgré tous ces
moyens il arrive souvent que l'inflammation se développe, et qu'il survient dans la partie blessée un
véritable étranglement : il ne faut pas hésiter dès-
lors à faire un débridement et à en profiter pour
laisser couler le sang. C'est un précepte sur la valeur duquel on est généralement d'accord et qui
conduit tous les jours à d'excellents résultats, en
prévenant les accidents nerveux qu'entraîne si souvent une lacération irrégulière des nerfs... (*Voyez*
pour les piqûres compliquées les mots ABEILLES, VI-
PÈRE, POISONS, RAGE, etc.)

PITUITE. —Beaucoup de personnes, douées d'ailleurs de toutes les apparences de la santé, sont in-
commodées tous les matins par une salivation abondante, de saveur salée, qui provient évidemment de
l'estomac puisque la sécrétion est accompagnée de
pesanteur d'estomac, de dégoût, de nausées et même
de vomissement. C'est ce que les anciens appelaient
les *Glaires.* Cette incommodité se lie très souvent à
un tempérament lymphatique, mais elle est très souvent aussi le résultat d'une sub-inflammation de la
membrane muqueuse de l'estomac occasionnée par
l'abus des mets stimulants et des boissons alcooliques.
Dans le premier cas elle disparaît avec la constitution
molle et lymphatique qui l'entretenait, et que com-

bat avantageusement l'emploi suffisamment continué des toniques, des ferrugineux; dans le second cas elle cède avec la cessation de la cause qui l'occasionnait, aidée toutefois de quelques expectorants, comme les tablettes de soufre, de kermès, d'ipécacuanha, etc. (*Voyez* MALADIES DE L'ESTOMAC.)

PLAIE. — (*Voyez* CONTUSION, COUPURE, PIQURE.)

PLEURÉSIE. — (*Voyez* FLUXION DE POITRINE.)

PLÉTHORE. *Réplétion*,— se dit de la surabondance du sang dans le système sanguin ou dans une partie de ce système; e'le se reconnaît assez facilement à la rougeur de la peau, au gonflement des vaisseaux sanguins les plus superficiels, à la dureté du pouls, etc.; ordinairement elle est accompagnée de somnolence, de vertiges, de pesanteur, de malaise général, et précède fréquemment l'invasion des maladies inflammatoires, dont elle est la cause prédisposante la plus active. On la combat par la diète, les émissions sanguines, l'exercice et les évacuans, (*Voyez pour plus de détails les mots* BÉRLUE, COUP DE SANG, APOPLEXIE, INFLAMMATION, IRRITATION, etc.)

POINT DE COTÉ. — On désigne sous ce nom une affection rhumatismale des muscles qui entourent la poitrine.

Cette affection se manifeste ordinairement par une douleur plus ou moins vive, habituellement exempte de fièvre et de toux; elle survient brusquement dans les saisons variables et particulièrement dans les temps froids et humides, quelquefois à l'occasion d'un effort, d'autres fois sans cause connue. Elle se fixe sur l'un des points des parois de la poitrine, tantôt sous l'épaule, tantôt sous l'aisselle, sous le sein, plus haut, plus bas, plus en avant ou plus en arrière. A peu près nulle dans un état d'immobilité parfait, t .... e mouvement du corps, le moindre effort respiratoire, l'excitent au point d'arracher des cris au malade. La santé générale reste intacte.

En peu de jours cette douleur se dissipe souvent d'elle-même par le repos, la chaleur et le régime, mais elle peut s'accroître et devenir le prélude d'une maladie plus sérieuse si on la néglige et si on la brave.

Le traitement du point de côté ne diffère pas en général de celui de tout autre rhumatisme ; des frictions avec un liniment camphré ou laudanisé, des topiques émollients suffisent presque toujours, quelquefois cependant l'application d'un sinapisme ou d'un vésicatoire volant devient nécessaire. Si même la douleur est vive et opiniâtre et que le malade soit jeune et vigoureux, on se trouve bien d'appliquer des sangsues en plus ou moins grand nombre ou des ventouses scarifiées sur le point douloureux, parfois même on pratique une saignée générale, surtout si l'on craint l'apparition d'une pleurésie.

Quel que soit le mode de traitement local adopté, il faut en seconder l'effet par la chaleur du lit et une température douce, par une abstinence plus ou moins rigoureuse, selon que la douleur est plus ou moins vive et que la fièvre qui l'accompagne quelquefois est plus ou moins intense, et par des boissons délayantes, légèrement acidulés, douces ou aromatiques, propres à calmer la soif et toujours chaudes pour favoriser la transpiration cutanée, et augmenter l'action de la peau.

POIREAU. — (*Voyez* VERRUE.)

POLLUTIONS. — On appelle ainsi les pertes séminales involontaires auxquelles sont sujets soit les hommes forts et vigoureux qui vivent dans le célibat, soit ceux qui, exerçant fréquemment les organes génitaux, se trouvent tout à coup privés. Les moyens proposés contre ces pertes qui, en se renouvelant, peuvent jeter l'économie en assez peu de temps dans un grand état de faiblesse, sont les réfrigérants comme les compresses trempées dans l'eau glacée ou imbibées d'éther appliquées sur les bourses, les douches froides sur le périnée, les lavements et les bains frais, les bains sulfureux. On a aussi conseillé quelques moyens chirurgicaux comme la pose à demeure d'une bougie dans l'urètre, et même la cautérisation de ce canal; mais peu de personnes, dans les cas ordinaires, consentent à en venir à de pareils moyens. On s'en tient ordinairement aux premiers dont on seconde l'effet par une nourriture adoucissante comme le laitage, les légumes frais, les boissons acidulées, les distractions, le calme dans les plaisirs sensuels, enfin le mariage, si la cause semble en être dans la vigueur même de la constitution ; ou bien par une nourriture fortifiante, les boissons ferrugineuses, les préparations camphrées et même l'opium, si le sujet est d'une faible constitutiou ou qu'il ait été conduit par l'état qui nous occupe à un degré extrême de susceptibilité nerveuse.

POLYPES. — On désigne par ce nom des tumeurs saillantes dans l'intérieur de certaines cavités comme les fosses nazales, la matrice, etc., soit qu'elles résultent d'un développement anormal, espéce de végétation de la membrâne muqueuse qui tapisse ces cavités, soit que, nées en dehors de cette membrane, elles la refoulent et la déplacent en quelque sorte en se l'appropriant. Considérés sous le rapport de leur structure, les polypes sont mous ou durs. Les premiers sont muqueux, vésiculaires, lardacés, fongueux ou granulés; les seconds sont fibreux, cartilagineux ou même osseux. Examinés sous le rapport de leur conformation; ils sont pédiculés ou non, c'est-à-dire qu'ils se détachent de la surface à laquelle ils sont adhérents par un collet étroit ou par une large base.

Les polypes muqueux, qu'on rencontre très souvent dans les fosses nazales, sans qu'on puisse rapporter leur développement à aucune cause bien précise, sont formés par un tissu cellulaire à mailles fines, friables, transparentes, à vaisseaux sanguins très fins, et sont susceptibles de se gonfler par les temps humides; ils sont d'ailleurs insensibles au toucher, ne gênent que lorsqu'ils ont acquis un grand volume, et mettent ordinairement un temps assez long pour y arriver. Les polypes fibreux, les plus communs de ceux de la deuxième espèce, et qui forment une grande partie de ceux qu'on rencontre dans la matrice, peuvent acquérir un volume considérable, et affectent des formes très variées. Si, de la structure et de la conformation des polypes, on passe à la marche qu'ils suivent dans leur développement, on trouve que rien n'est plus obscur que le moment de leur naissance, parce qu'en général ils n'appellent l'attention que lorsqu'ils sont déjà assez volumineux pour causer une gêne et même une véritable incommodité. Une fois qu'ils ont acquis un certain développement ils déterminent des écoulements muqueux ou purulents, mais fréquemment aussi des hémorrhagies par les cavités qu'ils occupent et qu'ils tendent de plus en plus à remplir. Enfin quand, irrités par les attouchements continuels, des personnes qui les portent ou par des tentatives de traitement mal combinées, ils dégénèrent en cancers, ils occasionnent des tourments insupportables qui ne laissent, ni sommeil, ni repos, et que leur enlèvement seul peut faire cesser. Cet enlèvement se fait par l'excision, l'arrachement, le déchirement, la ligature.

On a aussi proposé de chercher à obtenir leur dessiccation par des poudres astringentes comme l'alun, et de les flétrir, soit en les traversant d'un séton, soit en les comprimant; mais quand ces moyens échouent, ce qui arrive souvent, ils les font dégénérer et rendent leur enlèvement plus difficile et d'un succès moins certain. Quelle que soit d'ailleurs la méthode de traitement employée, ce succès n'est pas toujours définitif parce qu'ils sont très sujets à se reproduire. Dans ce cas, ce qu'il y a de mieux à faire, c'est de les opérer une seconde et même une troisième fois.

POU. — Rares chez les adultes et généralement assez communs chez les enfants, les poux semblent avoir une préférence marquée pour les individus à chairs molles et à cheveux blonds, c'est-à-dire pour les individus essentiellement lymphatiques, chez lesquels, en effet, ils établissent domicile et se propagent avec une inconcevable rapidité; la misère et la malpropreté sont aussi pour beaucoup dans le développement de cette affection; cependant il faut reconnaître qu'elle survient très souvent sur la tête d'enfants bien soignés et appartenant à des parents très propres, mais presque toujours alors elle dépend d'une maladie quelconque du cuir chevelu.

Le traitement le plus rationnel à employer contre les poux consiste à observer rigoureusement la plus grande propreté possible, et surtout à se nettoyer chaque jour la tête au peigne fin; si cependant les poux étaient compliqués d'ulcères et de croûtes, il faudrait non seulement peigner les cheveux tous les jours d'une main légère, mais soumettre de temps en temps le cuir chevelu à des lotions émollientes pour déterminer, sans douleur et sans danger, la chute de ces croûtes et entraîner le pus qui séjournerait à leur abri.

Néanmoins si malgré les soins de propreté les poux persistaient, on pourrait alors frotter les parties qu'ils occupent avec une pommade dans laquelle entrerait le camphre ou mieux encore le mercure. Quand on veut faire usage de cette dernière substance, il est prudent de déclarer au pharmacien chargé de la préparer, l'emploi auquel on la destine afin qu'elle soit disposée en conséquence. Il est également prudent de n'avoir recours à ces moyens extrêmes qu'après avoir épuisé tous les soins possibles de propreté, car la présence de poux à la tête entretient un degré d'irritation quelquefois assez vif et dont la cessation trop brusque pourrait avoir des suites fâcheuses, surtout chez les enfants qu'un développement extrême du cerveau prédispose aux convulsions, ou chez ceux dont la dentition paraît devoir être orageuse.

Quant au pou du corps, le traitement est presque le même que celui de la *gale :* les bains sulfureux et les pommades soufrées, l'exacte propreté du corps et des vêtements, une alimentation substantielle, un appartement sec et peu chauffé, tels sont les moyens les plus efficaces que l'on puisse conseiller dans cette affection.

Une autre espèce de pou survient aussi quelquefois aux parties sexuelles, aux aisselles et aux sourcils, après avoir couché dans un lit malpropre ou cohabité avec des personnes qui en étaient infectées. Le moyen le plus simple et le plus expéditif de se débarasser de ces dégoûtants insectes est d'avoir recours à l'onguent mercuriel vulgairement connu sous le nom d'*onguent gris* et de s'en frictionner une ou deux fois les parties infectées. Il est bon de pratiquer ces frictions le soir, et de prendre un bain le lendemain matin pour en effacer les traces qui pourraient se montrer sur le linge. La plus complète propreté du corps et des vêtements, ainsi qu'un régime convenable, sont également de rigueur pour détruire entièrement cette affection.

POUMON (maladie du). — (*Voyez* Apoplexie, Asthme, Catarrhe pulmonaire, Fluxion de Poitrine Phthisie pulmonaire.)

PRESBYTIE. — La presbytie ou **vue** longue est un état complétement opposé à la myopie ou vue courte (*Voyez ce mot*) ; c'est-à-dire que les personnes qui en sont affectées voient obscurément quand elles regardent les choses de près, et ne distinguent bien que lorsque leur vue se porte sur des objets éloignés. Cet état est donc, à vrai dire, plus défavorable que la myopie, puisque, résidant dans un défaut de force des puissances réfringentes de l'œil, il ne peut qu'augmenter par les progrès mêmes de l'âge. Les presbytes ont généralement les yeux aplatis, peu saillants et les pupilles étroites. Les personnes qui les entourent ne s'aperçoivent pas que leurs yeux sont atteints d'aucun vice ; seulement la nécessité dans laquelle ils sont d'écarter leurs yeux de l'objet qu'ils examinent leur fait contracter l'habitude de renverser la tête en arrière, tandis qu'en général les myopes la tiennent penchée en avant. L'art ne possède d'autres moyens pour corriger la presbytie que l'emploi des lunettes à verres convexes, c'est-à-dire légèrement bombés.

PROSTRATION. — On désigne sous ce nom l'abattement profond, l'affaiblissement considérable, la stupeur, qui s'observent dans le cours de certaines maladies, et qui, généralement, en constituent l'un des symptômes les plus fâcheux. La prostration diffère donc de la faiblesse en ce que si, dans cette dernière, les forces sont perdues, dans la seconde elles sont seulement opprimées, enrayées.

Quoi qu'il en soit et malgré sa gravité, la prostration n'étant pas une maladie par elle-même, il n'y a presque jamais de traitement spécial à lui opposer, les moyens propres à guérir la maladie principale quelle vient compliquer devant naturellement suffire, en cas de succès, à guérir toutes les complications. Si cependant dans le cours d'une maladie grave une profonde

prostration mettait le malade en péril imminent, il serait bon alors d'avoir recours à l'emploi de l'ammoniaque administré soit à l'intérieur à la dose de quelques gouttes étendues dans 50 ou 60 parties d'eau
sucrée, ou de tisane de tilleul, de sureau, etc., soit à
l'extérieur en dégageant de temps à autre, mais toujours en très petite quantités, quelques vapeurs ammoniacales sous le nez du malade. On pourrait aussi,
dans le cas où les voies intestinales et digestives ne
seraient point affectées, remplacer avec succès l'ammoniaque à l'intérieur par une cuillerée de bon vin
sucré ou d'une liqueur quelconque. Autrefois, même
dans nos hôpitaux, il était d'usage d'administrer à
tous les mourants un breuvage spiritueux qu'on désignait sous le nom d'*illico*, et qui ressemblait un peu
à notre punch. Aujourd'hui, par mesure d'économie,
on l'a remplacé par de simples tisanes adoucissantes ;
cela est fâcheux, car bien certainement l'ancienne méthode valait mieux, et plus d'un moribond lui a dû la vie.

PRURIGO. — Ce mot, dérivé de *prurit*, démangeaison, sert en médecine à désigner une affection de
la peau caractérisée par une éruption de boutons pa-
puleux, ordinairement de la couleur de la peau, occupant spécialement les membres dans le sens de l'extension, accompagnés d'une démangeaison quelquefois
insupportable et terminés la plupart du temps par une
petite tache noirâtre qui résulte de leur écorchure par
les ongles. Pour faciliter l'étude et la constatation de
cette maladie, les médecins l'ont divisée en plusieurs
espèces suivant ses divers degrés et surtout suivant les
parties qu'elle affectait. Ainsi on en reconnaît un faible
(*mitis*) et un aigu (*formicans*), et chacun d'eux prend
le nom du lieu qu'il a principalement envahi. Quand
le prurigo présente une certaine acuité, que la peau
est fine et fortement irritée, que le sujet d'ailleurs est

d'une bonne constitution, on doit commencer le traitement par une saignée au bras et même par une forte application de sangsues aux environs du siège de l'éruption si elle est concentrée ; puis viendront la diète, les boissons délayantes, les bains tièdes, même les lotions froides si le sujet n'a aucune disposition à tousser.

La maladie résiste-t-elle à ces divers moyens, surtout si le sujet est peu irritable ou épuisé soit par l'âge, soit par une cause quelconque, on a recours aux purgatifs comme le soufre uni à la magnésie, aux boissons rendues alcalines par l'addition du sous-carbonate de soude, aux tisanes amères, telles que celles de houblon, de patience, de fumeterre, aux ferrugineux, et à l'extérieur aux bains sulfureux ou alcalins ; mais adoucis par la gélatine ; aux lotions savonneuses ; aux pommades composées de quelques corps gras dans lesquels on incorpore du soufre ou un peu de chaux et du camphre ou du laudanum. Quand le prurigo occupe des parties recouvertes de poils et qu'il s'y joint des insectes parasites, les soins de propreté et les frictions mercurielles secondent efficacement l'emploi des moyens précédemment indiqués. (*Voyez* Bouton, Démangeaison, Pou, etc..)

PUSTULE. — (*Voyez* Bouton, Clou, etc.)

R

RACHITISME. — Maladie presque particulière aux enfants, le rachitisme a pour principal caractère le ramollissement et par suite la déformation des os. Les sujets d'un tempérament lymphatique et nerveux, d'une constitution faible, ceux qui sont nés de parents scrofuleux, sont plus disposés au rachitisme. On a aussi observé qu'une maladie antérieure, surtout de longue durée, les fièvres intermittentes, l'habitation des lieux bas, humides, mal éclairés, une mauvaise nourriture, la suppression soudaine de ce qu'on nomme communément chez les enfants *croûtes de lait*, une dentition pénible, surtout accompagnée de convulsions, l'habitude de l'onanisme, favorisaient plus ou moins le développement du rachitisme, ou du moins coïncidaient fréquemment avec son apparition. L'expression d'une faiblesse générale, une bouffissure de la face, un appétit extraordinaire, le foie et la rate d'un volume disproportionné, un état de desséchement de tout le corps, avec un effroyable amaigrissement des membres, le balonnement habituel du ventre, le larmoiement continuel des yeux, le développement insolite de l'intelligence, en sont les tristes avant-coureurs. Le traitement de cette maladie si fréquente et si meurtrière, se compose de deux ordres de moyens, les uns qui agissent sur la vitalité des organes, c'est-à-dire sur l'ensemble de l'économie, les autres qui s'adressent à ses effets et s'appliquent en conséquence sur les membres déviés pour prévenir leur difformité, mais surtout pour la corriger.

De ces deux ordres de moyens, les premiers consistent, pour les enfants très jeunes, dans le lait d'une bonne nourrice, l'exposition à un air chaud et sec, le coucher sur des plantes aromatiques. Pour les enfants plus âgés, on les expose à l'action du soleil, on les couche également sur des plantes aromatiques; on les habille de flanelle sur la peau même, on les nourrit de viandes rôties ou grillées, on leur fait boire du vin généreux, des tisanes de houblon, de gentiane, de cassia-amara, on leur fait prendre un exercice modéré, des bains d'eau de mer ou salée artificiellement, on leur frictionne de temps à autre le corps, mais surtout les membres et l'épine dorsale, avec une flanelle imprégnée d'eau de Cologne; enfin on les met à l'usage du sirop de quinquina, de gentiane, de scabieuse, etc. Ce n'est guère que lorsque la maladie semble avoir épuisé son action, que les moyens du second ordre trouvent leur application. Ce sont ou des exercices gymnastiques, ou des appareils mécaniques, dont on a dans ces derniers temps vanté outre-mesure les avantages, mais dont on a malheureusement détourné bien des personnes par l'exagération même de leur efficacité, et surtout par la forme que chacun des défenseurs réciproques de ces deux ordres de moyens a cru devoir donner au développement de ses opinions. (*Voyez* ORTHOPÉDIE, TAILLE.) Quand la maladie a porté son action sur les jambes et les a courbées, l'espoir de le redresser au moyen de bottines à tuteurs est rarement fondé, parce que la constriction qu'ils exercent sur les parties n'est propre qu'à diminuer l'action des muscles et à laisser les os sans soutien.

RAGE. — Cette épouvantable maladie, commune à certains animaux chez lesquels elle se développe spontanément, comme le chien, le loup, le renard, le chat, et qui la transmettent à l'homme, est caractérisée chez ce dernier par un sentiment d'ardeur et de constriction à la gorge, une horreur des liquides, une vive exaltation des organes des sens, des convulsions, des accès de fureur, et sa prompte terminaison par la mort.

De quelle nature est le principe de la rage et même en quoi consiste-t-elle? c'est ce qu'on ignore complètement; l'observation a seulement constaté que le virus qui la représente n'existait que dans la bave des animaux enragés; car on a injecté de leur sang dans les veines d'autres animaux sans qu'on parvînt à la leur communiquer. Dans l'immense majorité des cas, la rage est communiquée à l'homme par la morsure du chien; les herbivores, qui ne deviennent jamais enragés spontanément, sont impropres à la transmettre, d'abord à cause de la conformation de leurs mâchoires et de leurs dents; ensuite parce que chaque animal enragé ne cherche, dans les accès de la maladie, qu'à exercer ses moyens habituels d'attaque et de défense: ainsi, tandis que le chien, le loup, le renard mordent, le cheval frappe du pied, la vache et la chèvre se ruent de la tête, etc.

La première chose à faire pour constater l'existence de la rage dans notre espèce, c'est de bien s'assurer si le chien qui a mordu est lui-même enragé. Or, un chien affecté de cette maladie est ordinairement triste, abattu et hargneux; il cesse de manger et de boire, et reste couché; sa voix s'altère, devient rauque, il grogne souvent et éprouve de temps à autre des soubresauts. Jusque là il reconnait encore son maître; il est seulement indocile, irascible, mais il s'approche déjà des étrangers et cherche à les mordre. Bientôt il abandonne son habitation et fuit en affectant une allure particulière, tantôt languissante, tantôt précipitée; il porte la tête basse, a l'œil fixé et brillant, la gueule béante et remplie d'une bave écumeuse qui s'écoule en dehors; son poil est hérissé, sa queue serrée entre ses jambes. Bientôt arrive un accès de fureur pendant lequel il se précipite sur tout ce qu'il rencontre, mord les hommes et les animaux. C'est alors qu'il méconnait son maître, que la vue de l'eau, des corps polis et brillants, l'action de la lumière deviennent des causes qui occasionnent sa fureur convulsive. Quand une fois l'accès est terminé, il survient un temps de calme qui pourrait en imposer, puisque l'animal peut manger et même boire; mais un nouvel accès reparaît bientôt, et la mort survient ordinairement le troisième ou au plus tard le quatrième jour.

Le moment où la rage communiquée à l'homme se

déclaré est fort incertain; il est rare cependant qu'elle
survienne avant quinze jours, même trois semaines et
un mois, tandis qu'on l'a vue ne se déclarer qu'au
bout de six mois et même au delà d'une année ; mais
ce qui semble bien avéré, c'est que la peur en avance
le développement. Quand elle est confirmée, c'est-à
dire quand les convulsions, l'envie de frapper bien
plus que celle de mordre, qui est assez rare, l'horreur
des liquides sont déclarées, le malade est voué à une
mort presque certaine, quoiqu'on puisse faire pour le
sauver. Aussi faut-il prévenir le mal. Or, dès qu'une
personne a été mordue par un chien qu'elle suppose
enragé, voilà ce qu'il faut faire : on s'empresse d'enlever la partie des vêtements par lesquels la bave de
l'animal a pu pénétrer dans les chairs, on fait saigner
les plaies en les comprimant légèrement dans tous les
sens et en les couvrant de ventouses ; on les lave ensuite, d'abord avec de l'eau simple, puis avec de
l'eau de savon ou de l'eau salée, puis on y plonge
hardiment, et à plusieurs reprises, un fer rougi à
blanc qui doit parcourir toutes les sinuosités de la
blessure, préalablement agrandie et débridée, si toute
sa profondeur ne pouvait être atteinte sans cette opération préalable. Quand la plaie est trop sinueuse,
qu'elle est dans le voisinage d'un gros vaisseau ou d'un
gros nerf, enfin que la personne est assez pusillanime
pour craindre le fer rouge, on emploie le cautère liquide qui est souvent de l'ammoniaque, mais mieux
du chlorure d'antimoine ; et, dans tous les cas, il vaut
mieux cautériser trop que pas assez, et ne pas oublier
que si le plus tôt possible est le meilleur, il vaut aussi
mieux tard que pas du tout.

Comme il n'est pas de département dans lequel ne
se trouvent quelques personnes prétendant posséder
un secret contre la rage, nous devons déclarer que ce

sont autant d'impostures d'autant plus blâmables, qu'elles détournent de l'emploi de la cautérisation, le seul moyen assuré; qu'on l'exécute franchement ou entouré d'un appareil mystérieux, le résultat est le même.

RÈGLES. — L'éruption mensuelle à laquelle les femmes sont sujettes de quatorze ou seize ans jusqu'à quarante ou quarante-cinq, offre trois choses à considérer : sa première apparition, les soins auxquels elle assujétit les femmes dans le moment où elle a lieu ; les moyens par lesquels on peut la rappeler quand elle s'est arrêtée, l'augmenter quand elle est trop faible, et la modérer dans le cas contraire

Nous venons de dire que cette éruption mensuelle, habituellement appelée aussi *règles* ou *menstrues*, apparaissait ordinairement de quatorze à seize ans ; mais elle peut être retardée pour deux causes : parce que l'économie manque du degré de vitalité, d'énergie, nécessaire à l'accomplissement de cette fonction, qui est généralement le thermomètre de la santé des femmes; ou bien parce qu'il y a excès de cette vitalité, et que, trop disseminée, elle ne se concentre pas suffisamment sur les organes voulus. Le premier état constitue la *chlorose*, ou les *pâles couleurs* que l'on combat, comme il a été dit à ce dernier mot, par les toniques, les préparations ferrugineuses auxquels on associe les bains frais, les lavements laudanisés, s'il y a prédominance nerveuse, et que l'on seconde par l'armoise, la rue, la sabine, et même quelques sangsues au haut des cuisses dès que l'économie se réveille. Le second état, qui se reconnaît à la coloration habituelle de la face, à un sentiment d'étouffement ou de gêne dans la respiration, à des coliques intenses, à de fréquents maux de tête, à des saignements de nez, ne cède qu'aux saignées générales, aux bains tièdes, à une nourriture lactée ou végétale, et, quand tout, annonce que l'éruption veut avoir lieu, aux sangsues appliquées aux cuisses, aux bains de pieds sinapisés, aux lavements d'abord émollients, puis rendus légèrement irritants par un peu de savon ou une infusion de séné.

Une fois bien établies, les règles sont sujettes à se supprimer, ou à couler trop abondamment. Leur suppression tient-elle à la grossesse, ce qu'on reconnaîtra aux signes indiqués à ce mot, on se gardera bien de rien faire; mais tient-elle à une cause accidentelle, on combattra cette cause ou par des toniques, des antispasmodiques, si l'économie porte l'empreinte d'une grande faiblesse, ou par des sangsues, mais mieux une saignée générale, des bains tièdes, comme nous l'avons déjà dit, s'il y a des signes de pléthore, que la plus légère cause transformerait en inflammation. Quant à l'écoulement immodéré des règles, il peut tenir aussi ou à une détérioration de toute l'économie, ou à un excès de vitalité générale. Dans le premier cas, qui rentre dans ce que nous avons appelé *pertes passives* au mot *hémorrhagie*, on ranime toute l'économie par des toniques, auxquels on joint les astringents à l'intérieur, comme la décoction de rathania, de grande consoude, sucrée avec le sirop de cachou ou de coing, et les injections de décoction soit d'écorce de chêne, soit de quinquina ou de grenadier. Dans le second cas, les saignées faites au bras, mais par une petite ouverture, l'immersion des bras dans l'eau chaude, des ventouses appliquées sur les reins, des injections d'eau froide, des boissons acides, sont les moyens que la prudence conseille d'employer; mais ce genre d'écoulement immodéré des règles tient très souvent à une maladie des parties qui en sont le siège, et de l'existence de laquelle il est toujours bon de s'assurer. 22

REINS (*Mal de*). — Bien que, dans le langage médical, on ne donne le nom de *Reins* qu'aux organes chargés de préparer l'urine qui vient se déposer dans la vessie, pour être rendue par le canal de l'urètre, on appelle cependant communément de ce nom la partie du torse qui occupe les deux côtés de la portion inférieure de la colonne vertébrale, lieu qui correspond en effet extérieurement aux reins. Cette partie peut être le siége d'affreuses douleurs, dont la cause est la plupart du temps rhumatismale, et que, dans l'espèce, les médecins nomment *lombago*. Ces douleurs, d'après la sensation des malades, sont perçantes, déchirantes et saccadées, augmentant par la flexion et l'extension du tronc; elles peuvent occuper les deux côtés à la fois, ou être bornées à un seul. La marche, encore possible, quoique pénible, quand le mal est modéré, est complètement impossible quand il a acquis une certaine intensité. Les douleurs lombaires qui se déclarent dans certaines fièvres, surtout celles qui doivent être suivies d'éruption à la peau (*Voyez* Courbature), et celles qui accompagnent les maladies des organes intérieurs, pourraient bien être confondues avec le lombago ou le mal de reins rhumatismal ; mais la difficulté qu'on éprouvera de contracter les muscles lombaires sans réveiller tout à coup celles qui nous occupent, suffiront pour les faire reconnaître.

Quoi qu'il en soit, le mal dont il est ici question est-il léger, on se borne au repos, à l'emploi des bains tièdes, des cataplasmes émollients, ou bien on a recours aux frictions, soit sèches, soit faites avec un linge imbibé d'une huile opiacée, au repassage de la partie souffrante avec un fer chaud, appliqué sur une flanelle imprégnée d'huile camphrée ou de tout autre liquide calmant. Des ventouses sèches appliquées trois ou quatre fois dans la journée ont aussi souvent donné de très bons et de très prompts résultats. Le mal au contraire est-il intense et la douleur par laquelle il se trahit très prononcée, on fait très bien d'en venir à une saignée générale, si le sujet est très sanguin et que le pouls soit fort et fréquent; dans le cas contraire, les sangsues peuvent suffire.

On enlève aussi quelquefois très vite le mal de reins par l'application sur le lieu douloureux d'un vésicatoire simple ou saupoudré de quelques grains d'acétate de morphine. Si le mal est sujet à récidive, les bains de vapeur ou les douches de même nature sont très convenables. C'est dans ce cas que les habitants des campagnes se trouvent très bien de s'exposer les parties douloureuses à la fumée résultant de la combustion du sarment de vigne.

RÉTENTION D'URINE. La suspension du libre cours des urines se présente sous trois degrés, suivant : que l'urine est seulement notablement diminuée dans le jet qu'elle forme dans l'état habituel, ou qu'elle ne coule que goutte à goutte, avec ardeur et douleur, ou bien enfin qu'elle ne coule pas du tout. En examinant avec attention les circonstances au milieu desquelles se déclare une rétention d'urine, on reconnaît bien vite que cette incommodité, quelquefois si grave, est plutôt un symptôme de maladie qu'une maladie proprement dite.

La rétention d'urine peut en effet tenir à trois ordres de causes bien différentes, selon la diversité des organes qui sont son point de départ. Ainsi elle peut dé pendre d'une maladie des reins, dans laquelle la sécrétion de l'urine est troublée, comme la gravelle (*Voyez* GRAVELLE), d'une maladie de la vessie, comme la paralysie, ou la présence d'une pierre dans sa cavité (*Voyez* PIERRE), ou bien d'une affection du canal de l'urètre (*Voyez* RÉTRÉCISSEMENT.)

RÉTRÉCISSEMENT DE L'URÈTRE.—De toutes les causes qui s'opposent au libre cours de l'urine, et constituent ce qu'on appelle sa *rétention*, aucune n'est plus commune que le rétrécissement du canal par lequel ce liquide est rejeté en dehors de l'économie. Ce rétrécissement peut être ou *inflammatoire*, c'est-à-dire représenté par un gonflement accidentel ; ou *nerveux*, c'est-à-dire déterminé par un véritable spasme ; ou *organique*, c'est-à-dire consistant en un obstacle résultant d'un changement de conformation ou de structure qu'aurait éprouvé le canal, et qui serait devenu permanent. Chacun de ces trois cas exige nécessairement un traitement différent.

Le rétrécissement inflammatoire peut être déterminé par une foule de causes ; les principales sont des chutes sur le périnée ou des violences exercées sur le trajet du canal, la présence sur un de ses points quelconques d'un corps étranger, l'injection de liquides irritants, l'introduction d'un virus, etc. Cet état inflammatoire, quand il est aigu, s'accompagne toujours d'une augmentation de sensibilité et d'un resserrement convulsif contre la pénétration des corps étrangers. Le plus léger contact de l'urine sur le canal ainsi enflammé le brûle, en quelque sorte, et provoque la contraction de toutes les puissances musculaires environnantes : de là un jet mince, filiforme, lent, souvent interrompu. Si on cherche alors à vaincre l'obstacle par une sonde ou une bougie, la douleur devient excessive, et du sang vermeil s'échappe abondamment par l'urètre ou par l'ouverture de la sonde. Le pouls est ordinairement fréquent et serré ; la peau est chaude, le bas-ventre douloureux et tendu, la verge et le dessous des bourses chauds et douloureux. Cet état, on le prévoit de suite, exige un traitement prompt et énergique, dont les saignées générales, les sangsues, les bains tièdes, la diète, les boissons émulsionnées, dans lesquelles entre le sel de nitre, font la base.

Les rétrécissements de la seconde espèce, et que nous avons nommés nerveux ou spasmodiques, affectent ordinairement les hommes nerveux, irritables, susceptibles d'excès vénériens. Chez ces personnes, le moindre changement d'habitude, une marche forcée, quelques instants d'équitation, une affection morale vive, un seul verre de liqueur alcoolique, suffisent pour boucher le canal et opposer à l'instant même au cours de l'urine un obstacle contre lequel vient échouer la sonde la plus fine et la plus adroitement présentée, mais qui disparaît quelquefois comme par enchantement. Ce genre de rétrécissement, beaucoup plus fréquent qu'on ne le croit communément, se combat par les bains tièdes, les lavements émollients, les frictions faites au périnée avec une pommade dans laquelle entrerait l'opium, mais mieux la belladone. L'application sur le périnée d'un linge trempé dans l'eau froide le fait souvent cesser à l'instant même ; mais ce qu'il importe de savoir, c'est que, quand la cause en est dans des excès vénériens, ce n'est qu'en y renonçant qu'on peut en faire cesser l'effet.

Enfin les rétrécissements organiques de l'urètre, les plus communs de tous, sont le triste apanage des personnes qui ont eu de fréquents écoulements, et se reconnaissent à l'absence des signes qui caractérisent les deux autres espèces, et surtout à l'introduction d'une sonde ou bougie, qui vient heurter contre l'obstacle, sans faire éprouver de grandes douleurs. Ils consistent, soit en un simple épaississement de la membrane qui tapisse l'urètre, soit en callosités ou végétations, soit en brides ou cicatrices vicieuses. Ils se traitent par la dilatation, la cautérisation, l'incision ou scorification. La dilatation est le moyen le plus généralement usité; il consiste dans l'emploi de bougies de cire ou de gomme élastique, successivement introduites dans le canal jusqu'au delà du rétrécissement, en commençant par les plus fines qui puissent entrer et en allant ainsi jusqu'à celles qui égalent le canon d'une forte plume d'oie, représentant à peu près les dimensions ordinaires de l'urètre. La cautérisation, qui a eu beaucoup de vogue dans ces dernières années, est moins employée aujourd'hui parce que l'expérience a démontré que si elle agrandit assez vite le canal, ce n'est pas toujours précisément sur l'obstacle qu'elle porte, et qu'elle est souvent suivie de cicatrices fort irrégulières. Enfin la scarification, qui compte encore peu de partisans, peut cependant être d'un secours fort utile lorsque le rétrécissement consiste en callosités ou en une induration circulaire de la membrane muqueuse, sur lesquelles la dilatation ne fait que peu de chose et que la cautérisation attaque trop irrégulièrement.

RHUMATISME. — On désigne sous ce nom deux genres de maladies ou plutôt deux variétés de la même maladie, aujourd'hui plus commune que jamais, et qui consistent dans une inflammation d'une nature particulière soit des tissus articulaires, soit des muscles proprement dits. De là le rhumatisme articulaire et le rhumatisme musculaire. Ces deux états maladifs ont cela de commun qu'ils affectent plutôt les jeunes gens et les adultes que les enfants et les vieillards et plus souvent les hommes que les femmes, qu'ils sont infiniment plus communs dans les pays froids et humides que dans les climats chauds et secs, qu'ils se transmettent assez évidemment par voie d'hérédité, qu'ils abandonnent aisément une place pour se porter sur une autre. Mais ils ont des caractères particuliers utiles à connaître.

Le rhumatisme articulaire offre, dans la plupart des cas, tous les caractères de l'inflammation, c'est-à-dire la douleur, la tuméfaction, la chaleur et la rougeur. La douleur offre une infinité de degrés; si parfois elle est légère, la plupart du temps elle est atroce, mais elle a cela de différent avec celle qui accompagne les autres inflammations qu'elle disparaît souvent avant les autres signes de la maladie. Le gonflement résulte bien certainement d'un fluide épanché dans les articulations; la chaleur est la plupart du temps aussi appréciable des assistants que du malade; et la rougeur, quand elle existe, annonce le summum de la maladie. car pour qu'ayant son point de départ dans l'intérieur de l'articulation, elle vienne se trahir à l'extérieur, il faut qu'elle soit portée à un bien haut degré. C'est dans le cours de ce genre de rhumatisme qu'on observe assez souvent des palpitations, des étouffements qui ne laissent aucun doute sur un envahissement du cœur par la maladie.

Quelque certain qu'on puisse être que cette maladie ne soit pas une inflammation franche, l'expérience n'en prouve pas moins que pour peu qu'elle soit intense et surtout que le sujet soit jeune et sanguin, elle doit être attaquée par de larges saignées du bras, de nombreuses applications de sangsues, des cataplasmes émollients, la diète, le repos, les boissons légèrement sudorifiques. Si ces moyens échouent on peut avoir recours aux vésicatoires, aux frictions mercurielles, à l'opium à l'intérieur, aux bains de vapeurs.

Le rhumatisme musculaire est bien loin d'offrir les caractères inflammatoires que présente quelquefois à un si haut degré le rhumatisme articulaire. Il est rarement annoncé par des signes précurseurs; la chaleur ne s'y développe pas toujours; le gonflement et la rougeur s'y observent rarement; la douleur est souvent le seul signe par lequel il révèle son existence ; mais un phénomène inhérent à sa nature, c'est la facilité avec laquelle il passe d'un lieu à l'autre et l'irrégularité de sa marche. Il prend différents noms suivant les parties qu'il occupe : on le nomme *torticolis* quand il se montre au cou, *lombago* quand il siége dans les reins, *pleurodynie* quand il est fixé sur les muscles qui recouvrent la poitrine.

Considéré, avec beaucoup de raison, par plusieurs praticiens, bien plutôt comme une affection nerveuse que comme une inflammation, le rhumatisme musculaire demande rarement le traitement énergique que réclame souvent si impérieusement l'articulaire ; aussi l'enraie-t-on dans sa marche souvent par des vésicatoires volants, des frictions soit mercurielles, soit opiacées, des liniments volatils camphrés. Quand il passe à l'état chronique, les bains ou les douches d'eaux minérales sulfureuses chaudes ; les violents purgatifs, comme le sirop de colchique, la poudre de scille composée ; les onctions avec le savon acétique camphré, la pommade phosphorée, cantharidée, sont toujours employés avec avantage. Une fois terminé, le rhumatisme, quel qu'il soit, est, de toutes les maladies, la plus sujette à récidive ; aussi les personnes qui en ont été atteintes doivent s'attendre à la voir reparaître pour la moindre cause et, d'autant plus sûrement qu'elles mèneront une vie moins sobre, qu'elles croiront pouvoir se dispenser de se couvrir de laine et qu'elles éviteront moins toutes les causes d'excitation, surtout celles qui porteront sur les parties qui ont déjà souffert.

RHUME. *Rhume de poitrine.* — On désigne ainsi l'inflammation légère des conduits respiratoires ; c'est le degré le plus faible du *catarrhe pulmonaire* dont nous avons déjà parlé (*voyez* ce mot) ; aussi n'aurons-nous que peu de choses à dire ici.

Tout le monde sait que le rhume se développe sous l'influence du froid, et que c'est la maladie la plus commune pendant l'hiver et le printemps; on l'observe aussi l'été chez les personnes qui, étant en sueur, ne craignent pas de se mettre dans un lieu frais ou dans un courant d'air.

Considéré en lui-même, et indépendamment de toute autre affection, un rhume est un accident très léger et qui n'a d'autre inconvénient que sa durée; mais lorsque l'inflammation bronchique est très étendue, elle peut acquérir, chez certains sujets, une très grande gravité et donner lieu à l'inflammation du poumon et à la phthisie pulmonaire. C'est en ce sens qu'il faut entendre ce qui se dit dans le monde sur les *rhumes négligés*.

Le traitement du rhume est le même, à l'énergie près, que celui que nous avons décrit pour le catarrhe pulmonaire (*voyez* ce mot). Il suffit le plus souvent de boire quelques tisanes adoucissantes, de sucer des pâtes de guimauve, de jujubes, etc., de diminuer la quantité d'aliments et surtout d'éloigner les substances excitantes, le vin pur, le café, les liqueurs, etc. Souvent cependant lorsque le rhume commence, qu'il est léger, qu'il n'y a que peu ou point de fièvre, on pourra avoir recours avec avantage à un verre de punch ou de vin chaud bien sucré. Il n'est pas rare, en effet, de voir un rhume enlevé très rapidement par ce moyen; mais il faut que le malade soit bien constitué, peu irritable, ait un bon estomac et soit peu disposé aux inflammations; car avec un pareil remède on joue plus que quitte ou double.

RHUME DE CERVEAU. — Cette affection, qu'en terme médical on nomme *coryza*, est, en général, si peu grave et tient si souvent à une inflammation de la gorge ou des voies respiratoires, que bien des personnes l'abandonnent à elle-même. Elle peut cependant, ou être assez intense, ou survenir assez positivement indépendante de toute autre maladie pour mériter quelque attention. Ce rhume débute, comme la plupart des autres inflammations des membranes muqueuses, par un sentiment général de malaise et de lassitude souvent accompagné de frissons et de courbature dans les membres ; il s'y joint, surtout au-dessus de la racine du nez, un mal de tête qui est plutôt une pesanteur qu'une douleur aiguë. Les narines sont le siége d'une démangeaison fort incommode qui occasionne de fréquents éternuments, un larmoiement continuel des yeux, avec tintement dans les oreilles, battement des tempes et abolition complète de l'odorat. A mesure que la membrane, siége du mal, se gonfle, l'air pénètre avec plus de peine dans les fosses nasales, et force le malade à respirer par la bouche ; le pourtour du nez et la lèvre supérieure se gonflent sous le contact d'un mucus aqueux, incolore, qui coule sans cesse des narines et force le malade à se moucher continuellement. Au bout de deux ou trois jours, les phénomènes généraux s'amendent, mais le mucus nazal devient plus épais, prend une teinte jaune-verdâtre. Enfin la durée totale de cette maladie est généralement de quatre à huit jours.

Si des signes bien connus de cette légère maladie, nous passons à ses causes, nous trouvons qu'affectant plus particulièrement les jeunes sujets, les femmes et les hommes à tempérament lymphatique, elle se développe presque toujours sous l'influence d'un refroidissement, surtout à la tête et aux pieds. L'action du soleil donnant sur la tête est encore une de ses causes actives ; il en est de même de l'inspiration de vapeurs irritantes, de l'usage du tabac pour ceux qui n'y sont pas habitués. Quelque peu intense que soit un rhume de cerveau, il serait toujours prudent d'en abréger la durée en gardant la chambre, dans une température douce et tempérée; mais comme peu de personnes se trouvent assez gravement indisposées pour interrompre leurs affaires, elles doivent se vêtir chaudement, prendre de fréquents bains de pieds sinapisés et, dans la période de sécheresse, diriger des fumigations émollientes dans les narines. La maladie est-elle plus intense, on est obligé de garder le repos et même de se tenir au lit, de se mettre à l'usage des boissons chaudes, de se couvrir fortement la tête. Plusieurs personnes croient amender la marche de la maladie, en se frottant le dessous du nez avec un peu de suif, c'est une erreur : ce corps gras n'a d'autre effet que d'empêcher que le mucus nazal n'irrite la lèvre supérieure sur laquelle il coule sans cesse. Aussi le cérat frais, le beurre de cacao, la pommade de concombres seraient-ils préférables au suif, qui est toujours mal propre. Mais de tous ces moyens, le meilleur, dans les cas ordinaires, pour calmer un rhume de cerveau et abréger sa durée, c'est de s'envelopper de suite les pieds de chaussettes de laine et de les recouvrir d'une enveloppe de toile cirée.

ROUGEOLE. — La rougeole est une affection inflammatoire de la peau, caractérisée par l'éruption de petites tâches rouges, distinctes d'abord et légèrement saillantes, mais se réunissant bientôt pour former çà et là des plaques demi-arrondies qui se terminent en quatre, cinq ou six jours au plus, et sont ordinairement suivies d'un dépouillement écailleux de la peau.

Susceptible de se transmettre par la plus légère communication, la rougeole n'affecte généralement qu'une seule fois le même individu, attaque de préférence les enfants, surtout après la première dentition, règne souvent d'une manière épidémique, et se montre plutôt pendant les saisons où existent de brusques changemens de température, comme le printemps et l'automne, que pendant les grandes chaleurs de l'été ou les rigueurs de l'hiver. De même que la variole, la scarlatine et la miliaire, la rougeole a trois périodes : l'une d'invasion, une d'éruption et une de terminaison ou de desquammation. Les phénomènes qui constituent la première période sont, un état de tristesse et d'abattement, une courbature dans les bras, les épaules et les cuisses, une coloration inaccoutumée des joues, un larmoiement des yeux et surtout un rhume de cerveau, et presque toujours de la toux. Vers le troisième ou le quatrième jour apparaissent les taches caractéristiques de la maladie, qui sont rouges, distinctes, circulaires, légèrement élevées, paraissant d'abord à la figure, mais se répandant bientôt au cou, à la poitrine, au tronc et aux membres. Elles ne tardent pas à se réunir pour former des plaques plus larges et irrégulières, séparées par des intervalles dans lesquels la peau conserve sa couleur. Dès le quatrième, et même assez souvent le troisième jour de leur apparition, ces taches commencent à perdre de leur coloration et prennent une teinte jaunâtre pour se terminer en petites écailles. En même temps, tous les phénomènes, ainsi que la fièvre tombent ; mais si le rhume de cerveau disparaît, la toux persiste toujours quelque temps.

Ce qui distingue la rougeole de la petite vérole, c'est que, dans cette dernière, l'éruption n'est pas une simple tache à peine saillante au-dessus de la surface de la peau, mais un véritable bouton, et que le moment où les taches de la première disparaissent est précisément celui où les boutons de la seconde se remplissent de pus. Elle est aussi facile à reconnaître de la scarlatine, en ce que celle-ci, au lieu de se répandre de la figure au tronc et de ceux-ci aux membres, envahit de suite tout le corps, et qu'au lieu de former des taches comme la rougeole, elle colore uniformément toute la peau. La rougeole n'est pas, en général, une maladie grave ; quand elle est bénigne et sans complication, son traitement est d'une extrême simplicité : on se borne à tenir le malade au lit chaudement, mais sans le charger de couvertures, comme on le fait souvent à tort; à lui faire prendre des tisanes émollientes chaudes et à le mettre à la diète. Si la toux est très intense, on ferait bien de mettre dans chaque verre de tisane une cuillerée à bouche de sirop de pavots blancs, et, si l'éruption se supprimait, il serait urgent de la rappeler par des boissons sudorifiques, mais mieux encore par un bain de vapeurs ou des cataplasmes légèrement sinapisés.

ROUSSEUR (*Taches de*). — Connues en médecine sous le nom d'*éphélides*, ces altérations partielles de la couleur de la peau sont de trois espèces, désignées par les noms de taches *lenticulaires*, taches *solaires* et taches *hépatiques*. Les premières, qui sont les plus communes, se rencontrent surtout chez les jeunes sujets, plus fréquemment chez les femmes que chez les hommes, et de préférence chez les individus blonds ou roux, dont la peau est fine et blanche. Souvent congéniales, ne survenant d'autres fois qu'à douze ou quinze ans, généralement plus prononcées dans l'été que dans l'hiver, elles se présentent sous la forme de petites taches arrondies, jaunâtres ou brunes, assez semblables à des pellicules de son et répandues sans ordre, mais assez souvent réunies sur le nez et sur les pommettes. Les taches *solaires* sont ordinairement plus larges que les précédentes, d'un brun plus foncé, et surviennent surtout après un certain temps d'exposition à une vive chaleur solaire ou d'habitation dans un pays chaud, pour disparaître avec la cause sous l'influence de laquelle elles ont paru. Les taches *hépatiques* sont encore plus larges, assez découpées, d'un brun safrané, se recouvrent quelquefois d'une sorte de desquammation, se rencontrent sur toutes les parties du corps, surtout chez les femmes au tronc, au cou, à la poitrine, et forment sur la figure de celles qui sont enceintes ce qu'on nomme vulgairement le masque. Elles sont en général plus vives aux époques des règles, occasionnent quelquefois une démangeaison qui augmente par la chaleur, et paraissent tenir dans certaines circonstances à une affection des organes digestifs, surtout du foie : c'est de là qu'elles ont reçu leur nom.

Si les taches de rousseur ne constituent pas une maladie, il est juste aussi de convenir qu'elles donnent à la physionomie quelque chose d'assez disgracieux pour qu'on ait cherché à les faire disparaître. Aussi n'est-il pas de parfumeurs qui ne prétendent posséder une eau ou une pommade qui ait cette propriété, mais l'expérience a bientôt démontré leur complète inefficacité quand elle n'a rien révélé de plus fâcheux. Tout ce qu'il est prudent de faire contre les premières, c'est de s'abriter du soleil, d'éviter le grand air, et d'enduire souvent, le soir en se couchant, les places envahies d'une légère couche de pommade fraîche de concombre, de beurre de cacao. Pour celles qui sont plus prononcées, comme les taches hépatiques, on a conseillé l'emploi tant intérieur qu'extérieur des eaux sulfureuses, comme celle d'Enghein, les pommades alcalines, de fréquents purgatifs ; mais si elles résistent à ces moyens, il serait dangereux d'avoir recours à des agents plus actifs, parce qu'on pourrait occasionner une véritable vésication de la peau qui serait suivie de petites cicatrisations blanchâtre infiniment plus désagréables que ce qu'on voulait effacer.

S

SANG. *Maladie du sang.* — (*Voyez* SCORBUT , DARTRES, SCROFULES, INFLAMMATION , FIÈVRE INFLAMMA-TOIRE, APOPLEXIE, COUP DE SANG , ÉCHAUFFEMENT, MA-LADIES VÉNÉRIENNES, etc.)

SCARLATINE. — La scarlatine est, comme la rougeole, une maladie inflammatoire de la peau, qui se manifeste par une éruption de petits points rouges ou de taches écarlates s'étendant de la face au cou, et du cou à toutes les autres parties du corps, toujours accompagnée de rougeur et de douleur au gosier, ne marchant jamais sans fièvre et se terminant en peu de jours par une desquamation de la peau.

Plus commune dans la seconde enfance et l'adoles-cence que chez les enfants à la mamelle et les adul-tes, elle n'affecte aussi, généralement, qu'une fois le même individu, et survient surtout en automne, après des pluies abondantes suivies de chaleurs. On lui re-connaît, comme à la rougeole, trois périodes: celle de l'invasion, celle de l'éruption et celle de la desqua-mation.

La première période se déclare brusquement par un accès de fièvre accompagné d'abattement; la respira-tion est fréquente et irrégulière, la peau du tronc chaude, les pieds froids, la gorge rouge et doulou-reuse. Tout cela dure deux ou trois jours, au bout desquels l'éruption paraît au cou et à la face, enva-hit bientôt tout le corps et se trouve surtout plus pro-noncée vers les parties qui reposent sur le lit. Toute l'arrière-gorge est alors enflammée. La rougeur est toujours plus vive le soir, et surtout du troisième au quatrième jour ; elle commence à diminuer vers le cin-quième et disparaît ordinairement vers le septième, époque à laquelle s'établit la desquammation.

La scarlatine est malheureusement bien loin de suivre la marche régulière que nous venons de tracer; très souvent, le mal de gorge devient un caractère dominant, qui fait à lui seul toute la gravité de la maladie et éclipse même, dans quelques cas, l'éruption de la peau. Ce qui est aussi assez commun, c'est de voir la scarlatine se terminer par une hydropisie de la peau, accident qui arrive surtout aux malades qui sont restés exposés au froid humide.

Dans les cas ordinaires, le traitement de la scarlatine, comme celui de la rougeole, est des plus simples: le repos au lit, la diète, les boissons délayantes, les gargarismes émolients, la précaution de ne pas découvrir les malades, et, par contre, de ne pas les étouffer sous le poids des couvertures; les lavements pour combattre la constipation sont les seuls moyens auxquels il faille avoir recours. Dans le cas où le mal de gorge est violent, on peut, dès son début, se contenter de couvrir le cou de cataplasmes émollients, faire gargariser le malade avec une décoction d'orge perlé miellée; mais on ne doit pas hésiter à couvrir le cou de sangsues et de ventouses sèches, et encore mieux scarifiées, si la gorge est prise au point de rendre la respiration tellement gênée, qu'il y ait imminence de suffocation. Si, au contraire, la gorge, au lieu d'être d'un rouge vif, se couvre d'un enduit blanc muqueux, les gargarismes aiguisés avec quelques gouttes d'acide sulfurique ou avec un peu de poudre d'alun, conviennent parfaitement, ainsi que les vésicatoires au cou et, dans quelques cas, les doux laxatifs, même les purgatifs. Si la peau semble devoir se remplir de sérosité, les boissons portant aux urines, secondées par de légères ambrocations fortifiantes sur la peau ont généralement les plus heureux résultats. On a aussi conseillé, dans les cas extrêmes, de couvrir

les membres gonflés de vésicatoires volants, et même
de faire à la peau, soit de simples et légères mouchetures, soit de véritables incisions ; mais ce sont des
moyens extrêmes auxquels il serait à désirer qu'on ne
fût jamais forcé d'avoir recours, parce que, très souvent, les parties sur lesquelles on agit se gangrènent.

SCIATIQUE. — Cette maladie, qu'on croit à tort
être inséparable de la goutte ou du rhumatisme, est
une affection nerveuse (violente douleur) de la cuisse
et de la jambe dont le siége est un des principaux
nerfs de cette partie, et qui se fait particulièrement
sentir en arrière et dans le sens de la longueur. Elle
affecte le plus ordinairement les individus âgés de
trente à soixante ans, semble être plus particulière
aux hommes, et se développe le plus habituellement
sous l'influence d'une habitation dans un lieu sombre, humide et mal aéré, d'une exposition aux in-
tempéries de l'air et surtout du repos du corps sur
une terre humide. Pouvant exister des deux côtés à
la fois, cette maladie affecte le plus souvent le côté
gauche ; elle est caractérisée par la douleur qui en
fait pour ainsi dire l'unique caractère ; mais cette
douleur peut occuper des points différents et une
étendue variable du trajet du nerf et de ses divisions. Ainsi ses points de départ habituels sont la
hanche et la fesse, quelquefois cependant le bas des
reins, de là elle se rend au genou en parcourant le
derrière de la cuisse et se concentre dans le jarret
ou s'étend sur les côtés de l'articulation ; enfin elle
longe la jambe, surtout en dehors, et va aboutir à
la cheville ou malléole externe et au coude-pied.
Ces points ne sont certainement pas tous douloureux
à la fois ; mais ils sont comme autant de foyers, de
centres où se manifeste au plus haut degré la douleur, ou bien d'où elle irradie.

     SCI

Les douleurs qui constituent la sciatique sont ou provoquées ou spontanées. Au nombre des premières il faut surtout placer la pression sur le trajet du nerf, c'est-à-dire aux divers lieux que nous avons indiqués, les mouvements et surtout la marche, les grandes inspirations, la toux, le coucher sur le côté malade. Les douleurs spontanées consistent en une sensation pénible, sourde, contusive et continue, en élancements qui partent d'un des points indiqués pour aller retentir ailleurs; en sensations diverses dont les principales sont un sentiment de froid ou une chaleur brûlante, la sensation d'un liquide glacé ou brûlant coulant le long du membre; enfin en crampes et secousses plus ou moins violentes.

La sciatique a cela de commun avec toutes les maladies nerveuses qu'elle n'est pas régulière dans sa marche; aussi tantôt elle débute brusquement, mais bien souvent elle n'acquiert que progressivement et au bout d'un certain temps sa plus grande intensité. Quant à sa durée, elle est très variable, on a vu des malades ne pouvoir s'en débarasser, c'est heureusement le cas le plus rare; mais ce qui est assez commun, c'est de la voir disparaître ou diminuer considérablement pour revenir tout à coup avec une nouvelle gravité qu'elle n'avait pas dans son début. Longtemps prolongée, elle peut produire l'amaigrissement du membre, un tremblement continuel, enfin une faiblesse qu'on a vu aller jusqu'à une paralysie complète.

Si en commençant cet article nous avons établi que la sciatique n'était pas inévitablement un symptôme de la goutte, puisqu'elle peut exister parfaitement seule et survenir sur des personnes qui n'ont jamais été, ne sont pas et ne seront pas goutteuses, nous n'avons pas voulu établir que son traitement

fût essentiellement différent. Ce qui agit d'une manière plus généralement certaine dans la goutte
est aussi ce qui a le plus d'efficacité dans la sciatique. Ce sont parmi les remèdes externes, les sangsues, les vésicatoires volants, les ventouses scarifiées,
mais souvent répétées sur le trajet de la douleur,
les frictions faites soit avec des pommades opiacées
ou des huiles laudanisées, soit avec l'huile essentielle de térébenthine; l'électricité, enfin les narcotiques comme la morphine, l'extrait de datura-stramonium appliqués sur la peau dépouillée de son
épiderme. On obtient de très bons résultats en provoquant d'abondantes et de longues sueurs en enveloppant le malade de couvertures de laine ou en le
maintenant aussi longtemps que possible dans une
étuve sèche. Enfin les remèdes intérieurs sont généralement pris parmi les narcotiques et les sudorifiques. Comme la sciatique est très sujette à récidive, les personnes qui en ont été affectées feront
bien d'éviter les causes au milieu desquelles elle se
développe habituellement. Des vêtements de laine
sur la peau forment une précaution à laquelle ils
auraient toujours tort de se soustraire.

SCORBUT. — Le scorbut est une affection générale,
régnant très souvent sous forme épidémique, et résidant dans une sorte d'altération, ou mieux d'appauvrissement du sang, qui résulte lui-même de causes
très variées, mais ayant toutes un caractère éminemment débilitant. Infiniment plus commune chez les
gens de mer que nulle autre part, elle exerce surtout
ses ravages sur les individus rassemblés en masse et
soumis aux mêmes conditions de régime. On a cru
longtemps que la nourriture composée de viandes salées était la principale cause du scorbut; mais l'expérience prouve que cette nourriture n'a rien de parti-

culier à cet égard, si ce n'est d'être peu fortifiante. L'air humide et froid, les affections morales tristes, comme le découragement et le chagrin, paraissent avoir sur son développement l'action la plus marquée.

Ces causes ont toujours agi depuis un assez long-temps, lorsque la maladie se manifeste. Son début est annoncé par un sentiment de lassitude, d'abattement, de tristesse. La coloration naturelle du visage est remplacée par une teinte plombée ; les gencives ne tardent pas à devenir gonflées, rougeâtres, douloureuses, facilement saignantes, parfois même laissant échapper une matière sanieuse, fétide, et c'est là, pour bien des personnes, le principal, même l'unique caractère de la maladie. Une fois que les choses en sont arrivées à ce point, quelques taches sanguines, dites pétéchies, commencent à se montrer sur diverses parties du corps; les malades perdent, de plus en plus leurs forces, tant au moral qu'au physique ; leurs gencives s'ulcèrent, et même se gangrènent et deviennent souvent le siège d'hémorrhagies inquiétantes. Toute la surface de leur peau est sèche et rugueuse; leurs membres s'infiltrent de sérosité et de sang ; leurs mouvements sont alors très pénibles. Si les causes continuent, les hémorrhagies se multiplient de plus en plus, les gencives se désorganisent, les dents chancellent, puis tombent. Dans cet état, la plus faible pression sur la peau suffit pour l'entamer et déterminer un ulcère à bords durs, épais et à surface saignante, envahissant successivement les parties molles jusqu'aux gros vaisseaux ; la respiration s'embarrasse ; il survient de fortes palpitations et de fréquentes syncopes, et les malades succombent dans un état affreux de détérioration, sans avoir, toutefois, rien perdu de leurs facultés intellectuelles.

La première chose qui se présente à faire quand le scorbut se déclare, c'est la suppression des causes qui ont amené l'appauvrissement du sang et qui tiennent, comme nous l'avons dit, à l'influence fâcheuse sur l'économie, d'une atmosphère continuellement froide et humide, d'un air impur et altéré, de l'usage longtemps prolongé d'aliments salés et insuffisants, d'affections morales tristes. Cette suppression n'est malheureusement pas toujours très facile ; par exemple, dans un voyage de long cours, comment changer la nature du climat et des lieux ? comment donner d'autres aliments que ceux qui sont sur le vaisseau ? comment céder aux désirs de ceux qui désireraient cesser de naviguer ? Il faut donc, dans ce cas, attendre et se résigner, et débarquer aussitôt qu'on le peut. Les heureux résultats d'un changement dans les choses ordinaires de la vie ne tardent pas à se faire sentir. Chaque jour, on voit le malade revenir à la santé ; ses forces renaissent ; son appétit devient meilleur ; son chagrin se dissipe.

Les causes détruites, les effets ne cessent cependant pas toujours d'eux-mêmes ; l'économie a souvent besoin d'être directement ramenée à son état normal par divers médicaments, à la tête desquels se trouvent les plantes stimulantes amères, appelées antiscorbutiques, comme le cresson, le cochléaria, le raifort, le trèfle d'eau, que l'on donne, soit infusées dans l'alcool, le vin, ou que l'on fait manger crues ; puis les fruits acides, comme le citron, l'orange, avec lesquels on compose les boissons ordinaires, le vin tonique, la bière. Ces médicaments seront puissamment secondés par un exercice modéré pris en plein air ; dans le cas d'impossibilité, par des frictions sèches ou aromatiques faites avec précaution sur tout le corps, par des bains, des distractions. Il convient aussi de diriger un traitement local sur les ulcérations des gencives. Pour cela, on les lave souvent avec des liquides astringents et toniques, comme la teinture de quinquina, de myrrhe, de

pyrèthre, les sucs de végétaux acides, et même avec
de légères solutions de chlorure de chaux ou d'alun.
On fait très souvent aussi, avec avantage, dégorger
les gencives, en les frottant soir et matin avec une
brosse un peu dure.

SCROFULE. *Écrouelles, strumes.* — L'état de détérioration générale de l'économie, qui constitue la
maladie scrofuleuse, ou les scrofules, est infiniment
plus connu par ses résultats que dans son essence. Les
anciens n'y voyaient qu'une altération des humeurs,
due à la présence d'un vice, d'un levain morbifique
ou d'un virus ; les médecins actuels y voient le résultat d'une atonie, d'une faiblesse des vaisseaux et des
ganglions lymphatiques.

Quoi qu'il en soit, plus commune de deux à huit
ou neuf ans qu'à toute autre époque de la vie, cette
maladie affecte de préférence les individus d'un
tempérament mou et lymphatique, c'est-à-dire qui
ont la peau fine et blanche, les cheveux blonds, la
tête volumineuse, de grosses lèvres, un cou allongé,
une poitrine étroite, le ventre saillant, les articulations très prononcées, les chairs molles et flasques, les
formes arrondies, les yeux souvent rouges et larmoyants, le visage blafard et bouffi. Très souvent c'est
au milieu des apparences extérieures de la santé qu'elle
débute. Il se forme d'abord sur le trajet des vaisseaux
lymphatiques, particulièrement au cou, des tumeurs
plus ou moins arrondies, mobiles sous la peau, augmentant graduellement de volume et restant d'abord
indolentes pendant des mois, même des années, puis
s'accompagnant de chaleur, de rougeur, de fièvre, et
dégénérant en abcès. Alors la peau qui les recouvre
s'amincit, s'ulcère et donne issue, non à du pus semblable à celui que fournit un furoncle, mais soit à une
matière ayant la consistance du fromage, soit à un li-

quide séro-purulent chargé de flocons albumineux. Le fond de l'ulcération se remplit de bourgeons aplatis ou peu développés; ses bords sont violacés, découpés. Aussi, quand ils se cicatrisent, laissent-ils des traces très irrégulières. Ces ulcères occupent souvent plusieurs points de la peau à la fois, et, à mesure qu'ils se multiplient, la santé générale se détériore, et la maladie devient générale.

Regardée longtemps, mais bien positivement à tort, comme pouvant se communiquer d'une personne à une autre, cette maladie semble être un peu plus commune dans le sexe féminin que dans le sexe opposé, se transmet assez facilement par voie d'hérédité, et envahit quelquefois des familles entières. Elle se développe au milieu d'un ensemble de causes qui frappent sur toute l'économie en la débilitant, sans qu'il soit toutefois possible de savoir la part que chacune d'elles prend à ce résultat général. Au nombre de ces causes se trouvent nécessairement une mauvaise nourriture, l'usage des eaux bourbeuses, privées d'air, la malpropreté habituelle, l'habitation des lieux humides et mal éclairés, marécageux, l'entassement de la population; aussi est-elle très commune en Hollande, en Pologne, dans les gorges des Alpes et des Pyrénées, dans les rues étroites des grandes villes, et parmi les enfants des classes pauvres. L'expérience prouve aussi que les excès de tout genre, les travaux prolongés, l'abus du mercure, les affections syphilitiques négligées ont une part active dans son développement.

Ce que nous venons de dire des causes des scrofules doit faire pressentir de suite que la manière de vivre, le régime, doivent jouer un grand rôle dans leur traitement. Le temps n'est plus où les rois , certains princes et quelques évêques jouissaient de la faculté miraculeuse de les guérir par la seule application de la main ; il faut aujourd'hui des moyens d'une appréciation plus claire. Ainsi , de même que dans le scorbut , la première chose à faire dans les scrofules, c'est de détruire les funestes effets d'une nutrition de mauvaise nature. Pour cela on éloignera le malade de toutes les causes qui ont agi sur lui d'une manière défavorable. On le fera donc sortir des lieux bas, humides , obscurs et souvent infectes dans lesquels il a passé sa première enfance. On l'exposera à l'action bienfaisante du soleil ; on le couvrira de vêtements de laine ; on le nourrira de viandes roties et grillées , de végétaux frais et cuits ; on lui donnera du vin généreux coupé avec l'eau ou une infusion de houblon , de gentiane , de chicorée , de fumeterre ou de petite centaurée. On lui fera des frictions sèches ou aromatiques sur toute la surface du corps; on le fera coucher sur des matelas de foin ou mieux de fougère. Les bains de mer sont aussi très avantatageux , ainsi que les eaux de Barèges, de Plombières. Quant aux médicaments proprement dits , ils sont généralement pris parmi ceux qui passent pour avoir la propriété de stimuler les tissus blancs, comme l'iode et ses nombreux composés , aidés du sirop antiscorbutique et du vin de quinquina. Mais dans l'administration de ces médicaments , il faut avoir égard à l'état de l'estomac , et s'en abstenir ou en suspendre l'usage s'il y avait des signes évidents d'inflammation qui ne pourraient qu'augmenter sous leur influence.

SEVRAGE. — Le sevrage n'est autre chose que la cessation de l'allaitement naturel. Cette cessation doit être envisagée sous deux points de vue : la santé de l'enfant et celle de la mère. Relativement à l'enfant, la première question qui se présente est celle-ci : à quel âge doit-on sevrer ? la seconde : quelle nourriture doit remplacer le lait de la mère ou de la nourrice, et comment doit se faire cette substitution? Relativement à la femme qui nourrit, tout se réduit à savoir quelles précautions elle doit prendre pour que le sevrage ne lui porte aucune espèce de préjudice.

1° *Pour l'enfant.* L'époque à laquelle il convient de sevrer un enfant est variable, elle dépend de la force de l'enfant, de la plus ou moins grande difficulté qu'a éprouvée sa dentition, de l'état de la mère ou de la nourrice après l'alaitement, de la nature du lait fourni par les seins. Un enfant fort bien constitué, ayant déjà percé les quatre dents du milieu, haut et bas, de huit à dix mois, doit être sevré à ce moment, surtout si la mère ou la nourrice sont affaiblies et si leur lait semble, par l'insatiabilité de l'enfant, ne plus avoir les qualités vivifiantes voulues. Mais on reculera cette époque jusqu'à un an, et même plus tard, si l'enfant est faible et semble être d'une mauvaise constitution, et si, pour des raisons dépendant de la femme, le sein ne peut continuer à lui être donné, on le remplacera par un biberon.

Une fois que le sevrage est décidé, la nourrice présente le sein un fois de moins par jour la première semaine, et ainsi de suite jusqu'à ce que l'enfant ne tette plus qu'une fois dans les vingt-quatre heures. Elle mettra ensuite un jour d'intervalle, puis deux, puis trois. On lui donnera pendant ce temps du lait de vache ou de chèvre, coupé avec de l'eau d'orge ou de gruau. Peu à peu ce lait est pris pur; enfin on arrive aux panades, aux soupes, aux potages maigres, puis gras, mais les maigres étant un peu sucrés. La quantité de ces aliments ne peut être déterminée d'avance, elle varie surtout suivant sa force et son appétit. De l'attention qu'on apporte à cet égard dépend souvent non seulement la santé de l'enfant, mais le développement complet de ses organes, la régularité de ses formes et, partant, l'harmonie et le libre jeu de ses fonctions. Tous les enfants, disons-le, puisque cela est vrai, ne supportent pas le sevrage sans quelque incommodité ; la plus fréquente est le dévoiement. On modère alors la nourriture, on donne des quarts de lavement avec l'eau de guimauve et l'amidon, auxquels on ajoute quelquefois deux ou trois gouttes de laudanum.

2° *Pour la femme.* Une femme qui cesse de nourrir son enfant, ne devant plus faire les frais de la secrétion à laquelle elle s'était soumise, doit nécessairement diminuer à mesure la quantité de ses aliments, et ne faire usage que de ceux qui nourrissent le moins. Elle fera aussi usage, comme celle qui, après être accouchée, juge convenable de ne pas nourrir (*Voyez* Fièvre de lait), de boissons nitrées ; elle garnira ses seins pour les préserver de l'action du froid, sans toutefois y entretenir trop de chaleur ; enfin si les seins se gonflaient trop, elle ferait bien de prendre de deux jours l'un, pendant une semaine, un léger purgatif, comme un, même deux verres d'eau de Sedlitz, et dans les jours d'intervalle, de provoquer des sueurs par l'usage de quelques plantes sudorifiques, comme la fleur de sureau. Ces différents moyens suffisent ordinairement pour empêcher le lait soit de se reproduire, soit de faire irruption sur quelque autre organe, et pour prévenir ce qu'on nomme communément dépôts de lait.

SOIF EXCESSIVE. — La soif excessive, le désir irrésistible de boire, est presque toujours un état qui tient à une maladie, particulièrement à une maladie inflammatoire ; mais dans quelques cas cependant, elle paraît seule, ou comme symptôme dominant, et semble n'être que l'expression d'une excitation anormale et accidentelle des papilles de la langue, du palais et de l'arrière-gorge.

L'usage des boissons acidules, et surtout froides, semble au premier abord le moyen le plus sur de calmer la soif, mais on ne tarde pas à reconnaître que plus on en boit plus on en veut boire, parce que leur introduction dans la bouche est suivie d'une réaction qui suffit elle-même pour faire naître le besoin qu'on a eu l'intention de satisfaire. Le lait froid, les boissons mucilagineuses mais non pas sucrées, sont un moyen plus sûr, les grands bains réussissent aussi. Dans tous les cas, il faut bien savoir que si on ne sait pas résister à la soif quand elle est incessante, on ne parvient que difficilement à l'appaiser ; aussi fait-on bien de chercher à lui faire diversion par quelques occupations propres à fixer fortement l'imagination. On a vu des personnes tourmentées par une soif de toutes les minutes, ne pas même y songer pendant les les quatre et même six heures que durera un spectacle attrayant pour elles.

SOMNAMBULISME. — On appelle de ce nom l'état dans lequel se trouvent certaines personnes qui, quoiqu'endormies, peuvent encore se livrer à quelques actes intellectuels ou physiques propres à la veille ; ou pour mieux dire le somnambulisme est un état intermédiaire entre la veille et le sommeil, dans lequel la mémoire, l'imagination et les sens sont dans une sorte d'exercice imparfait ou d'activité partielle sous l'influence de laquelle on peut faire certaines choses que l'on fait habituellement dans le cours de ses occupations. Mais de cet état bien caractérisé et journellement constaté en conclure que les somnambules peuvent prédire l'avenir, se livrer à des actes intellectuels qui leur sont habituellement complétement étrangers, il y a un espace immense que la raison conscille de ne pas franchir. Quant au somnambulisme communiqué, de deux choses l'une : ou il existe et ne peut donner plus de faculté que n'en aurait une personne somnambule naturelle, ou il n'est que simulé, ce qui est le plus ordinaire, et il devient le prétexte des plus audacieuses jongleries. Au reste, naturel ou non le somnambulisme n'étant pas à proprement parler une maladie, nous n'avons pas besoin de nous en occuper plus au long. Le seul conseil que nous puissions donner, et qu'indique le simple bon sens, c'est de surveiller les somnambules naturels afin qu'ils ne puissent pas être exposés à mettre leurs jours en péril sous l'influence de cet état.

SPASMES. — On appelait autrefois du nom de spasme toute espèce de convulsions; mais ajourd'hui ce mot exprime simplement une contraction ou tension musculaire indépendante de la volonté et qui dans quelques cas dispose à la convulsion, et qui presque toujours la précèdent, quand celle-ci doit arriver. On connaît deux genres de spasme suivant que les facultés intellectuelles sont ou ne sont pas lésées. Celui dans lequel les muscles seuls sont affectés, se divise lui-même en deux selon que les muscles lésés sont ceux qui sont soumis à l'empire de la volonté ou ceux qui ne le sont pas. Dans le premier de ces deux derniers cas, ce sont presque toujours des mouvements brusques, inégaux et soudains des bras, des jambes, de la tête, de la mâchoire inférieure, des lèvres, des yeux, auxquels les malades se livrent malgré eux, et par conséquent dont ils ne peuvent mesurer la force et l'étendue, ni maîtriser le développement. Dans le second cas ce sont ordi-

nairement l'œsophage, le pharynx, le diaphragme,
ou le cœur qui sont affectés. Quand c'est le diaphragme, l'affection se trahit par le *hoquet*; quand
c'est le cœur il y a *palpitations* (*Voyez ce mots*).
Quant au spasme avec lésion des facultés intellectuelles, il constitue, à vrai dire, une variété de l'a.
liénation mentale qui sera étudiée ailleurs.

Les spasmes généraux ou locaux, qui n'ont qu'une
existence passagère et résultent de l'action d'une
cause accidentelle, sont presque toujours combattus
avec succès par les antispasmodiques administrés à
l'intérieur, mais surtout par le camphre. Les vésicatoires comme moyen révulsif trouvent fréquemment leur application lorsqu'ils dépendent de la
faiblesse de la constitution, d'habitudes vicieuses
contractés dans l'enfance. d'une éducation défectueuse, ce n'est pas seulement à des moyens passagers et aux ressources de la pharmacie qu'il faut
avoir recours, mais il faut faire appel à tous les soins
hygiéniques, à ceux surtout qui auront pour but de
rétablir l'équilibre rompu entre le système nerveux
et le système musculaire.

SPLEEN. — *Maladie noire, Mélancolie.*—(*Voyez*
Hypocondrie.)

SQUIRRHE. — (*Voyez* Cancer.)

STÉRILITÉ. — On entend par ce mot un état des
parties ou des individus qui rend l'union des sexes
improductive, bien qu'elle puisse s'effectuer; difté-
rant en cela de *l'impuissance* dans laquelle un vice
de conformation apparent ou caché rend cette union
impossible.

S'il est assez souvent possible de constater les causes
de l'impuissance (*Voyez ce mot*), il n'en est pas de
même de la stérilité, tant il existe de causes souvent
inappréciables qui peuvent l'occasionner. On en est

la plupart du temps reduit à de pures conjectures ; comment reconnaître, par exemple, si l'infécondité provient du fait de la femme plutôt que de celui du mari. Combien de femmes, qui avaient été stériles pendant un grand nombre d'années, sont devenues mères après dix, quinze, vingt et même vingt-cinq ans de mariage, sans avoir jamais trahi la foi conjugale. Combien de femmes n'ont pas d'enfants avec un premier époux et en ont facilement et un grand nombre avec un second. On voit aussi des individus ne pas avoir d'enfants pendant toute la durée d'une longue union, se séparer et en avoir l'un et l'autre en contractant de nouveaux rapports.

L'antipathie, le dégoût même, sont loin d'être des causes de stérilité, puisqu'on a vu des femmes violées concevoir ; bien plus les femmes qui se livrent avec beaucoup d'ardeur aux plaisirs vénériens sont souvent infécondes. L'irritation continuelle des parties génitales, les pertes en blanc, les déplacements de la matrice, un extrême embonpoint produisent souvent le même résultat. On ne peut donc établir de règles applicables à la stérilité : un changement complet dans les habitudes des époux, les voyages ont souvent réussi à la faire cesser. Les propriétés qu'on a cru reconnaître à cet égard à certaines eaux minérales pourraient bien ne s'expliquer que comme cela ; les recettes secrètes vendues par quelques individus sont des piéges tendus à la crédulité et n'ont la plupart du temps aucun résultat, ou si elles réussissent, c'est qu'il devait en être ainsi.

STRABISME. — (*Voyez* Louche.)

SUETTE. — On appelle ainsi une maladie épidémique caractérisée par des sueurs abondantes, un état fébrile plus ou moins grave, et souvent une éruption de petites vésicules, ce qui constitue alors la fièvre miliaire dont nous avons déjà parlé (*Voyez* Miliaire).

La suette attaque de préférence les adultes , et plus souvent les femmes que les hommes , et sévit avec plus d'intensité sur les populations indigentes, et dans les localités les plus malsaines; surtout dans les plus basses et les plus humides. Elle règne même d'une manière habituelle dans quelques lieux. Elle se présente sous deux formes : bénigne et maligne.

La suette bénigne est parfois annoncée par de la lassitude et de la céphalalgie sus-orbitaire, du dégoût pour les aliments. Dans d'autres cas , et quelques heures seulement avant l'apparition des sueurs , le malade éprouve la sensation d'une chaleur ou plutôt d'une vapeur qui parcourt tous les membres, accompagnée de resserrement à l'estomac; d'autres fois enfin les sueurs débutent d'emblée; seulement la langue est jaunâtre et la respiration un peu embarrassée. Cet état persiste avec de légères variations les deuxième , troisième ou quatrième jours. C'est l'un de ces jours, ordinairement le troisième, que se fait souvent sur la peau une éruption miliaire dont la marche est celle que nous avons déjà décrite.

Bien plus constantes que l'éruption, les sueurs, toujours abondantes, sont d'une odeur fétide particulière et continuent à s'exhaler sans interruption sous la forme d'une vapeur épaisse pendant toute leur durée, sans être toutefois accompagnées d'une grande chaleur à la peau. La desquammation ou soulèvement de l'épiderme commence au bout de dix à douze jours : les vésicules, quand il y en a, s'affaissent, l'épiderme se fronce, se ride et se détache tantôt par de fines écailles farineuses, d'autres fois par de grandes plaques. Les sueurs cessent alors ou ne se montrent plus qu'à de rares intervalles; la convalescence commence.

La suette cesse d'avoir ce caractère bénin sous l'influence de divers accidents: tantôt c'est l'inflammation de l'estomac et de l'intestin qui acquiert beaucoup d'intensité; tantôt c'est celle du poumon ou de la vessie ; ou bien encore un état nerveux caractérisé par de l'assoupissement, du délire ou même des convulsions, mais qui est souvent assez promptement mortel.

Le traitement réclamé par cette affection est le même que celui de la rougeole et de la scarlatine. Le traitement des divers symptômes doit être simplement hygiénique : ne pas provoquer les sueurs, par exemple, ne pas les supprimer, est ce qu'il y a de mieux à faire, On profitera des intervalles où elles paraissent se modérer pour faire le lit du malade, le changer de linge avec précaution, l'essuyer soigneusement avec des serviettes bien chaudes. Si la douleur au creux de l'estomac est très prononcée, on y appliquera avec avantage des sangsues. Enfin, suivant les cas, vésicatoires révulsifs, narcotiques. C'est surtout dans les cas où des phénomènes nerveux se déclarent que ces derniers moyens ont de l'efficacité. Dans tous les cas, les lavements émollients sont utiles, car il y a toujours plutôt constipation que relâchement.

SUEURS. — Les sueurs sont un symptôme dans un grand nombre de maladies, comme dans la suette, dont elles font le principal caractère, et dans la plupart des maladies inflammatoires profondes, affectant ce qu'on nomme des organes parenchymateux, comme le poumon, le cerveau, l'intestin. Dans ces divers cas, elles ne méritent pas de fixer l'attention parce qu'elles cèdent aisément à l'amendement et mieux à la destruction de la cause. Mais en considérant les sueurs comme un effet purement physiologique simplement un peu exalté, on peut, on doit même prévoir combien leur suppression brusque peut être nuisible. Ce sont les sueurs des pieds qu'il est surtout important de ne pas laisser arrêter, parce que cette cause, légère en apparence, peut avoir les plus grands dangers. Ces sueurs doivent donc être respectées si elles sont anciennes : on se borne, contre leur incommodité, à des soins de propreté et, si elles sont plus abondantes que d'habitude, à quelques révulsifs sur la peau ou sur l'intestin, comme un vésicatoire pour la peau et quelques purgatifs pour l'intestin. Se sont-elles supprimées, soit par le refroidissement subit, soit par toute autre cause connue ou inconnue ? On s'empresse d'envelopper les pieds d'un morceau de flanelle recouvert d'un taffetas ciré, ou de cataplasmes très chauds, etc.

SURDITÉ. — On donne ce nom à l'abolition ou à l'affaiblissement du sens de l'ouïe.

La faculté d'entendre repose sur ces deux conditions, que les vibrations sonores qui constituent le son puissent arriver jusqu'au parties intérieures de l'oreille, auxquelles elles doivent aboutir en dernier lieu, et que ces dernières soient dans les conditions nécessaires pour les recevoir et transmettre au cerveau l'impression qu'elles en ont éprouvée. De là deux causes principales de surdité, qui, toutes deux, sont ou congéniales ou accidentelles. La première peut consister en une imperforation et oblitération du conduit auditif, en son rétrécissement, en l'accumulation du cérumen dans quelques points de sa longueur, en la présence dans son intérieur de corps étrangers, à l'épaississement de la membrane du tympan sur laquelle les sons viennent frapper, enfin à l'obstruction de la trompe d'Eustache, ouverture débouchant dans l'arrière-gorge et destinée à laisser pénétrer dans l'intérieur de l'oreille l'air nécessaire à l'audition. La seconde cause de surdité est, soit une atrophie ou une compression, soit un affaiblissement, on enfin une véritable paralysie du nerf auditif. C'est donc par la destruction de ces différentes causes que doit commencer le traitement de la surdité, car d'elle seule dépend le retour de la faculté d'entendre.

Ainsi, pour ce qui a rapport aux causes du premier ordre, et qui sont de véritables causes physiques, y a-t-il oblitération du conduit auditif par une inflammation de la membrane qui le tapisse? on traite cette inflammation comme nous l'avons dit au mot OREILLE. Y a-t-il accumulation de cérumen, ce qui est assez commun? on ramollit le bouchon qu'il forme par des injections d'eau tiède ou d'huile; puis, au moyen d'une curette ou d'un cure-oreille ordinaire, on le retire par portions; quand la totalité ne vient pas à la fois. Enfin y a-t-il des corps étrangers? on pratique leur extraction à l'aide de pinces ou de curettes appropriées, de crochets, de tiges de baleine flexibles garnies d'un léger tampon de coton enduit de miel ou de glu. Si ce corps étranger est un polype, des divers moyens chirurgicaux conseillés contre ces productions accidentelles, l'excision et l'arrachement sont les seuls applicables dans l'espèce. Quant à l'épaississement de la membrane du tympan, il est assez difficile à établir; le seul moyen de remédier à ses conséquences serait de perforer cette membrane. Reste enfin l'obstruction de la trompe d'Eustache à laquelle on obvie par le cathétérisme ou introduction d'une sonde, suivie d'une injection soit de liquide, soit d'air.

Le traitement de la surdité qui dépend de la deuxième cause, et qui est une cause nerveuse, est loin de reposer sur des bases aussi rationnelles que celui que nous venons d'exposer, parce que sa nature échappe. Il est généralement réduit à deux méthodes: dans la première figurent les poudres sternutatoires, les purgatifs drastiques répétés, l'état de l'estomac et de l'intestin le permettant. Dans la seconde sont tous les dérivatifs comme le cautère, le moxa, les ventouses sèches ou scarifiées souvent répétées, et appliqués derrière l'oreille, ou un seton à la nuque. Quant à l'électricité et au galvanisme, malgré les essais multipliés qu'on a fait à leur égard, peu de succès en ont été obtenus. On a conseillé de seconder l'action des moyens que nous venons d'énumérer par les infusions d'arnica, de valériane, les préparations martiales ou ferrugineuses. Mais depuis qu'on est parvenu à placer l'introduction d'une sonde dans la trompe d'Eustache au nombre des opérations habituelles de la chirurgie, on a substitué, d'une manière un peu banale, mais assez souvent fructueuse cependant, les injections d'air ou de vapeurs soit aqueuses soit éthérées, à la plupart des moyens dont nous venons de faire dénumération.

SYNCOPE. — (*Voyez* Evanouissement).

T

TAIE. — On donne ce nom à une tache blanchâtre qui s'est formée sur la cornée ou miroir de l'œil, et qui, lorsqu'elle se trouve en face la pupille, gêne ou empêche même complètement la vision, par l'obstacle qu'elle met au passage des rayons lumineux.

Cette affection, qui est un cas malheureusement très fréquent de cécité, est presque toujours le résultat d'une vive inflammation des enveloppes de l'œil, et consiste uniquement en une sorte d'infiltration entre les feuilles de la cornée d'une matière sémi-purulente ou lymphatique, qui en trouble la transparence. Les taies sont infiniment plus communes chez les enfants que chez les adultes, parce qu'ils sont plus sujets aux inflammations des yeux; mais par une heureuse compensation, elles sont aussi plus disposées à disparaître, parce que chez eux les forces absorbantes sont plus capables de pomper la matière épanchée.

Le traitement le plus méthodique des taies est celui de l'inflammation qui les occasionne ordinairement (*Voyez* OPHTHALMIE). Quand on n'a pas réussi à prévenir leur formation, on doit longtemps les respecter, surtout quand elles sont peu étendues, parce qu'elles finissent souvent par disparaître par les seules forces de la nature. Plus de la moitié d'entre elles sont dans ce cas. Cette vérité reconnue par tous les oculistes de bonne foi, doit rassurer les parents et les empêcher de céder aveuglement aux conseils que chacun ne manque pas de donner sur ce sujet.

Cependant quand les taies ne disparaissent pas au bout d'un certain temps, on peut tenter quelques moyens, parmi lesquels on doit surtout placer, 1o les immersions souvent répétées de l'œil dans un bain d'eau, dans un demi-kilogramme de laquelle on a fait fondre quatre grammes, (1 gros) de sel de cuisine; 2o l'insufflation sur l'œil d'une poudre composée d'une partie d'alun et neuf de sucre, ou bien de parties égales de sucre candi, calomel et tuthie ; 3o d'une légère solution de nitrate d'argent, comme il a été dit au mot *ophthalmie*, à laquelle on ajoute deux ou trois gouttes de laudanum. La taie disparaît souvent au milieu de la petite rougeur que détermine dans bien des cas l'emploi de ces différents moyens; c'est peut-être en cela que consiste toute leur vertu. On a proposé dans ces derniers temps d'enlever avec le bistouri la membrane ou mieux le disque de la cornée qui porte le nuage, et de remplacer la partie par une partie semblable prise sur un animal. Mais cette idée ne s'appuie encore que sur quelques expériences et trompera peut-être l'attente de ceux qui les ont tentées.

TAILLE, *Déviations de la taille*. — Tout le monde sait qu'on appelle communément *taille* la partie postérieure du torse. Comme c'est la colonne vertébrale ou épine dorsale qui en forme la partie essentielle, puisqu'elle en est la base, le point central auquel viennent aboutir tous ses mouvements, la plus légère altération dans sa rectitude naturelle entraîne nécessairement une difformité du tronc. Or, les déviations de la taille ne sont autre chose que les courbures de la colonne vertébrale. Elles sont latérales, antérieures ou postérieures, suivant que le centre de la courbure s'est porté à gauche ou à droite, en avant ou en arrière de la ligne verticale.

Ces courbures s'effectuent sous l'influence de deux ordres de causes bien distinctes dans leur nature, mais venant très souvent se compliquer réciproquement. Les unes consistent évidemment en une action des muscles qui s'insèrent à la colonne vertébrale ou qui la tiennent, d'une manière quelconque, dans la dépendance de leur action ; les autres résident en un changement direct de forme des parties qui composent cette colonne, résultant d'une altération de leur tissu.

Pour se rendre un compte exact des courbures du premier ordre, que nous appellerons *musculaires* ou *dynamiques*, il faut savoir que les os qui composent le squelette ne sont que des leviers, et les muscles qui s'insèrent à eux des cordes animées qui les font mouvoir. Si l'un de ces muscles agit trop souvent, la portion de la colonne à laquelle il s'attache sera nécessairement attirée de son côté et se maintiendra d'autant plus inclinée de ce côté que le muscle opposé agira moins. On peut donc rapporter à cet ordre l'habitude qu'ont tous les enfants et, par suite, presque tout le monde, de se servir d'un membre plutôt que de l'autre, les fausses attitudes et même les déviations qui accompagnent les diverses espèces de claudication. On a ajouté récemment à ce genre de cause la contracture permanente qu'éprouvent certains muscles à la suite d'affections convulsives.

Les altérations maladives desquelles dépendent les courbures du second ordre, peuvent avoir leur siége dans les substances ligamenteuses ou dans les fibro-cartilages qui entrent dans la structure de la colonne vertébrale ; mais elles affectent le plus ordinairement les vertèbres elles-mêmes et sont l'effet de la participation qu'elles prennent au ramollissement des os, connu sous le nom de *rachitisme* (*voyez* ce mot). Les déviations qui en résultent s'effectuent le plus souvent en arrière, c'est-à-dire que la colonne vertébrale forme une courbure dont la convexité regarde en arrière et la concavité en avant, ce qui s'explique par la préférence que donne la maladie à la partie antérieure du corps des vertèbres, où la substance spongieuse est plus abondante.

Mais comme une cause musculaire peut agir sur la colonne en même temps qu'une cause maladive, ces deux causes peuvent se combiner et donner un résultat moyen. Ainsi, une ou deux vertèbres se ramollissent antérieurement, la colonne se courbe directement en arrière ; mais l'individu ne se servant pas moins d'une main plutôt que de l'autre, la gibbosité, ou la bosse, comme on voudra, se portera du côté de cette main. Comme c'est ordinairement la main droite, ce sera aussi à droite que la courbure aura lieu ; c'est précisément ce qui arrive dans la plupart des cas. Bien plus, toute courbure jetant la partie supérieure du corps en dehors de la base de sustentation, la personne fait nécessairement un effort pour se retenir, et de la répétition fréquente de cet effort résulte une seconde, souvent même une troisième courbure, l'une et l'autre opposées, bien entendu, à la première.

De quelque nature que soient les déviations de la taille, infiniment plus communes chez les jeunes filles que chez les garçons, elles placent toujours l'économie dans une fâcheuse position, car elles ne se bornent pas à s'opposer au libre exercice des mouvements et à produire les plus affreuses difformités ; mais, modifiant l'étendue de la poitrine, de la cavité abdominale et du bassin, elles altèrent encore profondément toute l'économie par le trouble qu'elles apportent dans le jeu des organes respiratoires, circulatoires, digestifs et reproducteurs. Sous ce rapport, aucune difformité ne mérite plus qu'elle d'être étudiée, pour pouvoir être prévenue quand la chose est possible, ou corrigée quand il a été impossible de la prévenir.

Il est peu de maladies qui, depuis vingt à vingt-cinq ans, aient été le sujet de plus de contestations que les déviations de la taille, et contre lesquelles on ait proposé plus de moyens. Ceux qui n'ont vu en elles que le résultat de fausses attitudes ou d'exercices irréguliers ont cru pouvoir les guérir par des exercices gymnastiques ; mais le plus grand nombre des médecins qui s'en sont occupés ont cru que la première indication à remplir était de redresser mécaniquement l'arc formé par la colonne, et de le maintenir le plus longtemps possible dans cet état de redressement. De là une foule d'appareils qui agissent sur la colonne, soit en l'allongeant verticalement, comme les corsets à tuteurs et les casques connus sous le nom de Minerves, ou horizontalement, comme les lits à extension, soit en renversant la colonne en sens inverse de sa courbure accidentelle, soit, enfin, en pressant d'une part sur la hanche saillante, et d'autre part sur l'épaule proéminente, comme certaines ceintures.

Si les médecins qui ont conseillé les exercices gymnastiques, non comme moyen accessoire de traitement, mais comme moyen spécial, se sont fait illusion par l'impossibilité où ils ont été de trouver des exercices qui missent précisément en jeu les muscles propres à attirer vers la ligne médiane du corps les vertèbres qui s'en sont écartées, les partisans des machines ne sont pas moins embarrassés de prouver : 1º comment, en allongeant, par exemple, la colonne par un effort qui tend nécessairement à séparer l'une de l'autre les vertèbres, ils redonneront à celle qui a perdu de son épaisseur ce qui lui manque ; 2º comment les ligaments, distendus par leur tiraillement, pourront maintenir la colonne droite, en supposant qu'on parvînt à la redresser ; aussi, les uns et les autres sont fort embarrassés de fournir des exemples bien authentiques de guérison. Les mères doivent en être averties, si elles ne veulent pas être victimes des plus cruelles déceptions.

Il est donc juste de dire que, malgré les promesses des orthopédistes, dont Paris surtout fourmille aujourd'hui, il est plus aisé de prévenir les déviations de la taille que de les faire disparaître. Pour cela, il faut surveiller le maintien des jeunes filles, empêcher qu'elles n'exercent un côté du corps plus que l'autre, ne leur permettre de porter des corsets que lorsque leur taille est déjà formée, et si quelque indice fait soupçonner une tendance au rachitisme, les soumettre de bonne heure à tous les moyens propres à relever l'économie de l'état de détérioration dans lequel la plongerait bientôt cette maladie. Si, malgré tout, leur taille se déforme et que ce soit par de vicieuses attitudes, on peut chercher à y remédier par des exercices qui auront toujours l'avantage de fortifier l'ensemble de l'économie. Si c'est par ramollissement des os il ne faut rien entreprendre tant que le mal n'aura pas cessé ses ravages ; mais une fois son principe détruit, on peut soustraire par des corsets à tuteurs les vertèbres affaissées ou déprimées au poids des parties superposées.

Quant à la section des muscles du dos, sur la contracture desquels on cherche aujourd'hui à reporter certains cas, même assez nombreux, de déviations de la taille, elle repose sur des idées de pure théorie, contre lesquelles s'élèvent des hommes compétents en pareille matière ; et d'ailleurs fût-elle, en principe, le résultat d'une indication parfaitement rationnelle, qu'elle aurait encore bien de la peine à prendre rang parmi les opérations régulières, à cause des difficultés qu'elle offrira, dans son exécution, aux esprits éclairés et consciencieux.

TEIGNE. — Les anciens donnaient le nom de teigne à toutes les maladies de la tête, ou pour parler plus correctement du cuir chevelu propres à l'enfance, se présentant sous la forme de croûtes plus ou moins nombreuses et étendues, et pouvant surtout, dans la plupart des cas, se transmettre par voie de contagion. Les modernes réservent ce nom pour une maladie de cette classe, mais paraissant spécialement siéger dans le bulbe des cheveux, et particulièrement caractérisée par des croûtes sèches fortement enchâssées dans le tissu de la peau, d'une couleur jaune pale et sale, offrant à leur centre une dépression plus ou moins régulière qui donne aux croûtes quelque ressemblance avec les alvéoles d'une ruche à miel.

Cette maladie, une des plus terribles de l'enfance, celle du moins qui exige dans la plupart des cas le traitement le plus douloureux, s'observe plus tôt chez les enfants de six, sept, huit et neuf ans que chez ceux qui sont à la mamelle ; les adultes en sont cependant quelquefois attaqués. On la rencontre souvent dans les maisons de correction où sont entassés les enfants des classes peu aisées, sur les enfants des indigents qui habitent des rues étroites et boueuses ; chez ceux des porteurs d'eau, des revendeurs, des bergers qui couchent dans les granges ou dans les étables, des marchands de poissons et des pêcheurs qui ont constamment les jambes dans l'eau et leurs habits mouillés.

L'éruption qui constitue la teigne commence ordinairement par de très petits points jaunâtres à peine élevés au dessus du niveau de la peau qui, dans leur début, présentent une petite croûte déprimée en godet formée par l'humeur qui s'est désséchée. Cette croûte, ordinairement traversée par un cheveu, s'accroît peu à peu et acquiert un volume variable suivant qu'elle reste isolée ou qu'elle se confond avec les croûtes voisines pour former avec elles une espèce de calotte qui enveloppe toute la tête. Si on l'enlève avec un peu de force, on excite une vive douleur, on fait saigner la peau qu'on trouve au dessous rouge, écorchée souvent assez profondément. Les cheveux deviennent sales, laineux ou tombent pour ne plus jamais revenir. Chez les enfants, des poux pullulent ordinairement sous les croûtes, et ajoutent aux horribles démangeaisons qu'éprouve le malade qui ne cesse de chercher à se gratter, et qui répand autour de lui une odeur nauséabonde.

Quand la maladie dure depuis un certain temps, qu'elle est assez étendue et qu'elle a été négligée, on voit trop souvent les glandes du cou s'engorger, les yeux s'enflammer, la peau du front, du cou, des oreilles se gonfler; le malade tombe alors dans une extrême apathie morale et physique, sa constitution se détériore et souvent il s'arrête dans son développement.

Lorsque la teigne doit guérir, les croûtes se détachent, tombent et cessent d'être remplacées, la peau reprend peu à peu ses caractères habituels, le suintement d'humeur diminue et se tarit. Souvent, après s'être longtemps montrée rebelle à tous remèdes, cette affection guérit spontanément d'elle-même à l'époque de la puberté, cédant alors comme plusieurs autres maladies de l'enfance à la secousse qu'éprouve toute l'économie ; mais sa disparition trop brusque a souvent occasionné des accidents. Guérie dans l'enfance, elle peut encore reparaître dans l'âge adulte et même dans la vieillesse, si les causes qui ont présidé à son développement, la malpropreté, une constitution détériorée, mais surtout l'habitation avec d'autres personnes qui en sont affectées, viennent à replacer le sujet dans des conditions favorables à sa reproduction.

Le traitement de la teigne repose sur deux ordres de moyens qui sont des soins hygiéniques, surtout de propreté et des soins véritablement médicaux. Les premiers sont nécessairement ceux par lesquels on doit commencer. Ainsi, on coupera les cheveux très courts, ou mieux on les rasera ; on fera tomber les croûtes par des cataplasmes émollients, et on aura le soin de laver la surface dénudée avec une eau de guimauve, qu'on remplacera de temps en temps par de l'eau de savon. Ces soins de propreté sont tellement importants qu'on peut souvent leur attribuer toute la guérison. Quand, malgré les soins, cette guérison se fait trop attendre on en vient au traitement médical.

Ce traitement consiste d'abord à dépouiller la tête

des cheveux. Pour cela on a depuis longtemps susbtitué au moyen barbare de l'arrachement par la calotte, soit leur enlèvement un à un par des pinces, ce qui est long et fort douloureux, soit des pommades ou poudres épilatoires composées d'un mélange de parties égales environ d'amidon et de chaux vive, auquel on ajoute un douzième tout au plus de sulfure rouge d'arsenic. Attaqués par cette substance, qui fait la base de la plupart des moyens dont quelques personnes font un secret, les cheveux tombent ordinairement dans le peigne. Une fois la tête bien dégarnie, on la frottera deux fois par jour avec une pommade sulfureuse, ioduro-sulfureuse ou mercurielle. Celle qui résulte de la combinaison d'un gramme ou deux d'iodure de soufre avec 30 grammes de saindoux est une de celles qui réussissent le mieux, ainsi que celle-ci : prenez soude d'alicante et sulfure de potasse finement pulvérisés, de chaque 12 grammes, saindoux 90 grammes, mêlez exactement. Le cuir chevelu, qui était d'un rouge intense, ne tarde pas généralement à blanchir sous l'action de ces diverses pommades, les démangeaisons cessent et la maladie guérit insensiblement. S'il n'en était pas ainsi, il faudrait insister surtout sur les soins de propreté, changer autant que possible les conditions hygiéniques du sujet, isoler le malade, et attendre que le temps ou, pour mieux dire, la nature si puissante quelquefois, même dans les cas extrêmes, et secondée par l'usage des tisanes dépuratives dont nous avons indiqué et recommandé l'emploi au mot *dartres*, modifie ou même arrête complétement la marche de la maladie.

TÉTANOS.—Contraction, convulsions permanentes de tous les muscles, survenant quelquefois sans cause bien appréciable, mais le plus souvent à la suite de

plaies ou blessures graves, dont il vient encore compliquer le traitement; presque toujours même il occasionne
la mort en quelques jours (*Voyez* PLAIE, CONVUL-
SIONS, etc.).

TIC. — Le plus habituellement on désigne sous ce
nom des habitudes contre nature dans les mouvements,
des attitudes bizarres, des gestes singuliers, une manière vicieuse de parler, etc., etc., dont la rectifica-
tion exige souvent beaucoup de soins, et demande une
persévérance qui ne suffit pas même toujours pour en
obtenir la guérison. Mais en médecine on appelle *tic
douloureux de la face* ou *névralgie faciale* une douleur
qui se fait ressentir dans la figure, particulièrement à la
mâchoire inférieure, et qu'accompagne dans presque
tous les cas une contraction spasmodique des muscles
de cette partie.

La douleur commence ordinairement à quelque
distance et sur les côtés du menton, et de là s'étend
par irradiation aux lèvres, aux alvéoles, aux tempes,
sous le menton et souvent sur toute la joue et sur la
partie antérieure et externe de l'oreille. Elle est quelquefois continue, mais le plus souvent elle revient
par accès. Dans ces accès, l'expression générale de la
physionomie est plus ou moins altérée, les muscles
qui forment les sourcils et ceux qui environnent l'orbite de l'œil sont fortement contractés, et les commis-
sures des lèvres retirées en arrière et en haut, donnent
à la physionomie l'expression du rire sardonique
Tantôt la mâchoire inférieure est le siége d'une sorte
de roideur tétanique où dans un état d'immobilité
complète, tantôt la bouche est entièrement défor-
mée et la mâchoire elle-même est entraînée par les
contractions irrégulières des muscles. Telle personne
en proie à cette espèce particulière de douleur, peut
encore commander à ses organes et résister à ses souf-

frances ; telle autre y cède, pousse des cris et éprouve de véritables convulsions ; mais toujours la figure exprime la douleur et prend un caractère qui ne lui est pas habituel.

Le tic douloureux, de la face, qu'on prend souvent pour un mal de dents, et qui a effectivement avec ce qu'on nomme *rage de dents*, la plus grande analogie, surtout quand celle-ci dure quelque temps, peut effectivement trouver son point de départ dans une dent malade. Il est généralement très rare chez les enfants, et affecte de préférence les adultes, surtout les hommes d'un tempéramment nerveux, adonnés aux travaux de l'esprit, sujets aux affections rhumatismales; son traitement rationnel doit avoir pour base les règles suivantes :

Est-il périodique? ce qui arrive assez souvent, on administre le quinquina, ou mieux le sulfate de quinine, comme nous l'avons dit au mot FIÈVRE (*Voyez ce mot*); le sujet est-il fort vigoureux et sanguin? on lui fait pratiquer une saignée. Si on a des indices marqués que la maladie tient à une dent malade, le sacrifice de cette dent sera nécessaire; enfin quand ces moyens, joints à l'opium pris à l'intérieur auront échoué, on pourra poursuivre la douleur par de petits vésicatoires, sur lesquels on déposera un, deux, et même trois centigrammes d'opium, ou une ou deux gouttes de teinture de datura stramonium ; on peut même donner, pendant un certain temps, et plusieurs fois par jour, la teinture alcoolique de cette substance à la dose de huit à quinze gouttes ; on couvre aussi avec avantage la joue malade d'un cataplasme de pulpe de racine de belladone. Enfin on a été jusqu'à conseiller et pratiquer l'incision du nerf dont l'irritation cause tant de souffrances ; mais cette opération n'a pas toujours le succès qu'on attendait ; elle a même, dans quelques cas, été suivie d'accidents capables de détourner les chirurgiens prudents de son emploi. Aussi ne doit-on s'y soumettre que dans les cas extrêmes, et n'en confier, bien entendu, l'exécution qu'à un homme expérimenté.

TORTICOLIS. — Dans le langage ordinaire, on appelle de ce nom, soit l'immobilité du cou, soit l'inclinaison de la tête vers l'une ou l'autre épaule, que la cause en soit dans une tuméfaction des glandes du cou, un rhumatisme de cette partie, ou dans une altération organique ou autre, tant des vertèbres qui entrent dans la composition du cou que des muscles qui leur communiquent le mouvement. Mais, en médecine, on applique presque exclusivement le mot de *torticolis* à la désignation de la difformité assez commune qui résulte de la dernière des causes que nous venons d'indiquer, c'est-à-dire de l'altération des muscles qui meuvent la tête latéralement. Or, ces muscles peuvent être affectés de trois manières: par un rhumatisme, par une paralysie, par une contracture spasmodique.

Quand c'est par un rhumatisme, la personne éprouve une douleur plus ou moins vive, qui, ou est continuelle, et alors le mouvement l'augmente, ou cesse quelquefois, et alors le repos l'éveille; mais, dans tous les cas, le cou est maintenu immobile par la crainte des douleurs qui accompagnent toute espèce de mouvement. Ce genre de torticolis est ordinairement de courte durée, coïncide souvent avec de semblables douleurs dans les épaules ou dans les reins, et se guérit par les moyens applicables aux affections rhumatismales aiguës, par exemple, par l'application d'un large cataplasme laudanisé autour du cou.

Dans le torticolis par paralysie des muscles qui meuvent latéralement la tête, cette dernière est inclinée du côté sain, bien entendu, et il est facile de la ramener à sa situation naturelle, sans causer de douleurs au malade ; mais dès qu'on cesse de la maintenir, elle reprend aussitôt sa direction vicieuse. Ce qui le caractérise surtout, c'est que les muscles paralysés sont mous, ne sentent rien et ne font aucune saillie. On le combat par les moyens appropriés au traitement de la paralysie en général. (*Voyez ce mot.*) On a bien pensé à rétablir l'équilibre entre les muscles, en coupant celui qui, faute d'antagonisme, attire la tête à lui ; mais on a été arrêté par la crainte que le muscle paralysé guérissant, l'autre ne se trouve, par le fait même de sa résection, dans l'impossibilité de lutter avec lui.

Enfin, le torticolis qui résulte d'une contracture, ou d'un défaut de développement des muscles, est généralement connu sous le nom de torticolis ancien ou chronique. Il se reconnaît à la saillie ou à la dureté du muscle affecté, qui est nécessairement celui du côté où la tête incline. On a longtemps essayé de le guérir par des machines qui tendaient à ramener la tête dans sa bonne direction, en allongeant forcément le muscle trop court ou rétracté ; mais le résultat de ces essais a rarement été satisfaisant, et aujourd'hui on coupe ce muscle. C'est une véritable conquête de la chirurgie moderne. La crainte qu'on pouvait avoir que ce muscle étant coupé, celui du côté opposé n'attirât la tête à lui, est démontrée ne pas être fondée, les deux bouts du muscle divisé se réunissant par une substance intermédiaire qui supplée au défaut de longueur du muscle, sans nuire à sa contractilité.

TOUX. — (*Voyez* RHUME, CATARRHE, FLUXION DE POITRINE, ASTHME, etc.).

TRANSPORT. — (*Voyez* DÉLIRE, FOLIE, DÉMENCE, etc.),

TREMBLEMENT. — Indépendamment du tremblement qu'occasionnent si souvent la frayeur et la colère, et qui se dissipe ordinairement dès que l'esprit est rassuré; de celui des veillards qui est incurable; de celui qui annonce l'invasion de certains accès de fièvre, et qui cesse dès que la période de chaud arrive; de celui enfin que peuvent déterminer une congestion, une compression, une dégénérescence soit du cerveau soit de la moelle épinière, et qui ne disparaît qu'avec la maladie dont il n'est que la conséquence, le corps est encore exposé à plusieurs sortes de tremblement, parmi lesquels on remarque surtout celui qui affecte les personnes adonnées aux liqueurs alcooliques et celui qui attaque les individus travaillant le mercure ou usant de cette substance comme médicament.

Le tremblement des ivrognes, nommé en langage médical *delirium tremens*, est assez facile à reconnaître par les circonstances au milieu desquelles il se déclare. On a proposé pour le combattre une infinité de moyens parmi lesquels l'ammoniaque donné à la dose de dix à vingt gouttes dans un verre d'eau, et l'extrait aqueux d'opium à la dose de un à dix en même quinze centigrammes, ont longtemps été considérés comme les plus efficaces; mais on préfère aujourd'hui le traitement suivant: on met de suite la personne à l'usage des boissons aqueuses et acidulées comme les limonades tartareuses; on lui fait prendre le matin un bain de deux heures. Les nuits sont-elles agitées, le sang se porte-t-il au cerveau? on lui applique des sangsues à l'anus ou on lui fait une saignée au bras. La langue est-elle blanche et saburrale, le ventre resserré, ce qui est très commun? on donne un émétique, puis un lavement avec le miel mercuriel.

Si , malgré ces soins, un accès de folie éclate, on doit s'empresser de maintenir le malade par un gilet ou camisole de force, on lui donne en abondance des boissons aqueuses sucrées, et on le tient plusieurs heures par jour plongé dans un bain tiède. L'accès ne tarde pas, généralement, à cesser ou à s'amender. Dans le cas où il se déclarerait un assoupissement tendant à se prolonger , on ferait bien, indépendamment de l'emploi des sangsues qui serait fort indiqué, de placer des synapismes , des vésicatoires ou des ventouses aux jambes. L'application de la glace sur la tête pourrait aussi être d'un grand secours ; mais pour agir favorablement et être exempt de danger , ce moyen doit être continu, car, dès qu'il cesse avant d'avoir agi, il détermine dans le cerveau une réaction qui peut non seulement en détruire les bons effets , mais le rendre plus nuisible dans ses conséquences qu'il n'avait été utile dans son principe.

Quant au tremblement mercuriel, dont les ouvriers doreurs se garantiraient toujours aisément, s'ils avaient la précaution de ne travailler que dans des ateliers à cheminées garnies de tuyaux ventilateurs, on le guérit d'abord en se mettant en dehors de la circonstance qui l'a provoqué, puis on en combat les effets par des bains longtemps prolongés, des boissons douces et mucilagineuses comme le sirop d'orgeat, le lait bu en abondance. On leur associe avec avantage l'opium et les lavements laxatifs et même les purgatifs, tels que l'huile de ricin, les bains de vapeur et les boissons sudorifiques.

TUMEUR. — (*Voyez* ABCÈS, CANCER, etc.)

TUMEUR BLANCHE. — On appelle ainsi l'engorgement chronique des parties qui forment certaines articulations , particulièrement celles du genou, du coude, de la cuisse. Cette maladie, généralement très grave, est beaucoup plus fréquente dans l'enfance et la jeunesse que dans l'âge adulte et la vieillesse ; elle paraît très souvent tirer son origine d'un tempéramment lymphatique, et semble n'être alors qu'un symptôme d'une affection scrofuleuse générale. On la voit aussi survenir sur des individus affectés de rhumatismes, de même qu'elle peut se déclarer à la suite d'un coup, d'une chute, d'une forte distention d'une articulation ; mais dans ce cas l'accident n'a sans doute été que la cause déterminante et n'a fait que hâter le développement de la maladie qui se serait déclaré plus tard.

Les tumeurs blanches s'annoncent quelquefois par une douleur plus ou moins vive dans l'articulation et qui s'étend ordinairement le long des tendons des muscles voisins. Cette douleur est tantôt superficielle, sourde à son siége dans les parties molles et occupe toute l'articulation ; tantôt profonde, aiguë et occupant le centre même de cette articulation. Dans d'autres circonstances la maladie se développe sans que la personne ait éprouvé la moindre douleur dans le lieu-même, ou bien elle survient tout à coup à la disparition d'une douleur existant dans un lieu éloigné, ou sur la fin d'une des maladies communes à l'enfance, comme la variole, la rougeole, la scarlatine.

Dans le début l'articulation est rarement gonflée en totalité : au genou, le gonflement se montre d'abord au-dessus ou au-dessous de l'os de la rotule, quelquefois cependant sur un des côtés ; mais au coude il occupe principalement les parties latérales de l'articulation, surtout en dedans. Ce gonflement est circonscrit, sans mobilité, plus ou moins dur, élastique, ne conservant pas l'impression du doigt, mais donnant ordinairement quand on le touche, une seu sation de mollesse qui fait présumer qu'il y a fluctuation, quoiqu'il n'y en ait pas ; la chaleur y est rarement augmentée et la peau conserve longtemps sa couleur naturelle, les mouvements de l'articulation sont gênés. On voit de ces maladies dans lesquelles le membre reste étendu, mais le plus communément il se fléchit, et lorsqu'on veut l'étendre, on occasionne les plus vives douleurs.

La tumeur peut rester longtemps stationnaire, mais le plus ordinairement elle suit sa marche, ou si elle s'est un peu arrêtée, les symptômes se réveillent souvent à l'occasion de la plus légère cause ; l'articulation se tuméfie de plus en plus, et si c'est au genou le creux du jarret s'engorge, se remplit, la douleur augmente, surtout le soir et à chaque variation de température et au moindre mouvement. Plus tard la peau devient pâle, luisante et s'amincit, les veines se dilatent et deviennent variqueuses, les muscles de la jambe s'amincissent et dépérissent ou s'infiltrent ; les glandes de l'aine s'engorgent et se tuméfient ; les os finissent par se ramollir et se carrier ; les cartilages articulaires se détruisent et il survient des abcès d'où s'écoule un pus ordinairement sanieux, jaunâtre dans lequel nagent des flocons albumineux. Ces abcès se ferment rarement et dégénèrent presque toujours en fistules intarissables.

Les médecins conseillent bien des moyens contre les tumeurs blanches ; ce qui prouve déjà qu'elles constituent une maladie difficile à guérir. Résumons les tous. Tant que la période aiguë ou douloureuse existe on peut appliquer des sangsues sur l'articulation malade, la couvrir de cataplasmes émollients laudanisés ; mais, aussitôt qu'elle passe à l'état chronique, on doit tâcher d'attirer sur la peau l'inflammation dont l'intérieur de l'articulation est le siége ; c'est ce qu'on obtient par les vésicatoires volants, les cautères, les frictions mercurielles; même par les moxas et les sétons , et l'application du feu : moyens extrêmes il est vrai , mais qui ont compté trop de succès pour que nous n'empéchions pas qu'on soit étonné de les entendre proposer. On a aussi conseillé la compression qui agit nécessairement en génant la circulation du sang dans la tumeur. Mais on a cru trouver dans les propriétés prétendues fondantes de l'iode un remède plus direct : on l'emploie en frictions à l'état d'hydriodate de potasse. Dans tous les cas le repos du membre est nécessaire ; quelques médecins vont même jusqu'à fixer le membre dans un bandage inamovible qu'on n'enlève que le nombre de fois nécessaire pour donner un peu de jeu à l'articulation ou qu'on laisse si on prévoit que la soudure de l'articulation est inévitable. Si tous ces moyens échouent, il ne reste qu'une ressource , c'est la séparation de la partie malade, et mieux vaut , pensons-nous , en venir plus tôt que plus tard à cette triste extrémité ; et, malheureusement, la maladie se reproduit quelquefois encore ailleurs, et y produit de nouveaux accidents auxquels les malades ont rarement la force de résister.

TYPHUS. — On désignait autrefois sous le nom de *typhus*, toute maladie dont l'un des symptômes les plus remarquables était la stupeur empreinte sur la physionomie des malades. Mais on réserve aujourd'hui ce mot pour exprimer une maladie qui se développe épidémiquement sous l'influence de mauvaises conditions hygiéniques, comme l'entassement d'hommes sains ou malades dans des lieux humides ou resserrés, la putréfaction des matières animales, une nourriture insuffisante, les exhalaisons putrides qui se dégagent des eaux stagnantes, le découragement moral, etc.

Comme toutes les causes que nous venons d'énumérer se trouvent presque toujours réunies dans les prisons, les hôpitaux, les vaisseaux, les villes assiégées, c'est aussi dans ces lieux que le typhus exerce particulièrement ses ravages. Tous les auteurs étant à peu près d'accord aujourd'hui pour ne voir dans le typhus et la fièvre typhoïde qu'une seule et même maladie, sans pouvoir expliquer pourquoi la dernière se développe très souvent en dehors des causes qu'ils assignent à la première, nous renvoyons au mot FIÈVRE (*fièvre typhoïde*), Ce que nous pourrions dire des signes et du traitement du typhus.

U

ULCÈRE. — On appelle ainsi toute solution de continuité ou entamure par érosion, ancienne, purulente, entretenue par une cause intérieure ou locale, occupant le plus habituellement la peau ou les membranes muqueuses, mais pouvant survenir sur les glandes, les viscères et même sur les os où il prend le nom de *carie*. Il y a donc entre la plaie et l'ulcère cette différence que dans la plaie, même suppurante, il y a tendance continuelle à la cicatrisation, tandis que dans l'ulcère cette tendance est empêchée par une cause quelconque le plus ordinairement intérieure.

On divise généralement les ulcères d'après leurs causes connues ou présumées : ainsi, on les appelle ulcères scrofuleux, scorbutiques, cancéreux, syphilitiques, etc. Ce sont alors ceux que l'on attribue à une cause intérieure. Parmi les causes locales ou extérieures auxquelles elles tiennent, les auteurs mentionnent le décollement de la peau, un corps étranger, une induration des tissus qui en sont le siége, une maladie organique comme une carie des os sous-jacents, les varices, les trajets fistuleux, etc.

La forme des ulcères est sujette à de grandes variétés ; quelquefois ils sont fort irréguliers et comme découpés par leurs bords ; d'autres fois ils sont plus ou moins oblongs, ou bien ils affectent la forme circulaire. Leurs bords sont tantôt minces, tantôt élevés et plus ou moins durs, quelquefois mêmes renversés. On a observé que la forme ronde était de toutes la plus défavorable au travail de leur cicatrisation ; ce qui tient à ce que les ulcères de cette forme dépendent le plus ordinairement d'une cause interne, et de ce que, le plus souvent aussi, ils sont avec perte de substance. Le pus qu'ils fournissent offre aussi de grandes variétés dans sa consistance ; sa couleur et son odeur ; ces variétés dépendent nécessairement de leur nature particulière, de la structure des parties sur lesquelles ils siégent. Dans tous les cas les chairs qui forment leur surface n'ont jamais l'aspect frais et vermeil des plaies.

Les ulcères variqueux sont faciles à reconnaître aux varices qui couvrent le membre, à son engorgement lymphatique, à la lividité du fond de l'ulcération, au caractère séreux et sanguinolent de la matière qu'ils fournissent et à la couleur brune des parties environnantes. Cependant ils varient encore selon qu'ils sont simples ou compliqués d'inflammation ou de callosités. Les callosités elles-mêmes, qu'on regarde comme une complication, ne sont que le résultat d'une inflammation lente de leurs bords. Les chairs fongueuses ou les fongosités ne se rencontrent que dans les ulcères anciens, négligés, mal traités, ou dans les ulcères soit de mauvaise nature, soit surtout compliqués de carie des os. Il s'élève alors de la surface ulcérée des végétations charnues, des bourgeons saignants qui se réunissent par masses plus ou moins abondantes et forment de véritables champignons qui franchissent les bords de l'ulcère. Les ulcères vénériens sont généralement taillés à pic, les scrofuleux sont blafards et fournissent plutôt une matière séreuse que du véritable pus, les dartreux ont une tendance à se couvrir de croûtes, enfin ceux qui tiennent à un vice scorbutique sont facilement saignants.

L'idée qu'on a que les ulcères sont un moyen de dépuration habituelle a souvent fait penser que leur guérison était toujours une chose dangereuse. C'est une erreur en principe; sans doute il est imprudent de supprimer un ulcère ancien; mais quand il ne tient point à une cause interne, ce danger n'existe qu'autant qu'on néglige d'occuper, si on peut parler ainsi, la nature ailleurs soit par un vésicatoire, un cautère, un emploi convenablement répété de purgatifs. S'il dépend d'un vice intérieur, c'est ce vice qu'il faut avant tout combattre; faire le contraire serait vouloir effacer l'ombre avant d'avoir détruit ou enlevé le corps qui la produit.

Les ulcères de la peau, s'ils sont simples, guérissent ordinairement sous l'influence du repos et de quelques applications propres à empêcher l'abord du sang. La compression méthodique, l'excision des bords, leur cautérisation même quand ils sont ou calleux ou frangés, peuvent devenir nécessaires. Le traitement de ces ulcères simples consiste à entretenir leur surface dans le plus grand état de propreté possible et à éloigner tout ce qui pourrait interrompre le travail de la nature : on y parvient en couvrant l'ulcère de charpie sèche qui absorbe la matière couvrant les bourgeons charnus base de la cicatrisation ; et en lavant à chaque pansement l'ulcère avec de l'eau tiède, s'il y a un peu d'inflammation, ou dans le cas contraire, soit avec un liquide légèrement stimulant, comme du gros vin aiguisé avec un peu d'eau-de-vie, soit avec un crayon de pierre infernale passé avec la plus grande légèreté.

Quand les ulcères occupent les jambes, ce qui est très commun, la compression est un moyen qui contribue souvent assez facilement à les guérir. Pour cela on coupe des bandelettes de diachylum larges comme deux travers de doigt et longues pour faire une fois et demie ou deux fois le tour de la jambe. On les applique depuis un pouce (trois centimètres) au-dessous de l'ulcère jusqu'à un pouce, un pouce et demi (de trois à cinq centimètres) au-dessus : chacune recouvrant le tiers ou la moitié de la bandelette inférieure ; le pansement peut ne se renouveler qu'au bout de quarante-huit heures ; on fait bien de mettre par dessus un bas lacé que les malades gardent le jour et la nuit. On peut aussi couvrir la partie malade d'une feuille de plomb qui agit principalement en régularisant la compression et en protégeant les parties contre l'atteinte des corps étrangers.

La suppression brusque d'un ulcère entraîne des inconvénients graves, si comme nous l'avons dit plus haut, elle n'est pas accompagnée des moyens convenables. On a vu des malades être pris tout à coup d'étouffements, de coliques, de palpitations, contre lesquels tous les traitements échouent et qui cessent comme par enchantement aussitôt qu'on applique un vésicatoire sur un ulcère qui s'était subitement fermé soit de lui-même soit par l'emploi de quelque moyen de cautérisation.

URINAIRES (maladies des voies). — *Voyez* Pierre, Gravelle, Catarrhe, Rétrécissement, Incontinence,

V

VACCINE. — A l'ouest de l'Angleterre, dans la paroisse de Berkeley, au comté de Glocester, un médecin dont le nom sera à jamais mémorable, Jenner, remarqua que, dans les grandes épidémies de variole, certains individus employés dans les laiteries ne contractaient pas cette maladie. Ayant fait des recherches à ce sujet, il apprit que les individus en question étaient ceux qu'on employait à traire les vaches affectées d'une éruption pustuleuse au pis, désignée sous le nom de *cow-pox*, vérole des vaches, et qui, ayant quelquefois des écorchures aux doigts, y éprouvaient une érupition en tout semblable au *cow-pox*. Il en conclut qu'en inoculant la matière de cette éruption à toutes autres personnes, elles seraient également préservées de la variole. L'expérience justifia ce pressentiment, et cette grande découverte fut proclamée en 1798. Voyons maintenant quelles sont les conditions favorables à l'inoculation de la vaccine, les moyens les plus propres à opérer cette inoculation, la marche que suit l'éruption qui en résulte, et, partant les caractères qui doivent donner la certitude de sa vertu préservatrice.

Le vaccin peut être inoculé à des individus de tout âge, mais il est d'un effet plus sûr chez les enfants que chez les adultes ; il réussit aussi mieux dans les saisons douces et tempérées que dans les froids rigoureux. La grossesse ne le contre indique pas ; mais l'éxistence d'une maladie aiguë et certaines maladies régnantes peuvent s'opposer au succès de l'opération. Bien qu'ordinairement il ne se transmette qu'une fois sur la même personne, on en a cependant vu chez lesquelles il avait réussi deux et même trois fois ; il peut aussi prendre chez d'anciens variolés. Pour le faire réussir chez les vieillards, il convient quelquefois de combattre la rigidité de la peau par des bains, des lotions et des cataplasmes, tandis que chez les enfants faibles, d'une constitution molle, il faut, au contraire, frotter la peau avec une serviette un peu rude. Le moment le plus favorable à sa transmission est le septième ou le huitième jour de l'inoculation, parce que c'est le moment où le liquide de l'éruption est tout à la fois assez limpide pour être facilement recueilli et inoculé, et assez mûr pour se transmettre sûrement.

On peut vacciner indistinctement sur toutes les parties du corps ; cependant, on préfère le bras, comme la partie la plus commode. On choisit la partie supérieure et la face externe. On opère ordinairement avec une lancette, qu'on pourrait très aisément remplacer par une aiguille ou tout autre corps assez aigu pour pénétrer dans les tissus. Avant d'opérer, on charge cette lancette, ce qui se pratique différemment, suivant que l'on vaccine de bras à bras ou avec du vaccin conservé, soit sur des plaques de verre, soit dans des tubes. Quand on vaccine de bras à bras, on attaque la pustule par sa face ou par ses bords, et on retire la lancette chargée d'une goutte de virus. Saisissant alors avec la main gauche le bras de la personne, de manière à tendre en sens inverse la peau avec le pouce et l'indicateur, on glisse la pointe de la lancette à plat sous l'épiderme, obliquement, de haut en bas, à la profondeur d'une demi-ligne à une ligne. On la retourne une fois ou deux, ou bien on la laisse séjourner une demi-minute. On fait ainsi assez généralement trois et même quatre piqûres à chaque bras. Une seule suffirait, cependant, si le vaccin prenait bien.

Que le vaccin prenne ou non, du *premier* au *qua-*

trième jour, on n'observe absolument rien. Sur la fin du *quatrième*, on sent distinctement au toucher une légère dureté dans le tissu de la peau. Le *cinquième*, la petite cicatrice provenant de la piqûre paraît se coller à la peau; l'élévation, sensible la veille, prend une couleur rouge et occasionne quelques démangeaisons. Le *sixième*, la teinte s'éclaircit, l'élévation circulaire s'élargit. Le *septième*, tout le bouton augmente, prend un aspect argenté. Le *huitième*, le bourrelet s'élargit; la matière, fournie en plus d'abondance, soulève ses bords, qui deviennent tendus, gonflés et d'un bleu grisâtre. Le cercle rouge qui, jusqu'alors, a environné le bouton, commence à devenir plus rose. Le *neuvième*, tout cet appareil paraît prendre un plus grand degré d'intensité; le bourrelet est plus large, plus élevé et plus rempli de matière. Le *dixième* jour, on n'aperçoit pas un changement bien sensible dans le bouton; seulement, le bourrelet circulaire s'étend, ainsi que l'auréole. Si les boutons sont rapprochés, toutes les auréoles se confondent, pour ne former qu'une seule et même croûte. Le *douzième* jour, la dessication commence : le liquide du bouton se trouble et prend une teinte opaline; l'auréole s'efface. Le *treizième*, la dessication fait des progrès, marchant du centre à la circonférence. Le *quatorzième*, la croûte prend la dureté de la corne et une couleur paille trouble du quatorzième au vingt-troisième et suivants. Cette croûte, solide, dure et douce au toucher, prend une couleur plus foncée, conservant toujours à son centre la dépression que l'on a remarquée lors de la formation du bouton. Enfin, elle tombe du vingt-quatre au vingt-septième jour, et laisse après elle une cicatrice ronde, profonde, gaufrée, qui s'efface un peu par le temps, mais ne disparaît jamais. Ce qui distingue surtout la bonne vaccine de la mauvaise, c'est que cette dernière, plus précoce, se montre dès le premier ou le second jour, et marche si rapidement, qu'elle acquiert tout son développement, alors que la véritable ne fait que paraître. Son bouton s'élève rapidement en pointe, se crève et laisse échapper une matière jaunâtre qui, en se séchant, ne ressemble pas mal à de la gomme.

On a beaucoup agité, dans ces derniers temps, la question de savoir si la vaccine avait une vertu préservatrice illimitée, ou bien si elle s'épuisait à la longue. Tout ce qu'on sait à cet égard, c'est que la revaccination réussit d'autant mieux que l'individu sur lequel on la pratique est plus éloigné du moment où il a été vacciné ou a eu la variole. Les attaques de petite vérole après vaccination s'étant montrées plus souvent après dix ans, on en a conclu que tout autorise à pratiquer une seconde fois cette opération à cette époque. L'opération est si simple par elle-même, qu'on aurait tort de ne pas se procurer la chance qu'elle offre de vous préserver une seconde fois.

VAPEURS. — On dit qu'une personne est vaporeuse, a des vapeurs, quand elle est triste, pensive, mélancolique, ou irritable aux moindres impressions. (*Voyez* Hystérie, Hypochondrie, Nerfs, Folie.)

VARICES. — On donne ce nom aux tumeurs formées par la dilatation des veines, et produites par l'accumulation du sang dont la circulation est mécaniquement retardée dans ces vaisseaux. Ces tumeurs sont inégales, noueuses, molles, indolentes, compressibles, sans battement et d'une couleur bleuâtre livide. Quelquefois considérables et assez souvent accompagnées d'un empâtement de la peau, elles disparaissent en partie et changent de couleur par la compression, par le repos et par la position horizontale, pour reparaître lorsqu'on cesse de les comprimer et lorsqu'on se tient debout

Toutes les veines superficielles du corps sont sujettes à devenir variqueuses; cependant celles des jambes et des cuisses y sont plus particulièrement exposées. Rien n'est plus commun que d'observer au ventre, aux cuisses et aux jambes des femmes qui ont fait beaucoup d'enfants, des varices résultant de l'obstacle que le sang a éprouvé de la part de la matrice remplie du produit de la conception. Les personnes qui, par état, travaillent debout, en sont rarement exemptes, tels sont les imprimeurs, les blanchisseuses, les boulangers, les déchireurs de bateaux; chez ces derniers, l'humidité dans laquelle ils ont constamment les jambes plongées vient aggraver les effets de la position. L'habitude de porter des jarretières au-dessous du genou favorise la tendance qu'ont bien des personnes à être affectées de varices aux jambes. La jarretière, en effet, comprimant les veines sur un corps dur comme les os de la jambe, ces veines ne peuvent pas fuir cette compression comme elles le feraient au dessus du genou, où les muscles étant plus épais offrent moins de résistance.

Dans la généralité des cas, les varices ne sont pas une maladie grave; cependant, lorsqu'elles sont grosses et nombreuses, et surtout compliquées de gonflement ou mieux d'engorgement, elles constituent une infirmité assez incommode; elles occasionnent même quelquefois des douleurs insupportables quand on a beaucoup marché ou qu'on est resté quelque temps debout, et ces douleurs ne se calment que par le repos et la situation couchée Mais ce qu'il y a de dangereux, c'est que l'état d'irritation constante des membres fait dégénérer la moindre blessure en ulcère, et l'engorgement de la partie, la distension des plus petites veines rendent la cicatrisation longue et difficile.

Une foule de moyens ont été mis en usage de

temps immémorial, pour guérir les varices accessibles
à la vue. Elles guérissent cependant quelquefois d'elles-
mêmes par la cessation seule des causes qui les avaient
occasionnées ; c'est ce qui arrive, après l'accouchement, aux varices survenues aux jambes dans le cours
de la grossesse. Dans quelques cas, les paquets variqueux, irrités, distendus outre mesure, s'enflamment
et se bouchent complétement, ou bien encore le sang,
dont le cours est incessamment ralenti dans les vaisseaux dilatés et privés de ressort, s'y coagule et les
varices se transforment en cordons durs, compac-
tes, définitivement imperméables.

Mais, de tous les moyens proposés, le plus habituellement employé et par lequel on commence toujours, c'est la compression. On s'oppose ainsi à l'accroissement des varices des extrémités du corps, et
l'on diminue le volume de la partie gonflée en détruisant la cause morbifique et en exerçant sur toute
l'étendue du membre une pression méthodique, uniforme, permanente, faite avec un bas de peau ou de
coutil lacé, ou avec une longue bande roulée dont on
enveloppe tout le membre qui doit être uniformément
comprimé. En employant habituellement ce moyen
mécanique, on remédie au gonflement de la partie et
l'on prévient la formation d'ulcères variqueux qui
menacent toujours sans cela.

Lorsque la totalité du membre affecté de varices
est soumis à ce mode de traitement, les veines dilatées s'effacent, la circulation se rétablit et l'engorgement ainsi que la douleur disparaissent. Il n'est pas de
meilleur moyen de guérir les ulcérations des parties
inférieures produites ou entretenues par l'état variqueux du membre ; mais, quelquefois, aussitôt que la
compression cesse d'avoir lieu, les varices reparais-
sent, la douleur revient l'engorgement se reproduit

et l'ulcère qui était fermé s'ouvre de nouveau. Dans tous les cas, le bas lacé est toujours préférable à la bande qui se relâche trop vite, donne trop de volume au membre et se serre d'une manière moins uniforme. On a même mis à profit l'élasticité du caoutchouc pour la confection de ces bas. Ils doivent être faits de manière à embrasser exactement toute l'étendue du membre en s'accommodant avec tous les accidents de sa forme, et, si c'est à la jambe, se lacer en dehors, derrière ce qu'on nomme vulgairement la cheville et sur le côté extérieur du dos du pied.

Si les varices s'étendent aussi à la cuisse, on devra joindre au bas un demi-caleçon fait sur les mêmes principes et laissant à découvert la plus grande partie du genou pour la facilité des mouvements. En Angleterre on se sert avec le plus grand avantage, pour exercer la compression de bandes de diachylon qu'on applique dans une grande étendue, et qu'on renouvelle pendant un temps assez long tous les trois ou quatre jours. On a encore proposé pour guérir les varices divers moyens chirurgicaux qui sont : 1° le simple pincement des veines variqueuses dans le but d'arrêter la circulation, de favoriser la formation d'un caillot sanguin et par suite l'oblitération du vaisseau; 2° l'incision même des veines variqueuses; 3° leur ligature; 4° enfin leur excision. Un homme de l'art peut seul décider de l'opportunité de chacun de ces moyens.

VARICELLE. — Ce mot, dont *variolette, petite vérole volante* sont synonymes, sert à désigner une maladie qu'on regarde généralement comme un diminutif de la petite vérole. C'est une éruption accompagnée de fièvre et caractérisée par des vésicules quelquefois pustuleuses, qui se dessèchent ordinairement du cinquième au huitième jour, et ne laissent aucune cicatrice.

Mais cette éruption est-elle réellement un diminutif de la petite vérole, une variole manquée, comme
on le dit vulgairement? Les médecins sont loin d'être
d'accord à ce sujet : les uns disent oui, les autres disent non; les premiers se fondant sur ce que, dans
les épidémies de variole, on rencontre un grand nombre de varicelles, et que des individus affectés seulement de cette dernière avaient néanmoins communiqué à d'autres la véritable variole; les seconds, ob-
jectant qu'on a vu des épidémies de varicelles marcher
franchement sans mélange de varioles, que la varicelle
ne se transmet pas par inoculation, et que la vaccination pratiquée peu de temps après la disparition de
la varicelle, poursuit sa marche de la manière la plus
régulière. Il faut conclure cependant que si la varicelle n'est pas une variété de la variole, elle offre avec
elle de grandes analogies.

Quoi qu'il en soit, la varicelle ou petite vérole
volante se montre plus spécialement sur les enfants,
et est plus fréquente au commencement de l'année et
au printemps qu'à toute autre époque. L'éruption qui
la constitue se présente sous la forme de pustules,
comme la petite vérole, ou sous celle de simples vésicules. Dans le premier cas elle est précédée pendant
vingt-quatre, trente-six ou quarante-huit heures,
d'abattement, de malaise, quelquefois même de vomissements, toujours de chaleur à la peau, de gonflement
à la face et de fièvre. Les boutons paraissent d'abord
sur le tronc, quelquefois cependant sur la figure, et
sortent pendant plusieurs jours d'une manière successive. Dans le second cas, les signes précurseurs sont
très légers, et au lieu de boutons on voit paraître de
petits points rouges, épars çà et là, qui se changent
bientôt en élevures vésiculeuses, contenant un fluide
séreux, d'abord blanc, puis jaune paille, formant une

croûte qui se détache le septième jour, sans laisser de cicatrices.

De même que la petite vérole, la varicelle n'affecte ordinairement qu'une fois le même individu. Son traitement est des plus simples : une atmosphère tempérée, un régime léger, des boissons tièdes, le séjour au lit, quelques faibles dérivatifs sur les extrémités inférieures, tels que des cataplasmes de graine de lin imprégnés de vinaigre, un bain tiède à la fin de l'éruption, quelquefois un doux laxatif si, en même temps, il y a de la constipation, tels sont en général les seuls soins que réclame cette maladie, même dans les cas les plus graves.

VARICOCÈLE.—On appelle ainsi, ou *sarcocèle*, la tuméfaction des bourses occasionnée par la dilatation des veines qui rampent dans leur tissu. Cette tuméfaction se fait remarquer au dessus du testicule ; en la touchant, on reconnaît qu'elle est formée de cordons mous, noueux, ondulés; elle affecte surtout le côté gauche, et s'annonce, tout à fait à son début, par des coliques, des douleurs de reins, de la fatigue après le moindre exercice. De même que toutes les varices (*Voyez* ce mot), la chaleur humide, les fatigues soutenues, les travaux pénibles, les stations longtemps prolongées sur les pieds augmentent son volume; elle disparaît, ou du moins diminue par l'impression du froid, le repos au lit et la pression.

Les causes du varicocèle sont peu connues ; elles agissent nécessairement soit en facilitant l'afflux du sang vers les parties génitales, soit en mettant obstacle au retour de ce liquide vers le cœur. Tels sont, avec une influence variée, l'abus des plaisirs vénériens, la masturbation, l'habitude de l'équitation, de la danse, les marches forcées, la contusion violente des bourse, leur inflammation, etc.

Le varicocèle est presque toujours une maladie incurable; mais aussi presque toujours exempte de danger. Les personnes qui en sont affectées doivent continuellement porter des suspensoirs, éviter la fatigue, les exercices violents, les marches prolongées, mener une vie sédentaire et garder autant que possible la position horizontale; elles se tiendront le ventre libre, useront de bains froids et pourront même faire sur la tumeur des applications astringentes, comme les décoctions de tan, de noix de galle. Les chirurgiens modernes ont proposé de lier les veines dont la dilatation formait le varicocèle. Cette opération est infiniment moins grave qu'on ne pourrait le croire au premier abord; mais nous n'engageons pas moins de ne s'y soumettre que dans les cas où la maladie, très développée, gênerait beaucoup la marche et occasionnerait de vives douleurs.

VARIOLE. — Tout le monde sait qu'on appelle *variole* ou *petite vérole* une maladie contagieuse avec fièvre, caractérisée au début par des phénomènes généraux graves, et, au bout de quelques jours, par une éruption revêtant bientôt la forme de pustules qui suppurent, forment des croutes, se dessèchent et tombent du dix-huitième au vingtième jour, laissant après elles des taches rougeâtres auxquelles succèdent des cicatrices plus ou moins apparentes.

La variole est une maladie propre à l'enfance et à la jeunesse, quoiqu'elle puisse se manifester à tout âge. L'époque de l'année où on l'observe le plus souvent, est celle où on éprouve les vicissitudes atmosphériques de chaud et de froid, d'humidité et particulièrement en hiver et au printemps. Il est très peu de personnes qui en soient exemptes dans le cours de leur vie, si elles n'ont pas été vaccinées. Les causes productrices de la variole sont inconnues; tout ce qu'on sait, c'est qu'elle se communique non seulement par l'inoculation, mais encore par le contact, le simple rapprochement, l'habitation des mêmes lieux. Souvent elle règne épidémiquement sur tous les enfants et les jeunes gens d'une commune, d'une ville, d'une contrée ; mais ces épidémies, généralement assez meurtrières, ne s'observent plus que dans les pays où les préjugés, l'ignorance et peut-être la superstition s'opposent à la propagation de la vaccine.

On distingue deux espèces de varioles : la variole *discrète*, et la variole *confluente*. Dans la première, les pustules sont plus ou moins nombreuses, mais isolées les unes des autres. Dans la seconde, elles sont tellement nombreuses qu'elles se confondent en beaucoup d'endroits, de telle sorte que de grandes parties du corps sont recouvertes de croûtes.

L'invasion de la variole *discrète* est annoncée par du malaise, des frissons, un sentiment de fatigue et de courbature générale, des maux de reins, du mal de tête, des envies de vomir, souvent même des vomissements, une fièvre ordinairement très vive s'allume et s'accompagne d'accidents qui varient suivant l'âge, le tempérament, les circonstances individuelles, etc. Ainsi chez les jeunes enfants, il y a de l'assoupissement, quelquefois des convulsions ; chez les individus plus âgés il y a plutôt du délire et de l'insomnie.

Du troisième au quatrième jour de la fièvre, assez souvent plus tôt, presque jamais plus tard, commencent à paraître au visage, puis à la poitrine, aux bras et aux parties inférieures du corps une foule de petites taches rouges, qui deviennent de plus en plus saillantes les jours suivants, et sont surmontées d'une vésicule séreuse bien développée le troisième jour de l'éruption ; le sixième jour, les vésicules se troublent légèrement, et sont entourées d'un cercle rouge très prononcé, leur centre se déprime légèrement et offre un point central enfoncé, qu'on a comparé à l'ombilic ou nombril; le neuvième jour, les boutons sont devenus de véritables pustules, c'est-à-dire que la matière qu'ils contiennent est devenue jaunâtre et opaque, alors le visage se gonfle, se boursoufle, se tend ; la fièvre, qui avait cessé, se rallume avec une nouvelle force; mais, vers le douzième jour, la détente commence à s'effectuer, la dessication s'opère et, au quinzième jour, toutes les pustules sont converties en croûtes jaunâtres, brunâtres ou verdâtres, qui commencent elles-mêmes à se détacher vers le dix-huitième jour, laissant à leur place des maculatures rougeâtres plus ou moins foncées. Ces taches persistent ordinairement pendant plusieurs mois et, à mesure qu'elles disparaissent, on voit à leur place de petites cicatrices gaufrées et déprimées, qui sont la marque indélébile du passage de la maladie.

Dans la variole *confluente*, tous les phénomènes que nous venons de décrire se prononcent avec la plus grande intensité. La fièvre dure pendant tout le cours de la maladie; les boutons sont si multipliés et si rapprochés qu'il est quelquefois difficile d'en apercevoir les insterstices ; sur la face ils semblent ne former qu'une seule pustule à surface inégale. Après l'éruption, la violence des symptômes ne diminue point ; presque toujours, au contraire, elle augmente et souvent l'inflammation s'élève au plus haut degré ; la face entière se tuméfie d'une manière si horrible qu'il est impossible de reconnaitre un seul des traits du malade tout son corps se couvre de croûtes brunâtres, fétides et répandent une odeur nauséabonde très prononcée. Quand ces croûtes sont tombées, on trouve les surfaces qu'elles ont couvertes d'un rouge vif qui ne disparaît que lentement, et laisse souvent après lui, surtout au visage, de hideuses cicatrices.

La petite vérole peut être, à bon droit, considérée comme l'une des maladies les plus graves et les plus dangereuses qui puisse affecter l'espèce humaine; non seulement elle est souvent mortelle, mais, lors même qu'elle guérit, ses suites n'en sont pas moins des plus redoutables: les plus fréquentes sont l'ophthalmie, la cécité, la difformité des traits, les rachitismes, les scrofules, la surdité, etc.

La période la plus dangereuse de la maladie est celle de la suppuration. Quand il survient des accidents, ils marchent alors avec une effrayante rapidité et la mort peut survenir en quelques heures, sans que l'on puisse expliquer en aucune manière cette terminaison funeste. Une fois que la desquammation c'est-à-dire le dessèchement des pustules a lieu, le danger est moins grand. Divers accidents assez graves peuvent accompagner l'éruption; on peut mettre en tête les congestions sanguines sur les divers organes intérieurs ou bien les hémorrhagies qui peuvent avoir lieu par diverses voies. Il survient alors des convulsions, des phénomènes apoplectiques, des ophthalmies intenses, ou bien de véritables fluxions de poitrine. Ces accidents sont surtout à craindre dans les saisons très chaudes ou très froides et chez les personnes nerveuses, que la crainte d'être défigurées tourmente profondément.

Lorsque la variole, soit discrète soit confluente, poursuit sa marche régulièrement, sans être accompagnée de symptômes graves d'inflammation des divers organes intérieurs, le traitement en est fort simple: le séjour au lit, un air tempéré, la diète, les boissons d'orge et de chiendent, ou de fleurs de mauve, sont les seuls moyens qu'on doive mettre en usage, aidés toutefois de quelques lavements soit simples, soit laxatifs. Si le mal de tête est violent, on administre des bains de pieds ; si la gorge est douloureuse, des gargarismes adoucissants, des lotions émollientes sur les paupières lorsque les pustules y produisent une irritation trop vive. Si l'éruption est retardée ou arrêtée dans sa marche, on doit donner des boissons sudorifiques, comme la fleur de bourrache, ou bien faire prendre un bain, mais sur tout un bain de vapeurs. Les purgatifs doux, comme la manne, l'huile de ricin, le sirop de chicorée sont souvent utiles à l'époque de la suppuration quand il existe soit vers le cerveau, soit vers la poitrine, une congestion s'annonçant par l'assoupissement, des convulsions, ou par une gène très prononcée de la respiration.

Quelques médecins, dans le but de faire avorter l'éruption, ont conseillé de cautériser avec la pierre infernale les pustules de la face. Mais l'expérience a prouvé que cette méthode n'avait d'avantages réels que pour celles qui se développent sur le globe de l'œil ou sur les paupières. Quant aux moyens de prévenir les cicatrices difformes, le meilleur consiste à ouvrir avec soin chaque pustule, pour en faire sortir doucement le pus et à empêcher ensuite, au moyen de fomentations émollientes, que les croûtes ne séjournent trop longtemps. Les lotions d'eau froide, conseillées par quelques personnes, ne peuvent qu'être extrêmement dangereuses ; au contraire, vers la fin de la maladie, les bains tièdes, donnés avec les précautions nécessaires, favorisent la chute des croûtes et diminuent la tendance qui existe au développement de furoncles, de pustules et d'abcès sous la peau.

La convalescence de la variole exige les plus grandes précautions contre le froid, l'humidité, les écarts du régime. Quelques bains tièdes, des aliments doux et de facile digestion, des purgatifs peu irritants comme la manne, des frictions légères sur la surface du corps seront encore des moyens précieux à mettre en usage pour rétablir et consolider la santé. Enfin les amers, les toniques, les analeptiques, les stimulants, seront prescrits avec prudence toutefois, aux sujets faibles et languissants, mais chez lesquels le tube digestif n'aura ressenti aucune atteinte de l'altération plus ou moins profonde qu'éprouve quelquefois toute l'économie.

VÉNÉRIENNE (*maladie*). *Mal vénérien, vérole, syphilis ou maladie syphilitique.* — On désigne par ces différents noms une maladie très variable dans sa forme et dans ses complications, qui paraît procéder d'une seule cause, d'un virus qui se transmet d'un individu à un autre, le plus habituellement dans des rapports sexuels Examinons-la dans ses divers modes de transmission, dans les principales formes sous lesquelles elle se présente, dans le traitement approprié à chacune de ces formes, et enfin dans son traitement général.

Si le moyen le plus commun de propagation de la maladie en question est incontestablement, comme nous venons de le dire, celui des parties génitales dans le rapprochement des deux sexes, c'est parce que c'est dans ces parties que le virus, à la présence duquel tient la maladie, siége le plus communément ; que ces parties sont presque toujours humectées ; que l'épiderme qui les recouvre est tendre et mince ; que les organes restent en contact. Cependant ce moyen est loin d'être le seul : le virus peut s'introduire par toutes les membranes muqueuses et par la plus légère écorchure faite à la peau. C'est ainsi qu'il se communique très souvent par un baiser, par l'application des lèvres d'un enfant sur le sein d'une femme infectée et réci-

proquement ; un verre, une cuiller, une pipe, communs à plusieurs individus, peuvent aussi être des
intermédiaires de contagion ; mais il faut que le contact ait lieu immédiatement de l'un à l'autre, en un
mot que l'objet soit encore imprégné, pour ainsi dire,
encore chaud.

Les yeux peuvent aussi être infectés directement
par un baiser humide sur les paupières. Le pus qui
jaillit d'un bubon en suppuration, quand on en a fait
l'ouverture, et qui va frapper l'œil, peut donner la
syphilis et occasionner dans cet organe les plus graves
désordres. Quoi qu'il en soit, la maladie vénérienne
se montre le plus souvent sous l'une ou sous plusieurs
à la fois des cinq formes suivantes : *écoulements, ulcères, tumeurs* ou *abcès, excroissances, boutons* et
taches à la peau.

1° ÉCOULEMENTS. C'est sous le nom vulgaire de
chaude-pisse ou sous l'expression scientifique de *blennorrhagie* ou de *gonorrhée,* qu'on désigne les écoulements muqueux ou puriformes qui ont lieu par
les organes génito-urinaires et qui suivent de plus ou
moins près les rapports sexuels. Ces écoulements se
gagnent ordinairement dans la cohabitation avec une
personne qui en porte un semblable. Ceci n'est cependant pas absolu, car on voit des femmes qui, en apparence, n'ont absolument rien et qui néanmoins transmettent des écoulements, tandis que d'autres en ont
de très virulents et ne communiquent rien.

Ces écoulements paraissent après un temps qui
varie du deuxième jour au huitième, d'autres disent
même au quinzième et plus. Ils s'annoncent, chez
l'homme, par une légère démangeaison à l'orifice de
l'urètre et un sentiment d'ardeur dans son trajet. Les
envies de pisser deviennent plus fréquentes, l'urine
semble réellement plus chaude ; en pressant le gland

on peut en faire sortir quelques gouttes de sérosité incolore, filante, qui dès le deuxième ou le troisième
jour devient plus abondante, colle les lèvres du canal,
et ne tarde pas à prendre une teinte jaune. Du sixième
au dixième jour ces symptômes atteignent leur plus
haut degré d'intensité, si l'écoulement doit être léger.
Mais s'il doit être suraigu, tout augmente de violence
jusqu'au douzième, quinzième et même vingtième
jour : la douleur devient plus vive, l'écoulement passe
à une teinte verdâtre, les envies d'uriner sont plus
fréquentes, les érections horriblement douloureuses
et la tension du dessous de la verge dans ce moment
montre que tout le canal est envahi : c'est ce qu'on
nomme *chaude-pisse cordée*.

Malgré toutes les recherches qu'on a pu faire à ce
sujet, on ne connaît aucun moyen de distinguer sûrement un écoulement simple (*échauffement*), d'un
écoulement syphylitique (*chaude-pisse*). La violence
des symptômes n'est pas un signe spécifique. La certitude d'avoir gagné la maladie en cohabitant avec
une personne évidemment malade, doit cependant fortement faire craindre que l'écoulement ne soit vénérien, et l'apparition d'autres symptômes en même
temps que ce dernier ne doit laisser aucun doute.

Dans tous les cas, les médecins sont tous d'accord
aujourd'hui sur la nécessité d'arrêter les écoulements
blennorrhagiques le plus tôt possible. Pour cela ou
peut, dès le premier, le second ou au plus tard le
troisième jour, faire, matin et soir, une injection avec
un liquide composé d'une dissolution de deux à cinq
centigram. (d'un demi à un grain) de nitrate d'argent
cristallisé dans trente centigram., ou une once d'eau
distillée; mais en suspendre l'usage dès que la douleur est sensiblement augmentée ou que la matière
rendue devient sanguinolente. Or en seconde l'effet

par l'emploi du baume de copahu ou du poivre cubèbe : le premier à la dose de quatre grammes (un gros) dissous dans un peu d'alcool, et pris matin et soir dans une tasse de tisane de graine de lin ; le second délayé dans une tasse d'eau pure en commençant par deux grammes (un demi-gros) matin et soir et en augmentant progressivement.

Quand ces moyens ne réussissent pas, et que l'inflammation fait des progrès, qu'il y a par exemple ce que nous venons d'appeler *chaude-pisse cordée*, il faut la traiter par les moyens ordinaires : des sangsues en périnée, mais quinze ou vingt ; bains émollients et rendus calmants par l'eau de pavot, cataplasmes de même nature, boissons de graine de lin, légèrement nitrées ; abstinence complète de liqueurs et de vin ; nourriture légère et peu stimulante ; mais bien se garder de chercher à rompre la prétendue corde qui retient la verge courbée, comme certaines personnes croyent le faire.

Dans tous les cas, il est très prudent de soutenir les bourses par un suspensoir pour éviter que le froissement du testicule par la marche, n'y attire l'inflammation et ne produise ce qu'on appelle *chaude-pisse tombée dans les bourses*. Si cet accident arrive, le malade doit rester couché sur le dos et tenir ses bourses relevées à l'aide d'un petit coussinet placé entre les cuisses ; il faut couvrir le testicule de glace pilée ou avoir recours à l'application de 20 ou 30 sangsues sur la tumeur, que l'on fait suivre de cataplasmes emollients ou de compresses trempées dans l'eau de de guimauve et fréquemment renouvelées ; on y joint la diète absolue, les boissons délayantes et laxatives ; ordinairement les symptômes les plus graves cèdent à ce traitement. Si cependant il n'en était pas ainsi, en admettant que les accidents inflammatoires aient été suffisamment combattus, il faudrait alors avoir recours aux topiques resolutifs et envelopper le testicule de cataplasmes arrosés d'eau blanche, de laudanum, puis chercher à rappeler l'écoulement du canal, dont la réapparition absorbe ou diminue l'inflammation du testicule. Pour peu qu'on ait du doute sur la nature d'un écoulement, il est prudent de joindre aux moyens que nous venons d'indiquer un traitement spécifique dont nous parlerons après avoir traité des divers états sous lesquels se manifeste ordinairement la maladie vénérienne.

2° ULCÈRES. C'est sous le nom de *chancres* qu'on désigne ordinairement les ulcères par lesquels se trahit la maladie vénérienne, dont ils sont l'expression la plus irrécusable et la plus habituelle. Ces chancres peuvent se manifester dans toutes les parties extérieures du corps qui peuvent être mises dans un contact immédiat et un peu durable avec d'autres parties infectées. Chez l'homme, c'est la couronne du gland et le frein du prépuce, où l'humeur virulente peut plus aisément être retenue et échapper aux soins de propreté, qui en sont le siége le plus habituel ; chez la femme, c'est la fourchette de la vulve où sont souvent des déchirures et des écorchures, puis aux grandes et aux petites lèvres. Dans les deux sexes, on les voit fréquemment aussi à la marge de l'anus, à la bouche, sur les lèvres, à la langue, au gosier et à la voûte du palais qu'ils arrivent quelquefois à percer complètement et à faire communiquer avec les fosses nasales; enfin sur tous les points de la peau accidentellement dépouillée de son épiderme. Leur nombre varie de un à douze ou quinze, et ils paraissent soit simultanément, soit, ce qui est plus commun, les uns après les autres.

Y a-t-il un moyen certain de distinguer un chancre

de toute autre ulcération pouvant survenir aux mêmes parties? les médecins croient à cette possibilité, et ils affirment que le chancre, indépendamment du soupçon que doit donner de sa nature un coït douteux, se reconnaît à sa forme ronde, à la découpure de ses bords taillés à pic, à son fond grisâtre, à ses bords calleux et indurés, enfin parce qu'il succède ordinairement à une petite pustule. Ces caractères sont cependant douteux, et il faut une grande habitude pour les établir. Mais comme il y aurait plus de danger à prendre pour de simples ulcérations de véritables chancres, qu'à appliquer à ces derniers le traitement qui leur est spécialement approprié, il est presque toujours utile d'en venir à cette dernière détermination. Or voici le traitement des chancres :

Dès qu'on s'aperçoit de leur apparition, il est toujours prudent de les cautériser avec la pointe d'un crayon de nitrate d'argent ; mais si les symptômes inflammatoires se sont déjà développés, le mieux est de les couvrir d'un bourdonnet de charpie recouvert d'un cérat opiacé, et de les laver cinq et même six fois par jour pour empêcher que le pus qu'ils fournissent, et qui est le véritable virus vénérien, ne séjourne et n'augmente l'infection générale. Cette période inflammatoire passée, au cérat on substitue le vin aromatique, puis la pommade mercurielle, et quand la cicatrisation se fait avec un grand développement de bourgeons charnus, on les réprime avec la pierre infernale ou nitrate d'argent ; puis on en vient au traitement général afin d'éviter, ici comme ailleurs, les suites consécutives du mal.

3° TUMEURS et ABCÈS. Les tumeurs et abcès qui se montrent comme symptômes ou comme signes de la maladie vénérienne ont été nommés par les médecins *bubons* à cause de l'aine dans laquelle ils se développent le plus ordinairement, et par les gens du monde *poulains* par la gêne qu'ils occasionnent dans la marche. Les hommes y sont plus sujets que les femmes. Ils se déclarent d'emblée ou à la suite d'un chancre, d'un écoulement ; marchent quelquefois avec beaucoup de rapidité et se terminent alors promptement par suppuration ; d'autrefois, au contraire, ils marchent lentement, sont peu douloureux et n'ont aucune tendance à suppurer.

Les bubons s'annoncent ordinairement par un sentiment de gêne, de tiraillement et de tension douloureuse dans l'aine. La personne n'y voit d'abord qu'un résultat de la marche, mais dès que la persistance de la gêne l'engage à y porter la main, elle s'aperçoit qu'une ou plusieurs glandes sont gonflées et douloureuses à la pression ; puis, l'irritation augmentant, il en résulte bientôt une tumeur plus ou moins volumineuse, dure, adhérente, oblongue dans le sens du pli de l'aine, gênant beaucoup la marche. Il s'y développe des douleurs pulsatives et par suite il s'y forme un véritable abcès.

Distinguer les bubons vénériens de ceux qui ne le sont pas est une chose difficile, et on ne peut guère se laisser guider à cet égard que par les circonstances au milieu desquelles ils se sont développés. S'ils sont survenus à la suite d'une violence dirigée sur l'aine, d'un ongle entré dans les chairs, de l'introduction d'une bougie dans l'urètre, on doit être rassuré sur leur nature ; mais quand ils se déclarent après un coït douteux, et qu'ils sont précédés de chancres ou d'un écoulement, il y a tout lieu de croire à leur nature vénérienne.

La première chose à faire dans le traitement des bubons est de chercher à arrêter la marche de la maladie, faire avorter l'inflammation et empêcher la sup puration. On y parvient quelquefois soit en couvrant la tumeur directement à son début de glace pilée et renouvelée pendant vingt-quatre et même quarante-huit heures, soit en exerçant sur elle une compression méthodique avec une compresse solide assez large pour envelopper toute la tumeur et maintenue par une bande un peu large mais excessivement longue ou même avec un bandage herniaire. Mais la méthode la plus simple et la plus sage consiste dans l'emploi des sangsues, des émollients et du repos; si le bubon est à son début, souvent le repos et les cataplasmes de farine de graine de lin seront suffisants pour faire avorter l'inflammation. S'il y a de la rougeur à la peau, des douleurs un peu vives, une ou plusieurs applications d'une vingtaine de sangsues chaque, placées non dessus mais autour de la tumeur, produiront du dégorgement et devront être employées. On mettra aussi en usage les bains tièdes prolongés, les cataplasmes émollients et même laudanisés, les frictions mercurielles faites sur la partie interne de la cuisse du même côté, les boissons adoucissantes et le séjour au lit.

Par ce traitement la tumeur diminue en général, et la maladie tend à disparaître. Si malgré cela la formation du pus n'a pu être empêchée, il faut lui donner issue dès qu'on s'aperçoit de sa présence, et ne pas attendre qu'il s'amasse en grande quantité. L'abcès ouvert, on continue quelque temps les cataplasmes émollients, puis on panse comme une plaie simple. Quelques médecins veulent que ce soit par une simple incision qu'on ouvre la tumeur, d'autres conseillent des ponctions multiples. Tout dépend à cet égard de la crainte qu'on peut avoir que le pus, en séjournant, ne décolle la peau et ne produise des clapiers souvent très difficiles à guérir.

Quant aux bubons indolents on doit tâcher de les faire fondre soit en les couvrant d'un emplâtre de savon mercuriel, de ciguë, soit en faisant sur eux des frictions d'hydriodate de potasse, de deuto-Iodure de mercure ou d'un liniment ammoniacal.

4° EXCROISSANCES. Les excroissances de nature vénérienne peuvent se présenter sous des apparences très variées; de là les diverses dénominations sous lesquelles on les a désignées, comme *poireaux, verrues, choux-fleurs, crêtes de coq, condylomes,* etc. De toutes, celles qui affectent la forme de choux-fleurs sont les plus fréquentes; ce sont en effet des espèces de tubercules pédiculés et dont la surface est comme coupée et pointillée. Après elles viennent les crêtes de coq dont le nom seul rappelle assez la forme. Ces excroissances surviennent ordinairement sur les membranes muqueuses, mais presque toujours à l'endroit où cette membrane s'unit à la peau comme au pourtour de l'anus, sur le gland et sur le prépuce. Le traitement généralement applicable à la maladie vénérienne les fait quelquefois se flétrir et tomber d'elles-mêmes, mais le plus habituellement, surtout quand elles ont acquis un certain volume, on est obligé de les enlever soit avec le bistouri, soit avec des ciseaux courbes sur le plat, puis on cautérise.

5° BOUTONS et TACHES. Les boutons et les taches qui tiennent à la maladie vénérienne, peuvent aussi présenter des formes très variées. Pour les premiers, ce sont tantôt des *vésicules* remplies de sérosités comme celles de la gale, tantôt des *bulles*, d'autres fois des *pustules*, des espèces de *dartres* avec desquamation de la peau, ou bien enfin des *tubercules.* Pour les taches on les reconnaît aux caractères suivants : elles sont généralement arrondies, quelquefois cependant ovales et irrégulières, ayant un diamètre qui varie de deux à quatre centimètres. Elles sont communément peu nombreuses, d'un rouge-cuivré, parfois d'une teinte brunâtre, noirâtre, surtout chez les vieillards. La pression du doigt ne les fai disparaître qu'imparfaitement, et elles ne s'accompagnent ni de démangeaisons, ni d'écaillement de la peau. Ces taches siégent particulièrement au visage, surtout au front; mais elles peuvent cependant se montrer sur le tronc et sur les membres. Elles existent souvent avec d'autres symptômes vénériens, mais elles ne se déclarent généralement qu'à une période déjà avancée de la maladie.

Comme on regarde généralement les boutons et les taches syphilitiques comme la preuve la plus certaine d'une affection vénérienne invétérée, on prévoit de suite que le traitement général trouve à leur égard une plus opportune application que dans tous les autres cas. Il n'arrive que très souvent même qu'ils ou qu'elles résistent aux traitements les mieux combinés et que les malades ne peuvent trouver du soulagement qu'en faisant usage d'opium à des doses successivement croissantes. C'est ce qui arrive souvent aussi pour le gonflement vénérien des os, connu sous le nom d'*exostose*, qui occasionne quelquefois d'horribles douleurs, surtout pendant la nuit.

Nous n'avons jusqu'ici envisagé le traitement de la maladie qui fait le sujet de cet article que dans les soins que réclament à l'instant même les symptômes par lesquels elle manifeste le plus ordinairement son existence; mais ces symptômes, marchassent-ils sous l'influence de ces soins, vers une prompte disparition, que les effets de l'imprégnation générale de l'économie par le virus qui fait l'essence même de la vérole, ne seraient point détruits , et que la personne aurait tort de se croire à l'abri de tout accident consécutif. L'art possède , tout le monde le sait, un remède efficace contre ce virus, c'est le mercure ; or donc, dès qu'un des accidents précédemment décrits peut être rapporté à la vérole, il ne faut point hésiter, quoiqu'on ait pu dire dans ces derniers temps à cet égard, à se soumettre à un traitement mercuriel.

Le mercure dans ce cas s'emploie de deux manières : à l'intérieur ou à l'extérieur. A l'intérieur, il est donné à l'état liquide ou à l'état solide; à l'état liquide il constitue ce qu'on nomme communément soit la *liqueur de Wansviéten*, qu'on prend matin et soir , à la simple dose d'une cuillerée à bouche dans un verre de lait ou d'eau ordinaire ; chaque cuillerée contenant un quart de grain environ de mercure; soit le *sirop de cuisinier*, qu'on prend par cuillerée , trois par jour environ.

A l'état solide , le mercure se prend en pilules. La composition de ces pilules variant beaucoup , il faut savoir que celles qu'on appelle *bleues*, de même que celles de *Belloste*, contenant le mercure à l'état métallique peuvent se prendre à raison de trois et même quatre par jour , deux le matin et autant le soir ; tandis que celles qui contiennent le mercure à l'état de sublimé corrosif, étant infiniment plus actives et plus dangereuses, ne se prennent d'abord que par deux chaque jour et rarement au-dessus de trois. Cette manière de prendre le mercure convient surtout aux personnes qui veulent se guérir secrètement ou en voyageant.

Extérieurement le mercure s'emploie en frictions ou en bains; les frictions se font avec la pommade connue sous le nom d'*onguent napolitain*, qu'on emploie à la dose de 2 à 4 grammes (1|2 gros à 1 gros) par jour sur la partie interne des cuisses, des bras et sur les flancs. Les bains, fort commodes pour les personnes dont l'estomac ne supporterait pas le mercure et qui ne veulent pas se résigner à la malpropreté des frictions, se préparent en mettant de 8 à 24 grammes (2 à 6 gros) de sublimé corrosif dans un bain ordinaire. Quant à la quantité de mercure nécessaire pour un traitement complet, elle est excessivement variable.

On regarde assez généralement la salivation survenant dans le cours de l'emploi de mercure aux doses que nous venons d'indiquer, comme une preuve de l'imprégnation suffisante de l'économie par le mercure. Il est très imprudent d'augmenter ces doses, et dangereux de croire qu'en le faisant on hâtera la guérison : c'est toujours le contraire qui arrive. Il est aussi très important, dans le cours d'un traitement de mener une vie régulière, de s'abstenir de liqueurs et de toutes choses stimulantes. Les tisanes sudorifiques de gayac, de salsepareille aident puissamment l'effet du mercure. Les soins de propreté sont aussi indispensables; enfin comme l'odeur du mercure est assez pénétrante pour être aisément reconnue, on fait bien de la masquer en portant sur soi des essences assez pénétrantes pour cela.

• **VENTS.** *Maladies venteuses, avoir des vents.* — La formation de quelques gaz dans le conduit intestinal est un résultat naturel du travail que les diverses parties de ce conduit font subir aux aliments pour les digérer. Tant qu'ils ne se forment qu'en faible quantité et qu'ils se dégagent aisément, on ne doit point y faire attention; mais il peut arriver deux choses : q ils se forment en trop grande quantité ou qu'ils ne soient pas rendus convenablement.

Le premier cas est souvent le résultat d'une nourriture mal réglée ou de l'usage de certains aliments, comme des légumes farineux et même herbacés, tels que le haricot, la pomme de terre, le chou. Cette seule indication de la cause suffit, il nous semble, pour mettre en garde contre ses résultats. Le second cas est le plus ordinairement la suite d'une paresse du canal intestinal; on le rencontre surtout chez les personnes nerveuses ou bilieuses, chez les hommes de lettres, les femmes qui vivent dans le grand monde. L'indication qui se présente alors à remplir consiste à relever les forces ou, pour parler le langage de la médecine, à augmenter la tonicité du tube digestif. On y parvient par les infusions chaudes de camomille, de tilleul, de feuilles d'oranger, d'anis, de bardane, de menthe poivrées un régime fortifiant, des aliments secs, des frictions aromatiques, quelques cuillerées d'une potion légèrement éthérée, la glace même à l'intérieur, sont aussi souvent de la plus grande utilité, et réussissent ordinairement pour donner au tube digestif la force de se débarrasser des gaz qui peuvent s'accumuler dans son intérieur.

La formation de gaz dans l'intestin, au lieu d'être produite par les aliments eux-mêmes, peut résulter directement de l'intestin malade. Il s'en forme même dans l'intérieur de la membrane qui, sous le nom de péritoine et sous la forme d'un sac, tapisse la cavité du ventre et enveloppe tout l'intestin. Dans l'un et l'autre cas, leur accumulation donne lieu à un ballonnement du ventre qu'on désigne en médecine sous le nom de *tympanite*, et qu'on divise en intestinale et en péritonéale, suivant que les gaz sont dans l'intestin ou dans le péritoine. On les distingue l'une de l'autre en ce que, dans cette dernière, le ventre est ballonné uniformément, tandis que dans la première, la portion de l'intestin qui est distendue par les gaz forme sur le ventre des saillies ou bosselures arrondies plus ou moins saillantes.

Ces deux espèces de tympanites, qui ont pour caractère commun, indépendamment du ballonnement du ventre, sa résonnance à la manière d'un tambour quand on le frappe avec l'extrémité du doigt, ne sont pas toujours bien distinctes et marchent assez souvent ensemble. Elles succèdent ordinairement à une vive inflammation de la surface des cavités qu'elles occupent ; ou bien elles sont occasionnées soit par un rétrécissement squirrheux de l'intestin, soit par une hernie, une tumeur quelconque, la fièvre typhoïde. Dans ces derniers cas, c'est la cause, on le pense bien, qu'il faut surtout s'attacher à combattre. Enfin si les gaz sont dans le sac péritonéal, en dehors des trois derniers cas que nous venons de citer, comme aucune voie extérieure n'y communique, on s'en tient aux frictions ou embrocations camphrées, aux applications de glace, aux vésicatoires volants, aux frictions mercurielles. Si ces moyens échouent, on est quelquefois obligé de donner issue aux gaz par les moyens usités pour vider le ventre de l'eau qu'il contient dans l'hydropisie abdominale.

VERRUE. — On donne ce nom à des espèces d'excroissances ou de végétations mobiles ou adhérentes, qui prennent naissance sur diverses parties de la peau, surtout aux mains, ou sur quelque point des membranes muqueuses, près de leurs ouvertures naturelles.

Les plus communes de ces excroissances sont sans pédicule, formées de petits prolongements de la peau, distincts les uns des autres, qui donnent à ce petit tubercule un aspect fendillé, et rendent sa surface plus ou moins rugueuse. Leur tissu est ordinairement semblable, par sa dureté et ses autres propriétés, au tissu cartilagineux, mais elles sont sensibles quand on comprime leur base, et si on les coupe près de la peau, elles laissent écouler quelques gouttelettes de sang. Comment se forment-elles? c'est ce qu'on ignore. Si elles se rencontrent très souvent sur les personnes peu soigneuses de leurs mains, ou adonnées à des travaux pénibles, on les rencontre aussi sur des personnes très propres et qui travaillent à des ouvrages délicats. La disposition en vertu de laquelle elles se développent se transmet du père ou de la mère aux enfants, mais elles ne sont pas contagieuses, comme on est assez disposé à le croire.

Les verrues disparaissent quelquefois d'elles-mêmes; mais en général, abandonnées, elles s'accroissent et finissent par acquérir un volume fort gênant. On les voit s'irriter, s'ulcérer et dégénérer en affection cancéreuse. On a vanté, comme propres à les faire disparaître, le suc d'un grand nombre de plantes, mais ce sont autant d'erreurs ; le moyen le plus sûr est de les exciser le plus près possible de leur union à la peau, et de cautériser la plaie qui provient de cette séparation soit avec un crayon de pierre infernale, soit avec les acides nitriques ou sulfuriques, qui ont l'avantage de pénétrer plus profondément ; on introduit ces caustiques avec un morceau de bois taillé en pointe, ou un cure-dents, trempés dans la fiole qui les contient. Chez quelques sujets, l'application de cataplasmes émollients a suffi pour occasionner la chute de verrues assez volumineuses ; dans d'autres cas, surtout quand elles sont en grand nombre, il est avantageux de prendre des bains tantôt simples, mais tantôt aussi sulfureux ; et malgré tout, on les voit souvent reparaître : il faut alors être très prudent dans l'emploi des caustiques parce que trop irritées, elles pourraient dégénérer en affection carcinomateuse.

VERS. — On fait généralement jouer à la présence des vers dans l'intestin un trop grand rôle sur la production des maladies propres à l'enfance ; mais, d'un autre côté aussi il est impossible de méconnaître, sans repousser l'évidence, que souvent les vers intestinaux donnent lieu à de nombreux et graves symptômes qui disparaissent comme par enchantement sitôt qu'on peut parvenir à en débarrasser les malades.

Les signes qui annoncent la présence de ces animaux sont si vagues et si irréguliers, que ce n'est qu'en les groupant qu'on peut en tirer parti pour en arriver à connaître l'état maladif qu'ils occasionnent. Ces symptômes sont locaux ou généraux ; les premiers, qui ont lieu dans le tube digestif, sont des coliques sourdes ou plus ou moins vives dans la région ombilicale, souvent tendue, ballonnée et douloureuse à la pression. Les selles sont assez souvent liquides et accompagnées, surtout chez les enfants, de matières glaireuses, sanguinolentes et de couleur vert-jaune ; dans quelques cas, et c'est le symptôme le plus important, ces selles contiennent des vers ou des débris de vers. La langue est ordinairement blanchâtre ou saburrale ; la salive, plus abondante est épaisse et acide, l'haleine est fade ou sent l'aigre ; les malades éprouvent souvent des nausées, des vomissements de matières muqueuses, ou un sentiment de picotement à la gorge. Dans le plus grand nombre des cas l'appétit est nul ou de beaucoup diminué ; parfois cependant il est plus vif que de coutume. Enfin dans les cas propres à certaines espèces de vers, il y a démangeaison, quelquefois même vives douleurs et ténesme à l'anus.

Les signes généraux ou sympatiques auxquels peuvent donner lieu les vers intestinaux sont nombreux et très variables ; les plus constants sont l'amaigrissement, la teinte pâle ou plombée du visage, l'aspect terne des yeux, l'extrême dilatation des pupilles, les paupières cernées. Assez souvent, mais non aussi constamment qu'on le croit, une démangeaison plus ou moins vive, revenant même par accès, se fait sentir vers l'orifice des fosses nasales. On a aussi remarqué chez quelques enfants affectés de vers, de l'agitation et même du délire et des convulsions.

Les vers, on le sait, sont infiniment plus communs chez les enfants qu'à aucune autre époque de la vie, et semblent affectionner de préférence les constitutions lymphatiques et scrofuleuses, ou les enfants affaiblis par de longues maladies ; ils se lient très souvent à une mauvaise nourriture, comme à l'usage trop fréquent des farineux, du laitage, du fromage, des boissons acidules fermentées. Ils sont infiniment plus fréquents dans les pays froids et humides que partout ailleurs ; on les y voit quelquefois sévir sur un très grand nombre d'enfants en même temps, et constituer une véritable épidémie vermineuse.

Tant qu'on n'est pas parfaitement convaincu de l'existence des vers, on doit être très prudent sur l'emploi des moyens qui ont la propriété de les détruire. Mais lorsque les signes que nous avons indiqués précédemment se trouvent corroborés par l'expulsion de quelques uns, il n'y a point à hésiter. Les moyens appropriés sont de deux sortes : les uns ont la propriété de les faire périr, les autres de les expulser de l'intestin. Les premiers sont l'eau dans laquelle on a fait bouillir le mercure métallique, le mercure doux ou calomélas, (que contiennent les biscuits préparés à cet effet) la valériane, la mousse de Corse, le semen-contra, l'absinthe, l'armoise, la racine de fougère mâle, la racine fraîche de grenadier, la tanaisie, le brou de noix, l'ail, le camphre, l'huile de pétrole, l'essence de térébenthine, l'éther, la suie, le fiel de bœuf. De tous

res moyens, le mercure doux, le semen-contra, la décoction de racine de fougère mâle et de grenadier ad-
ministrée fraîche, sont ceux qui comptent le plus de
succès et auxquels on doit d'abord avoir recours.

Quant aux médicaments qui ont la propriété d'expulser, de faire rendre les vers, une fois qu'ils sont tués,
ils ne sont autre chose que des purgatifs ou des drastiques, comme les sulfates de soude ou de potasse, l'huile
de ricin, l'aloès, la scamonée, et même l'émétique, qui
convient surtout quand on suppose les vers être par-
venus jusqu'à l'estomac. Leur emploi n'est utile que
quand les premiers moyens n'ont pas suffi tout à la
fois à tuer les vers et à les expulser.

Nous n'avons jusqu'ici parlé que des vers propres
aux enfants, mais il en existe une autre espèce qui affecte plus particulièrement les adultes, et qu'on désigne en langage vulgaire sous le nom de *ver solitaire*,
et en médecine sous celui de *tænia*. Sa présence est
constatée par l'amaigrissement et la faim continuelle
de la personne qui le porte, par un trouble général et
continu des systèmes digestifs et nerveux, mais surtout par la reddition dans les selles de quelques débris
de ce ver qui se présente sous forme d'anneaux ou
cerceaux blanchâtres, ayant quelque ressemblance
avec des grains de melon. Ce ver peut acquérir des
dimensions extrêmes : on a vu des personnes en rendre des fragments de plusieurs mètres ; il est susceptible de se reproduire tant que sa tête n'a pas été expulsée. L'écorce fraîche de racine de grenadier ou de
fougère mâle est le moyen que l'expérience a prouvé
être le plus propre à son expulsion.

VERTIGE. — On désigne ainsi une illusion passagère dans laquelle les objets immobiles semblent
se mouvoir autour de soi.

Les causes déterminantes du vertige sont ordinairement la fatigue de l'esprit, des sens ou du corps, la diète, les digestions laborieuses, l'intempérance des femmes, des boissons énivrantes, le tabac, le mouvement de rotation, etc.

Le vertige n'est pas une maladie par lui-même, mais il est un symptôme grave de maladie, fréquemment même il est l'indice d'affections cérébrales.

Quant au traitement du vertige tout le monde comprendra qu'il doit varier suivant les causes qui l'ont produit, mais dans tous les cas, c'est dans l'hygiène surtout qu'il faut chercher les meilleurs remèdes ; ainsi, l'exercice, la promenade, les distractions, le changement d'habitudes, sont souvent ce qu'il y a de mieux à faire. Après cela, suivant que le vertige sera le résultat de congestions cérébrales, de pléthore sanguine générale, d'embarras d'estomac, des intestins, etc., on emploira alors les bains de pieds, les saignées, les applications de sangsues à l'anus, aux tempes ; le régime végétal, la diète, un vomitif, un purgatif, des lavements, etc.

VIPERE. — La vipère commune est assez répandue dans toute la France ; on la rencontre ordinairement pendant les belles matinées du printemps sur les collines exposées au soleil. On la reconnait à sa longueur qui est communément de soixante à soixante-dix centimètres (deux pieds environ), à sa peau écailleuse et luisante, d'un gris cendré ou roussâtre. Sur son dos s'étend une chaine de taches brunes disposées sur deux rangées et en zig-zag. Sa tête est plus large que le corps, mais ramassée en forme de grouin ; enfin elle rampe seulement sans sauter ni bondir comme la couleuvre. Ses mâchoires sont armées de dents, dont deux seulement plus longues et plus dures que les autres, sont nommées crochets venimeux. Pointues et creusées suivant leur longueur, elles sont garnies à leur base d'une vésicule dans laquelle vient se rendre le venin et qui, dans le moment où l'animal mord, sort de cette vésicule par la seule pression des mâchoires et pénètre dans la blessure par la gouttière dont est creusée la dent.

Le premier effet de la morsure de la vipère est un engourdissement et un gonflement de la partie piquée. Si l'accident est arrivé à la main, le bras est bientôt envahi; la personne éprouve de fréquents maux de cœur, même des syncopes, des vomissements et souvent du délire et des convulsions; mais l'accident est rarement mortel.

La première chose à faire, aussitôt l'accident, c'est d'établir une ligature immédiatement au-dessus de la piqûre, afin d'empêcher l'arrivée du venin sur les centres nerveux. On fait ensuite saigner la plaie en pressant légèrement sur ses côtés et même en la couvrant d'une ventouse. Si les accidents offrent une grande gravité, on fait bien de la cautériser soit avec le fer rouge, soit avec le nitrate acide de mercure, ou même la graisse ammoniacale. On doit donner alors plusieurs gouttes d'alcali volatil dans un verre d'eau, et quelques cuillerées d'une tisane sudorifique à laquelle on aura ajouté de la teinture de quinquina 30 grammes (1 once), de sirop diacode. Les Indiens emploient contre la morsure des serpents venimeux en général le suc frais du polygala de Virginie.

VOIX. — Son appréciable que produit en traversant le larynx, l'air chassé des poumons; articulé, dirigé par les mouvements de la langue, des lèvres et des autres parties de la bouche, il constitue ce que l'on nomme : *la parole.*

La voix humaine présente des différences assez

notables aux diverses époques de la vie ; faible et
aiguë dans l'enfance, elle se renforce plus tard sur
tout à l'époque de la puberté. Chez la femme, ce
pendant, elle conserve presque toujours les caractè
res de l'enfance. Dans la vieillesse la voix devient
chevrottante et la prononciation mal articulée.

Les différences de ton, d'intensité et de timbre
de la voix peuvent servir à reconnaître les maladies
de l'appareil vocal. Ainsi la voix est dite *croupale*
dans le croup ; *gutturale* par suite d'une ulcération
au voile du palais; *nasonnée* lorsqu'un polype existe
dans les fosses nasales. Elle s'affaiblit et puis finit
par s'éteindre dans la phthisie laryngée. En un mot
l'intégrité de la voix est liée à la santé générale.
En effet qui ne sait que des souffrances longtemps
prolongées diminuent l'intensité de la voix, comme
aussi la frayeur, les spasmes nerveux semblent la
faire disparaître ou la rendre faible et convulsive.

Les médecins ont donné le nom d'*Aphonie* à la
perte complète ou incomplète de la voix. Cette affection diffère du mutisme en ce que dans celui-ci il
y a impossibilité de former des sons articulés, ce
qui n'arrive pas toujours dans l'aphonie où les sons
seulement sont affaiblis ou abolis, aussi la plupart
des aphones parlent à voix basse.

La paralysie, l'hystérie, la catalepsie, l'épilepsie,
la frayeur, une chute, une blessure profonde au cou,
le froid, la grossesse, la disparution d'une dartre,
peuvent produire l'aphonie.

En voyant la différence et la variété des causes
de cette affection, tout le monde comprendra qu'il
nous est impossible de formuler ici son traitement.
En effet, la seule chose à faire est d'agir contre la
cause de la maladie, et la cause cessant l'aphonie
cessera indubitablement.

Il existe encore d'autres affections essentielles de la voix ; nous en avons traité aux mots BÉGAIEMENT et ENROUEMENT. (*Voyez ces mots.*)

VOMISSEMENT. — On désigne ainsi l'expulsion convulsive des matières liquides ou solides contenues dans l'estomac et rejetées par la bouche avec des efforts plus ou moins considérables.

En général le vomissement n'est point une maladie par lui-même et ne doit être considéré que comme un symptôme de maladie ; aussi son traitement se trouve-t-il lié à celui de l'affection principale, et dans ce cas nous n'avons rien à en dire ici. (*Voyez* EMPOISONNEMENT, EMBARRAS DE L'ESTOMAC, GASTRITE, INDIGESTION, IVRESSE, MAL DE MER, PITUITE, BILE, etc., etc.)

Cependant le vomissement étant quelquefois essentiel ou idiopathique, nerveux ou spasmodique, nous allons rapidement indiquer quels moyens thérapeutiques devront, dans ce cas, être mis en usage.

L'eau glacée prise en petite quantité et souvent, l'eau de seltz, l'eau gazeuse frappée à la glace, la potion anti-émétique de Rivière, les anti-spasmodiques, les calmants, les eaux de Vichy, du Mont-Dore, les végétaux frais pour aliments, etc., les topiques froids, les emplâtres de ciguë, d'opium, de thériaque sur l'épigastre, les sinapismes aux pieds, sont employés contre le vomissement spasmodique ou nerveux.

VOMISSEMENT DE SANG. — Il y a trois espèces de vomissement de sang : l'un qui dépend d'une blessure faite à l'estomac par un corps coupant ou piquant, par la présence d'un corps étranger, d'une sangsue tombée dans l'estomac ; l'autre, qui est produit soit par une maladie de l'estomac, comme le ramollissement ou l'ulcération de ses membranes, soit par la maladie d'un organe voisin à la suite de laquelle le sang est venu se concentrer dans l'estomac, pour être ensuite rejeté; un troisième enfin qui résulte d'une sorte d'exhalation de la membrane interne de l'estomac. C'est le seul dont nous ayons à nous occuper ici, les deux autres tenant à des états qu'il faut traiter avant tout, et dont il a été question dans le cours de cet ouvrage.

L'âge adulte, le tempérament sanguin, disposent à ce vomissement de sang, qui affecte les femmes plus souvent que les hommes, mais souvent aussi les personnes nerveuses ou en proie à des émotions vives, particulièrement à des émotions pénibles. On a vu des femmes avoir leurs règles complétement supprimées et être exposées chaque mois à un vomissement de sang. Mais quelle que soit la nature de cette perte sanguine, ne voyant que l'hémorrhagie en elle-même, nous nous bornons aux généralités suivantes : si le sang coule actuellement, rejeté ou non par la bouche, il faut en première ligne prescrire le repos le plus absolu, le silence, et pratiquer, sauf les circonstances qui pourraient indiquer le contraire, une saignée du bras ou du pied, puis appliquer sur le creux de l'estomac soit de la glace, soit des compresses trempées dans l'eau froide ; ensuite placer des sinapismes aux jambes, faire appliquer les mains dans l'eau chaude, et, dès que la personne pourra boire, lui faire prendre par petites cuillerées de l'eau froide ou de la glace par petits morceaux.

Plus tard, s'il y a lieu, on remplacera l'eau froide par la tisane de riz, de grande consoude ou de coing, la limonade aiguisée par quelques gouttes d'acide sulfurique ou par un peu de poudre d'alun, enfin par le rathania et le cachou. Si le vomissement coïncidait, comme nous l'avons dit, avec une suppression de règles, on appliquera chaque mois des sangsues ou des ventouses à la partie supérieure des cuisses; on se

mettra à l'usage du lait ou à un régime rafraîchissant;
on fera de l'exercice à pied; on prendra des distractions, surtout si on a fait des excès de table, si on a
mené une vie sédentaire, ou bien si on a éprouvé quelques chagrins.

YEUX (*Maladie des*). — Au mot *cataracte*, nous
avons parlé de la perte de la vue qui consiste dans
l'opacité du corps lenticulaire à travers lequel les
rayons de la lumière parviennent au fond de l'œil; à
celui de *goutte-sereine*, nous avons montré les effets
de la paralysie de la membrane sur laquelle vient se
peindre l'image des objets extérieurs: enfin au mot
ophtalmie, nous avons étudié tous les états des yeux
qui se trahissent au dehors par une rougeur quelconque. Il nous reste à dire quelques mots des corps
étrangers qui pénètrent si souvent et si facilement dans
les yeux. Tant que ces corps restent à leur surface, ils
n'entraînent jamais de suites bien graves, parce qu'on
peut aisément les enlever, comme les grains de sable,
les petits fragments de pierre. S'ils sont tellement ténus
qu'ils ne puissent être saisis, comme du tabac, ils sont
promptement entraînés par des lotions d'eau fraîche.
Ces lotions doivent même être continuées après la disparition de la cause qui a motivé leur emploi. Elles
préviennent les inflammations consécutives (*Voyez*
OPHTHALMIE).

ZONA. — On appelle ainsi une inflammation vésiculeuse de la peau qui se manifeste le plus ordinairement sur le tronc et forme des groupes de
boutons disposés en bandes représentant, comme
l'indique son nom, une sorte de demi-ceinture de
trois à quatre travers de doigt de largeur. On a
aussi donné à cette maladie le nom de *feu sacré*,
feu de St. Antoine. Elle se montre surtout chez les
jeunes gens de douze à vingt-cinq ans; les hommes y

paraissent puls exposés; l'été et l'automne sont les saisons où elle se déclare le plus souvent.

Le zona n'affecte ordinairement qu'une moitié du corps, surtout le côté droit. Il débute par un sentiment de chaleur, de fourmillement et même de prurit à la peau, où ne tardent pas à se montrer plusieurs taches rouges, les unes distinctes et séparées, les autres réunies, de forme irrégulière, sur lesquelles on aperçoit dès le début, l'apparence vésiculeuse. Ces vésicules se développent et grossissent comme de petites perles, entourées d'une rougeur vive; bientôt elles deviennent troublés et laiteuses, et sont entièrement opaques vers le quatrième jour de leur apparition, puis s'ouvrent et donnent issue à un liquide séreux, trouble qui se dessèche pour former des croûtes légères, brunâtres; d'autres s'écorchent, fournissent une exhalation abondante et laissent après elles des cicatrices. En somme totale, la maladie peut durer un mois.

Cette maladie n'est jamais bien grave; elle a seulement cela de désagréable, que la douleur qu'elle occasionne persiste, alors même que tous les symptômes extérieurs ont disparu. La diète, le repos, l'usage des boissons délayantes, l'eau de veau, la limonade tartareuse suffisent ordinairement pour l'amener à guérison. Cependant quand l'inflammation est très vive, que les douleurs sont intenses, le sujet jeune et vigoureux, une saignée devient utile, ainsi que les bains tièdes d'eau de son ou de guimauve. On calme assez bien les démangeaisons avec des compresses imbibées d'eau blanche; et, s'il existe des ulcérations, on se trouve bien de les panser avec des compresses trouées enduites de cérat saturné ou opiacé.

—◦§ §◦—

APPENDICE.

PHARMACEUTIQUE.

—

Désirant rendre notre ouvrage ausssi utile et aussi complet que possible, nous avons cru devoir y ajouter quelques notions de pharmacie à l'usage des gens du monde, et indiquer ici un assez grand nombre de formules de remèdes ou médicaments, tant internes qu'externes, dont l'usage est le plus ordinaire, le prix modique, et la préparation aussi facile que celle des aliments.

La médecine, devenue de nos jours beaucoup plus simple et plus rationnelle qu'elle ne l'a été à toute autre époque, a rejeté du nombre des moyens de guérir une quantité immense de remèdes et de recettes composées, et cela au grand avantage des malades. En effet, l'expérience a démontré qu'il en est des médicaments comme des aliments, les plus simples sont les meilleurs, et de même que la nourriture la plus naturelle est la plus saine, et produit les corps les plus robustes, de même aussi, la médication la moins compliquée est celle qui guérit le plus souvent et le plus sûrement.

Il ne faut donc pas s'attendre à trouver ici ce long fatras de formules compliquées que l'on rencontre dans les anciens ouvrages de médecine, outre que leur emploi, comme nous venons de le dire, est presque toujours plus nuisible qu'utile, leur préparation exige aussi nécessairement des connaissances chimiques toutes spéciales, que nous ne devons pas attendre de ceux pour qui principalement nous écrivons cet ouvrage. La simplicité, l'utilité et le bon marché, voilà notre unique but.

APPENDICE

Outre les médicaments proprement dits, la plupart des substances qui subviennent aux besoins les plus vulgaires de la vie peuvent aussi devenir des remèdes et rendre d'importants services à la médecine, lorsqu'ils sont employés dans des circonstances et des proportions favorables.

Nous pouvons citer de préférence.

EAU.

L'eau, boisson naturelle de l'homme et le plus grand dissolvant de la nature, est en même temps un si puissant remède, à différentes températures, que quelques médecins ont été tentés de réduire à elle seule toute la matière médicale.

L'eau glacée arrête les hémorrhagies ; elle ranime les personnes évanouies. L'eau froide donne du ton à l'estomac, facilite la digestion, calme les vomissements, et est utile dans presque toutes les fièvres.

L'eau tiède est émoliente et adoucissante, appliquée extérieurement ; prise à l'intérieur, elle excite le vomissement. Les bains d'eau tiède sont infiniment salubres comme soins de propreté, et dans beaucoup de maladies.

L'eau chaude est sudorifique : prise en grande quantité, elle devient laxative et même purgative.

En mettant les pieds dans l'eau la plus chaude qu'on puisse supporter, on dilate les vaisseaux inférieurs, et le sang qui y abonde dégage la tête, la poitrine et, en général, tous les vaisseaux supérieurs ; mais il ne faut pas prolonger son action au-delà de dix à douze minutes, où le sang dilaté se reporte à la tête avec plus de force qu'auparavant.

VIN.

Le vin, sang divin de la grappe, frère de celui qui coule dans nos veines, est, disait un épicurien fameux, un excellent passe-port pour l'autre monde, il conduit droit au ciel. En effet, le bon vin fait le bon sang; le bon sang fait naître la bonne humeur, la bonne humeur donne de bonnes pensées; les bonnes pensées produisent de bonnes actions, et les bonnes actions ouvrent les portes du ciel.

Le vin est aussi, dit-on, le lait des vieillards: ce liquide, en effet, pris avec sobriété, vieux et pur, ranime les sens glacés par l'âge, et fortifie les estomacs délabrés. Il est peu de personnes même à qui il ne puisse être utile; l'excès seul est nuisible.

Considéré comme médicament, le vin seul a guéri des fièvres intermittentes; mêlé avec l'huile ou le miel, il devient vulnéraire, et peut être utile dans les plaies et ulcères. Bouilli avec des roses de Provins, il est astringent. Il convient comme gargarisme dans quelques maux de gorge, comme injection dans les maladies vénériennes et les fleurs blanches.

VINAIGRE.

Le vinaigre est un excellent désinfectant; son aspiration réveille et ravive dans les cas de syncope et d'évanouissement. Enfin, pris à la dose de quelques gouttes dans un verre d'eau, il compose une boisson rafraîchissante et apéritive.

LAIT.

Comme aliment, chacun sait que le lait est la première nourriture de l'homme. Il convient aussi aux personnes nerveuses, irritables, et prédisposées aux maladies inflammatoires, ainsi qu'aux personnes convalescentes et aux estomacs délicats. Il est, en outre, très utile chez les personnes affectées de phthisie pulmonaire et d'inflammation chronique des intestins. On se sert surtout, dans ce cas, du lait d'ânesse, plus léger et plus facile à digérer. Celui de femme, qui contient à peu près les mêmes proportions, pourrait également le remplacer.

Le lait est, en outre, un bon excipient pour les cataplasmes émollients, et de plus un excellent contrepoison, dans beaucoup de cas (*Voir* EMPOISONNEMENT).

Le *petit lait*, moins nourrissant, plus rafraîchissant et plus purgatif que le lait, est également administré avec succès dans toutes les maladies inflammatoires où il est utile de tenir le ventre libre.

BEURRE.

Le beurre, matière grasse, fusible, provenant du lait des animaux, est un aliment fort sain et un peu relâchant. Il ne convient pas aux enfants, aux convalescents, aux personnes d'une faible constitution et sujettes au dévoiement.

Comme médicament, il peut remplacer le cérat : ainsi étendu sur de la poirée ou du linge, il sert à panser les vésicatoires, les cautères, les ulcères, les plaies, etc.

ŒUFS.

Les œufs conviennent aux femmes, aux enfants, aux sujets faibles et délicats ; ils peuvent, en outre, dans certains cas, devenir de bons médicaments.

Un blanc d'œuf, étendu d'eau, est quelquefois employé comme boisson dans les maladies aiguës inflammatoires.

Un jaune d'œuf bien frais, sucré et délayé dans de l'eau bouillante, constitue une émulsion calmante connue sous le nom de *lait de poule*.

POMME DE TERRE.

La pomme de terre, précieux tubercule importé d'Amérique, est actuellement l'un des aliments dont on fait le plus d'usage en Europe. Ses propriétés sont nutritives et d'assez facile digestion, en sorte qu'il est peu de personnes qui ne puissent le supporter.

La pomme de terre paraît, en outre, jouir de diverses propriétés médicinales. On lui attribue la dimi-

nution du scorbut, maladie si commune sous les rè-
gnes de Louis XIV et Louis XV. Ia pulpe de pomme
de terre est un remède populaire qui n'est pas sans
avantage dans les brûlures.

SEL DE CUISINE.

Le sel est un des condiments les plus recherchés ; il
excite l'appétit, stimule l'estomac et favorise la digestion. Une poignée de sel, mise dans un bain de pieds,
le rend plus actif ; l'eau salée guérit aussi les dartres
et les engelures ; prise en lavement, elle combat
l'atonie des intestins.

POIVRE.

Le poivre a été de tous temps employé pour assai-
sonner les aliments ; il jouit aussi de diverses propriétés médicinales. Son action est évidemment excitante;
il favorise la digestion chez les personnes dont l'estomac est paresseux, et agit comme tonique et excitant.
Mis en poudre et appliqué sur la peau, en forme de
cataplasme, il la rubéfie et l'échauffe, et y détermine
le développement de phlyctènes ou petites tumeurs
plus ou moins volumineuses. On peut par là juger de
ses effets sur l'estomac de ceux qui en abusent.

Le poivre a été aussi employé contre les fièvres
intermittentes. On l'administrait à la dose de trente à
quarante centigrammes, avant l'accès ; on en faisait
prendre en tout environ quatre à cinq grammes ; mais
il faut être très réservé dans son usage ; car souvent
on a vu des accidents inflammatoires être la conséquence
de son administration.

MOUTARDE.

La moutarde, prise en petite quantité, ne produit
aucun effet funeste ; elle stimule, au contraire, les estomacs paresseux, et relève, au besoin, le goût et
même les forces digestives ; mais l'abus de ce condi-
ment irrite l'estomac, et peut déterminer des inflam-

mations intenses et mêmes mortelles : il faut être très réservé dans son usage.

Réduite en poudre, la graine de moutarde constitue alors ce qu'on appelle farine de moutardé, médicament excellent, d'un usage journalier et d'une efficacité incontestable. On s'en sert pour saupoudrer des cataplasmes qu'on rend, par cette addition, irritants, et qu'on appelle cataplasmes sinapisés. On les applique le plus souvent aux extrémités inférieures ; ils y attirent le sang, y déterminent de la rubéfaction et même de la vésication. C'est un puissant moyen dans les affections comateuses, cérébrales et gastro-intestinales.

Appliqués sur le siége d'une goutte, d'un rhumatisme ou d'une affection dartreuse répercutée, les sinapismes rétablissent l'affection dans son siége primitif, et détournent ainsi le danger qui menaçait un organe important.

Les bains de pieds auxquels on ajoute de la farine de moutarde et quelquefois aussi du vinaigre, agissent comme dérivatifs, et sont employés avec succès contre les maux de tête, les congestions, les inflammations; les maux d'yeux, les esquinancies, etc.

THÉ.

Le thé, ce reméde populaire des digestions lentes, difficiles ou incomplètes, se prend très chaud, sucré, souvent additionné d'un peu de lait ou de crème. On le sert ordinairement dans les soirées ou après les repas ; quelques personnes le prennent à déjeuner.

Le thé agit à la manière des excitants les plus puissants, du moins chez les sujets nerveux et non accoutumés à ce genre de boisson; et son action est généralement semblable à celle du café dont il va être question.

CAFÉ,

Le café se prend pur : c'est ainsi que le préfèrent

les vrais amateurs. Cependant la majorité des consommateurs y ajoutent du sucre ; d'autres un peu d'eau-de-vie, de rhum ou de kirsch ; enfin il y a des personnes, et leur nombre est grand, qui le préfèrent au lait ou à la crême, surtout le matin au déjeuner.

Comme l'usage du thé, l'usage du café a ses inconvénients ; l'excitation qu'il porte dans toute l'économie, principalement dans le cerveau, exige quelques précautions, surtout chez la plupart des jeunes gens, des sujets nerveux et irritables. Il faut même s'en abstenir complétement dans tous les cas d'irritation et d'inflammation.

En résumé, le café, considéré soit comme boisson, soit comme médicament, est un excitant auquel il est bon de ne pas s'accoutumer, et qu'on doit, au contraire, réserver pour certaines circonstances. Le savant, l'homme de lettres trouvera en lui un ami qui lui prêtera secours, lorsque pressé par le temps, le jour ne suffit pas à ses travaux ou que son esprit paresseux le laisse sans ressources ; le gastronome, grâce à lui, pourra se livrer à son goût favori, et avoir les bénéfices de la sensualité sans en éprouver les mauvais effets ; la femme sujette aux migraines les verra cesser sous son influence ; il provoquera et facilitera le retour des règles ; enfin l'asthmatique y puisera un soulagement momentané seulement, mais qu'il pourra renouveler à volonté.

SUCRE.

Le sucre, considéré comme aliment, est beaucoup moins nourrissant qu'on ne le croyait jadis ; des expériences nombreuses et décisives ont démontré que seul il ne pouvait fournir une alimentation suffisante. Mais pris rarement et en petite quantité, il favorise la digestion des autres aliments ; pris en excès, au contraire, il n'est pas sans dangers ; il agace les dents,

rend la bouche épaisse , pâteuse , et , de plus , cons-
tipe et échauffe. Il est donc prudent de faire un usage
modéré du sucre , et surtout de ne pas donner trop
de bonbons et de sucreries aux jeunes enfants.

Le sucre fondu dans de l'eau froide et pris souvent et
par gorgée est très utile dans les cas d'indigestion.

MIEL.

Le miel est enployé comme aliment et convient
très bien aux enfants ; il entre dans le pain d'épice et
quelques pâtisseries ou confiseries particulières. Mélé
avec de l'eau pure dans la proportion de 30 à 60
grammes de miel par 1,000 grammes d'eau, il forme
ce qu'on appelle l'hydromel et constitue une boisson
douce et légèrement purgative.

Le miel est très employé en médecine, et fait principalement la base d'une classe de médicaments connus en pharmacie, sous le nom de *mellites*, on en
fait aussi un très grand usage pour édulcorer les tisanes et on le préfère au sucre sous tous les rapports.
En résumé, le miel est adoucissant rafraichissant, et
laxatif; et il convient surtout dans les maladies fébriles
qui développent de la soif et de la chaleur.

RIZ.

Sous le rapport de son utilité comme aliment, lo
riz est l'une des plantes les plus précieuses pour le
genre humain ; on en prépare des potages, des bouillies, des gâteaux, des gelées etc etc., avec l'eau, le
lait, le bouillon, le sucre, divers aromates etc ; on en
fait aussi des crêmes ; on le fait cuire avec de la
viande , de la volaille etc, enfin, on peut l'employer
en poudre. Il convient aux estomacs faibles et délicats,
aux convalescents; il est très sain et de facile digestion.

Considéré comme médicament, le riz jouit de propriétés émollientes et légèrement astringentes, on fait
avec sa farine d'excellents cataplasmes adoucissants.

La tisane de riz que l'on prépare avec une cuillerée de riz bouillie dans un littre d'eau est une boisson qui convient on ne peut mieux comme médicament et comme aliment dans les irritations d'entrailles accompagnées de dévoiement, et notamment chez les jeunes enfants que l'on est obligé de tenir à la diète. A l'époque du choléra les lavements d'eau de riz ont joui d'une certaine vogue.

HUILE.

L'huile considérée comme médicament peut être employée à l'extérieur et à l'intérieur. Dans le premier cas on l'emploie comme adoucissant pour oindre les parties douloureuses ou enflammées. Il faut qu'elle soit pure et fraîche ; car si elle était rance elle deviendrait irritante.

A l'intérieur, l'huile est un laxatif d'une digestion un peu pénible mais qui peut rendre de grands services dans les cas de coliques accompagnées de constipation et dans les cas d'empoisonnements par des substances âcres, irritantes, d'autant mieux qu'elle provoque souvent alors le vomissement.

CHARBON.

Le charbon végétal peut être employé avec succès pour l'épuration et la désinfection des eaux croupies, gâtées et corrompues. Réduit en poudre impalpable, le charbon uni au sucre forme une poudre d'entifrice excellente.

On se sert encore du charbon pour saupoudrer des ulcères gangreneux et certaines plaies infectes.

Quelques médecins administrent à l'intérieur le charbon pulvérisé comme antiputride.

On fait enfin avec le charbon en poudre le sucre et du mucilage, des pastilles que l'on aromatise et qui s'emploient avec beaucoup de succès contre la fétidité de l'haleine.

TISANES.

C'est le nom que l'on donne à des liquides qui contiennent en dissolution une certaine quantité de principes médicamenteux, et qui sont destinés à servir de boisson habituelle aux malades. On les fait légères et aussi agréables que possible. Leur préparation a lieu par infusion ou par décoction ; l'infusion se fait en versant de l'eau bouillante sur les substances médicamenteuses, tandis que dans la décoction on les fait bouillir un instant.

Tisane commune.

Racine de réglisse contuse.	10 grammes
Eau bouillante.	1 litre.

Faites infuser pendant deux heures, et passez dans un linge ou un tamis.

Tisane ordinaire.

Prenez des quatre fleurs pectorales.	une poignée.
Réglisse.	20 grammes.
Eau bouillante.	1 litre.

Faites infusion

Tisane émolliente.

Racine de guimauve.	20 grammes
Eau bouillante.	1 litre.

Faites infusion, passez et sucrez.

Tisane rafraîchissante.

Prenez un citron ordinaire, et coupez-le par tranches minces.

Versez dessus un litre d'eau commune, et ajoutez assez de sucre pour corriger en partie l'acidité.

Transvasez le tout trois à quatre fois, ou remuez de manière à le bien mêler, et vous aurez une excellente tisane rafraîchissante.

Tisane pectorale.

Figues.	30 grammes
Jujubes.	30 grammes.
Dates dépouillées de leur noyau.	30 grammes.
Raisins de Corinthe.	30 grammes
Eau.	1 litre.

Faites décoction.

A l'eau ordinaire on peut substituer le bouillon de veau, dans lequel on fait bouillir les mêmes fruits.

Tisane stomachique.

Écorces d'oranges.	8 grammes.
— de limons.	4 grammes.
Racines de gingembre.	4 grammes.
Eau.	1 litre.

Faites décoction et sucrez.

Tisane excitante.

Prenez sommités de menthe.	8 grammes.
Feuilles de mélisse.	8 grammes.
Eau bouillante.	1 litre.

Faites infusion et édulcorez avec sucre ou sirop de fleur d'oranger.

Tisane sudorifique

Salsepareille.	16 grammes.
Bois de gayac rapé.	16 grammes.
Réglisse.	16 grammes.
Eau.	1 litre.

Faites une décoction.

Tisane diurétique (pour faire uriner).

Chiendent.	16 grammes.
Pariétaire.	16 grammes.
Graine de lin.	16 grammes.
Racine d'asperges.	16 grammes.
Réglisse ou miel.	16 grammes.
Eau bouillante.	1 litre.

Faites une infusion.

Tisane amère, tonique et fébrifuge.

Quinquina gris ou rouge	20 grammes.
Eau bouillante.	1 litre.

Faites une infusion et ajoutez sucre ou sirop.

Tisane purgative.

Pulpe de casse.	8 grammes.
Séné.	16 grammes.
Sulfate de soude.	20 grammes.
Eau.	1 litre.

Faites une décoction, édulcorez, et prenez un verre d'heure en heure.

Tisane apéritive.

Racine de patience.	15 grammes.
— de chiendent.	15 grammes.
— de fraisier.	15 grammes.
Fumeterre.	8 grammes.
Pariétaire.	8 grammes.
Réglisse.	15 grammes.
Eau.	1 litre.

Faites une décoction.

Tisane astringente (diarrhée et perte de sang).

Prenez cachou.	5 grammes.
Racine de grande consoude.	15 grammes.
Eau.	1 litre.

Faites décoction et édulcorez avec sucre ou sirop d'oranges ou de coings.

Tisane antiscorbutique.

Cresson de fontaine.	30 grammes.
Cochléaria.	30 grammes.
Semence de moutarde.	5 grammes.
Racine de bardane.	5 grammes.
Racine de raifort.	5 grammes.
Eau bouillante.	1 litre.

Faites une infusion et ajoutez sucre ou sirop.

Tisane anti-scrofuleuse.

Raciné de garance.   10 grammes.
Houblon.   5 grammes.
Eau bouillante.   1 litre.
Faites une infusion, passez et ajoutez :
Sirop de quinquina jaune au vin.   100 grammes.
A prendre par petites tasses dans la journée.

Tisane antisyphilitique.

Salsepareille.   60 grammes.
Gayac rapé.   60 grammes.
Eau.   1 litre.
Faites une décoction, passez et sucrez.

BOUILLONS.

Tout le monde sait que l'on désigne ainsi un aliment liquide, préparé par l'ébullition, dans l'eau, de la chair des animaux ou de certaines plantes.

Bouillon de veau.

Rouelle de veau.   125 grammes.
Eau de rivière.   1 litre.
Faites cuire à une douce chaleur dans un vase couvert, pendant deux heures. Passez le bouillon quand il sera refroidi.

On prépare de même les bouillons de mou de veau, poulet, écrevisses, tortues, grenouilles, etc.

Bouillon pectoral.

Prenez un demi poulet maigre, raisins de caisse, 60 grammes; six amandes douces; salep, 4 grammes; huit dattes et huit jujubes; cerfeuil une poignée; faites bouillir doucement dans un litre et demi d'eau, jusqu'à réduction d'un tiers; passez, et en prendre une petite tasse de temps en temps, avec sirop de guimauve.

Bouillon purgatif.

Prenez bouillon de veau.   1 litre.
Pulpe de tamarin.   60 grammes.
Faites bouillir un instant, et prendre par verrées.

POTIONS.

On désigne sous ce nom des préparations médicamenteuses liquides, qui ne sont pour l'ordinaire que des mélanges d'eau distillée, d'infusions, de décoctions, auxquels on ajoute, en général, une petite quantité de sucre ou de sirop. Jamais les potions ne sont données comme boisson habituelle à un malade; on les prend en général à certaines heures, et le plus souvent à petite dose à la fois, ordinairement par cuillerées.

Potion calmante.

Eau de laitue distillée.	120 grammes.
Sirop d'iacode.	10 grammes.
Eau de fleur d'oranger;	une cuillerée à bouche.

Mêlez.

Potion cordiale.

Eau distillée de menthe.	60 grammes.
— — d'anis.	60 grammes.
— — d'angélique.	60 grammes.
Eau de Cologne.	5 grammes.
Sirop de fleur d'oranger.	30 grammes.

Mêlez.

Potion antispasmodique.

Eau de tilleul.	120 grammes.
Sirop de capillaire.	45 grammes.
Eau de fleur d'oranger.	5 grammes.
Laudanum liquide.	30 gouttes.
Ether sulfurique.	30 gouttes.

Mêlez.

Potion émétique.

Dissolvez un décigramme d'émétique dans quatre cuillerées d'eau de fleur d'oranger. Prenez de quart d'heure en quart d'heure une cuillerée de cette eau émétisée, étendue dans une tasse d'infusion légère de fleur de tilleul peu sucrée.

PHARMACEUTIQUE.

Quand le vomissement est décidé, facilitez-le en buvant abondamment de l'eau tiède. L'émétique administré de cette manière fatigue beaucoup moins l'estomac.

Potion purgative (vulgairement médecine).

Huile fraîche de ricin.	60 grammes.
Sirop de menthe.	30 grammes.
Gomme arabique en poudre,	2 grammes.
Eau.	120 grammes.

Mêlez et prenez-en deux fois d'heure en heure, puis buvez du bouillon aux herbes.

LAVEMENTS.

Tout le monde sait ce qu'on entend par ce mot. On peut prendre des lavements simples, avec de l'eau tiède pure; mais il est préférable d'employer une eau mucilagineuse, c'est à dire une décoction de graine de lin ou de guimauve : on les rend ainsi plus adoucissants. On peut en outre leur donner des propriétés médicales, en les composant, avec une infusion ou décoction de plantes ou racines médicamenteuses.

Lavement adoucissant.

Décoction de son et lait, de chaque un verre.
Ajoutez deux jaunes d'œufs frais.   Mêlez.

Lavement purgatif.

Séné.	12 grammes.
Faites bouillir dans eau.	500 grammes.
Ajoutez miel mercuriel.	120 grammes.

Lavement laxatif.

Huile de ricin.	30 grammes.
Miel commun.	30 grammes.
Décoction de guimauve.	300 grammes.

Lavement fébrifuge.

Quinquina concassé.	30 grammes.
Eau.	500 grammes.

Faites une décoction.

Lavement calmant.

Prenez deux têtes de pavot.

Eau   300 grammes.

Faites une décoction.

Lavement nutritif.

Bouillon de bœuf dégraissé.   250 grammes.

On peut également préparer ce genre de remède avec toute autre viande ou substance nutritive. On a recours à cette médication dans les cas ou les aliments étant nécessaires, l'irritation de l'estomac ou quelque maladie des organes de la déglutition empêchent de les administrer à la manière ordinaire.

Lavement de tabac.

Feuilles sèches de tabac.   15 grammes.

Eau.   500 grammes.

Faites une décoction et administrez, dans les cas d'asphixie, de submersion, pour réveiller la sensibilité chez les personnes qui paraissent entièrement privées de vie. Ce remède étant dangereux, il ne faut y avoir recours qu'avec précaution, et avoir soin de l'administrer assez chaud pour qu'il ne soit pas gardé trop longtemps.

CATAPLASMES.

Ce sont des remèdes externes dont la consistance est celle d'une bouillie épaisse, qu'on étend sur un linge, et qu'on applique ordinairement sur les tumeurs pour les résoudre ou dissiper, ou pour les amener à la suppuration.

Cataplasme émollient.

Prenez farine de graine de lin, quantité proportionnée au volume du cataplasme que l'on veut faire, délayez la dans eau chaude, ou mieux décoction chaude de racine de guimauve en quantité suffisante pour faire une bouillie épaisse, étendez sur un linge et appliquez sur la partie malade.

Cataplasme anodin.

Prenez cataplasme émollient ci-dessus, et arrosez le légèrement avec laudanum liquide.

Cataplasme maturatif.

Prenez cataplasme émollient ci-dessus, et ajoutez-y onguent de la mère, 30 grammes, ou plus, selon l'étendue du cataplasme.

Cataplasme suppuratif.

Prenez feuilles d'oseille coutuses,	une poignée
Graisse de porc.	30 grammes
Graine de lin.	une poignée.

Faites cuire dans deux verres de bierre.

Cataplasme résolutif.

Ognons rotis sous la cendre.	100 grammes.
Farine de graine de moutarde.	100 grammes.
Savon noir.	20 grammess.

Eau, quantité suffisante. Mêlez et faites cuire.

SINAPISMES.

Ce sont des espèces de cataplasmes irritants, destinés à appeler le sang vers les extrémités ; on les prépare en délayant de la farine de moutarde dans de l'eau chaude ou dans du vinaigre, de manière à leur donner la consistance d'une bouillie épaisse.

PÉDILUVES.

Les pédiluves ou bains de pieds sont simples quand on n'emploie que de l'eau ; mais on peut les rendre plus actifs en y faisant fondre une ou deux poignées de sel de cuisine, ou en y ajoutant quelques cuillerées de moutarde. En général, pour que les bains de pieds réussissent, il faut les prendre aussi chauds que les pieds peuvent les supporter, et n'y rester que dix minutes ou un quart d'heure au plus.

VÉSICATOIRES.

Les vésicatoires ordinaires se composent d'une emplâtre de poix sur laquelle on étend une légère couche de cantharides. L'usage de ce révulsif est trop commun pour qu'il soit nécessaire de nous y arrêter.

Pour établir un vésicatoire on rase la place si cela est nécessaire; on la lave avec du vinaigre puis on applique l'emplâtre vésicant, en le chauffant un peu par le dos on le rend collant et l'on peut en appuyant dessus quelques moments, le faire exactement adhérer à la peau, en sorte, qu'il n'y a plus à craindre qu'il se déplace et forme plusieurs cloches en divers points. On pose par dessus l'emplâtre une ou deux petites compresses carrées ployées en plusieurs doubles puis on fixe le tout à l'aide d'une bande roulée autour du bras. Quand il a produit son effet, ce qui arrive au bout de douze à quinze heures, on lève l'appareil avec précaution, on crève l'ampoule pour faire couler l'eau et on enlève légèrement la peau; puis on panse avec une feuille de poirée ou de papier brouillard enduite de beurre ou de cérat, les jours suivants pour entretenir le vésicatoire on enduit alors la feuille avec une pommade au garou ou aux cantharides; enfin, quand on veut le faire sécher, on n'emploie plus que le beurre ou le cérat.

Le vésicatoire que l'on nomme volant ne diffère du précédent qu'en ce qu'on ne le fait pas suppurer et qu'il ne reste en place que le temps suffisant pour produire la rubéfaction de la peau.

Il est un autre vésicatoire dont l'effet est beaucoup plus prompt que celui qui contient des cantharides, c'est une pommade composée d'axonge et d'ammoniaque, et appelée pour cela *pommade ammonicale*. On en fait un emplâtre que l'on applique comme le précédent. Au bout d'une demi-heure et quelquefois moins, l'ampoule est formée. On panse comme à l'ordinaire. Si l'on ne veut déterminer que la rubéfaction, on ne doit laisser ce vésicatoire en place que dix à quinze minutes.

CAUTÈRE.

Tout le monde sait qu'on désigne sous ce nom, un petit ulcère artificiel qu'on développe le plus ordinairement au bras, et dont on entretient la suppuration comme un moyen dérivatif pendant un temps plus ou moins prolongé.

Quoiqu'il y ait divers modes d'appliquer le cautère c'est ordinairement et même presque toujours à la potasse caustique connue dans le commerce sous le nom de pierre à cautère que l'on a recours. Voici comme l'on procède :

On prend un grand morceau de diachylon gommé de la grandeur d'une pièce de cinq francs percé dans son centre d'une ouverture de la forme et de la grandeur d'une lentille et on l'applique sur l'endroit ou l'on veut établir un cautère; puis on place sur l'ouverture un morceau de potasse de la grosseur d'un petit pois, et on le recouvre d'un second morceau de diachylon un peu plus grand que le premier et que l'on a soin de faire adhérer parfaitement aux parties sur lesquelles on le place. On assujettit le tout avec une compresse et une bande et au bout de six à sept heures l'escarre et formée. On l'incise en croix avec la pointe d'un instrument tranchant, ensuite on applique un cataplasme émollient par dessus la plaie, puis lorsqu'au bout de quatre à cinq jours l'escarre est tombée, on place un pois d'iris ou un pois ordinaire dans la dépression qui en résulte. On recouvre le tout avec une feuille de lierre, une compresse et une bande et on renouvelle le même pansement tous les jours jusqu'à ce que l'on juge convenable de laisser sécher le cautère. Pour cela, il suffit de ne plus mettre de pois et la cicatrice ne tarde pas à se faire.

SÉTON.

Le séton est un exutoire beaucoup moins usité en chirurgie aujourd'hui qu'autrefois, mais qui, placé à la nuque, est encore assez souvent employé contre les maux d'yeux graves et opiniâtres ou les maux de tête rebelles. Il consiste en une mèche de coton ou de linge effilé qu'on passe à l'aide d'une aiguille entre la chair et la peau et qui entretient une irritation convenable et une suppuration habituelle dans tout le trajet du séton. Chaque jour, on fait avancer cette mèche après l'avoir enduite de cérat ou de beurre frais de manière à ce que la portion cachée sous la peau et salie par le pus puisse être attirée au dehors et coupée avec des ciseaux, on lave la plaie avec de l'eau de guimauve et on panse avec une ou plusieurs compresses fines par dessus lesquelles on replie la longue extrémité de la mèche et l'on assujettit le tout avec une bande qui entoure le cou.

Lorsque la mèche touche à sa fin, on en coud une nouvelle à ce qui reste de l'ancienne. Enfin, quand on veut supprimer le séton il suffit de retirer la mèche et la plaie ne tarde pas à se cicatriser.

MOXA.

Le mot chinois dont le moxa tire son nom, désigne un tissu cotonneux que les Chinois et les Japonais

obtiennent en brisant les feuilles désséchées de l'absinthe chinoise. Ils emploient ce tissu cardé auquel ils
donnent la forme de cône pour le brûler après l'avoir
appliqué sur la peau qu'ils veulent cautériser.

En Europe on pratique à l'exemple des Chinois, la
même opération avec du coton auquel on donne une
forme cylindrique; ce mode de cautérisation est spécialement employé pour exciter fortement le système
nerveux, changer le siège d'une irritation ou produire
une dérivation sur la partie où il est appliqué.

SAIGNÉE.

On désigne sous ce nom, une opération qui consiste à ouvrir un vaisseau sanguin afin de donner issue
à une certaine quantité de sang. Cette opération est
si souvent nécessaire et d'une exécution ordinairement
si facile qu'il serait bien à désirer que tout le monde
apprît à la pratiquer au besoin. En effet n'avons-nous
pas vu le roi Louis-Philippe donner lui-même l'exemple et sauver peut être la vie d'un de ses domestique
en le saignant au moment où il venait de faire une
chute assez grave. A Paris même, où les médecins four-
millent, il faut souvent plusieurs heures pour en rencontrer un quand il arrive un accident; mais dans les
campagnes, en mer et dans une foule de circonstances
le malade ou le blessé est souvent mort avant l'arrivée
de l'homme de l'art et une simple saignée lui eût peut
être conservé la vie.

Autrefois, l'on pratiquait la saignée sur presque
toutes les veines visibles, mais, de nos jours, on a
beaucoup simplifié ou restreint, et l'on n'ouvre plus
guère que les veines du bras et du pied.

La saignée du bras est une des opérations qui se
pratiquent le plus fréquemment, parce que les veines de

cette région sont en général plus grosses, plus superficielles, plus visibles qu'ailleurs.

On entoure le bras au-dessus du coude avec une bande de toile ou de drap médiocrement serrée; quand les veines sont gonflées on les trouve au pli du bras au nombre de quatre. La plus externe, après avoir rampé à la partie externe de l'avant-bras, se porte directement en dehors du bras; la plus interne longe également la partie interne de l'avant-bras, et s'élève en dedans du bras. La première de ces veines porte le nom de *radiale*, et la deuxième celui de *cubitale*. Les deux veines moyennes du pli du bras naissent d'un tronc commun placé à la partie moyenne de l'avant-bras, tronc qui se divise un peu avant d'arriver au pli du bras, en deux branches, dont l'une se porte obliquement en haut et en dehors, pour se réunir à la partie inférieure du bras avec la veine radiale, tandis que l'autre se dirige en dedans pour se réunir de la même manière à la cubitale : la branche externe porte le nom de *médiane céphalique*, et l'interne, celui de *médiane basilique*. Cette dernière est ordinairement la plus grosse et la plus superficielle des veines du pli du bras ; c'est par conséquent celle qu'on serait le plus disposé de choisir pour pratiquer la saignée, c'est cependant celle qu'il faut éviter autant que possible. En effet, dans la partie de son trajet où elle est le plus apparente, elle est accolée à l'artère principale du bras, et l'on serait, par conséquent, fort exposé à blesser cette artère au moment où la lancette ouvrirait la veine, ce qui produirait une hémorrhagie toujours fort grave et quelquefois même mortelle.

Pour les autres veines du pli du bras, il est à peu près indifférent de choisir l'une ou l'autre d'entre elles Ordinairement elles ne sont en rapport avec aucune artère, mais la veine *médiane céphalique* est celle qui fournit le plus de sang et qui est le mieux disposée pour son écoulement. Les veines *radiale* et *cubitale* sont moins grosses, plus profondes et accompagnées de nerfs plus nombreux et plus volumineux, qu'on ne peut souvent éviter de blesser, toutes circonstances qui motivent cette préférence.

Quand la veine que l'on doit saigner est bien gonflée, on fait étendre le bras au malade de manière à ce que la paume de la main soit appuyée sur la poitrine de l'opérateur, puis on fait quelques frictions de bas en haut sur sa surface extérieure et on recommande au malade de serrer la main, afin que les vaisseaux soient plus saillants. Ensuite, on fixe le pouce d'une main sur la veine qu'on a déterminée et des autres doigts on empoigne la partie postérieure de l'avant-bras dont on tend la peau en la tirant en arrière. De l'autre main on prend la lancette entre le pouce, et l'indicateur, la chasse dirigée en haut et contre ce dernier doigt ; les trois autres doigts fixés sur l'avant-bras du malade servent de point d'appui pour opérer. On enfonce alors obliquement la lancette dans la veine et on la retire perpendiculairement en relevant la main, de manière que l'ouverture soit agrandie avec le tranchant antérieur de la pointe. On connaît que la lancette a pénétré dans la veine, par le sentiment d'une résistance vaincue comme si l'on avait percé du canepin et par la sortie de quelques gouttes de sang.

Aussitôt après on applique sur l'ouverture le pouce qui fixait la veine ; on pose la lancette, on prend un vase et on le présente directement au jet du sang. Pendant que le sang jaillit on soutient le bras, et si cela est nécessaire on peut aider à l'écoulement du sang en recommandant au malade de tourner dans sa

main quelque chose de rond, tel qu'un étui, un lan-
cetier, etc.

Quand on juge avoir tiré sssez de sang, on ôte la
ligature, on fléchit un peu l'avant-bras et on tire la
peau en dehors pour couvrir l'ouverture de la veine et
arrêter le sang, puis on nétoie le bras avec une éponge
mouillée, on essuie doucement la plaie et on pose
dessus une petite compresse de linge fin pliée en carré
et en plusieurs doubles, puis ensuite on applique une
bande que l'on roule quatre à cinq fois sur l'endroit
et autour de la saignée, et dont on noue les deux bouts
en dehors, puis enfin on recommande au malade de tenir le membre à moitié fléchi et dans le repos, la
paume de la main tournée vers la poitrine, pendant
vingt quatre ou trente six heures.

La saignée du pied se pratique en général, au niveau des chevilles, soit en dedans, soit en dehors du
membre. Cependant comme la veine placée au-devant
de la cheville interne est la plus apparente, c'est elle
que l'on ouvre ordinairement. Pour la faire saillir
davantage, on applique au bas de la jambe une ligature circulaire et l'on plonge le pied dans l'eau chaude
pendant quelques minutes. Ensuite on ouvre la veine
que l'on a choisie, comme dans la saignée du bras;
puis aussitôt on replace la jambe dans l'eau et on
laisse couler le sang dont on estime la quantité d'a-
prés la couleur de l'eau, la vitesse du jet, et le temps
qui passe.

Quand on a tiré assez de sang on déserre la ligature et on laisse encore un peu le pied dans l'eau
pour donner à la veine le temps de se dégorger, ensuite on essuie la jambe et le pied, puis on place
une compresse sur la piqûre et on la maintient au
moyen de quelques tours d'une bande comme dans la
saignée du bras.

Malgré toutes les précautions que nous venons d'indiquer, divers accidents peuvent être la suite d'une saignée, l'un des plus ordinaires est l'évanouissement de la personne que l'on saigne, accident, que l'on évite ordinairement en la saignant couchée horizontalement et qui, du reste, réclame les mêmes soins que les défaillances ordinaires (*V.* EVANOUISSEMENT).

Quelquefois il survient de la douleur à l'endroit de la saignée, de l'enflammation et même de la suppuration, il faut alors appliquer des cataplasmes de graine de lin et traiter selon les circonstances (*Voyez les mots :* DOULEURS, INFLAMMATIONS et ABCÈS).

Le plus grave de tous les accidents est la piqure de l'artère, ce que l'on reconnaît à la couleur très rouge du sang, et à sa manière de couler par saccades ou par jets correspondants au battements du cœur et non en nappe ou par bavure comme dans la piqure de la veine. A l'article HÉMORRHAGIE nous avons indiqué les suites et le traitement propre au blessures des artères *(Voyez ce mot).*

SANGSUES.

La sangsue employée en médecine est une espèce de ver aquatique, à sang rouge, de couleur brun foncé, marquée de deux raies longitudinales d'un jaune verdâtre sur le dos, et de deux autres sur les côtés : sa tête plus pointue que son extrémité postérieure est garnie d'une espèce de disque charnu, au fond duquel se trouve la bouche armée de trois petites machoires ou dents dures très aiguës à l'aide desquelles elle fait une piqûre et y suce le sang avec sa bouche.

Pour affamer les sangsues ou les rendre plus avides, on les tire de l'eau une ou deux heures avant de les appliquer ; après cet intervalle, on rougit la partie en la frottant avec un morceau de linge, et on l'humecte avec du lait ou de l'eau sucrée, ensuite on met toutes les sangsues dans un verre à liqueur, qu'on renverse sur la partie où elles doivent s'attacher.

Quand on applique les sangsues sur les paupières, les lèvres, les gencives, etc., et qu'on craint qu'elles n'aillent piquer les organes voisins, on les saisit l'une après l'autre avec les doigts ou avec un linge, et on les présente à la peau par leur extrémité buccale. On peut encore les appliquer à l'aide d'un petit tube en verre, dans lequel on les introduit successivement.

Pour ôter les sangsues, on ne doit jamais les arracher avec violence, de crainte de déchirer les plaies et de les enflammer ; on les fait tomber en leur jetant sur la tête un peu de tabac, de poivre ou de sel ; mais elles se détachent pour l'ordinaire d'elles-mêmes, quand elles sont gorgées de sang.

Lorsqu'on veut encore faire saigner les plaies après la chute des sangsues, on les expose à la vapeur de l'eau chaude, ou on les lave à l'eau tiède, ou bien encore on y applique des ventouses comme nous le dirons dans l'article ci-après.

VENTOUSES.

On désigne sous ce nom, de petites cloches en verre, destinées à faire le vide à la surface de la peau et à attirer ainsi le sang vers le point où elles sont appliquées. Voici quelle est la manière de s'en servir :

Prenez un peu de coton ou d'étoupes imbibé d'esprit de vin. Allumez cette espèce de mèche ; mettez la ainsi allumée dans la ventouse, appliquez celle-ci à l'endroit où vous voulez opérer une révulsion, de manière qu'elle presse également dans tous les sens, afin d'intercepter l'entrée de l'air. On voit aussitôt la peau se gonfler et former une véritable tumeur dans l'intérieur du vase, qui adhère alors fortement sans le secours de la main. Lorsque l'on juge que la rubéfaction est suffisante, il faut ôter la ventouse. Pour la détacher on appuie le bout du doigt près de son rebord, ou déprime la peau, et en même temps, on incline doucement le verre qui cède bientôt. La peau revient à sa position ordinaire, mais elle reste pendant plus ou moins de temps rouge et gonflée, puis reprend son état normal. C'est là ce que l'on nomme ventouses sèches. Il est rare qu'on se borne à l'application d'une seule ventouse; ordinairement on en met plusieurs successivement, les unes près des autres.

Les ventouses dites humides ou scarifiées sont celles au moyen desquelles on tire une certaine quantité de sang, pour cela, on applique le verre comme nous venons de l'indiquer, et lorsque la peau est rouge et chaude, on fait à sa surface avec la pointe d'une lancette ou d'un bistouri plusieurs petites incisions que l'on nomme scarifications, on réapplique comme précédemment la ventouse sur le point scarifié et le sang coule alors avec abondance. On peut répéter coup sur coup plusieurs applications sur le même point, suivant la quantité de sang que l'on veut extraire. Lorsque l'opération est terminée, on lave la partie avec de l'eau tiède, on l'essuie doucement et on la couvre d'un morceau de diachylon gommé.

Les ventouses dites humides ou scarifiées peuvent comme on le voit, remplacer économiquement presque toujours l'emploi des sangsues. On peut aussi les appliquer sur les piqures faites par ces dernières, afin de faire davantage couler le sang, ainsi que sur un abcès pour le faire suppurer. Les règles à suivre en pareil cas ne diffèrent pas de celles que nous venons d'indiquer.

Le nombre des ventouses qu'il convient d'appliquer varie suivant les cas. Dans certaines circonstances il suffit d'une ou deux, dans d'autres on en met jusqu'à douze ou quinze et même plus. Les cas où ce genre de révulsion doit être mis en pratique, se trouvent indiqués dans les différents articles de ce Dictionnaire.

TABLE GÉNÉRALE.

DICTIONNAIRE DE SANTÉ.

APPENDICE PHARMACEUTIQUE.